现代移动通信原理与技术

付秀花　王家政　编著

国防工业出版社

·北京·

内 容 简 介

全书共分 8 章,分别介绍了移动通信的特点和发展历史,无线电波传播特性和移动无线信道建模,移动通信中常用的调制解调技术,无线链路性能增强技术及其抗干扰抗衰落能力的实现方式,蜂窝组网技术,2G 的典型代表 GSM 及其增强型技术 GPRS,3G 的 3 种主流技术标准及其的技术特征、网络结构以及系统发展,4G 的技术标准及其技术特征、网络结构、系统发展等。

本书适合作为高等院校通信等相关专业教材,也可供相关工程技术人员参考。

图书在版编目(CIP)数据

现代移动通信原理与技术 / 付秀花,王家政编著. — 北京:国防工业出版社,2019.4
ISBN 978 – 7 – 118 – 11787 – 5

Ⅰ. ①现… Ⅱ. ①付…②王… Ⅲ. ①移动通信 – 研究 Ⅳ. ①TN929.5

中国版本图书馆 CIP 数据核字(2019)第 035997 号

※

国防工业出版社出版发行
(北京市海淀区紫竹院南路 23 号　邮政编码 100048)
涿州宏轩印刷服务有限公司
新华书店经售

*

开本 787×1092　1/16　印张 20½　字数 466 千字
2020 年 2 月第 1 版第 1 次印刷　印数 1—3000 册　定价 48.00 元

(本书如有印装错误,我社负责调换)

国防书店:(010)88540777　　发行邮购:(010)88540776
发行传真:(010)88540755　　发行业务:(010)88540717

前　言

　　移动通信是通信领域中最具活力、最具发展前途的一种通信方式,也是近些年发展最迅速的技术领域之一。目前,移动通信在关键技术、系统演进、业务推陈出新等方面都取得了巨大进步。为满足广大读者全面、系统地了解移动通信基本原理、关键技术和系统发展的需求,编者在多年从事移动通信教学的基础上,以基础性、系统性、全面性、先进性为指导原则,历经多次使用修订,终使本书出版。为帮助读者更好地学习和理解,本书在内容安排和撰写上力求做到以下方面:

　　(1)重视基础知识介绍,具体知识介绍力求全面准确。同时,书中设计了较多的例题和课后思考题。

　　(2)重视基础理论和关键技术内容的过程推导和总结分析,力求推导过程简洁清晰。同时,注重介绍关键技术在实践中的应用。

　　(3)对2G、3G、4G移动通信系统的介绍保证知识脉络一致,系统介绍清晰完整,详略得当。

　　全书共分8章。第1章介绍移动通信的特点和发展历史,并对常见的移动通信典型系统进行简单介绍。第2章分析无线电波传播特性和移动无线信道建模,介绍电波传播损耗预测模型。第3章介绍移动通信中常用的调制/解调技术。第4章介绍无线链路性能增强技术,主要包括扩频通信、分集技术、均衡技术、MIMO技术,了解它们抗干扰抗衰落能力的实现方式。第5章介绍蜂窝组网技术,主要包括频率复用技术、多址接入技术、CDMA系统中的地址码技术、蜂窝网络的容量分析、无线信道分配和多信道共用、CDMA系统中的功率控制、蜂窝网络的移动性管理等。第6章介绍2G的典型代表GSM及其增强型技术GPRS。第7章介绍3G的3种主流技术标准,包括WCDMA、CDMA2000、TD-SCDMA,了解它们的技术特征、网络结构以及系统发展。第8章介绍4G的技术标准,主要介绍LTE-Advance的技术特征、网络结构、系统发展等。

　　尽管编者在撰写时尽心尽力、小心谨慎,力求内容全面准确、文字精炼无误,但由于水平有限,书中难免存在错误和不妥之处,真诚希望广大读者对于本书的缺点和错误给予指正,并请不吝赐教。

编者

目 录

第1章 概述 ·· 1
1.1 移动通信的概念和特点 ··· 1
1.1.1 移动通信的概念 ··· 1
1.1.2 移动通信的特点 ··· 1
1.2 移动通信的工作方式 ·· 2
1.3 移动通信的发展 ·· 4
1.3.1 移动通信的发展历史 ·· 4
1.3.2 我国移动通信的发展 ·· 7
1.4 典型的移动通信系统 ·· 8
1.4.1 无线电寻呼系统 ··· 8
1.4.2 无绳电话系统 ·· 9
1.4.3 数字蜂窝移动通信系统 ··· 10
1.4.4 数字集群移动通信系统 ··· 14
1.4.5 卫星移动通信系统 ··· 15
1.4.6 无线局域网 ··· 16
1.5 通信行业标准化组织 ·· 18
1.5.1 国际标准化组织 ··· 18
1.5.2 国内标准化组织 ··· 22
1.6 本书内容安排 ·· 22

第2章 无线电波传播与移动无线信道 ·· 24
2.1 无线电波的传播特性 ·· 24
2.1.1 无线电频段划分 ··· 24
2.1.2 移动无线电波主要传播方式 ··· 25
2.1.3 移动无线信道衰落特征 ··· 26
2.2 自由空间的电波传播 ·· 28
2.2.1 自由空间传播损耗 ··· 28
2.2.2 视距传播 ·· 29
2.3 3种基本电波传播机制 ·· 30
2.3.1 反射 ··· 30

2.3.2　绕射 ··· 32
　　　2.3.3　散射 ··· 35
　2.4　移动无线信道建模 ··· 35
　　　2.4.1　多普勒效应 ·· 36
　　　2.4.2　多径信道的信道模型 ·· 37
　　　2.4.3　多径信道参数描述 ··· 38
　　　2.4.4　接收信号的统计分析 ·· 44
　2.5　电波传播损耗预测模型 ·· 48
　　　2.5.1　地形和地物 ·· 49
　　　2.5.2　室外传播预测模型 ··· 50
　　　2.5.3　室内传播预测模型 ··· 55
　2.6　无线信道的噪声和干扰 ·· 57
　　　2.6.1　噪声 ··· 58
　　　2.6.2　同频干扰 ··· 59
　　　2.6.3　邻频干扰 ··· 59
　　　2.6.4　互调干扰 ··· 60
　　　2.6.5　时隙干扰和码间干扰 ·· 62

第3章　移动通信中的调制/解调 ·· 65
　3.1　移动通信对调制技术的要求 ·· 65
　3.2　最小移频键控(MSK) ··· 66
　　　3.2.1　2FSK ·· 66
　　　3.2.2　MSK ··· 69
　3.3　高斯最小移频键控(GMSK) ·· 72
　　　3.3.1　高斯滤波器的传输特性 ··· 72
　　　3.3.2　GMSK信号的波形和相位路径 ······························· 75
　　　3.3.3　GMSK信号的调制与解调 ······································ 77
　　　3.3.4　GMSK信号功率谱 ··· 79
　3.4　QPSK调制 ··· 80
　　　3.4.1　二相调制(BPSK) ··· 80
　　　3.4.2　四相调制(QPSK) ·· 81
　　　3.4.3　偏移QPSK(OQPSK) ·· 86
　　　3.4.4　π/4 – QPSK ·· 88
　3.5　正交频分复用(OFDM) ·· 92
　　　3.5.1　概述 ··· 92
　　　3.5.2　OFDM原理 ·· 93

3.5.3　OFDM 系统的频域分析 ·············· 94
　　　3.5.4　OFDM 系统的实现 ················ 95

第4章　无线链路性能增强 ················ 99
4.1　扩频通信 ···························· 99
　　4.1.1　扩频通信基本原理 ················ 99
　　4.1.2　直接序列扩频通信系统 ············ 102
　　4.1.3　跳频扩频通信系统 ················ 110
　　4.1.4　扩频通信的性能指标 ·············· 112
　　4.1.5　扩频码的同步 ···················· 114
4.2　分集技术 ·························· 118
　　4.2.1　分集技术的分类 ·················· 119
　　4.2.2　分集合并技术和性能分析 ·········· 121
　　4.2.3　RAKE 接收机 ···················· 129
4.3　均衡技术 ·························· 130
　　4.3.1　无码间干扰传输的条件 ············ 131
　　4.3.2　均衡器设计原理 ·················· 134
　　4.3.3　时域均衡器 ······················ 135
　　4.3.4　自适应均衡器 ···················· 142
4.4　MIMO 技术 ························ 144
　　4.4.1　MIMO 技术原理 ················· 145
　　4.4.2　MIMO 系统的信道容量 ··········· 146
　　4.4.3　空间复用和 BLAST 编码 ········· 149
　　4.4.4　空间分集和空时编码 ·············· 151
　　4.4.5　MIMO 技术的应用 ··············· 157

第5章　移动蜂窝组网 ···················· 159
5.1　频率复用与蜂窝小区 ················ 159
　　5.1.1　移动通信网的覆盖方式 ············ 159
　　5.1.2　频率复用和同频干扰 ·············· 162
　　5.1.3　蜂窝系统的扩容 ·················· 166
5.2　多址接入技术 ······················ 169
　　5.2.1　频分多址（FDMA） ·············· 169
　　5.2.2　时分多址（TDMA） ·············· 171
　　5.2.3　码分多址（CDMA） ·············· 172
　　5.2.4　空分多址（SDMA） ·············· 174

5.2.5　正交频分多址(OFDMA) ……………………………………………… 175
　5.3　CDMA 中的地址码 ………………………………………………………… 176
　　　5.3.1　地址码设计的要求 ……………………………………………………… 176
　　　5.3.2　地址码基础知识 ………………………………………………………… 177
　　　5.3.3　PN 码 ……………………………………………………………………… 179
　　　5.3.4　Walsh 序列 ……………………………………………………………… 184
　　　5.3.5　OVSF 码 ………………………………………………………………… 187
　　　5.3.6　地址码的应用 …………………………………………………………… 188
　5.4　蜂窝网络的容量分析 ……………………………………………………… 190
　　　5.4.1　FDMA 网络的容量 ……………………………………………………… 190
　　　5.4.2　TDMA 网络的容量 ……………………………………………………… 190
　　　5.4.3　CDMA 网络的容量 ……………………………………………………… 191
　5.5　信道分配和多信道共用 …………………………………………………… 193
　　　5.5.1　信道分配 ………………………………………………………………… 193
　　　5.5.2　多信道共用 ……………………………………………………………… 196
　　　5.5.3　话务量与呼损率 ………………………………………………………… 199
　5.6　CDMA 系统中的功率控制 ………………………………………………… 203
　　　5.6.1　反向功率控制 …………………………………………………………… 204
　　　5.6.2　前向功率控制 …………………………………………………………… 208
　5.7　蜂窝网络的移动性管理 …………………………………………………… 209
　　　5.7.1　切换 ……………………………………………………………………… 210
　　　5.7.2　位置管理 ………………………………………………………………… 212

第6章　GSM 系统 ……………………………………………………………… 214
　6.1　GSM 系统概述 ……………………………………………………………… 214
　　　6.1.1　GSM 系统的发展 ………………………………………………………… 214
　　　6.1.2　GSM 的频带划分 ………………………………………………………… 215
　　　6.1.3　GSM 系统的业务 ………………………………………………………… 217
　6.2　GSM 系统的网络与接口 …………………………………………………… 219
　　　6.2.1　GSM 的网络结构 ………………………………………………………… 219
　　　6.2.2　接口和协议 ……………………………………………………………… 222
　6.3　GSM 系统的信道 …………………………………………………………… 224
　　　6.3.1　逻辑信道及分类 ………………………………………………………… 225
　　　6.3.2　GSM 帧结构和突发脉冲 ………………………………………………… 226
　　　6.3.3　逻辑信道到物理信道的映射 …………………………………………… 229
　　　6.3.4　帧偏离与时间提前量 …………………………………………………… 232

- 6.4 GSM 的无线数字传输 ··· 232
  - 6.4.1 GSM 的抗衰落技术 ··· 232
  - 6.4.2 GSM 的语音处理过程 ·· 236
- 6.5 GSM 系统的号码与地址识别 ··· 237
  - 6.5.1 GSM 的区域划分 ··· 237
  - 6.5.2 号码与识别 ·· 238
- 6.6 呼叫接续和移动性管理 ·· 240
  - 6.6.1 位置管理 ·· 240
  - 6.6.2 越区切换 ·· 243
  - 6.6.3 安全管理 ·· 245
  - 6.6.4 呼叫接续 ·· 249
- 6.7 通用分组无线业务（GPRS）··· 251
  - 6.7.1 GPRS 概述 ·· 251
  - 6.7.2 GPRS 网络结构 ·· 252
  - 6.7.3 GPRS 的空中接口 ·· 255
  - 6.7.4 GPRS 的移动性管理和会话管理 ······································· 257

第 7 章 第三代移动通信系统 ·· 261

- 7.1 3G 概述 ·· 261
  - 7.1.1 3G 的提出和目标 ··· 261
  - 7.1.2 3G 标准和标准化组织 ··· 262
  - 7.1.3 3G 频谱分配 ·· 263
  - 7.1.4 迎接 3G——中国电信业第三次重组 ·································· 264
- 7.2 WCDMA ·· 265
  - 7.2.1 WCDMA 系统发展和网络结构 ··· 265
  - 7.2.2 WCDMA 空中接口 ··· 268
  - 7.2.3 WCDMA 信道结构 ··· 270
  - 7.2.4 HSPA 和 HSPA+ ·· 272
- 7.3 CDMA 2000 ·· 277
  - 7.3.1 CDMA 2000 系统发展 ··· 277
  - 7.3.2 IS-95A ··· 278
  - 7.3.3 CDMA 2000 1x ··· 282
  - 7.3.4 CDMA 2000 1xEV-DO 和 CDMA 2000 1xEV-DV ················ 285
- 7.4 TD-SCDMA ·· 287
  - 7.4.1 TD-SCDMA 的提出和发展 ·· 287
  - 7.4.2 TD-SCDMA 的空中接口 ·· 289

7.4.3 TD-SCDMA 的关键技术 …………………………………………………… 292

第8章 第四代移动通信系统 …………………………………………………… 298
8.1 LTE 概述 …………………………………………………………………… 298
8.1.1 LTE 的提出和标准化进程 …………………………………………… 298
8.1.2 LTE 的设计目标和特点 ……………………………………………… 299
8.2 LTE 物理层关键技术 ……………………………………………………… 301
8.2.1 LTE 帧结构 …………………………………………………………… 301
8.2.2 OFDMA ……………………………………………………………… 304
8.2.3 SC-FDMA …………………………………………………………… 304
8.2.4 MIMO ………………………………………………………………… 305
8.3 LTE 系统和协议栈 ………………………………………………………… 306
8.3.1 LTE 网络架构 ………………………………………………………… 306
8.3.2 LTE 空中接口协议栈 ………………………………………………… 308
8.3.3 LTE 信道结构 ………………………………………………………… 310
8.4 LTE-Advanced ……………………………………………………………… 312
8.4.1 LTE-Advanced 发展 …………………………………………………… 312
8.4.2 LTE-Advanced 需求和技术 …………………………………………… 312

参考文献 ………………………………………………………………………………… 315

第1章 概 述

在近三四十年的时间内,移动通信(Mobile Communications)得到了迅速的发展和普及,深刻地改变了人类的生产、生活、交流和思维方式,对社会发展产生了重要的影响,是目前通信领域中最具活力、最具发展前途的一种通信方式。为了更好地掌握移动通信的基本原理、关键技术及网络系统,本章首先概要介绍移动通信的概念、特点及工作方式,然后介绍移动通信的发展历史及其在我国的发展,最后对常见的移动通信典型系统进行简单介绍。

1.1 移动通信的概念和特点

1.1.1 移动通信的概念

虽然移动通信的发展可追溯到一百多年前,但其实人们对移动通信的概念并没有一个公认的一致的定义,而且移动通信发展到今天,其概念范围也扩展了许多。目前国内普遍认为,移动通信是指通信双方至少有一方在移动中(或者临时停留在某一非预定的位置上)进行信息传输和交换,包括移动体(车辆、船舶、飞机或行人)和移动体之间的通信、移动体和固定点(固定无线电台或有线用户)之间的通信。采用移动通信技术和设备组成的通信系统即为移动通信系统。

人与人之间通信的最终目标是个人通信(PCN),个人通信的任务是实现"5W"服务,即实现无论任何人(Whoever)、在任何地方(Wherever)、在任何时间(Whenever)、与其他任何人(Whomever)、进行任何种类(Whatever)通信的目标。显然,移动通信是实现这一美好目标的关键和必经之路。然而,移动通信的作用可能并不止于此,在近几年发展势头迅猛的物联网(Internet of Things,IoT)即"物物相连的互联网"中,移动通信仍然并将继续扮演着重要角色,并会在未来物联网的发展中发挥重要作用。

与移动通信关系密切的另一个概念是"无线通信"(Wireless Communications)。广义上讲,无线通信是指依靠空中无线电波进行信息传输和交换的任何通信系统,因此,移动通信属于无线通信的范畴。但是,二者侧重点又有所不同,无线通信关注无线传输;而移动通信除此之外,还侧重于移动性。因此,严格来说,移动通信和无线通信是两个不同的概念。

1.1.2 移动通信的特点

移动通信的主要特点如下:
(1) 利用无线电波进行信息传输,传输损耗大,信号衰落随机性强。
在移动通信中,移动台和基站间必须使用无线电波来传递信息。然而,无线传播特性一般较差,一是表现在相对于有线传输,无线信号的传输损耗比较大,而且随着传输距离的远近,信号的传输损耗差别比较大;二是无线信号在空中呈现多径传播,容易导致多径衰落,再加上多径信道中地形、地物的不同以及信道的时变性,使到达接收机的信号呈现出一定的衰落特性,且具有较强的随机性。因此,在设计移动通信系统时,必须采用抗衰落能力强的技术来提高接收信号的质量和可靠性。

(2) 用户数多,可利用频谱资源有限。

可以说,移动通信是用户数增长最迅速的一种通信方式,目前拥有的移动用户数非常多。尽管无线电波的频谱范围比较广,但适用于移动通信的频段仅限于特高频(UHF)和甚高频(VHF),所以,移动通信可用的无线频谱资源是非常有限的。为满足大量用户的通信,移动通信只能开发多种多址接入技术及系统扩容技术来提升系统容量。常用的多址接入技术有频分多址接入(FDMA)、时分多址接入(TDMA)、码分多址接入(CDMA)和正交频分多址接入(OFDMA)等。

(3) 各种噪声和干扰造成工作环境恶劣。

无线电波在信息传输过程中不可避免会受到外部各种噪声的影响,如各种工业噪声、城市噪声、车辆发动机点火噪声以及大气噪声和宇宙噪声等;此外,移动通信还会受到系统自身产生的各种干扰,如同频干扰、邻道干扰、互调干扰等,在 CDMA 系统中还存在多址干扰以及近端无用强信号对远端有用弱信号的干扰(CDMA 系统中称为"远近效应")等。因此,在设计移动通信系统时,必须采用抗干扰能力强的技术来减轻或消除这些有害噪声和干扰的影响。

(4) 通信的移动性造成通信系统复杂。

在移动通信系统中,由于终端用户的移动性,无论是业务量还是信令流量或其他一些网络参数,都具有较强的流动性、突发性和随机性,需要采用动态无线信道分配、功率控制、位置更新、越区切换、自适应无线链路控制等移动性管理和无线资源管理技术。这就使移动通信网络的结构比较复杂,网络管理和控制也比较复杂。

(5) 对移动台的要求高。

移动台必须适应于在移动环境下使用,基本要求是体积小、重量轻、省电、携带方便、操作和维修方便等,一些特殊性质的移动台还要保证在剧烈震动、冲击、高低温变化等恶劣环境下正常工作。根据工作性质的不同,移动台一般有手持机、车载台和机载台等。现在,用户终端尤其是手持机越来越成为一种个人消费品,为满足不同人群的需求,用户终端必须能适应新技术、新业务的发展。移动终端的设计和制造是移动通信系统良好运营的重要保障。

1.2 移动通信的工作方式

根据通话状态和频率使用的方法,移动通信的工作方式分为单工通信、双工通信、半双工通信和移动中继方式。

1. 单工通信

所谓单工通信,就是指消息只能单方向传输,通信双方电台交替地进行收信和发信,在一段时间内,通信双方中只有一个可以发送,另一个只能接收。根据通信双方是否使用相同的频率,单工通信又分为同频单工和双频单工,如图 1.1 所示。同频单工是指通信电台的发射和接收使用同一个频率(f_1)。双频单工是指在空中接口有两个频率(f_1 和 f_2),一个用于发射(上行),另一个用于接收(下行)。

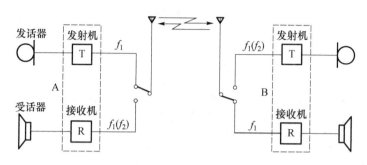

同频单工:收发均采用f_1;双频单工:收发分别采用f_1和f_2

图 1.1　单工通信

单工通信常用于点对点通信。平时,通信双方的接收机都处于接听状态。其中 A 方需要讲话时,先按下"按－讲"开关,B 方接收;讲话结束时,A 方再次按下"按－讲"开关,关闭发射机,重新开启接收机,处于接听状态。B 方需要讲话时也进行同样的操作过程,从而实现双向通信。

这种工作方式的优点是收/发信机可以使用同一副天线,而不需要天线共用器,设备简单,功耗小。其缺点是操作不方便,由于"按－讲"开关的切换,往往出现通话断续的现象。单工通信一般应用于专业性强的领域,如道路交通指挥系统。

2. 双工通信

所谓双工通信,就是指通信双方可以同时进行信息的接收和发送,双方收/发信机同时工作,任何一方讲话时,都可以听到对方的语音,如图 1.2 所示。双工通信中需要一定的技术来区分双向信道,蜂窝移动通信系统使用两种双工制式:频分双工(FDD)和时分双工(TDD)。FDD 是指上下行链路频道不同;TDD 是指上下行链路使用相同的频道,依靠时间的不同来区分信道方向。

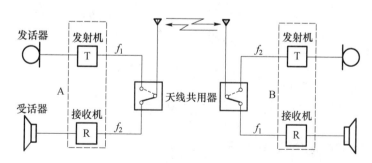

图 1.2　双工通信

3. 半双工通信

所谓半双工通信,就是指通信双方中:一方使用双频双工方式,即收/发信机同时工作;另一方使用双频单工方式,即收/发信机交替工作,如图1.3所示。这种方式在移动通信系统中一般是在移动台采用单工方式,而在基站采用双工方式,基站同时收/发工作。半双工通信一般用于专业移动通信系统中,如汽车调度系统。

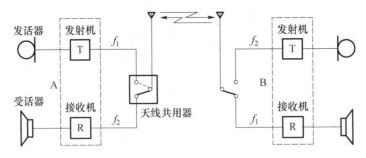

图1.3 半双工通信

4. 移动中继方式

两个移动台之间(或移动台和基站之间)直接通信距离一般只有几千米,经过中继站转接后通信距离可增加到几十千米,扩大了通信范围。一般采用一次中继转接,多次中继会使信噪比严重下降。移动中继又分为单工中继和双工中继两种方式,如图1.4所示。单工中继只需要一套收/发信机,采用全向天线;双工中继需两套收/发信机,需采用两副定向天线,且需对准中继方向。若有一端是移动台,则用一副定向天线和一副全向天线。

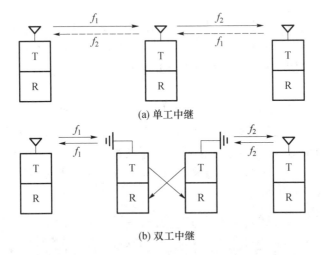

图1.4 移动中继通信

1.3 移动通信的发展

1.3.1 移动通信的发展历史

人们普遍认为1897年是人类移动通信的元年。这一年,意大利人马可尼在一个固定站和一搜拖船之间完成了一项无线电通信实验,实现了在英吉利海峡中行驶的船只之间保持持续的通信。也就是说,移动通信几乎伴随着无线通信的出现而诞生了。现代意义上移动通信系统的发展开始于20世纪20年代,大致经历了如下5个阶段的发展。

1. 第一阶段:20 世纪 20 至 40 年代,早期发展阶段

在这一期间,人们初步进行了一些传播特性的测试,并且在几个短波频段上开发出专用移动通信系统。这一阶段的代表是美国底特律市警察使用的车载无线电系统,系统工作频率为 2MHz,到 20 世纪 40 年代已经提高到 30 ~ 40MHz。这一阶段的特点是:专用系统开发,工作频率较低,工作方式为单工或半双工方式。

2. 第二阶段:20 世纪 40 年代中期至 60 年代初期,公用移动通信时代开始

在此时期,公用移动通信服务开始问世。1946 年,根据美国联邦通信委员会(FCC)的计划,贝尔公司在圣路易斯城建立了世界上第一个公用汽车电话网络,称为"城市系统"。该系统使用了 3 个频道,间隔为 120kHz,通信方式为单工。随后,德国、法国、英国等相继开发出公用移动电话系统。美国贝尔实验室完成了人工交换系统的接续问题。这一阶段的特点是:从专用网向公用网过渡,接续方式为人工,网络的容量较小。

3. 第三阶段:20 世纪 60 年代中期至 70 年代中期,移动通信系统改进与完善阶段

这一阶段是移动通信系统改进与完善的阶段。在此期间,美国推出了改进型移动电话系统(IMTS),使用 150MHz 和 450MHz 频段,采用大区制、中小容量,实现了无线频道自动选择并能够自动接续到公用电话网。这一阶段的特点是:采用大区制,中小容量,实现了自动选频与自动接续。

4. 第四阶段:20 世纪 70 年代中期至 80 年代中期,蜂窝小区出现

这一时期最重要的突破是,贝尔实验室在 20 世纪 70 年代提出了蜂窝网的概念,并开发出基于蜂窝网技术的移动通信系统,即第一代模拟蜂窝移动通信系统(1G)。蜂窝网络,即所谓的小区制系统,由于实现了频率复用,大大提高了频谱的利用率,极大地提高了系统的容量。同时,由于微电子技术、通信网络技术、调制编码技术以及计算机技术的发展,移动通信在交换、信令传输、无线调制和编码技术等方面都取得了很大的发展。这一阶段是移动通信的蓬勃发展期,其特点是:蜂窝小区的应用使系统容量急剧增加,通信性能不断完善,技术的发展呈加快趋势。第一代模拟蜂窝移动通信系统的典型代表有美国的先进移动电话系统(AMPS)、英国的全向接入通信系统(TACS)、瑞典等北欧四国的北欧移动电话系统(NMT)。

虽然第一代模拟移动通信取得了很大成功,但也暴露出很多问题,如制式太多、互不兼容、通话质量不高、不能提供数据业务、不能提供自动漫游、频谱利用率较低、移动设备复杂、费用较贵以及易被窃听等,最主要的问题是其系统容量已不能满足迅速增长的移动用户需求。

5. 第五阶段:20 世纪 80 年代中期至今,数字移动通信时代

这是移动通信系统发展和成熟时期,主要特点是实现了数字化通信。该阶段又分为 2G、3G、4G 等。

1) 2G

第二代移动通信系统(2G)是为了解决 1G 模拟系统中存在的一些根本性技术缺陷,通过数字通信技术发展起来的。2G 系统以传输语音和低速数据业务为目的,因此又称为窄带数字移动通信。2G 一经出现就产生了竞争,竞争的结果是产生了 2G 时代的两大典型系统,即以美国的码分多址(CDMA)技术为代表的窄带 CDMA(IS-95)系统和以欧洲的时分多址(TDMA)技术为代表的全球移动通信(GSM)系统。此外还有北美的另一个数字

蜂窝标准——高级移动电话系统(DAMPS),即 IS-54,以及日本的个人数字蜂窝系统(PDC)。2G 数字移动网络具有保密性和抗干扰性强、语音质量好、系统容量大、频谱利用率高、功能强大等优点。缺点是:主要提供数字语音业务,具有部分数据传输能力,但传输速率非常低,如基于 GSM 的数据传输率仅为 9.6kbps。

为了向用户提供高速数据传输业务,在 2000 年又推出了一种新的通信技术——通用分组无线业务(GPRS),该技术是在 GSM 的基础上向 3G 的一种过渡技术,也称为 2.5G 技术。GPRS 在移动用户和分组数据网络之间提供了一种无线连接,可以给移动用户提供高速无线 IP 和 X.25 分组数据接入服务。在这之后,人们又推出了增强型数据速率 GSM 演进技术(EDGE),也称为 2.75G 技术。EDGE 提供了一个从 GPRS 到第三代移动通信的过渡性方案,EDGE 技术主要在欧洲市场得到应用。

2) 3G

第三代移动通信系统(3G)的目标就是移动宽带多媒体通信。3G 最早由国际电信联盟(ITU)于 1985 年提出,当时称为"未来公众陆地移动通信系统"(Future Public Land Mobile Telecommunication System, FPLMTS),1996 年更名为 IMT-2000 (International Mobile Telecommunication-2000),即该系统工作在 2000MHz 频段,最高数据传输速率可达 2000kbps,预期在 2000 年左右得到商用。为实现上述目标,对 3G 无线传输技术提出了一些具体要求,包括:①高速数据传输以支持多媒体业务,要求室内环境至少 2Mbps,室外步行环境至少 384kbps,室外车辆运动环境至少 144kbps;②数据传输速率能够实现按需分配;③上下行链路能适应上下行业务不对称的需求。

3G 有三大主流标准,分别是欧洲提出的 WCDMA、美国提出的 CDMA 2000 和我国提出的 TD-SCDMA。由于其众多的技术优势,3G 系统均采用 CDMA 作为技术核心。CDMA 2000 是在 IS-95 基础上发展而来,而 WCDMA 是在 GSM 基础上发展而来,3G 最初基本只是美国和欧洲两大阵营的较量。1999 年 11 月,ITU-R TG8/1 第 18 次会议通过了"IMT-2000 无线接口技术规范"建议,其中我国提出的 TD-SCDMA 技术写在了第三代无线接口规范建议的 IMT-2000 CDMA TDD 部分中。此举标志着我国通信技术实现了由跟踪到创新、突破的重大转变,是我国移动通信产业对世界电信技术发展所作出的重大贡献。CDMA 2000 采用 FDD 方式,CDMA 2000 1x EV-DO Rel A 版本可在 1.25MHz 的带宽内提供最高 3.1Mbps 的下行数据传输速率。WCDMA 采用 FDD 方式,包括一系列版本,从 R99、R4 版本,扩展到 R5、R6、R7 等,可在 5MHz 的带宽内,提供最高 21Mbps 的用户数据传输速率。TD-SCDMA 结合了 FDMA、TDMA、CDMA 的优点,采用 TDD 双工方式,基于 R4 版本,可在 1.6MHz 的带宽内,提供最高 384kbps 的用户数据传输速率。根据中国电信业第二次重组方案,我国 3G 牌照的发放方式是:中国移动获得 TD-SCDMA 牌照,中国电信获得 CDMA 2000 牌照,中国联通获得 WCDMA 牌照。

继 ITU 发布以上三大 3G 标准后,由英特尔、IBM、三星等公司主导的无线互联网技术 WiMAX 成为了第四个全球 3G 标准。WiMAX(Worldwide Inter-operability for Microwave Access)即全球微波互联接入,也就是 IEEE 802.16,即无线城域网(MAN),是一项新兴的宽带无线接入技术,采用了代表未来通信技术发展方向的 OFDM/OFDMA、MIMO 等先进技术,能提供面向互联网的高速连接,数据传输距离最远可达 50km。WiMAX 还具有 QoS 保障、数据传输速率高、业务丰富多样等优点。

3）4G

第四代移动通信系统(4G)的目标是希望能满足更大的带宽需求,利用统一的 IP 技术,满足系统在广覆盖、高质量、低成本上支持的高速数据传输和高分辨率多媒体服务的需要。4G 国际标准工作历时 3 年,2012 年初,ITU 正式审议确立 IMT-Advanced(俗称"4G")国际标准。4G 国际标准有两项,分别是 LTE-Advanced 和 Wireless MAN-Advanced（IEEE 802.16m）,前者包括 LTE-Advanced 的 FDD 部分和中国提交的 TD-LTE-Advanced 的 TDD 部分,总体基于 3GPP 的 LTE-Advanced;后者是基于 IEEE 802.16m 的第二代增强型技术(WiMAX2)。

LTE-Advanced 的相关特性如下。

（1）带宽:100MHz;
（2）峰值速率:下行 1Gbps,上行 500Mbps;
（3）峰值频谱效率:下行(30bps)/Hz,上行(15bps)/Hz;
（4）针对室内环境进行优化;
（5）有效支持新频段和大带宽应用;
（6）峰值速率大幅提高,频谱效率有限改进。

IEEE 802.16m 可在高移动模式或高效率、强信号模式下提供 1Gbps 的下行速率,具有以下优势。

（1）提高网络覆盖,改善链路预算;
（2）提高频谱效率;
（3）提高数据和 VOIP 容量;
（4）低时延及 QoS 增强;
（5）功耗节省。

1.3.2 我国移动通信的发展

30 多年前,中国开始引入移动通信技术。在短短 30 多年的时间内,中国的移动通信产业经历了从无到有、从小到大、从弱到强的艰苦历程。现在,中国移动通信已经形成了完整的产业链,成为世界上移动用户最多的国家。纵观我国移动通信的发展,可以分为以下 4 个阶段。

1. 模拟时期:从无到有的突破

1987 年 11 月 18 日第一个 TACS 模拟蜂窝移动电话系统在广东省建成并投入商用。之后,我国各地开始建设移动电话网,分别采用了爱立信和摩托罗拉两大公司的移动电话系统,称为 A 网和 B 网,二者均属于模拟网。A 网地区使用 A 网手机,B 网地区使用 B 网手机,二者不能互通。1996 年实现全国联网。随着 2G 数字移动通信网络的发展,2001 年底我国关闭了模拟网络。

2. 数字时期:从小到大的腾飞

1993 年,我国开始建设 GSM 网络(称为 G 网)。G 网工作在 900MHz 频段,随着移动用户数量的迅速增长,GSM 网络又扩展到 1800MHz 频段(称为 D 网,即 DCS 1800 系统)。这一时期发生的大事主要有:1994 年 3 月邮电部移动通信局成立;1994 年年底广东首先开通了 GSM 数字移动电话网;1995 年 4 月中国移动在全国 15 个省市相继建网,GSM 数字移动电话网正式开通;1996年移动电话实现全国漫游,并开始提供国际漫游服务;1998年8月中国移动客户突破2000万户;1999年4月底根据国务院批复的《中国电信重组方案》,移动通信分营工作启动;2000年4月中国移动通信集团公司正式成立;2002年5月中国移动、中国联通实现短信互通互发。

此前中国移动和中国联通的大部分网络都采用欧洲的GSM标准,另外,此前中国联通还采用美国的IS-95技术建设CDMA网络,该网络早期称为"长城网"。2000年2月,中国联通以运营商的身份与美国高通公司签署了CDMA知识产权框架协议,为中国联通CDMA网络的建设铺平了道路,并于该年年底正式开始建网筹备工作。2002年1月,中国联通CDMA网络正式放号,之后开始了CDMA 2000 1x的升级工作。

3. 数据时期:从引进到创新的转变

2002年5月,中国移动在全国范围内正式推出GPRS业务。2003年3月,中国联通开通了CDMA 2000 1x网络,这标志着中国移动通信全面进入2.5G时代。基于2.5G网络,运营商不仅能够汇聚其移动信息化应用的庞大用户群,更可以在商务模式方面进行有效探索,为未来的移动信息化大发展积累经验。在积极引入GPRS、CDMA 1x等技术的同时,我国还不断进行自主研发,国家也加大了对通信产业的资助力度。信息产业部于1999年会同财政部、原国家计委组织了"国家移动通信产品研发和产业化专项"。经批准,每年从电话初装费中提取5%支持移动通信产业发展。

4. Future计划:从跟随到引领的跨越

经过20多年的发展,中国通信产业经过了从无到有、从小到大、从技术引进到技术创新的飞跃。目前,中国移动通信正在紧跟并积极引领世界通信技术的发展潮流,着眼于B3G/4G标准的"Future"计划正在紧锣密鼓地进行中。该计划早于2001年底正式启动,作为面向新一代移动通信的4G技术研发被正式列入了国家"十五"863通信技术研究计划。整个"Future计划"的研究开发将分3个阶段进行实施,目前处于第三阶段及其增强型发展阶段。2013年12月,工业和信息化部向国内三大电信运营商(中国移动、中国联通和中国电信)正式发放4G TD-LTE牌照,宣告我国通信行业进入4G时代。虽然中国4G的发展仍然处于起步阶段,但进展迅猛。2014年6月,中国移动TD-LTE基站数量超过40万个,4G网络覆盖超过300个城市,而中国电信和中国联通也获得了FDD LTE与TD-LTE混合组网试验许可,各自在全国16个城市开展融合组网建设。截至2014年6月底,中国的4G用户数已超过1390万,4G正在成为中国信息消费增长的催化剂。

1.4 典型的移动通信系统

1.4.1 无线电寻呼系统

无线电寻呼系统仅仅是一种单方向的移动通信设备,无线电寻呼机实质上是一台单方向小型接收机,只能单方向地接收寻呼者经过寻呼中心发来的信息。1948年,美国贝尔实验室研制出世界上第一台寻呼机,取名为"BellBoy"("带电子铃的仆人")。1951年,美国纽约市开办世界上第一套寻呼系统。1962年,美国贝尔实验室将它的寻呼系统改造成自动寻呼系统。1965年,美国研制出了数字式的寻呼系统。这样,不仅提高了编码速度,也提高了抗干扰性。这时的寻呼机已能接收并显示数字和英文字符,可以传送简单的短评代码,使寻呼机不仅有声音信息,而且能显示数字代码信息。

无线电寻呼由3个部分构成:寻呼中心、基站和寻呼接收机。如果主叫用户要寻找某一个被叫用户时,他可利用市内电话拨通寻呼台,并告知被叫用户的寻呼编号,主叫用户的姓名,回电话号码及简短的信息内容。话务员将其输入计算机终端,经过编码调制,最后由基站无线电发射机发送出去。被叫用户如在基站的覆盖范围内,他身上的寻呼接收机则会收到无线寻呼信号,并发出"哔哔"声或振动(故俗称"BP"机)。同时,把收到的信息存入存储器,并在液晶显示屏上显示出来。这时被叫用户就可获得所传信息,或回主叫用户一个电话进行联系。

在第一台寻呼机诞生后的半个世纪里,无线电寻呼通信曾经以惊人的速度迅猛发展。面对新的通信技术革命潮水般涌来,无线电寻呼系统已经被能双向实时通信的蜂窝移动通信系统所取代。

1.4.2 无绳电话系统

无绳电话是指用无线传输信道代替普通电话线,在限定的业务区内给无线用户提供移动或固定公共交换电话网(PSTN)业务的电话系统,为连接便携手持机和专用基站的全双工无线接入系统。无绳电话系统主要传输媒介是微波、激光、红外线等,采用的是微蜂窝或微微蜂窝无线传输技术。

最早的商用无绳电话CT0是美国在1973年推出的,俗称"子母机",适用于家庭内部,实现副机与座机之间的"无绳"连接,用户可在100~200m范围内方便地使用电话系统。20世纪70年代出现的无绳电话统称为第一代模拟无绳电话系统(CT1)。由于采用模拟技术,通话质量很不理想,保密性也差。

20世纪90年代中期出现了第二代数字无绳电话系统,典型系统有英国及加拿大的CT2/CT2+、泛欧数字无绳电话系统(DECT)、日本的个人手持电话系统(PHS)和美国的个人接入通信系统(PACS)等。数字无绳电话具有六大优势:高清晰通话音质;安全保密抗干扰;更大的通话范围;功耗低电力持久;可扩展内部通话;健康环保低辐射。

我国的第二代数字无绳电话系统(俗称"小灵通",PAS)主要是在日本PHS系统的基础上,根据我国的国情,把PHS-WLL(PHS-无线本地环路)技术和程控交换机、铜缆、SDH光环通过V5接口技术融为一体的一项技术,是对现有固定电话业务的一种延伸和补充。PAS系统是一种灵活且功能强大的无线市话系统,它通过用户与本地交换局之间的无线方式接入,为本地环路或用户接入网服务。自1998年在浙江省余杭市开通无线市话后,"小灵通"在全国各地得到了迅猛发展。

PAS系统由本地市话网、无线接入设备、基站控制器(RPC)、基站(RP)、无线电话(手持PS)等几大部分组成,同时通过空中话务控制器(ATC)实现本地区PAS之间的漫游。PAS多址接入方式采用FDMA/TDMA技术,其关键技术包括以下几项。

(1)采用微蜂窝技术,信道动态分配,系统可自动调整各基站的载频分配方案,方便扩容,无须频率规划,增加了系统容量,降低了发射功率,使手机体积减小、功耗降低,支持覆盖区域内手机的无缝漫游、越区切换。

(2)采用32kbps ADPCM语音编码方式,通话质量非常接近有线电话,并优于普通蜂窝电话通信质量。采用$\pi/4$-QPSK调制方式,以384kbps的信道速率进行信息传送,提高了频谱利用率。

(3) 有完善的鉴权和保密机制,防止非法用户进入和窃听。

PAS 系统提供的主要业务:①基本语音电话业务;②补充业务,包括呼出限制、免打扰、呼叫转移、追查恶意呼叫、丢话提示等;③增值业务,包括短消息、手机上网、32/64kbps 无线数据接入、定位业务等;④智能业务,包括预付费、亲情号码、移动虚拟专用网(MVPN)等;⑤新业务,如区域限制业务(实现本地通、本省通等业务)等。

2009 年 2 月,中国电信和中国联通接到工业和信息化部相关文件,2011 年底已妥善完成"小灵通"退市的相关工作。

1.4.3 数字蜂窝移动通信系统

第一代模拟移动通信系统引入蜂窝频率复用方法,使大区制向小区制改变,解决了频谱资源受限问题。尽管如此,其存在的问题也很多,如频谱利用率过低;随着用户的增加,频率资源与用户容量的矛盾再次突出;业务单一,仅提供语音服务;保密性差;标准和体制难以统一,无法解决跨国漫游等问题。因此,在 20 世纪 90 年代,模拟移动通信被数字移动通信系统所代替,并在以后沿着 2G→3G→4G→5G 的方向发展。

1. 第二代移动通信系统(2G)

2G 是数字蜂窝移动通信系统,它克服了模拟系统的很多缺陷,具有数字传输的许多优点,一经推出就引起人们的极大关注,在全球得到了迅猛发展。典型的 2G 系统有 1992 年欧洲电信标准化协会(ETSI)推出的 GSM 系统,美国提出的两个标准:1991 年提出的基于 TDMA 的 IS-54(D-AMPS)和 1993 年提出的基于 CDMA 的 IS-95(窄带 CDMA,N-CDMA),1994 年投入运行的日本个人数字蜂窝系统 PDC 等。在这些系统中,全球影响最大、应用最广的系统是 GSM 和 IS-95 两大系统。

最成功的 2G 系统为欧洲的 GSM,占有全球绝大多数市场。GSM 在以下很多方面都具有重要的技术优势。

(1) 频谱效率。由于采用了高效调制器、信道编码、交织、均衡和语音编码技术,使系统具有高频谱效率。

(2) 容量。由于每个信道传输带宽增加,使同频复用载干比要求降低至 9dB,故 GSM 系统的同频复用模式可以缩小到 4/12 或 3/9 甚至更小(模拟系统为 7/21);加上半速率语音编码的引入和自动话务分配以减少越区切换的次数,使 GSM 系统的容量效率(每兆赫每小区的信道数)比 TACS 系统高 3~5 倍。

(3) 语音质量。鉴于数字传输技术的特点以及 GSM 规范中有关空中接口和语音编码的定义,在门限值以上时,语音质量总是达到相同的水平而与无线传输质量无关。

(4) 开放的接口。GSM 标准所提供的开放性接口,不仅限于空中接口,而且包括网络之间以及网络中各设备实体之间,如 A 接口和 Abis 接口。

(5) 安全性。通过鉴权、加密和 TMSI 号码的使用,达到安全的目的。鉴权用来验证用户的入网权利。加密用于空中接口,由 SIM 卡和网络 AUC 的密钥决定。TMSI 是一个由业务网络给用户指定的临时识别号,以防止有人跟踪而泄露其地理位置。

(6) 与 ISDN、PSTN 等的互联。与其他网络的互联互通,常利用现有的接口,如 ISUP 或 TUP 等。

（7）在 SIM 卡基础上实现漫游。漫游是移动通信的重要特征，它标志着用户可以从一个网络自动进入另一个网络。GSM 系统可以提供全球漫游，当然也需要网络运营者之间的某些协议，如计费。

IS-95 是由美国高通公司与美国电信工业协会（Telecommunications Industry Association, TIA）发起的第一个基于 CDMA 数字蜂窝标准。基于 IS-95 的第一个品牌是 CDMA-One，由 2G CDMAOne 标准延伸的 3G 标准为 CDMA 2000。IS 全称为 Interim Standard，即暂时标准，它也常作为整个系列名称使用。IS-95 由于采用 CDMA 技术，除了具备 GSM 数字移动通信的优点外，还具有以下 3 个独特优势。

（1）频谱利用率比 FDMA、TDMA 高得多；
（2）支持软切换技术；
（3）保密性好、抗干扰能力强。

总体上，2G 系统存在的主要问题是：无法适应人们对通信业务多样化的要求；无法支持较高速率的数据业务；仍不能满足日益增长的用户容量要求。于是，ITU 开始了 3G 技术标准的征集工作。

2. 第三代移动通信系统（3G）

1999 年底，ITU 最终确定了 3 种主流的 3G 系统，即 WCDMA、CDMA 2000 和 TD-SCDMA，这 3 种标准都是基于 CDMA 多址接入技术，其工作方式分别为频分双工 – 直扩（FDD-DS）、频分双工 – 多载波（FDD-MC）和时分双工（TDD）。2007 年 10 月，ITU 在日内瓦举行的无线通信全体会议上，经过多数国家投票通过，WiMAX 正式被批准成为第四个全球 3G 标准。

1）WCDMA

WCDMA（Wide-band CDMA）即宽带码分多址接入，是在 GSM/GPRS 基础上演进的 3G 标准，这很大程度上是由于 GSM 的巨大商业成功造成的。WCDMA 采用直接序列扩频码分多址（DS-CDMA）、频分双工（FDD）方式，码片速率为 3.84Mc/s，载波带宽为 5MHz。在高速移动的状态，可提供 384kbps 的数据传输速率；在低速或是室内环境下，则可提供高达 2Mbps 的数据传输速率。相比第二代移动通信制式，WCDMA 具有更大的系统容量、更优的语音质量、更高的频谱效率、更快的数据传输速率、更强的抗衰落能力、更好的抗多径能力、能够应用于高达 500km/h 的移动终端的技术优势，而且能够从 GSM 系统进行平滑过渡，保证运营商的投资，为 3G 运营提供了良好的技术基础。

WCDMA 有 Release 99、Release 4、Release 5、Release 6、Release 7 等版本。Release 99 是第一个成熟的商用版本。核心网方面，在 Release 4 版本引入软交换（Soft Switch）技术，在 Release 5 版本引入 IP 多媒体子系统（IMS）。无线链路性能增强方面，在 Release 5 版本引入了下行链路增强技术，即 HSDPA（High Speed Downlink Packet Access，高速下行分组接入），在 5MHz 的带宽内可提供最高 14.4Mbps 的下行数据传输速率。在 Release 6 版本引入了上行链路增强技术，即 HSUPA（High Speed Uplink Packet Access，高速上行分组接入）技术，在 5MHz 的带宽内可提供最高约 6Mbps 的上行数据传输速率。

WCDMA 具有以下技术特点。
（1）基站同步方式：支持异步和同步的基站运行方式，灵活组网。
（2）信号带宽：5MHz；码片速率：3.84Mc/s。

（3）发射分集方式：TSTD（时间切换发射分集）、STTD（时空编码发射分集）、FBTD（反馈发射分集）。

（4）语音编码：自适应多速率语音编码（AMR），与 GSM 兼容。

（5）信道编码：卷积码和 Turbo 码，支持 2Mbps 速率的数据业务。

（6）信道化码：前向 OVSF，扩频因子 4~512；反向 OVSF，扩频因子 4~256。

（7）扰码：前向为 18 位 GOLD 码；反向为 24 位 GOLD 码。

（8）调制和解调方式：上行采用 BPSK；下行采用 QPSK；导频辅助的相干解调。

（9）功率控制：上下行闭环功率控制，外环功率控制。

（10）MAP 技术和 GPRS 隧道技术是 WCDMA 体制移动性管理机制的核心，保持与 GSM/GPRS 网络的兼容性。

（11）支持软切换和更软切换。

2）CDMA 2000

CDMA 2000 是在 2G CDMAOne 基础上发展起来的 3G 技术标准，与另两个主要的 3G 标准 WCDMA 以及 TD-SCDMA 不兼容。CDMA 2000 是由美国高通（Qualcomm）公司提出，包括以下几个主要版本。

（1）CDMA 2000 1x。CDMA 2000 1x 是 CDMA 2000 技术的核心。1x 是指使用一对 1.25MHz 带宽信道的 CDMA 2000 无线技术，理论上支持最高达 144kbps 数据传输速率。尽管获得 3G 技术的官方资格，但是通常被认为是 2.5G 或者 2.75G 技术，因为它的数据传输速率只是其他 3G 技术的几分之一。较之以前的 CDMA 网络，它拥有双倍的语音容量。

（2）CDMA 2000 1xEV。CDMA 2000 1xEV（Evolution－发展）是 CDMA 2000 1x 附加了高数据速率（HDR）能力。CDMA 2000 1xEV 一般分成两个阶段。

① CDMA 2000 1xEV 第一阶段：CDMA 2000 1xEV-DO（Evolution-Data Only，发展－只是数据），在一个无线信道传送高速报文数据的情况下，理论上支持下行数据传输速率最高 3.1Mbps，上行数据传输速率最高 1.8Mbps。

② CDMA 2000 1xEV 第二阶段：CDMA 2000 1xEV-DV（Evolution-Data and Voice，发展－数据和语音），理论上支持下行数据传输速率最高 3.1Mbps，上行数据传输速率最高 1.8Mbps。CDMA 2000 1xEV-DV 还能支持 1x 语音用户，1x 数据用户和高速 CDMA 2000 1xEV-DV 数据用户使用同一无线信道并行操作。

（3）CDMA 2000 3x。CDMA 2000 3x 利用一对 3.75 MHz（3x1.25 MHz）无线信道实现高速数据传输速率。CDMA 2000 3x 版本的 CDMA 2000 有时称为多载波 CDMA（MC-CDMA）系统，这一版本的技术实现较困难，市场商用情况不如 CDMA 2000 1x。

3）TD-SCDMA

TD-SCDMA（Time Division-Synchronous Code Division Multiple Access，时分同步码分多址）作为中国提出的 3G 技术标准，自 1998 年正式向 ITU 提交，完成了标准的专家组评估、ITU 发布、与 3GPP 体系的融合、新技术特性引入等一系列的国际标准化工作，从而使 TD-SCDMA 标准成为第一个由中国提出的、以中国自主知识产权为主的、被国际上广泛接受和认可的无线通信国际标准。TD-SCDMA 是我国电信史上重要的里程碑，相对于另两个主要 3G 标准 CDMA 2000 和 WCDMA，它的起步较晚，技术不够成熟，但它的发展和成熟得到了中国工业和信息化产业部以及国内学术和通信技术研究机构的大力支持。

TD-SCDMA 具有以下技术特点和优势：

（1）TD-SCDMA 空中接口采用 FDMA、TDMA、CDMA 和 SDMA（智能天线）4 种多址技术，综合利用 4 种技术资源分配时在不同角度上的自由度，得到可以动态调整的最优资源分配。

（2）灵活的上下行时隙配置，便于提供非对称业务。工作在 TDD 模式下的 TD-SCDMA 系统在周期性重复的时间帧里传输基本 TDMA 突发脉冲，通过周期性地转换传输方向，在同一载波上交替进行上下行链路传输。TDD 方案的优势在于系统可根据不同的业务类型灵活地调整链路的上下行转换点。另一优势是系统无须成对频段，从而可以使用 FDD 系统无法使用的任意频段。

（3）可以克服呼吸效应和远近效应。TD-SCDMA 可以通过低带宽 FDMA 和 TDMA 抑制系统的主要干扰，在单时隙中采用 CDMA 技术提高系统容量，而通过联合检测和智能天线技术（SDMA 技术）克服单时隙中多个用户之间的干扰，因而产生呼吸效应和远近效应的因素显著降低，TD-SCDMA 的干扰（尤其是自干扰）影响被大大削弱。

（4）智能天线和联合检测技术相结合，大大改善了接收信号质量。在 TD-SCDMA 系统中，基站系统通过数字信号处理技术与自适应算法，使智能天线动态地在覆盖空间中形成针对特定用户的定向波束，充分利用下行信号能量并最大程度地抑制干扰信号。基站通过智能天线在整个小区内跟踪终端的移动，这样终端的信噪比得到了极大改善，提高业务质量。联合检测技术即"多用户干扰"抑制技术，是消除和减轻多用户干扰的主要技术，它把所有用户的信号都当作有用信号处理，这样可以充分利用用户信号的扩频码、幅度、定时、延迟等信息，从而大幅降低多址干扰。TD-SCDMA 系统采用的低码片速率有利于各种联合检测算法的实现。将智能天线技术和联合检测技术相结合，可获得较为理想的效果。

（5）同步 CDMA 技术。同步 CDMA 指上行链路各终端信号在基站解调器完全同步，它通过软件及物理层设计来实现，这样可使正交扩频码的各个码道在解扩时完全正交，相互间不会产生多址干扰，克服了异步 CDMA 码道非正交所带来的干扰，提高了 TD-SCDMA 系统容量和频谱利用率，还可简化硬件电路，降低成本。

4）WiMAX

WiMAX 即全球微波互联接入，也称为 IEEE 802.16 或无线城域网。WiMAX 是一项新兴的宽带无线接入技术，能提供面向互联网的高速连接，数据传输距离最远可达 50km。根据是否支持移动特性，IEEE 802.16 标准可以分为固定宽带无线接入空中接口标准和移动宽带无线接入空中接口标准，其中 2003 年 4 月发布的 IEEE 802.16a 和 2004 年 10 月发布的 IEEE 802.16d 属于固定无线接入，而 2005 年年底发布的 IEEE 802.16e 属于移动宽带无线接入。

WiMAX 一开始就采用了许多先进的通信技术，核心关键技术有正交频分多址接入（OFDMA）和多输入/多输出（MIMO）智能天线技术。WiMAX 具有以下五大优势。

（1）先进的技术性能。采用 OFDMA、MIMO、AMC、HARQ 等先进技术。

（2）实现更远的传输距离。WiMAX 所能实现的 50km 无线信号传输距离是无线局域网所不能比拟的，网络覆盖面积是 3G 发射塔的 10 倍，只要少数基站建设就能实现全城覆盖，这样就使无线网络应用的范围大大扩展。

（3）提供更高速的宽带接入。WiMAX 所能提供的最高接入速率是 70Mbps，这个速率是 3G 所能提供接入速率的 30 倍。对无线网络来说，这的确是一个惊人的进步。

（4）提供优良的"最后一公里"网络接入服务。作为一种无线城域网技术，它可以将 Wi-Fi 热点连接到互联网，也可作为 DSL 等有线接入方式的无线扩展，实现"最后一公里"的宽带接入。WiMAX 可为 50km 线性区域内提供服务，用户无须线缆即可与基站建立宽带连接。

（5）提供多媒体通信服务。由于 WiMAX 较之 Wi-Fi 具有更好的可扩展性和安全性，从而能够实现电信级的多媒体通信服务。

由于 WiMAX 既具有宽带无线接入的突出优势，又朝着移动化方向发展，这样就对传统 3G 技术标准构成了很大威胁，使 WiMAX 在一段时间备受业界关注和争议。直到 2007 年 10 月，ITU 最终把 WiMAX 列为第四个 3G 标准，关于 WiMAX 的各种讨论才尘埃落定。2010 年英特尔放弃 WiMAX，WiMAX 电信运营商也逐渐向 LTE 转移，WiMAX 论坛于 2012 年将 TD-LTE 纳入 WiMAX 2.1 规范，一些 WiMAX 运营商也开始将设备升级为 TD-LTE。

1.4.4 数字集群移动通信系统

集群通信系统即无线专用调度通信系统，是一种用于集团调度指挥的移动通信系统，主要应用在专业通信领域。与普通的移动通信不同，集群通信最大的特点是，语音通信采用 PTT(Push-to-Talk)按键，以一按即通的方式接续，被叫用户无须摘机即可接听，且接续速度较快，并能支持群组呼叫等功能。集群通信是很早就已出现的一种通信方式，多年来，集群通信已从"一对一"的对讲机形式、同频单工组网形式、异频双工组网形式以及进一步带选呼的系统，发展到多信道用户共享的调度系统，并在政府部门、军队、警务、水利、电力、铁路、钢铁以及民航、物流等各行各业的指挥调度中发挥了重要作用。

数字集群通信系统是将数字信令方式、数字语音编码技术和先进的调制/解调等数字技术应用在集群系统，集多功能于一体，能提供指挥调度、电话互联、数据传输、短消息收/发等多种业务。数字集群技术从 20 世纪 90 年代中期在全球范围内兴起，得到了广泛应用并取得了良好的社会效益和经济效益。数字集群的标准多种多样，从国际上来看，主要有 TETRA、iDEN、FHMA、APC025 等几种，其中 TETRA 和 iDEN 这两种标准作为主流技术得到了较为广泛的应用。2000 年 12 月，信息产业部发布了我国《数字集群移动通信系统体制》，将 TETRA 和 iDEN 作为电子行业推荐性标准，同时规定了集群通信系统的工作频段，为我国新的数字集群通信运营商的建网和运营提供了技术基础。

除了以上介绍的两种全球主流集群标准外，我国也研发出了一些具有自主知识产权的数字集群标准。国内设备厂商中兴和华为分别开发的基于公众移动通信网的 GoTa（Global open Trunking Architecture，全球开放集群体制）和 GT 800 数字集群通信系统就是其中的代表。GoTa 是中兴公司在 CDMA 2000 系统基础上开发的一种集群技术，是对公众 CDMA 通信网络在应用上的扩展。GT 800 则是华为公司在 GSM 基础上研发而成的基于集群专网应用的技术体制。2004 年年底，信息产业部发布了《基于 GSM 技术的数字集群系统总体技术要求》和《基于 CDMA 技术的数字集群系统总体技术要求》两个数字集群推荐性行业标准，将 GoTa 和 GT 800 纳入了国内数字集群系统范畴。

以上4种标准各有特点,TETRA作为ETSI制定的技术体制,在开放性和兼容性上优势明显,同时,TETRA在业务多样性和保密安全性上优于iDEN,在调度功能上比较完善,所以TETRA十分适于专网中的应用。iDEN标准则在频率利用率和信道编码调制方面有一定优势,但和TETRA相比,由于不具备脱网直通、动态重组和VPN等功能,所以更适用于公网建设。而国内的两种标准GoTa和GT800有一个共同特点,即在公众网络CDMA和GSM上的扩展,所以特别适用于各个电信运营商在原有公众网络的基础上进行开发建设。

1.4.5 卫星移动通信系统

卫星移动通信系统的最大特点是利用卫星通信,采用TDMA和CDMA多址接入技术,为全球用户提供大跨度、大范围、远距离的漫游和机动、灵活的移动通信服务,是陆地蜂窝移动通信系统的扩展和延伸,在偏远的地区、山区、海岛、受灾区、远洋船只以及远航飞机等通信方面更具独特的优越性。

卫星移动通信系统,按应用环境可分为海上、空中和地面,因此有海事卫星移动通信系统(MMSS)、航空卫星移动通信系统(AMSS)和陆地卫星移动通信系统(LMSS);按所用轨道可分为静止轨道(GEO)和中轨道(MEO)、低轨道(LEO)卫星移动通信系统,其中GEO是同步轨道系统,MEO和LEO是非同步轨道系统。

GEO系统技术成熟,其同步卫星有着巨大的覆盖面积,一颗同步通信卫星就可以覆盖地球面积的1/3,只要有3颗同步卫星就可以实现全球除南北极之外地区的通信。这已成为世界上洲际以及远距离的重要通信方式,并且在部分地区陆、海、空领域的车、船、飞机移动通信中也占有市场。目前,可提供业务的GEO系统有INMARSAT系统、北美卫星移动系统(MSAT)、澳大利亚卫星移动通信系统(Mobilesat系统)。1976年,世界上第一个卫星移动通信系统Marist(海事卫星移动通信系统)开始商业运营,提供电话和电报服务。1979年,成立了国际海事卫星组织(INMARSAT),并从1982年开始先后租用7颗卫星组成第一代的INMARSAT卫星通信系统,为船只提供全球卫星移动通信服务。随着通信业务量的增长,1990—1994年,又发射了4颗第二代的INMARSAT卫星。此外,1992年,澳大利亚用AUSSAT-B卫星提供国内卫星移动通信服务。加拿大和美国联合建立北美移动业务卫星通信系统(MAST),计划为陆地、海上和空中移动用户提供服务,并于1994年和1995年先后发射了2颗MAST卫星。

同步通信卫星无法实现个人手机的移动通信,解决这个问题可以通过利用MEO和LEO的通信卫星。LEO系统具有传输时延短、路径损耗小、易实现全球覆盖及避开了静止轨道的拥挤等优点,目前典型的系统有Iridium(铱星系统)、Global-star(全球星系统)、Teldest等系统。其中,铱星系统于1999年投入运营,后因经营不善而宣布破产。全球星系统于2000年投入运营。MEO则兼有GEO、LEO两种系统的优缺点,典型的系统有Odyssey、AMSC、INMARSMT-P系统等。另外,还有区域性的卫星移动系统,如亚洲的AMPT、日本的N-STAR、巴西的ECO-8系统等。

MEO和LEO卫星距离地面只有几百千米或几千千米,它在地球上空快速绕地球转动,因此称为非同步地球卫星,或称移动通信卫星,这种卫星系统是以个人手机通信为目标而设计的。这些系统用几十颗中、低轨道小型卫星把整个地球表面覆盖起来,就好像把一个覆盖全球的蜂窝移动通信系统"倒过来"设置在天空上。每颗卫星可以覆盖直径为几百千米的面积,比地面蜂窝小区基站的覆盖面积大得多。卫星形成的覆盖站区在地球表面上是迅速移动的,约2h就绕地球一周,因此对用户的手机来说,也存在"越区切换"问题。与陆地蜂窝移动通信系统不同的是,陆地蜂窝系统是用户移动通过小区,而卫星移动通信系统则是小区移动通过用户,这种不同使卫星移动通信系统解决"越区切换"问题比陆地蜂窝系统还要简单一些。

虽然卫星移动通信系统覆盖全球,能解决人口稀少、通信不发达地区的移动通信服务,是全球个人通信的重要组成部分,但是它的服务费用较高,目前还无法代替陆地蜂窝移动通信系统。

1.4.6 无线局域网

无线局域网络(Wireless Local Area Networks, WLAN)是一种重要的无线数据网络,它是利用无线通信技术在一定局部范围内建立的网络,提供传统有线局域网(Local Area Network, LAN)的功能,能够使用户实现在一定范围内随时、随地、随意地宽带网络接入。

WLAN开始是作为LAN的延伸而存在的,各类团体、企事业单位广泛采用了WLAN技术来构建其办公网络。但随着应用的进一步发展,WLAN正逐渐从传统意义上的局域网技术发展成为"公共无线局域网",成为互联网宽带接入手段。基于IEEE 802.11标准的WLAN允许在局域网络环境中使用可以不必授权的ISM频段中的2.4GHz或5GHz射频波段进行无线连接。它们被广泛应用,从家庭到企业再到互联网接入热点。WLAN具有易安装、易扩展、易管理、易维护、高移动性、保密性强、抗干扰等特点。

由于WLAN是基于计算机网络与无线通信技术,在计算机网络结构中,逻辑链路控制(LLC)层及其之上的应用层对不同的物理层的要求可以是相同的,也可以是不同的,因此,WLAN标准主要是针对物理层和媒质访问控制层(MAC),涉及所使用的无线频率范围、空中接口通信协议等技术规范与技术标准。

在WLAN迅猛发展的同时,WLAN标准之争也成为许多厂商和运营商非常关注的一个话题。最著名的两个标准是国际电子电气工程师协会(IEEE)的IEEE 802.11系列标准和欧洲电信标准化协会(ETSI)大力推广的HipperLAN1/HipperLAN2标准。

1. IEEE 802.11系列主要标准

1) IEEE 802.11

1990年,IEEE 802标准化委员会成立IEEE 802.11WLAN标准工作组。IEEE 802.11 (Wireless Fidelity, Wi-Fi, 无线保真)是IEEE在1997年6月制定的一个无线局域网标准,主要用于解决办公室局域网和校园网中用户与用户终端的无线接入,业务主要限于数据访问,速率最高只能达到2Mbps。由于IEEE 802.11在速率和传输距离上都不能满足人们的需要,所以IEEE 802.11标准被IEEE 802.11b所取代。

2) IEEE 802.11b

1999年9月,IEEE 802.11b被正式批准,该标准规定WLAN工作频段在2.4~2.4835 GHz,数据传输速率达到11Mbps。该标准是对IEEE 802.11的一个补充,采用补偿编码键控调制方式,采用点对点模式和基本模式两种模式,在数据传输速率方面可以根据实际情况在11Mbps、5.5Mbps、2Mbps、1Mbps的不同速率间自动切换,它改变了WLAN设计状况,扩大了WLAN的应用领域。IEEE 802.11b曾经是主流的WLAN标准,被多数厂商所采用,所推出的产品广泛应用于办公室、家庭、宾馆、车站、机场等众多场合。但是由于许多WLAN的新标准的出现,IEEE 802.11a 和 IEEE 802.11g 更是倍受业界关注。

3) IEEE 802.11a

1999年,IEEE 802.11标准制定完成,该标准规定WLAN工作频段在5.15~8.825GHz,数据传输速率达到54Mbps/72Mbps(Turbo),传输距离控制在10~100m。该标准也是IEEE 802.11的一个补充,扩充了标准的物理层,采用正交频分复用(OFDM)的独特扩频技术,采用QFSK调制方式,可提供25Mbps的无线ATM接口和10Mbps的以太网无线帧结构接口,支持多种业务,如语音、数据和图像等,一个扇区可以接入多个用户,每个用户可带多个用户终端。

IEEE 802.11a标准是IEEE 802.11b的后续标准,其设计初衷是取代IEEE 802.11b标准。然而,工作于2.4GHz频段是不需要执照的,该频段属于工业、教育、医疗等专用频段,是公开的;工作于5.15~8.825GHz频段则需要执照。一些公司仍没有表示对IEEE 802.11a标准的支持,一些公司更加看好最新混合标准,即IEEE 802.11g。

4) IEEE 802.11g

在IEEE 802.11a和IEEE 802.11b之后,IEEE 802.11工作组开始定义新的物理层标准IEEE 802.11g。与以前的IEEE 802.11协议标准相比,IEEE 802.11g有以下两个特点:①在2.4GHz频段使用OFDM调制技术,使数据传输速率提高到20Mbps以上;②能够与IEEE 802.11b的Wi-Fi系统互联、互通,可共存于同一接入点(AP)的网络,从而保障后向兼容性。这样,原有的WLAN系统可以平滑地向高速WLAN过渡,延长了IEEE 802.11b产品的使用寿命,降低了用户的投资。2003年7月,IEEE 802.11工作组批准了IEEE 802.11g草案。

5) IEEE 802.11i

IEEE 802.11i标准是结合IEEE 802.1X中的用户端口身份验证和设备验证,对WLAN MAC层进行修改与整合,定义了严格的加密格式和鉴权机制,以改善WLAN的安全性。IEEE 802.11i新修订标准主要包括两项内容:"Wi-Fi保护访问"(Wi-Fi Protected Access,WPA)技术和"强健安全网络"(Robust Security Network,RSN)。Wi-Fi联盟采用IEEE 802.11i标准作为WPA的第二个版本,并于2004年初开始实行。

6) IEEE 802.11e/f/h

IEEE 802.11e标准对WLAN MAC层协议提出改进,以支持多媒体传输,并支持所有WLAN无线广播接口的服务质量(QoS)保证。IEEE 802.11f定义访问节点之间的通信,支持IEEE 802.11的接入点互操作协议(IAPP)。IEEE 802.11h用于IEEE 802.11a的频谱管理技术。

2. HiperLAN标准

ETSI的宽带无线电接入网络(BRAN)小组在1997年推出Hiper(High Performance Radio)接入泛欧标准HiperLAN1,该标准不像IEEE 802.11标准是基于产品的,而是基于ETSI所规定的一些具体功能要求,如数据速率、覆盖范围、具有多跳Ad-hoc能力等,因此没有制造商采用这个标准来生成WLAN产品。所以,HiperLAN1是一个不成功的标准。

在HiperLAN1之后的标准是2000年制定完成的HiperLAN2。HiperLAN2标准的最高数据传输速率能达到54Mbps,HiperLAN2标准详细定义了WLAN的检测功能和转换信令,用以支持许多无线网络,支持动态频率选择、无线信元转换、链路自适应、多束天线和功率控制等。该标准在 WLAN 性能、安全性、服务质量等方面也给出了一些定义。HiperLAN2 更高层的工作机制很容易实现将无线局域网集成到下一代蜂窝移动通信系统中。因此,HiperLAN2 标准也是较完善的 WLAN 协议,并在欧洲得到了广泛的支持和应用。

1.5 通信行业标准化组织

1.5.1 国际标准化组织

1. 国际电信联盟(ITU)

ITU 是联合国的一个重要专门机构,是世界各国政府的电信主管部门之间协调电信方面事务的一个国际组织,成立于 1865 年 5 月 17 日。因此,每年的 5 月 17 日是世界电信日。ITU 总部设在瑞士日内瓦,包括 190 多个成员国以及 700 多个部门成员和学术成员,我国由工业和信息化部派常驻代表。

ITU 的宗旨:维护和扩大会员之间的合作,以改进和合理使用各种电信;促进对发展中国家的援助;促进技术设施的发展及其最有效的运营,以提高电信业务的效率;扩大技术设施的用途并尽量使之为公众普遍利用;促进电信业务的使用,为和平联系提供方便等。

ITU 的组织结构主要分为电信标准化部门(ITU-T)、无线电通信部门(ITU-R)和电信发展部门(ITU-D)。ITU 每年召开一次理事会,每 4 年召开一次全权代表大会、世界电信标准大会和世界电信发展大会,每 2 年召开一次世界无线电通信大会。ITU 的简要组织结构如图 1.5 所示。

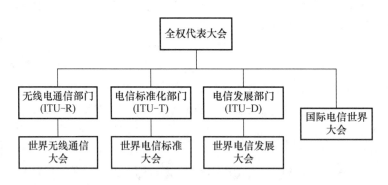

图 1.5 ITU 组织结构图

目前,电信标准化部门主要活动的有 10 个研究组,每个组的研究方向分别如下。
(1) SG2,业务提供和电信管理的运营问题;
(2) SG3,包括相关电信经济和政策问题在内的资费及结算原则;
(3) SG5,环境和气候变化;
(4) SG9,电视和声音传输及综合宽带有线网络;
(5) SG11,信令要求、协议和测试规范;
(6) SG12,性能、服务质量(QoS)和体验质量(QoE);
(7) SG13,包括移动和下一代网络(NGN)在内的未来网络;
(8) SG15,光传输网络及接入网基础设施;

（9）SG16，多媒体编码、系统和应用；

（10）SG17，安全。

目前，无线电通信部门主要活动的有6个研究组，每个组的研究方向分别如下。

（1）SG1，频谱管理；

（2）SG3，无线电波传播；

（3）SG4，卫星业务；

（4）SG5，地面业务；

（5）SG6，广播业务；

（6）SG7，科学业务。

目前ITU-D设立了两个研究组，每个组的研究方向分别如下。

（1）SG1，电信发展政策和策略研究；

（2）SG2，电信业务、网络以及ICT应用的发展和管理。

各种ITU会议所产生的文献有会议录、建议书、白色文件（会议文稿）、手册等。ITU-T的建议是集中有关意见，生成由各相关部门自愿接受的标准。ITU-R的建议是命令，由各主权国家在法律上接受。与ITU-R建议保持一致，是国际法的要求。ITU-D的建议则是提供成功的经验，供发展中国家参考。

2. 因特网工程任务组（IETF）

IETF主要任务是负责因特网相关技术规范的研发和制定，当前绝大多数因特网技术标准均出自IETF。IETF是一个公开性质的大型民间国际团体，汇集了与因特网架构和因特网顺利运作相关的网络设计者、运营者、投资人和研究人员，并欢迎所有对此行业感兴趣的人士参与。IETF每年举行三次会议，规模均在千人以上。任何人都可以注册参加IETF的会议。

IETF体系结构分为三类，包括因特网架构委员会（IAB）、因特网工程指导委员会（IRSG）和在不同领域的工作组（WG），如图1.6所示。IAB和IETF是因特网协会（ISOC）的成员。IAB成员由IETF参会人员选出，负责监管各个工作组的工作状况。IESG主要职责是接收各个工作组的报告，对他们的工作进行审查，然后对他们提出的标准、建议提出指导性意见。标准制定工作则具体由工作组承担，目前分成8个工作领域，包括互联网路由、传输、应用、安全领域等。

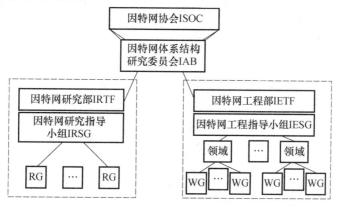

图1.6 IETF组织结构图

IETF 产生两种文件:第一个称为 Internet Draft,即"因特网草案";第二个称为 RFC (Request for Comments)。尽管 IETF 很多重要的文件都是从因特网草案开始,但仅仅成为因特网草案毫无意义。在因特网草案中,有一些提交上来变成 RFC,有些提出来讨论,有一些拿出来就是想发表一些文章。RFC 更为正式,一般被批准公布以后,它的内容不做改变。RFC 的名字是有历史原因的,原来称为"意见征求书"或"请求注解文件",现在名字实际上和它的内容并不一致。RFC 有好多种:①它是一种标准;②它是一种试验性的,无非是说人们在一起想做这样一件事情,尝试一下;③是文献历史性的,记录人们曾经做过一件事情是错误的,或者是不工作的;④提供介绍性信息,其实里边可能什么内容都有。作为标准的 RFC 又分为几种:第一种是提议性的,即建议采用这个作为一个方案而列出;第二种是完全被认可的标准,这种是大家都在用,而且是不应该改变的;第三种是现在的最佳实践法,它相当于一种介绍。制定因特网的正式标准要经过的 4 个阶段如图 1.7 所示。

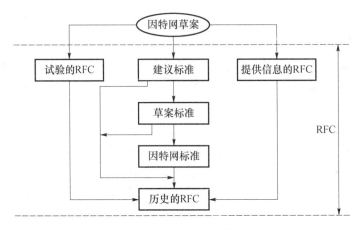

图 1.7　因特网标准制定

3. 电气和电子工程师协会(IEEE)

IEEE 是一个国际性的电子技术与信息科学工程师的协会,是目前全球最大的非营利性专业技术学会。IEEE 致力于电气、电子、通信、计算机工程等技术领域的开发和研究,制定技术标准,开展教育培训,奖励有科技成就的会员等。

IEEE 学会由主席和执行委员会共同领导。学会的重大事项由理事会和代表大会进行决策,日常事务由执行委员会负责完成。学会设有超导、智能运输系统、神经网络和传感器 4 个委员会和 38 个专业分学会,如航天和电子系统、计算机、通信、电路与系统等。学会还按 10 个地区划分,共有 300 多个地方分部。代表大会由来自 10 个地区学会和 10 个技术分部的代表构成。IEEE 有 7 万多专业义务工作者帮助开展各种活动,包括召开学术会议、出版期刊杂志、制定标准等。这些专业义务工作者分布在大区、地区分部、专业分会和学组中,他们有权投票决定 IEEE 的重大决策,而专职工作人员则没有投票权。

IEEE 出版有 70 多种期刊杂志,每个专业分会都有自己的刊物,主要的刊物有 IEEE Transaction(学报)、IEEE Magazine(杂志)、IEEE Journal(期刊)、IEEE Letters(快报)。IEEE 每年也会主办或协办 300 多项技术会议。据称,该组织每年发表的论文著作数量占全世界该领域当年发表量的 30%。

作为全球最大的专业学术组织,IEEE 在学术研究领域发挥重要作用的同时也非常重视标准的制定工作。IEEE 专门设有 IEEE 标准协会(IEEE-SA),负责标准化工作。IEEE 现有 40 多个主持标准化工作的专业委员会,每个委员会根据自身领域进行实际标准的制定。例如,我们熟悉的 IEEE 802.11、IEEE 802.16、IEEE 802.20 等系列标准,就是 IEEE 计算机专业学会下设的 IEEE 802 委员会负责主持的。IEEE 802 又称为局域网/城域网标准委员会(LMSC),致力于研究局域网和城域网的物理层和 MAC 层规范。

4. 第三代合作伙伴计划(3GPP)

为了制定一套全球性的第三代移动通信系统技术规范,欧洲 ETSI、美国 TIA、日本 TTC 和 ARIB、韩国 TTA 于 1998 年 12 月共同发起成立了 3GPP 标准化组织,签署了《第三代合作伙伴计划》。3GPP 基于 GSM/GPRS 核心网络技术,制定了一套先进的的 3G 无线技术规范,即通用地面无线接入(UTRA)。之后,3GPP 增加了对 UTRA 长期演进系统的研究和标准制定。3GPP 制定的标准规范以 Release 版本进行管理,从开始的 R99(WCDMA),演进到 R4、R5,R12 版本已经冻结,目前已经发展到 R13、R14。

3GPP 的工作以项目的形式进行开展和管理,包括 Study Item 和 Work Item。3GPP 对技术标准采用分系列的方式进行管理,如 WCDMA 和 TD-SCDMA 接入网部分标准在 25 系列,核心网部分标准在 22、23 和 24 等系列,LTE 标准在 36 系列等。

3GPP 的组织结构如图 1.8 所示,最上面是项目协调组(PCG),对技术规范组(TSG)进行管理和协调,3GPP 共分为 4 个 TSG,每一个 TSG 下面又分为多个工作组,每个工作组负责不同方面的具体标准化工作。

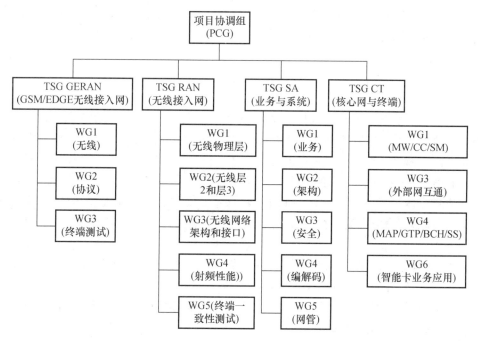

图 1.8 3GPP 组织结构图

3GPP 的会员包括 3 类:组织伙伴,市场代表伙伴和个体会员。目前有 6 个组织伙伴(OP),包括欧洲 ETSI、美国 TIA、日本 TTC 和 ARIB、韩国 TTA 以及我国 CCSA。此外,

3GPP 还有 TD-SCDMA 产业联盟(TDIA)、TD-SCDMA 论坛、CDMA 发展组织(CDG)等 13 个市场伙伴(MRP),以及 300 多家独立成员。

5. 第三代合作伙伴计划 2(3GPP2)

3GPP2 成立于 1999 年 1 月,由美国 TIA、日本 ARIB 和 TTC、韩国 TTA 4 个标准化组织发起,中国无线通信标准研究组(CWTS)于 1999 年 6 月正式加入。3GPP2 主要是制定以 CDMAOne 或者 IS-95 核心网为基础,CDMA2000 为无线接入技术的 3G 系统规范。

3GPP2 的目标、工作和组织机构与 3GPP 非常类似,主要不同之处在于,3GPP 制定的标准是 WCDMA 及其演进和发展,它的标准化工作主要受欧洲成员组织的影响;而 3GPP2 制定的标准是 CDMA 2000,它的成员主要是北美和亚洲的一些标准化组织,且受到拥有多项 CDMA 关键技术专利的高通公司的较多支持。因此,3GPP 和 3GPP2 两个机构在一定程度上存在竞争关系。

1.5.2 国内标准化组织

国内的通信标准化组织是中国通信标准化协会(CCSA)。CCSA 于 2002 年 12 月 18 日在北京正式成立,是国内通信企、事业单位自发联合组织起来的,是开展通信技术领域标准化活动的非营利性法人社会团体。CCSA 协会采用单位会员制,广泛吸收科研、技术开发、设计单位、产品制造企业、通信运营企业、高等院校、社团组织等参加。

CCSA 协会的主要任务:更好地开展通信标准研究工作,把通信行业内的运营企业、制造企业、研究单位以及高校等企事业单位组织起来,按照公平、公正、公开的原则制定标准,进行标准的协调、把关,把高技术、高水平、高质量的标准推荐给政府,把具有我国自主知识产权的标准推向世界,支撑我国的通信产业,为世界通信做出贡献。

1.6 本书内容安排

移动通信技术发展迅速,各种新技术层出不穷。另外,移动通信系统涉及领域广,移动终端类型多、功能复杂,多种无线接入技术共存,网络架构也在不断演进,移动应用开发技术和平台较多等。这些都对本书内容选择和结构安排上提出了较大挑战。本书定位在为广大通信类本科生和研究生提供移动通信的基础知识和介绍新技术的发展,在力图全面准确地介绍蜂窝移动通信系统基础理论和关键技术、典型系统的基础上,结合我们的一些最新研究成果,为广大读者在学习、工作方面提供有力的帮助。本书的具体内容和结构安排如下。

第 1 章,首先介绍移动通信的概念、特点及工作方式,然后介绍移动通信的发展历史及在我国的发展,并对常见的移动通信典型系统进行简单介绍。

第 2 章,介绍无线电波传播和移动无线信道,了解无线电波传播特性和移动无线信道特征,建立移动无线信道模型和电波传播损耗预测模型。

第 3 章,了解移动通信对调制解调技术的要求,介绍移动通信中常用的调制解调技术。

第 4 章,介绍无线链路性能增强技术,主要包括扩频通信、分集技术、均衡技术、MIMO 技术,了解它们抗干扰抗衰落能力的实现技术。

第 5 章,介绍蜂窝组网技术,主要包括频率复用技术、多址接入技术、CDMA 系统中的地址码技术、蜂窝网络的容量分析、无线信道分配和多信道共用、CDMA 系统中的功率控制、蜂窝网络的移动性管理等。

第 6 章,介绍第二代移动通信系统(2G)的典型代表 GSM 及其增强型技术 GPRS,主要包括 GSM 的频带划分、业务、GSM 系统的网络与接口、GSM 系统的信道、GSM 的无线数字传输、GSM 系统的号码与地址识别、GSM 呼叫接续和移动性管理、GPRS 网络接口、GPRS 空中接口、GPRS 的移动性管理和会话管理等。

第 7 章,介绍第三代移动通信系统(3G)的 3 种主流技术标准,包括 WCDMA、CDMA 2000、TD-SCDMA,了解它们的技术特征、网络结构以及系统发展。

第 8 章,介绍第四代移动通信系统(4G)的技术标准,主要介绍 LTE-Advance 的技术特征、网络结构、系统发展等。

习题与思考题

1.1 请描述移动通信的概念,并分析移动通信的主要特点。

1.2 移动通信的发展经历了哪些阶段?每个发展阶段的主要特征是什么?

1.3 移动通信的工作方式主要有哪些?分析说明常见的移动通信系统采用的工作方式。

1.4 请分析介绍 2G、3G、4G 移动通信系统在我国的应用和发展情况。

1.5 典型的移动通信系统有哪些?分别具有哪些显著特征?

第 2 章　无线电波传播与移动无线信道

移动通信系统的性能主要由移动无线信道环境决定。移动无线信道是指基站天线、移动台天线和收/发天线之间的传播路径,其无线通信是利用无线电波的传播特性实现的。与有线信道静态和可预测的典型特点相反,移动无线信道是动态且不可预测的。利用这类复杂的移动无线信道进行通信,首先必须分析和掌握移动无线信道的基本特点和实质,才能针对存在的问题给出相应的技术解决方法。因此,研究和熟悉无线电波的传播方式和特点,是我们理解移动通信技术的基础。

2.1　无线电波的传播特性

2.1.1　无线电频段划分

电磁波是人类进行无线实时信息传输的主要载体。电磁波的频率范围很广,按照不同属性和传播特性将电磁波频谱划分为不同的频段,不同频段的电磁波具有不同的特性。频率在 3000GHz 以下的电磁波称为无线电波,也简称为电波。

《中华人民共和国无线电频率划分规定》把 3000GHz 以下的无线电波按 10 倍方式划分为 14 个频段,其频段序号、频段名称、频率范围以及波段名称、波长范围如表 2.1 所列。目前,陆地移动通信系统主要工作在 VHF 和 UHF 两个频段(30~3000MHz)。

不同频率(或波长)的无线电波传播特性往往不同,应用的通信系统也不同,主要频段传播的特点如下。

表 2.1　无线电波的频段划分与命名

序号	频带名称	频率范围	波段名称	波长范围
-1	至低频(TLF)	0.03~0.3Hz	千米波	$10^4 \sim 10^3$Mm
0	至低频(TLF)	0.3~3Hz	百兆米波	$10^3 \sim 10^2$Mm
1	极低频(ELF)	3~30Hz	极长波	$10^2 \sim 10$Mm
2	超低频(SLF)	30~300Hz	超长波	10~1Mm
3	特低频(ULF)	300~3000Hz	特长波	$10^3 \sim 10^2$km
4	甚低频(VLF)	3~30kHz	甚长波	$10^2 \sim 10$km
5	低频(LF)	30~300kHz	长波	10~1km
6	中频(MF)	300~3000kHz	中波	$10^3 \sim 10^2$m
7	高频(HF)	3~30MHz	短波	$10^2 \sim 10$m
8	甚高频(VHF)	30~300MHz	米波(超短波)	10~1m

续表

序号	频带名称	频率范围	波段名称	波长范围
9	特高频(UHF)	300~3000MHz	分米波(微波)	10~1cm
10	超高频(SHF)	3~30GHz	厘米波(微波)	10~1dm
11	极高频(EHF)	30~300GHz	毫米波(微波)	10~1mm
12	至高频(THF)	300~3000GHz	亚毫米波(微波)	1~0.1mm

1. 长波(LF,VLF)

传播距离在300km以内时,长波主要表现为地表波;传播距离在2000km以上时,主要表现为天波。地表波是在地球表面附近空间传播的无线电波,波长越长,无线电波绕过地面上障碍物的能力越强。天波是依靠电离层反射传播的无线电波,波长越短,电离层对它吸收得越少而反射得越多。电离层白天受阳光照射电离程度高,吸收电波能力增强,晚间则吸收能力减弱而反射能力增强。利用长波通信时,接收点的场强稳定,但地表波衰减较慢,对其他收信台干扰较大。此外,由于发射天线非常庞大,利用长波进行通信的情况并不多,仅在越洋通信、导航、天气预报等方面采用。

2. 中波(MF)

中波主要表现为地表波和天波,白天主要靠地表波传播,传输距离相对较近。晚间天波参加传播,传输距离较远。主要用于船舶和导航通信及波长为100~1000m的中波广播。

3. 短波(HF)

短波有地表波也有天波。但短波的频率较高,地表波衰减较快,传播距离只有几十千米。短波的天波在电离层中可被大量反射回地面,但由于电离层不稳定,通信质量不佳。短波常用于广播和业余电台通信。

4. 超短波(VHF,UHF)

通常情况下,无线电波的频率越高,损耗越大,反射能力越强,绕射能力越低。由于超短波频率很高,地表波随频率的提高衰减很快,而电波穿入电离层很深,电离层吸收能量很多,所以不能利用地表波和天波的传播方式,主要利用视距内通信和空间波方式(直射波、反射波等)传播。超短波主要用于调频广播、电视、雷达、导航、中继及移动通信等。

5. 微波(SHF,EHF)

微波主要利用空间直接传播,实现视距内无线通信。主要用于声音和视频广播、移动通信、个人通信、卫星通信等。

2.1.2 移动无线电波主要传播方式

一般认为,在移动通信系统中无线电波的主要传播方式有3种:反射、绕射和散射。

1. 反射

无线电波在传播过程中遇到比其波长大得多的物体时产生反射现象,它使信号能量被反射到接收端,而不是完全沿着去往接收端的路径传播。反射常发生于地球表面、建筑物和墙壁表面。反射是产生多径效应的主要因素。

2. 绕射

绕射是指接收机和发射机之间的无线路径被尖锐、不规则的物体表面或小的缺口阻挡而发生的现象,电波在这些障碍物周围发生了弯曲或穿过小孔后继续扩散,通过绕射产生的二次波散布于空间,甚至障碍物的背面。因此,尽管接收机移动到障碍物的阴影区时,绕射场依然存在并且常常具有足够的强度。

3. 散射

当电波穿行的介质中存在小于波长的物体并且单位体积内障碍物的个数非常多时,容易发生散射现象。引起散射的障碍物,如植物、路标、灯柱等,称为散射体。因为沿无线路径传播时散射了能量,使无线电波沿发散路径前进。

2.1.3 移动无线信道衰落特征

无线信道的一个典型特征是"衰落"现象,即信号幅度在时间和频率上的波动。衰落在无线信道中引起非加性信号扰动,是造成无线信号恶化的主要原因之一。根据引起衰落的类型不同,分为传播损耗、多径衰落和阴影衰落。根据不同距离内信号强度变化的快慢,分为小尺度衰落和大尺度衰落。

1. 根据引起衰落的类型不同划分

1) 路径传播损耗

随信号传播距离变化而导致的传播损耗称为路径传播损耗(或路径损耗),反映了传播在空间距离上接收信号电平平均值的变化趋势,主要由传播环境决定。一般地,路径损耗表示为距离的函数。移动用户和基站之间的距离为 d,路径损耗 $\overline{PL}(d) \propto (\frac{d}{d_0})^n$,用分贝可表示为 $\overline{PL}(\mathrm{dB}) = \overline{PL}(d_0) + 10n\lg(\frac{d}{d_0})$,$d_0$ 为参考距离,n 为路径损耗指数。在宏蜂窝系统中,通常使用1km的参考距离。实验数据表明,n 一般取值为 $2\sim6$。其中,$n=2$ 对应于自由空间的情况,当障碍物很多时,n 会增大。

2) 多径衰落

无线电波在传播路径上受到周围环境中地形地物的作用而产生的反射、绕射和散射,使其到达接收机时是从多条路径传来的多个信号的叠加,这种现象称为多径效应。多径效应引起在接收端信号的幅度、相位和到达时间随机变化,从而导致严重的衰落,称为多径衰落。多径衰落使信号电平起伏不定,严重时将影响通话质量。

3) 阴影衰落

由于电波传播环境中的地形起伏、建筑物及其他障碍物的阻挡,在阴影区电场强度减弱的现象称为阴影效应。由阴影效应导致的衰落称为阴影衰落。阴影衰落服从零平均和标准偏差为 σdB 的对数正态分布。实验数据表明,标准差 $\sigma=8$dB 是合理的。

2. 根据不同距离内信号强度变化的快慢划分

1) 小尺度衰落

小尺度衰落主要用于描述发射机和接收机之间短距离(或短时间内)信号强度的变化。在短距离内移动时,由多条路径的相消或相长干涉引起接收信号场强的瞬时值呈现快速变化特征,这主要是由多径衰落引起。在数十米波长范围内对信号求平均值,可得到短区间中心值。

2）大尺度衰落

大尺度衰落主要用于描述发射机和接收机之间长距离（或长时间内）信号强度的变化，表明了接收信号在一定时间内的均值（短区间中心值）随传播距离和环境的变化而呈现的缓慢变化。它是由信号的路径损耗和大的障碍物形成的阴影所引起的。换句话说，大尺度衰落由平均路径损耗和阴影衰落来描述。在较大区间内对短区间中心值求平均，可得长区间中心值。长区间中心值反映了路径的传输损耗。

小尺度衰落和大尺度衰落的关系如图 2.1 所示。

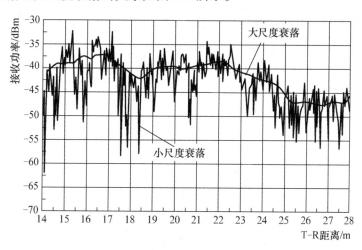

图 2.1 小尺度衰落和大尺度衰落的关系

另外，根据信号与信道变化快慢程度的比较，可分为慢衰落和快衰落。信道传播环境在符号周期内变化很快，导致信号强度出现快速的波动，称为快衰落。反之，当信道传播环境变化比符号周期低很多时，可认为是慢衰落信道。图 2.2 对无线衰落信道进行了分类。

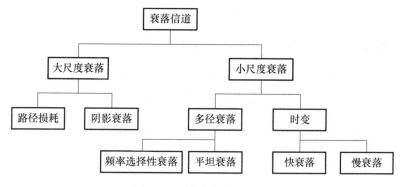

图 2.2 无线衰落信道分类

移动无线信道是大尺度衰落和小尺度衰落共同作用的信道，其衰落特性可用下式描述：

$$r(t) = m(t) \times r_0(t) \tag{2.1}$$

式中：$r(t)$ 为信道的衰落因子；$m(t)$ 为大尺度衰落；$r_0(t)$ 为小尺度衰落。

2.2 自由空间的电波传播

2.2.1 自由空间传播损耗

无线电波在真空中的传播称为自由空间传播。在自由空间中,介质是理想的、均匀的、各向同性的,电波沿直线传播(直射波),不会发生反射、折射、绕射、散射和吸收现象。但是,当电波经过一段距离传播后,能量仍会受到衰减,这是由信号能量的扩散引起的传播损耗,称为自由空间的传播损耗。

电波在自由空间中的传播模型如图 2.3 所示。

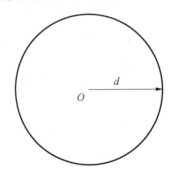

图 2.3 电波在自由空间中的传播模型

假设在 O 点有一个各向同性发射机,d 为接收机和发射机间的距离。设发射功率为 P_t,以球面波辐射,距离波源为 d 处的功率谱密度为

$$s = \frac{P_t}{4\pi d^2} \quad (2.2)$$

设接收功率为 P_r,则

$$P_r = sA_r = \frac{\lambda^2}{4\pi} \frac{P_t}{4\pi d^2} = \left(\frac{\lambda}{4\pi d}\right)^2 P_t \quad (2.3)$$

式中:λ 为工作波长;$A_r = \frac{\lambda^2}{4\pi}$ 为接收天线的有效面积。

若 G_t,G_r 分别表示发射天线和接收天线的增益(采用方向性天线),则

$$P_r = sA_r = \left(\frac{\lambda}{4\pi d}\right)^2 P_t G_t G_r \quad (2.4)$$

自由空间的传播损耗定义为

$$L = \frac{P_t}{P_r} \quad (2.5)$$

当 $G_t = G_r = 1$ 时,自由空间的传播损耗可写为

$$L = \left(\frac{4\pi d}{\lambda}\right)^2 \quad (2.6)$$

若以分贝(dB)表示,则有

$$[L]_{dB} = 32.45 + 20\lg f + 20\lg d \quad (2.7)$$

式中:f 为工作频率(MHz);d 为收、发天线间的距离(km)。

通常,在移动通信系统中接收信号电平动态变化范围很大,常用 dBm 和 dBW 为单位来表示接收电平,即

$$\begin{cases} [P_r](\text{dBm}) = 10\lg P_r(\text{mW}) \\ [P_r](\text{dBW}) = 10\lg P_r(\text{W}) \end{cases} \tag{2.8}$$

则接收功率可表示为

$$[P_r] = [P_t] - [L] + [G_t] + [G_r] \tag{2.9}$$

[例 2-1] 设无线电传输工作频率为 900MHz,通信距离分别为 10km 和 20km 时,计算自由空间传播损耗。若工作频率为 1800MHz 呢?

解:$f = 900\text{MHz}$,$d = 10\text{km}$ 时,将其代入式(2.7)得,$L = 111.53\text{dB}$

$f = 900\text{MHz}$,$d = 20\text{km}$ 时,将其代入式(2.7)得,$L = 117.53\text{dB}$

当 $f = 1800\text{MHz}$ 时,f 扩大 1 倍,$[L]_{\text{dB}}$ 在以上基础上分别增加 6dB。

[例 2-2] 发射机发射功率为 50W,工作频率为 900MHz,假设发射天线为单位增益,接收天线增益为 1dB。计算在自由空间中距发射天线 100m 处接收功率的大小。

解:为计算方便,首先将功率换算成 dB 值,即

$$[P_t](\text{dBm}) = 10\lg\left(\frac{P_t(\text{mW})}{1\text{mW}}\right) = 10\lg(50 \times 10^3) = 47.0(\text{dBm})$$

距离单位换算为

$$d = 100\text{m} = 0.1\text{km}$$

然后计算自由空间传播损耗,即

$$L = 32.45 + 20\lg f(\text{MHz}) + 20\lg d(\text{km}) = 71.45(\text{dB})$$

最后得到接收功率为

$$P_r = P_t - L + G_r = 47.0 - 71.45 + 1 = -23.5(\text{dBm})$$

2.2.2 视距传播

在地球表面的大气环境中,视线所能到达的最远距离称为视线距离。视距传播的极限距离 d_0 可根据图 2.4 计算。

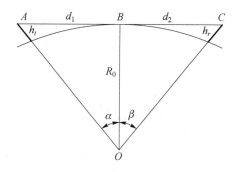

图 2.4 视距传播极限距离

设发射天线与接收天线位于地球表面上两点,天线高度分别为 h_t 和 h_r,两个天线顶点连线 AC 与地球表面相切于 B 点,如图 2.4 所示,$d_0 = d_1 + d_2$。设地球半径为 R_0,由于 $R_0 \gg h_t, h_r$,不难证明,$d_1 = AB \approx \sqrt{2R_0 h_t}$,$d_2 = AB \approx \sqrt{2R_0 h_r}$,可得

$$d_0 = d_1 + d_2 = \sqrt{2R_0}(\sqrt{h_t} + \sqrt{h_r}) \qquad (2.10)$$

将 $R_0 = 6370\text{km}$ 代入式(2.10),得

$$d_0 = 3.57(\sqrt{h_t} + \sqrt{h_r})(\text{km}) \qquad (2.11)$$

式中:h_t 和 h_r 的单位是 m。

实际上,考虑到大气的不均匀性对无线电波传播轨迹的影响,如大气对电波的折射会导致电波传播方向发生弯曲,直射波所能到达的视线距离和上式确定的数值有所区别。在标准大气折射情况下,地球等效半径 $R_e = 8500\text{km}$。因此,式(2.11)可修正为

$$d_0 = 4.12(\sqrt{h_t} + \sqrt{h_r})(\text{km}) \qquad (2.12)$$

所以,大气折射有利于超视距的传播。而且,视线距离取决于收发天线架设的高度,天线架设越高,视线距离越大。所以,在实际通信中应尽量利用地形、地物把天线适当架高。

通常根据接收点离开发射天线的距离 d 将通信区域分成以下 3 种情况。
(1)亮区:$d < 0.7d_0$ 的区域;
(2)半阴影区:$0.7d_0 < d < (1.2 \sim 1.4)d_0$ 的区域;
(3)阴影区:$d > (1.2 \sim 1.4)d_0$ 的区域。

通信工程设计时要尽量保证工作在亮区范围内。海上和空中移动通信,有可能进入半阴影区和阴影区,这时可用绕射和散射公式计算接收信号场强。

2.3 3 种基本电波传播机制

2.3.1 反射

1. 反射基本原理

电磁波入射到不同介质的交界处时,一部分会被反射,另一部分会被折射。如果平面电磁波入射到理想介质的表面,即考虑反射平面是光滑的,且新介质是理想导体,则电磁波的所有能量都将反射回第一个介质,且没有能量的损失。图 2.5 示出了理想平滑表面的反射。

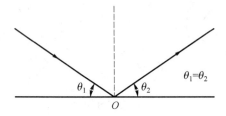

图 2.5 理想平滑表面的反射

反射系数 R 定义为入射波与反射波的比值,即

$$R = \frac{\sin\theta - z}{\sin\theta + z} \qquad (2.13)$$

由式(2.13)可见,反射系数 R 与入射角 θ、电磁波的极化方向以及反射介质的特性有关。在理想平滑表面,电磁波发生全反射,入射角和反射角相等,即 $\theta_1 = \theta_2 = \theta$,$z$ 是与电磁

场极化方向有关的量,则

$$\begin{cases} z = \dfrac{\sqrt{\varepsilon_0 - \cos^2\theta}}{\varepsilon_0}, \text{垂直极化} \\ z = \sqrt{\varepsilon_0 - \cos^2\theta}, \text{水平极化} \end{cases} \quad (2.14)$$

式中：$\varepsilon_0 = \varepsilon - \mathrm{j}60\sigma\lambda$,为反射介质的复介电常数；$\varepsilon$ 为介电常数；σ 为电导率；λ 为电波波长。

2. 两径传播模型

为简化分析,首先考虑简单的两径传播情况。图 2.6 所示为有一条直射路径和一条反射波路径的两径传播模型。

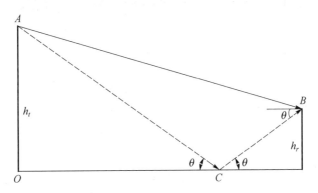

图 2.6　两径传播模型

图 2.6 中,A、B 分别表示发射天线和接收天线的顶点,AB 表示直射波路径,ACB 表示反射波路径,接收信号的功率可表示为

$$P_r = P_t\left(\dfrac{\lambda}{4\pi d}\right)^2 G_t G_r \left| 1 + R\mathrm{e}^{\mathrm{j}\Delta\Phi} + (1 - R)A\mathrm{e}^{\mathrm{j}\Delta\Phi} + \cdots \right|^2 \quad (2.15)$$

式中：在绝对值号内,第一项代表直射波,第二项代表反射波,第三项代表地表面波,省略号代表感应场和地面二次效应。

在大多数场合,对于采用甚高频和超高频进行通信的移动通信,地表面波的影响可以忽略不计,则式(2.15)可以简化为

$$P_r = P_t\left(\dfrac{\lambda}{4\pi d}\right)^2 G_t G_r \left| 1 + R\mathrm{e}^{\mathrm{j}\Delta\Phi} \right|^2 \quad (2.16)$$

其中,

$$\begin{cases} \Delta\Phi = 2\pi\Delta d/\lambda \\ \Delta d = (AC + CB) - AB \end{cases} \quad (2.17)$$

式中：P_t 和 P_r 分别为发射功率和接收功率；G_t 和 G_r 分别为发射天线和接收天线的天线增益；R 为反射系数；d 为收、发天线之间的距离；λ 为波长；$\Delta\Phi$ 为两条路径的相位差。

3. 多径传播模型

移动传播环境是复杂的,实际上,由于众多反射波的存在,在接收机处是大量多径信号的叠加。把式(2.16)推广到多径的情况,接收信号功率可表示为

$$P_r = P_t\left(\dfrac{\lambda}{4\pi d}\right)^2 G_t G_r \left| 1 + \sum_{i=1}^{N-1} R_i \exp(\mathrm{j}\Delta\Phi_i) \right|^2 \quad (2.18)$$

当多径数目很大时,已无法用公式准确计算出接收信号的功率,必须用统计的方法来计算。

2.3.2 绕射

1. 基本概念

绕射使无线电波能够穿越障碍物,在障碍物后方形成场强。绕射现象可由惠更斯-菲涅耳原理解释,如图 2.7 所示。在无线电波传播过程中,行进中的波前(面)上每一点,都可作为产生次级波的点源,这些次级波组合起来形成传播方向上新的波前(面)。绕射由次级波的传播进入阴影区而形成,阴影区绕射波的场强是围绕阻挡物所有次级波的矢量和。

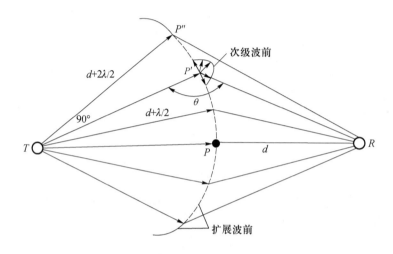

图 2.7 绕射原理示意图

由图 2.7 可以看出,任意一 P' 点,只有夹角为 $\theta(\angle TP'R)$ 的次级波前能到达接收点 R。在 P 点,$\theta = 180°$。对于次级波前上的每一点,$\theta = 0° \sim 180°$,这种变化决定了到达接收点辐射能量的大小。显然,在 P'' 处的二级辐射波对接收信号电平的贡献要小于 P' 处的贡献。

将绕射路径与直射路径的差称为附加路径长度。若经过 P' 点的附加路径长度 Δd 为 $\lambda/2$,则引起的相位差为 $\Delta \Phi = \frac{2\pi}{\lambda} \Delta d = \pi$。也就是说,若经过 P' 点的间接路径比经过 P 点的直接路径长 $\lambda/2$,则这两路信号到达接收点 R 时,由于相位差为 180° 而互相抵消。如果间接路径长度再增加半个波长,则通过这条间接路径到达接收点的信号与直接路径信号是同向叠加的。随着间接路径的不断变化,经过这条路径的信号就会在接收点 R 处交替抵消和叠加。

2. 菲涅耳区

菲涅耳区,定义为从发射点到接收点次级波路径长度比直接路径长度大 $n\lambda/2$ 的一片连续区域,如图 2.8 所示。n 阶菲涅耳区同心半径为

$$x_n = \sqrt{\frac{n\lambda d_1 d_2}{d_1 + d_2}} \tag{2.19}$$

$n=1$ 时,得到第一菲涅耳区半径。通常认为,接收点处第一菲涅耳区的场强是全部场强的 $1/2$。如果发射机和接收机的距离略大于第一菲涅耳区,则大部分能量可以达到接收机。若在这个区域内有障碍物存在,电磁波传播将会受到很大影响。

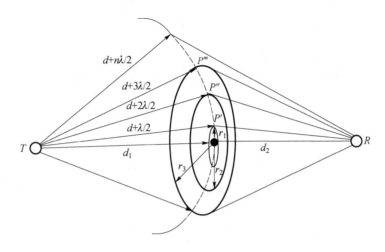

图 2.8 菲涅耳区

从波前点到空间任何一点的场强,用基尔霍夫公式表示为

$$E_R = \frac{-1}{4\pi}\int_S \left[E_S \frac{\partial}{\partial n}\left(\frac{e^{-jkr}}{r}\right) - \frac{e^{-jkr}}{r}\frac{\partial E_S}{\partial n} \right] ds \tag{2.20}$$

3. 刃形绕射模型

在实际中,精确计算绕射损耗是不可能的。人们常常利用一些典型的绕射模型估计绕射损耗,如刃形绕射模型。同一障碍物(如山脊)对长波长的绕射损耗小于对短波长的绕射损耗。在预测路径损耗时,一般把这些障碍物看成是尖形阻挡物,称为"刃形"。

刃形障碍物对电波传播的影响有两种形式,如图 2.9 所示。

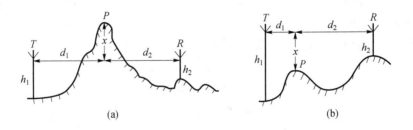

图 2.9 菲涅耳余隙

图中,x 表示障碍物顶点 P 到发射机和接收机直射线 TR 的距离,称为菲涅耳余隙。一般规定,阻挡时为负余隙,如图 2.9(a) 所示;无阻挡时为正余隙,如图 2.9(b) 所示。

在单个刃形障碍物的传播环境下,绕射损耗与菲涅耳余隙的关系如图 2.10 所示。纵坐标为绕射引起的相对于自由空间的绕射损耗,横坐标为菲涅耳余隙 x 与第一菲涅耳区半径 x_1 之比。

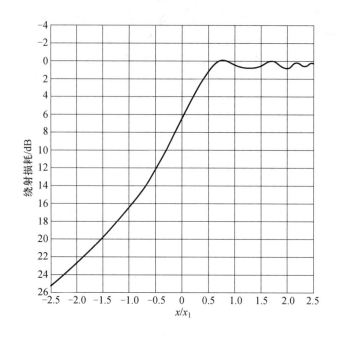

图 2.10 刃形模型的绕射损耗

可见,当 $x > 0.5x_1$ 时,绕射损耗约为 0dB,此时,障碍物对电波传播基本没有影响;当 $x = 0$,即 TR 直射线从障碍物顶点擦过时,绕射损耗约为 6dB;当 $x < 0$,即 TR 直射线低于障碍物顶点时,绕射损耗急剧增加。

在很多情况下,尤其在山区,传播路径上不止一个障碍物,这种情况下就不能简单地利用上述单个刃形障碍物的绕射模型。由多个障碍物产生的多重刃形绕射模型分析较为复杂,本书不作进一步分析。

[例 2-3] 假设发射天线和接收天线高度相等,天线之间有一个障碍物,菲涅耳余隙 $x = -82\text{m}$,障碍物距离发射天线的距离 $d_1 = 5\text{km}$,距离接收天线的距离 $d_2 = 10\text{km}$,工作频率为 150MHz,计算电波传播损耗。

解:(1)首先计算自由空间传播损耗:

$$L_{bs} = 32.45 + 20\lg f + 20\lg d$$
$$= 32.45 + 20\lg 150 + 20\lg 15$$
$$= 99.5(\text{dB})$$

(2)计算第一菲涅耳区半径 x_1:

$$x_1 = \sqrt{\frac{\lambda d_1 d_2}{d_1 + d_2}} = \sqrt{\frac{2 \times 5 \times 10^3 \times 10 \times 10^3}{15 \times 10^3}} = 81.7(\text{m})$$

(3)计算 $x/x_1 = -82/81.7 = -1.004$,查图 2.10,得到绕射损耗约为 17dB。

(4)最终得到传播损耗为 $99.5 + 17 = 116.5(\text{dB})$。

2.3.3 散射

在实际移动通信环境中,由于散射波的大量存在,给接收机提供了额外的能量,使接收信号比单独反射和绕射模型预测的要强。反射通常发生在远大于波长的平滑表面,而散射常发生在粗糙不平的物体表面。

定义物体表面平滑度的参考高度 h_c:

$$h_c = \frac{\lambda}{8\sin\theta_i} \tag{2.21}$$

式中:θ_i 为入射角。

如果平面上最大的凸起高度 $h < h_c$,则认为该表面是平滑的,反之则是粗糙的。计算粗糙表面的反射时需要乘以散射损耗系数 ρ_s,以表示减弱的反射场强。Ament 提出表面高度 h 是具有局部平均值的高斯分布的随机变量,则

$$\rho_s = \exp\left[-8\left(\frac{\pi\sigma\sin\theta_i}{\lambda}\right)^2\right] \tag{2.22}$$

式中:σ 为表面高度与平均表面高度的标准偏差。

当 $h > h_c$ 时,可以用粗糙表面的修正反射系数 R_{rough} 来表示反射场强,即

$$R_{\text{rough}} = \rho_s R \tag{2.23}$$

2.4 移动无线信道建模

移动无线信道的主要特征是多径效应,电波经过各个路径的距离不同,到达接收机的时间不同,相位也就不同,从而导致多径信号在接收机处有时同相叠加而增强,有时反相叠加而减弱,造成接收信号质量的恶化,此为多径衰落。多径衰落的基本特性表现在信号幅度衰落和时延扩展。具体而言,从空间角度考虑时,接收信号的幅度将随着移动台移动距离的变动或无线信道传输环境的变化而呈现快速衰落。从时间角度考虑时,由于信号的多径传播,多个信号分量到达接收机的时间不同,当基站发出一个信号时,接收机不仅接收到该信号,还将接收到大量时延不同的信号,从而引起接收信号脉冲宽度展宽,这种现象称为时延扩展。一般来说,模拟移动通信系统主要考虑接收信号幅度衰落,而数字移动通信系统主要考虑接收信号时延扩展。

冲激响应是信道的一个重要特征,用来表示不同的传输信道,并用于比较不同通信系统的性能。移动无线信道与多径信道的冲激响应直接相关,可建模为一个具有时变冲激响应特性的线性滤波器,信号的滤波特性以任一时刻到达的多径波为基础,其幅度与时延之和影响移动无线信道的滤波特性。

为了建立一个在某种特定环境下准确的信道模型,必须充分掌握有关反射体的特点,包括它们的位置和运动,以及特定时间内反射信号的强度。实际上,这样完全的特性描述是不可能实现的,只可能表示出给定环境下典型的或平均的信道情况。

2.4.1 多普勒效应

多普勒效应是为纪念奥地利科学家 Christian Doppler 而命名的,他于 1842 年首先提出了这一理论。当波源和观察者相对于介质都是静止时,波的频率和波源的频率相同,观察者接收到波的频率和波源的频率也相同。如果波源或观察者相对于介质运动,则观察者接收到波的频率和波源的频率不相同,这种现象称为多普勒效应。

移动通信中的多普勒效应主要表现在,当移动台在运动中通信时,接收信号频率会发生变化,即发生了多普勒效应,如图 2.11 所示。

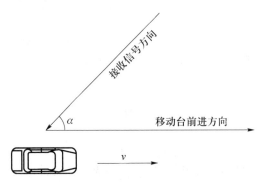

图 2.11 移动通信中的多普勒效应

通常将相对运动引起的接收频率 f 与发射频率 f_c 之间的频率差称为多普勒频移,用 f_d 表示,f_d 的定义为

$$f_d = f - f_c = \frac{v}{\lambda}\cos\alpha \qquad (2.24)$$

式中:v 为移动台运动速度;λ 为工作电波的波长;α 为移动台运动方向与入射波的夹角。

当移动台运动方向与入射波一致时,最大多普勒频移为

$$f_m = \frac{v}{\lambda} \qquad (2.25)$$

由式(2.25)可见,多普勒频移与无线电波波长、移动台的运动速度、方向以及与无线电波入射方向之间的夹角有关。若移动台朝向入射波方向运动,则多普勒频移为正,接收信号频率上升;若移动台背向入射波方向运动,则多普勒频移为负,接收信号频率下降。因此,信号经过不同方向传播,其多径分量造成接收机信号的多普勒扩散,因而增加了信号带宽。

[例 2-4] 设载波工作频率为 900MHz,移动台运动速度为 60km/h,求最大多普勒频移。

解:移动台运动速度为

$$v = 60\text{km/h} = \frac{60 \times 1000}{3600}\text{m/s} = \frac{100}{6}\text{m/s}$$

最大多普勒频移为

$$f_m = \frac{v}{\lambda} = \frac{vf}{c} = \frac{\frac{100}{6} \times 900 \times 10^6}{3 \times 10^8} = 50(\text{Hz})$$

2.4.2 多径信道的信道模型

设发射机发射信号为

$$x(t) = \text{Re}\{s(t)\exp(j2\pi f_c t)\} \tag{2.26}$$

式中:f_c为工作载波频率。

当此信号通过无线信道时,会产生多径效应而造成多径衰落。假设第 i 径的路径长度为 x_i,衰落系数为 a_i,则只考虑多径效应的影响时,接收信号 $y(t)$ 可表示为

$$\begin{aligned}
y(t) &= \sum_i a_i x\left(t - \frac{x_i}{c}\right) \\
&= \sum_i a_i \text{Re}\left\{s\left(t - \frac{x_i}{c}\right)\exp\left[j2\pi f_c\left(t - \frac{x_i}{c}\right)\right]\right\} \\
&= \text{Re}\left\{\sum_i a_i s\left(t - \frac{x_i}{c}\right)\exp\left[j2\pi\left(f_c t - \frac{x_i}{\lambda}\right)\right]\right\}
\end{aligned} \tag{2.27}$$

式中:c 为光速;$\lambda = c/f_c$ 为波长。

由于只考虑多径效应的影响,假设接收信号频率不变,则接收信号 $y(t)$ 还可以表示为

$$y(t) = \text{Re}\{r(t)\exp(j2\pi f_c t)\} \tag{2.28}$$

经过简单推导,可以得到接收中频信号为

$$\begin{aligned}
r(t) &= \sum_i a_i \exp\left(-j2\pi \frac{x_i}{\lambda}\right) s\left(t - \frac{x_i}{c}\right) \\
&= \sum_i a_i \exp(-j2\pi f_c \tau_i) s(t - \tau_i)
\end{aligned} \tag{2.29}$$

式中:$r(t)$ 实质上为接收信号的复包络模型,是衰落、相移和时延都不同的各个路径的总和;$\tau_i = x_i/c$ 为第 i 径时延。

以下再考虑多普勒效应的影响。假设路径的到达方向和移动台运动方向之间的夹角为 θ_i,则路径的变化量为 $\Delta x_i = -vt\cos\theta_i$。这时接收信号的复包络将变为

$$\begin{aligned}
r(t) &= \sum_i a_i \exp\left(-j2\pi \frac{x_i + \Delta x_i}{\lambda}\right) s\left(t - \frac{x_i + \Delta x_i}{c}\right) \\
&= \sum_i a_i \exp\left(-j2\pi \frac{x_i}{\lambda}\right) \exp\left(j2\pi \frac{vt\cos\theta_i}{\lambda}\right) s\left(t - \frac{x_i}{c} + \frac{vt\cos\theta_i}{c}\right)
\end{aligned} \tag{2.30}$$

因为 $vt\cos\theta_i/c$ 的数量级比 x_i/c 小得多,可忽略信号的时延变化量 $vt\cos\theta_i/c$ 在 $s\left(t - \frac{x_i}{c} + \frac{vt\cos\theta_i}{c}\right)$ 的影响,但在相位中不能忽略。式(2.30)可进行如下简化:

$$\begin{aligned}
r(t) &= \sum_i a_i \exp\left(-j2\pi\left[\frac{v}{\lambda}t\cos\theta_i - \frac{x_i}{\lambda}\right]\right) s\left(t - \frac{x_i}{c}\right) \\
&= \sum_i a_i \exp\left(-j2\pi\left[f_m t\cos\theta_i - \frac{x_i}{\lambda}\right]\right) s(t - \tau_i) \\
&= \sum_i a_i \exp(j[2\pi f_m t\cos\theta_i - 2\pi f_c \tau_i]) s(t - \tau_i) \\
&= \sum_i a_i s(t - \tau_i) \exp(-j[2\pi f_c \tau_i - 2\pi f_m t\cos\theta_i])
\end{aligned} \tag{2.31}$$

式中：f_m 为最大多普勒频移。

式(2.31)表明了多径效应和多普勒效应对基带传输信号 $s(t)$ 的影响。

令
$$\Psi_i(t,\tau_i) = 2\pi f_c \tau_i - 2\pi f_m t\cos\theta_i = \omega_c \tau_i - \omega_d t \tag{2.32}$$

式中：$\omega_c \tau_i$ 为多径延迟的影响；$\omega_d t$ 为多普勒效应的影响。

设 $h(t,\tau)$ 表示多径信道的冲激响应，移动无线信道等效的冲激响应模型如图 2.12 所示，则

$$r(t) = \sum_i a_i s(t-\tau_i) e^{-j\Psi_i(t)} = s(t) * h(t,\tau) \tag{2.33}$$

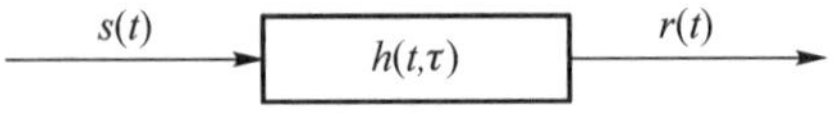

图 2.12　移动无线信道等效的冲激响应模型

因此，移动无线信道的冲激响应模型表示为

$$h(t,\tau) = \sum_i a_i e^{-j\Psi_i(t,\tau_i)} = \delta(\tau-\tau_i) \tag{2.34}$$

式中：$\delta(\cdot)$ 为单位冲激函数。

如果假设信道冲激响应至少在一小段时间间隔或距离具有不变性，则信道冲击响应可以简化为

$$h(\tau) = \sum_i a_i e^{-j\Psi_i(\tau_i)} \delta(\tau-\tau_i) \tag{2.35}$$

此冲激响应模型完全描述了移动无线信道特征。研究表明，相位 $\Psi_i(t)$ 服从[0，2π]的均匀分布。对于多径信号的个数、每个多径信号的幅度（或功率）以及时延都需要进行测试，找出其统计规律。此冲激响应信道模型在工程上可用抽头延迟线来实现。

2.4.3　多径信道参数描述

由于多径效应和多普勒效应的影响，多径信道对传输信号在时间、频率和角度上造成了色散。通常用功率在时间、频率和角度上的分布（功率延迟分布、多普勒功率谱分布和角度功率谱分布）来描述这种色散。一般地，常用一些特定参数定量描述色散程度，即所谓多径信道的主要参数。

1. 时间色散参数和相关带宽

1）时间色散参数

功率延迟分布（PDP）$P(\tau)$ 是一个基于固定时延参考 τ_0 的附加时延 τ 的函数，通过对本地瞬时功率延迟分布取平均得到。在市区环境中，常将功率延迟分布近似为指数分布，如图 2.13 所示。

其指数分布为

$$P_{(\tau)} = \frac{1}{T} e^{-\frac{\tau}{T}} \tag{2.36}$$

式中：T 为常数，为多径时延的平均值。

主要的时间色散参数定义如下。

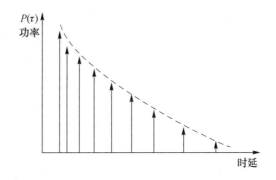

图 2.13 功率延迟分布近似为指数分布

(1) 平均附加时延 $\bar{\tau}$：

$$\bar{\tau} = E(\tau) = \frac{\sum_k a_k^2 \tau_k}{\sum_k a_k^2} = \frac{\sum_k P(\tau_k) \tau_k}{\sum_k P(\tau_k)} \tag{2.37}$$

(2) 均方根(root mean square, rms)时延扩展 σ_τ：

$$\sigma_\tau = \sqrt{E(\tau^2) - (\bar{\tau})^2} \tag{2.38}$$

其中，

$$E(\tau^2) = \frac{\sum_k a_k^2 \tau_k^2}{\sum_k a_k^2} = \frac{\sum_k P(\tau_k) \tau_k^2}{\sum_k P(\tau_k)} \tag{2.39}$$

σ_τ 表示多径时延散布的程度，σ_τ 越大，时延扩展越严重；σ_τ 越小，时延扩展越轻。

(3) 最大附加时延扩展 τ_m：定义为多径能量从初值衰落到比最大能量低 X dB 处的时延，一般 $X=30$ dB。也就是说，最大附加时延扩展定义为 $\tau_x - \tau_0$，其中，τ_0 是第一个信号的到达时刻，τ_x 是最大时延值，期间到达的多径分量不低于最大分量减去 X dB（最强多径信号不一定在 τ_0 处到达）。实际上，最大附加时延扩展定义了高于某特定门限的多径分量的时间范围。图 2.14 给出了典型的对最强路径信号功率的归一化时延扩展谱。

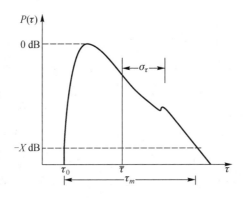

图 2.14 典型对最强路径信号功率的归一化时延扩展谱

多径接收信号在时间上的散布称为多径时散。多径时散是造成码间干扰的主要原因。多径时散的典型参数范围如表 2.2 所列。

表2.2 多径时散的典型参数值

参数	市区	郊区
平均附加时延/μs	1.5～2.5	0.1～0.2
相应路径长度/m	450～750	30～600
最大附加时延/μs	5.0～12.0	0.3～7.0
相应路径长度/km	1.5～3.6	0.9～2.11
时延扩展 σ_τ 的范围/μs	1.3～3.0	0.2～2.0
平均时延扩展/μs	1.3	0.5
最大有效延时扩展/μs	3.5	2.0

可见,时延的大小主要取决于地形和地物(如高大建筑物)的影响。一般情况下,市区的时延要比郊区大,如表2.2中市区平均附加时延和最大附加时延以及平均时延扩展都要远大于郊区的情况。也就是说,从多径时散的角度看,市区的传播条件更差。

[**例2-5**] 计算以下功率延迟分布的rms时延扩展(图2.15)。

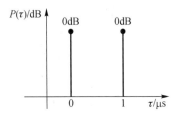

图2.15 例2-5的功率时延分布

解:

$$\bar{\tau} = E(\tau) = \frac{(1)(0)+(1)(1)}{1+1} = \frac{1}{2} = 0.5\mu s$$

$$E(\tau^2) = \frac{(1)(0)^2+(1)(1)^2}{1+1} = \frac{1}{2} = 0.5\mu s$$

$$\sigma_\tau = \sqrt{E(\tau^2)-(\bar{\tau})^2} = \sqrt{0.5-(0.5)^2} = 0.5\mu s$$

2)相关带宽

时延扩展的概念从时域的角度反映了多径效应对接收信号的影响。从频域的角度来看,考虑到信号中不同的频率分量通过多径信道后对接收信号的影响,引入相关带宽(或相干带宽)的概念。相关带宽是对移动无线信道传输具有一定带宽信号能力的统计度量,是移动信道的一个特征。若信号带宽大于信道相关带宽,则信号中不同的频率分量通过多径信道后所受到的衰落不一致,即产生频率选择性衰落,从而导致信号传输失真;反之,若信号带宽小于信道相关带宽,则信号中不同的频率分量通过多径信道后所受到的衰落相同,即产生非频率选择性衰落(或平坦衰落),信号传输不失真。因此,信道相关带宽是允许信号无失真通过的最大频率间隔。

以下从包络相关性角度推导相关带宽大小。

设两个信号的包络为 $r_1(t)$ 和 $r_2(t)$,频率差为 $\Delta f = |f_1 - f_2|$。则包络相关系数定义为

$$\rho_r(\Delta f, \tau) = \frac{R_r(\Delta f, \tau) - \langle r_1 \rangle \langle r_2 \rangle}{\sqrt{[\langle r_1^2 \rangle - \langle r_1 \rangle^2][r_2^2 - \langle r_1 \rangle^2]}} \tag{2.40}$$

式中:$R_r(\Delta f, \tau)$为相关函数,且

$$R_r(\Delta f, \tau) = \langle r_1, r_2 \rangle = \int_0^\infty r_1 r_2 p(r_1, r_2) \mathrm{d}r_1 \mathrm{d}r_2 \tag{2.41}$$

若信号衰落符合瑞利分布,则

$$\rho_r(\Delta f, \tau) \approx \frac{J_0^2(2\pi f_m \tau)}{1 + (2\pi \Delta f)^2 \sigma_\tau^2} \tag{2.42}$$

式中:$J_0(\cdot)$为零阶 Bessel 函数;f_m为最大多普勒频移。

不失一般性,可令 $\tau = 0$,式(2.42)简化后得

$$\rho_r(\Delta f) \approx \frac{1}{1 + (2\pi \Delta f)^2 \sigma_\tau^2} \tag{2.43}$$

由式(2.43)可见,当频率间隔加大时,包络相关性降低。通常,根据包络的相关系数 $\rho_r(\Delta f) = 0.5$ 来测度相关带宽,此时

$$\Delta f = \frac{1}{2\pi \sigma_\tau} \tag{2.44}$$

因此,定义相关带宽为

$$B_c = \frac{1}{2\pi \sigma_\tau} \tag{2.45}$$

一般根据衰落与频率的关系,将衰落分为两类:频率选择性衰落和非频率选择性衰落,后者又称为平坦衰落。是否发生频率选择性衰落或非频率选择性衰落由信道和信号两方面决定。对于数字移动通信系统来说,当码元速率较高、信号带宽大于信道相关带宽时,信号通过信道传输后各频率分量的衰落具有不一致性,为频率选择性衰落,信号波形失真,造成码间干扰。所以,信号产生频率选择性衰落的条件是 $B_s > B_c$ 或 $T_s < \sigma_\tau$。通常,若 $T_s \leq 10\sigma_\tau$ 时,可认为该信道是频率选择性衰落的,但这一范围依赖于所用的调制类型。反之,当码元速率较低,信号带宽小于信道相关带宽时,信号通过信道传输后各频率分量的衰落具有一致性,为平坦衰落,信号不失真。所以,信号发生平坦衰落的条件是 $B_s \ll B_c$ 或 $T_s \gg \sigma_\tau$。其中,T_s 为信号周期(信号带宽 B_s 的倒数),σ_τ 为信道的时延扩展,B_c 为相关带宽。

因此,当在移动通信中没有采用相应的抗码间干扰技术时,应降低码元发送速率,使码元周期远大于时延扩展,从而避免或减轻码间干扰的影响。

2. 频率色散参数和相关时间

时延扩展和相关带宽描述了多径信道的时延特性。由于移动台与基站间的相对运动,或由于信道路径中物体运动引起的多径信道的时变特性用多普勒扩展和相关时间(或相干时间)来描述。

1) 多普勒扩展

假设发射载频为 f_c,接收信号由 N 个经过多普勒频移的平面波合成,当 $N \to \infty$ 时,接收天线在 $0 \sim 2\pi$ 角度内的入射功率趋于连续,且为均匀分布。再假设接收天线为全向天线,单位天线增益,P_{av} 为所有到达电磁波的平均功率,则入射波在 $\alpha \sim (\alpha + \mathrm{d}\alpha)$ 之间到达的电磁波功率为 $\frac{P_{av}}{2\pi} \cdot |\mathrm{d}\alpha|$。

考虑多普勒频移,接收信号频率为

$$f = f(\alpha) = f_c + f_m \cos\alpha = f(-\alpha) \tag{2.46}$$

式中:f 为入射角 α 的函数,因此

$$\mathrm{d}f = -f_m \cdot \sin\alpha \cdot \mathrm{d}\alpha \tag{2.47}$$

假设在频率域 $f \sim (f+\mathrm{d}f)$ 之间的射频功率与接收功率随角度的微分变化相等,则

$$S(f)|\mathrm{d}f| = 2\frac{P_{av}}{2\pi}|\mathrm{d}\alpha|, \quad -\pi < \alpha < \pi \tag{2.48}$$

式中:$S(f)$ 为接收信号功率谱,同时考虑了多普勒频移关于入射角的对称性。

由式(2.48)可得

$$S(f) = \frac{P_{av}}{\pi}\left|\frac{\mathrm{d}\alpha}{\mathrm{d}f}\right| \tag{2.49}$$

由式(2.46)可得

$$\sin\alpha = \sqrt{1-\cos^2\alpha} = \sqrt{1-\left(\frac{f-f_c}{f_m}\right)^2} \tag{2.50}$$

将式(2.47)和式(2.50)代入式(2.49),并设 $P_{av}=1$,可得

$$S(f) = \frac{1}{\pi\sqrt{f_m^2-(f-f_c)^2}}, \quad |f-f_c| < f_m \tag{2.51}$$

图 2.16 给出了式(2.51)表示的多普勒效应引起的接收信号功率谱,f_c 为接收信号的中心频率。可见,由于多普勒效应,接收信号的功率谱 $S(f)$ 扩展到 (f_c-f_m) 和 (f_c+f_m) 范围内。由多普勒效应引起的接收信号功率谱展宽称为多普勒扩展。

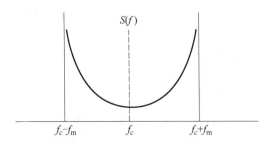

图 2.16 多普勒效应引起的接收信号功率谱

2) 相关时间

相关带宽表明了信道的频域选择特性,而相关时间表明了信道的时域选择特性。相关时间是指一段时间间隔,在此间隔内,两个到达信号具有很强的相关性,即在相关时间内信道特性没有明显变化。因此,相关时间可定义为信道冲激响应维持不变时间间隔的统计平均值,表征了时变信道对信号的衰落节拍。这种由多普勒效应引起的时域上的选择性衰落称为时间选择性衰落。当发送信号的信号周期大于相关时间时,多普勒扩展将引起时间选择性衰落,从而导致信号失真。与相关带宽的分析类似,可根据信号间包络相关性来分析相关时间大小 T_c。

令式(2.42)中 $\Delta f=0$,则

$$\rho_r(0,\tau) \approx J_0^2(2\pi f_m\tau) \tag{2.52}$$

如果将相关时间定义为信号包络相关度为 0.5 时的时间间隔,则

$$\rho_r(0,T_c) \approx J_0^2(2\pi f_m T_c) = 0.5 \quad (2.53)$$

可推出

$$T_c \approx \frac{9}{16\pi f_m} \quad (2.54)$$

式中:f_m为最大多普勒频移。

一般地,由于时间相关函数与多普勒功率谱之间是傅里叶变换关系,所以多普勒扩展的倒数就是对信道相关时间的度量。因此,相关时间也定义为多普勒扩展的倒数,即

$$T_c \approx 1/f_D \approx 1/f_m \quad (2.55)$$

式中:f_D为多普勒扩展(有时也用B_D表示),即最大多普勒频移。

式(2.54)是在瑞利衰落信号变化十分缓慢的假设条件下得到的,而式(2.55)是在信号变化非常迅速的假设条件下得到的。实际上,工程上最常见的方法是规定T_c为式(2.54)和式(2.55)的几何平均作为经验公式,即

$$T_c \approx \sqrt{\frac{9}{16\pi f_m^2}} = \frac{0.423}{f_m} \quad (2.56)$$

一般根据发送信号与信道变化快慢,将衰落分为两类:快衰落和慢衰落。当信道相关时间比发送信号的周期短时,信道冲激响应在符号周期内变化很快,从而导致信号失真,产生快衰落。所以,信号经历快衰落的条件是:$T_s > T_c$,或$B_s < B_D$;反之,当信道相关时间远远大于发送信号的周期,信道冲激响应变化率比信号发送速率低得多时,可假设在一个或多个符号发送周期内,信道为静态信道,信号产生慢衰落。所以,信号经历慢衰落的条件是:$T_s \ll T_c$,或$B_s \gg B_D$,其中,T_s为信号周期(信号带宽B_s的倒数),T_c为信道相关时间,B_D为多普勒扩展。从频域来看,信道的多普勒扩展远小于发送信号带宽时,信号将产生慢衰落。在快衰落信道中,信号失真随发送信号带宽多普勒扩展的增加而加剧。

3. 角度色散参数和相关距离

由于移动台和基站周围的散射环境不同,使得多天线系统中不同地点和空间位置天线到达信号经历的衰落特性不一样,即不同到达角度信号的衰落特性不同,从而产生了角度色散,即产生了空间选择性衰落。

1) 角度扩展

角度扩展Δ是用来描述空间选择性衰落的重要参数,它与角度功率谱(PAS)有关。角度功率谱表示信号功率谱密度在到达角度上的分布。研究表明,角度功率谱一般为均匀分布、截短高斯分布和截短拉普拉斯分布。

角度扩展定义为角度功率谱$p(\theta)$的二阶中心矩的平方根,即

$$\Delta = \sqrt{\frac{\int_0^\infty (\theta - \bar{\theta})^2 p(\theta) \mathrm{d}\theta}{\int_0^\infty p(\theta) \mathrm{d}\theta}}, \bar{\theta} \sqrt{\frac{\int_0^\infty \theta p(\theta) \mathrm{d}\theta}{\int_0^\infty p(\theta) \mathrm{d}\theta}} \quad (2.57)$$

式中:角度扩展描述了功率谱在空间上的色散程度,在$[0°,360°]$之间分布。角度扩展越大,表明散射环境越强,信号在空间的色散度越高;反之,角度扩展越小,表明散射环境越弱,信号在空间的色散度越低。

2) 相关距离

相关距离D_c是指信道冲激响应保证一定相关度的空间距离。在相关距离内,不同到

达角的信号经历的衰落具有很强的相关性。一般地,当考虑角度扩展时,将衰落分为两类:空间选择性衰落和非空间选择性衰落。在相关距离内,可认为空间传输函数是平坦的,即如果接收天线单元之间的空间距离比相关距离小得多,也就是 $\Delta x \ll D_c$,多径信道可认为是非空间选择性衰落信道;反之,当接收天线单元之间的空间距离大于相关距离,也就是 $\Delta x > D_c$,可认为是空间选择性衰落信道。

2.4.4 接收信号的统计分析

由于多径效应的影响,到达接收机的信号是多径信号分量的矢量叠加,因此,接收信号是不固定、不可预见的,具有很强的时变性和随机性。在不同的无线传播环境下,接收信号的衰落特性不一样,一般而言,接收信号的包络服从瑞利分布和莱斯分布。

1. 瑞利分布衰落

瑞利分布衰落发生的条件一般假设如下。

(1) 发射机和接收机之间没有直射波路径;
(2) 存在大量反射波,各径信号到达接收天线的方向角随机且在 $(0 \sim 2\pi)$ 均匀分布;
(3) 各反射波的幅度和相位都统计独立。

通常在离基站较远、反射物较多的地区是符合上述假设的。

设发射信号是垂直极化,且只考虑垂直波,假设所有多径分量的平均功率相等,接收信号场强为

$$y(t) = E_0 \sum_{n=1}^{N} C_n \cos(\omega_c t + \theta_n) \tag{2.58}$$

式中:E_0 为发射信号的幅度;C_n 为衰减系数;$\theta_n = \omega_n t + \varphi_n$,$\omega_n$ 为多普勒频率漂移,φ_n 为随机相位($0 \sim 2\pi$ 均匀分布)。

式(2.58)又可表示为

$$y(t) = T_c(t)\cos\omega_c t - T_s(t)\sin\omega_c t \tag{2.59}$$

其中,

$$\begin{cases} T_c(t) = E_0 \sum_{n=1}^{N} C_n \cos(\omega_n t + \varphi_n) \\ T_s(t) = E_0 \sum_{n=1}^{N} C_n \sin(\omega_n t + \varphi_n) \end{cases} \tag{2.60}$$

因此,每一径信号都可分离成两路分量,一路同相分量,一路正交分量。当 N 很大时,$T_c(t)$ 和 $T_s(t)$ 是大量独立随机变量之和。根据中心极限定理,大量独立随机变量之和近似服从正态分布,因此,$T_c(t)$ 和 $T_s(t)$ 是高斯随机过程,$T_c(t)$ 和 $T_s(t)$ 具有零平均和等方差 σ^2。因此,T_c 和 T_s 的概率密度公式为

$$p(x) = \frac{1}{2\pi\sigma}\exp\left(-\frac{x^2}{2\sigma^2}\right) \tag{2.61}$$

式中:$\sigma^2 = E_0^2/2$ 为信号的平均功率;σ 为包络检波之前所接收电压信号的均方根值;$x = T_c$ 或 T_s。

由于 T_c 和 T_s 是统计独立的,则二者的联合概率密度为

$$p(T_s, T_c) = p(T_s)p(T_c) = \frac{1}{2\pi\sigma^2}\exp\left(-\frac{T_s^2 + T_c^2}{2\sigma^2}\right) \tag{2.62}$$

通常,为了求出接收信号的幅度和相位分布,将二维分布的概率密度函数 $p(T_s,T_c)$ 转换到极坐标系中 (r,θ) 的形式。此时,r 表示信号振幅,θ 表示相位。令 $r=\sqrt{(T_s^2+T_c^2)}$,$\theta=\arctan\dfrac{T_s}{T_c}$,则有 $T_c=r\cos\theta$,$T_s=r\sin\theta$。

由雅可比行列式

$$J = \frac{\partial(T_c,T_s)}{\partial(r,\theta)} = \begin{vmatrix} \cos\theta & -r\sin\theta \\ \sin\theta & r\cos\theta \end{vmatrix} = r$$

所以,联合概率密度函数为

$$p(r,\theta) = p(T_c,T_s)\cdot|J| = \frac{r}{2\pi\sigma^2}e^{-\frac{r^2}{2\sigma^2}} \tag{2.63}$$

对 θ 积分得幅度 r 的概率密度为

$$p(r) = \frac{1}{2\pi\sigma^2}\int_0^\infty re^{-\frac{r^2}{2\sigma^2}}d\theta = \frac{r}{\sigma^2}e^{-\frac{r^2}{2\sigma^2}} \tag{2.64}$$

对 r 积分得相位 θ 的概率密度为

$$p(\theta) = \frac{1}{2\pi\sigma^2}\int_0^\infty re^{-\frac{r^2}{2\sigma^2}}dr = \frac{1}{2\pi} \tag{2.65}$$

所以,多径衰落的信号包络 r 服从瑞利分布,θ 在 $(0\sim2\pi)$ 内服从均匀分布,故把这种多径衰落称为瑞利分布衰落,简称瑞利衰落。瑞利分布的概率密度函数 $p(r)$ 如图 2.17 所示。

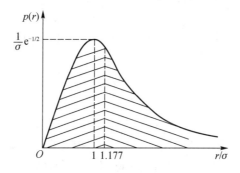

图 2.17 瑞利分布的概率密度函数

瑞利衰落信号具有如下一些特征。

(1) 均值 r_{mean}:

$$r_{\text{mean}} = E(r) = \int_0^\infty rp(r)dr = \sigma\sqrt{\frac{\pi}{2}} = 1.2533\sigma \tag{2.66}$$

(2) 均方值 $E(r^2)$:

$$E(r^2) = \int_0^\infty r^2 p(r)dr = 2\sigma^2 \tag{2.67}$$

(3) 方差 σ_r^2:

$$\begin{aligned}\sigma_r^2 &= E[r^2] - E^2[r] \\ &= 2\sigma^2 - \frac{\pi\sigma^2}{2} \\ &= 0.4292\sigma^2\end{aligned} \tag{2.68}$$

（4）最大值：当 $r=\sigma$ 时，$p(r)$ 取最大值，$p(\sigma)=\dfrac{1}{\sigma}\exp\left(-\dfrac{1}{2}\right)$，表示 r 在 σ 值出现的可能性最大。

（5）中值 r_m：满足 $P(r\leqslant r_m)=0.5$ 的 r_m 值称为信号包络样本区间的中值，则

$$p(r_m)=p_r(r\leqslant r_m)=\int_0^{r_m}p(r)\mathrm{d}r=1-\exp\left(-\dfrac{r_m^2}{2\sigma^2}\right)=0.5 \tag{2.69}$$

可得 $r_m=1.177\sigma$，表明在任意一个足够长的观察时间内，有 50% 时间信号包络大于 1.177σ。实际应用中常用中值而非均值。

2. 莱斯分布衰落

当接收信号中有主导信号分量，如有视距传播的直射波信号时，直射波信号成为主要的接收信号分量，同时还有大量的不同角度到达的多径信号分量叠加在这个主信号分量之上，此时，接收信号将呈现为莱斯分布。或者，在非直射系统中，源自某一个路径的信号分量功率特别强，也可认为接收信号服从莱斯分布。但当主信号减弱到与其他多径信号分量的功率一样，即没有哪一径的信号分量特别强，此时接收信号将转变为服从瑞利分布。

莱斯分布的概率密度函数为

$$p(r)=\dfrac{r}{\sigma^2}\exp\left[-\dfrac{(r^2+A^2)}{2\sigma}\right]I_0\left(\dfrac{A^2}{2\sigma^2}\right),A\geqslant 0,r\geqslant 0 \tag{2.70}$$

式中：A 为主信号幅度的峰值；r 为衰落信号的包络；σ^2 为 r 的方差；$I_0(\cdot)$ 为零阶第一类修正贝塞尔函数。

莱斯因子 K 定义为主信号的功率与多径分量方差之比，即

$$K=\dfrac{A^2}{2\sigma^2} \tag{2.71}$$

用 dB 表示为

$$K(\mathrm{dB})=10\lg\dfrac{A^2}{2\sigma^2} \tag{2.72}$$

可见，莱斯因子 K 完全决定了莱斯分布函数。当 $A\to 0$，$K\to -\infty$ dB 时，莱斯分布变为瑞利分布；反之，强直射波的存在使接收信号包络从瑞利分布变为莱斯分布。莱斯分布的概率密度函数 $p(r)$ 如图 2.18 所示。

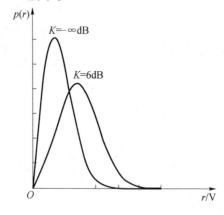

图 2.18 莱斯分布的概率密度函数

3. 衰落信号的特征量

一般地,接收信号的幅度特征可用概率密度函数描述,如瑞利分布、莱斯分布等。工程实际中,常用特征量来表示衰落信号的幅度特点。通常使用的特征量有衰落速率(或衰落率)、电平通过率和衰落持续时间等。

1) 衰落速率

衰落速率就是接收信号包络衰落的速率,定义为信号包络在单位时间内以正斜率通过中值电平的次数。衰落速率与发射频率、移动台行进速度和方向以及多径传播的路径数有关。平均衰落速率定义为

$$A = \frac{v}{\lambda/2} = 1.85 \times 10^{-3} \times v \times f(\text{Hz}) \tag{2.73}$$

式中:v 为运动速度(km/h);f 为发射频率(MHz)。

测试结果表明,当移动台前进方向朝着或背向电波传播方向时,信号衰落最快。电波频率越高,移动台运动速度越快,平均衰落率越大。

2) 电平通过率

电平通过率用来定量描述不同程度衰落发生的次数,定义为单位时间内信号包络以正斜率通过某一规定电平值 R 的平均次数,描述了衰落次数的统计规律。当规定电平 R 为信号包络的中值时,电平通过率就表示信号衰落速率。可见,衰落速率只是电平通过率的一个特例。图 2.19 所示为电平通过率的示意图。

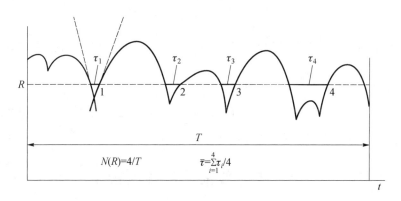

图 2.19 电平通过率和平均电平持续时间

如图 2.19 所示,在时间 T 内,信号包络在时刻 1、2、3、4 以正斜率通过给定的电平 R 的次数为 4,即信号电平 4 次衰落至电平 R 以下,所以,电平通过率为 $4/T$。

电平通过率是随机变量,可表示为

$$N(R) = \int_0^\infty \dot{r} p(R, \dot{r}) \mathrm{d}\dot{r} \tag{2.74}$$

式中:$\dot{r}$ 为信号包络 r 对时间的导数;$p(R, \dot{r})$ 为 R 和 $\dot{r}$ 的联合概率密度函数。

对于瑞利分布,可以得到

$$N(R) = \sqrt{2\pi} f_m \cdot \rho e^{-\rho^2} \tag{2.75}$$

式中:f_m为最大多普勒频率;$\rho = \dfrac{R}{\sqrt{2}\sigma} = \dfrac{R}{R_{rms}}$,$R_{rms}=\sqrt{2}\sigma$为信号包络的均方根电平,信号的平均功率为

$$E(r^2) = \int_0^\infty r^2 p(r)\mathrm{d}r = 2\sigma^2 \qquad (2.76)$$

3)衰落持续时间

由于每次衰落的持续时间是随机的,只能根据平均衰落持续时间来描述衰落信号的特征。平均衰落持续时间定义为信号包络低于某个给定电平值的概率与该电平所对应的电平通过率之比,即

$$\tau_R = \dfrac{P(r \leq R)}{N_R} \qquad (2.77)$$

对于瑞利衰落,可得到平均衰落持续时间为

$$\tau_R = \dfrac{1}{2\pi f_m \rho}[\exp(\rho^2) - 1] \qquad (2.78)$$

在图 2.19 中,时间 T 内的衰落持续时间为 $\tau_1 + \tau_2 + \tau_3 + \tau_4$,则平均衰落持续时间为

$$\tau_R = \sum_{i=1}^{4} \dfrac{\tau_i}{4} = \dfrac{\tau_1 + \tau_2 + \tau_3 + \tau_4}{4} \qquad (2.79)$$

如果设 $\tau_0 = 1/(\sqrt{2\pi}f_m)$,可以得到归一化的平均衰落时间为

$$\dfrac{\tau_R}{\tau_0} = \dfrac{1}{\rho}[\exp(\rho^2) - 1] \qquad (2.80)$$

式(2.80)等号右边与工作频率和车速无关,工程上常根据式(2.80)制成图表来应用。

当接收信号电平低于接收机门限值时,就可能造成语音中断或误码率突然增大。了解接收机包络低于门限值持续时间的统计规律,就可以判断语音受影响的程度,以及在数字通信中是否会发生突发性错误和突发性错误的长度。

2.5 电波传播损耗预测模型

前面几节从无线信号的衰落机制、功率的路径损耗、接收信号的变化和分布特性等方面对无线电波传播特性进行了研究,其应用成果之一是可以为实现信道仿真提供基础,另一个更重要的应用成果是可以建立传播预测模型。研究建立电波传播损耗预测模型的目的是,掌握基站周围所有地点处接收信号的平均强度及变化特点,以便在无线网络规划和工程设计中,根据系统所处的无线传播环境和地形地貌等特征,应用相应的传播预测模型,较准确地预测无线路径传播损耗或接收信号强度。可用于估算频谱、覆盖效率和功率效率等关键问题,为网络覆盖的研究以及整个网络设计提供基础。在系统建成后,还要根据实际情况进行场强实测,对系统进行精确调整和修正,使其在最佳状态下工作。

建立电波传播损耗预测模型通常有两种方法,即理论分析方法和现场测试方法。理

论分析方法是应用电磁传播理论分析电波在移动环境中的传播特性来建立预测模型,如射线跟踪法。现场测试方法是在不同的传播环境中做电波测试实验,通过对测试数据进行统计分析来建立预测模型,如冲激响应法。人们通常采用现场测试方法,根据测试数据分析归纳出不同环境下的经验模型,在此基础上对模型进行校正,使其更加接近实际、更准确。

在陆地移动通信中,移动台常常工作在城市建筑群和其他地形地物较为复杂的环境中,不同的地形和无线传播环境决定了电波传播的损耗不同。一般通过对地形和地物特征等传播环境分类进行电波传播的估算。因此,需要先了解地形、地物的分类和特征,在此基础上,分别介绍典型的室外和室内传播预测模型。

2.5.1 地形和地物

1. 地形

一般将地形分为两类,即"准平滑地形"和"不规则地形"。准平滑地形即中等起伏地形,是指在传播路径的地形剖面图上,其地面起伏高度不超过20m,且起伏缓慢(峰点与谷点之间的距离必须大于波动幅度),在以千米计的距离内,其平均地面高度变化也在20m之内。其中,地面起伏高度是指沿通信方向,距接收地点10km范围内,10%高度线和90%高度线的高度差。10%高度线是指在地形剖面图上,有10%的地段高度超过此线的一条水平线。90%高度线是指在地形剖面图上,有90%的地段高度超过此线的一条水平线。平滑(或平坦)地形的起伏高度一般在5~10m,准平滑地形的起伏高度一般在10~20m,起伏地形的起伏高度一般在20~40m,丘陵地形的起伏高度一般在40~80m,山区地形的起伏高度一般大于80m。地面起伏高度在平均意义上描述了电波传播路径中地形变化的程度。

不规则地形是指其他除准平滑地形以外的地形,如丘陵、孤立山岳、斜坡和水陆混合地形等。丘陵是指有规则起伏的地形,山岳重叠的地形也包括在内。孤立山岳是指传输路径中有单独的山岳,该山岳以外的地形对接收点无影响。斜坡地形是指至少在延伸5km以上范围内有起伏的地形。水陆混合地形是包括有海面和湖面的地形。上述的分类应该取某一距离范围或区域进行判断。

2. 地物

一般根据地物的密集程度,将传播环境分为4类。

(1) 城区:在此区域有较密集的建筑物,如大城市的高楼群等。

(2) 郊区:在移动台附近有些障碍物但不稠密的地区,如房屋、树林稀少的农村或市郊公路网等。

(3) 开阔地:在电波传播的方向上没有高大的树木或建筑物等的开阔地带,或者在电波传播方向300~400m以内没有任何阻挡的小片场地,如农田、广场等均属开阔地。

(4) 隧道区:地下铁道、地下停车场、人防工事、海底隧道等地区。

上述几种地区之间都有过渡区,但在了解以上几类地区的传播情况之后,对过渡区的传播情况就可以大致地进行估计。此外,天气状况、自然和人为的电磁噪声状况、系统的工作频率和移动台运动等因素,也会影响无线电波的传播。

3. 天线有效高度

由于发射天线总是架设在某地形地物上,有必要定义一个"天线有效高度"。移动台一般为手持机或车载台,其天线有效高度 h_m 定义为在地面以上的高度,包括人或车体高度,通常为 1.5~3m。但是,由于基站天线架设在高度不同地形上,天线的有效高度是不一样的,例如,把 20m 的天线架设在地面上和架设在几十层的高楼顶上,通信效果自然不同。因此,必须合理规定基站天线的有效高度。

设基站天线顶点的海拔高度为 h_{ts},从天线设置地点开始,沿着电波传播方向 3~15km 之内的地面平均海拔高度为 h_{ga},则定义基站天线的有效高度为 $h_b = h_{ts} - h_{ga}$,如图 2.20 所示。

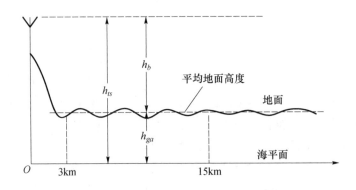

图 2.20 基站天线的有效高度

2.5.2 室外传播预测模型

1. Okumura 模型

Okumura 模型是日本科学家奥村通过对东京城市进行大量无线电波传播损耗的测量,利用得到的一系列经验曲线得出的模型。Okumura 模型完全基于测试数据,以准平滑市区传播损耗的中值作为基准,对于不同的传播环境和地形等影响用校正因子加以修正。Okumura 模型主要适用于 100~1920MHz(可扩展至 3000MHz),小区半径为 1~100km 的宏蜂窝,天线高度为 30~1000m 的移动通信系统,是预测城区信号时使用最广泛的模型。Okumura 模型的路径损耗可表示为

$$L = L_{bs} + A_{mu}(f,d) - G_{T}(h_{te}) - G_{R}(h_{re}) - G_{AREA} \quad (2.81)$$

式中:L 为路径传播损耗中值;L_{bs} 为自由空间传播损耗;A_{mu} 为准平滑地形市区基本损耗中值;$G_{T}(h_{te})$ 为发射天线有效高度的增益因子;$G_{R}(h_{re})$ 为接收天线有效高度的增益因子;G_{AREA} 为与地形有关的增益因子。以上单位均为 dB。

图 2.21 所示为 Okumura 模型给出的准平滑地形市区基本损耗中值预测曲线,它表示准平滑地区城市街道对自由空间场强中值的修正值,故称为基本损耗中值。也就是说,由曲线上查到的基本损耗中值 $A_{mu}(f,d)$ 加上自由空间的传播损耗,才是实际的路径损耗。

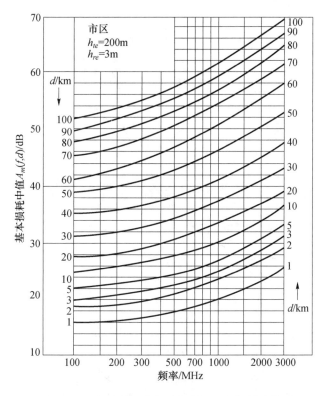

图 2.21 准平滑地形大城市市区基本损耗中值

图 2.21 中是在基站天线有效高度 $h_{te}=200\mathrm{m}$，移动台天线高度 $h_{re}=3\mathrm{m}$，以自由空间的传播损耗 0dB 为基准测得的相对值。若基站天线有效高度不是 200m，移动台天线高度不是 3m，则分别可利用图 2.22 和图 2.23 查出基站天线增益因子 $G_\mathrm{T}(h_{te})$ 和移动台天线增益因子 $G_\mathrm{R}(h_{re})$。图 2.22 和图 2.23 中分别是以 $h_{te}=200\mathrm{m}$ 和 $h_{re}=3\mathrm{m}$ 作为基准(0dB)。

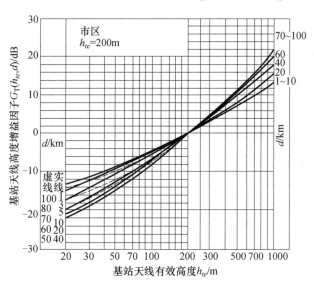

图 2.22 基站天线高度增益因子

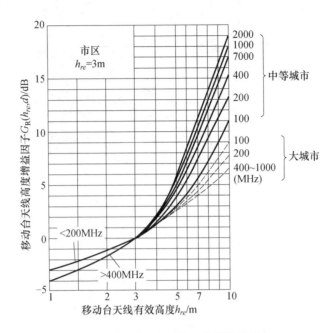

图 2.23 移动台天线高度增益因子

与基站天线高度有效高度相比,当 $h_{re}>5\mathrm{m}$ 时,移动台天线高度增益因子 $G_R(h_{re})$ 不仅与天线高度 h_{re} 和工作频率 f 有关,还与地形等环境条件有关。

对于中小城市,在 $h_{re}=4\sim5\mathrm{m}$ 处曲线出现拐点,这是因为中小城市建筑物平均高度约为 5m,所以当 $h_{re}>5\mathrm{m}$ 时,建筑物屏蔽作用减小,移动台天线高度增益迅速增加。而大城市建筑物平均高度在 15m 左右,所以在移动台天线高度小于 10m 范围内没有拐点。当移动台天线高度在 $1\sim4\mathrm{m}$ 范围内变化时,$G_R(h_{re})$ 受频率及环境条件的影响较小,h_{re} 变化 1 倍时,$G_R(h_{re})$ 平均变化约 3dB。

由于修正因子 $G_T(h_{te})$ 和 $G_R(h_{re})$ 均为增益因子,当 $h_{te}>200\mathrm{m}$ 时,$G_T(h_{te})>0\mathrm{dB}$,反之,当 $h_{te}<200\mathrm{m}$ 时,$G_T(h_{te})<0\mathrm{dB}$;同样,当 $h_{re}>3\mathrm{m}$,$G_R(h_{re})>0\mathrm{dB}$,反之,当 $h_{re}<3\mathrm{m}$ 时,$G_R(h_{re})<0\mathrm{dB}$。实际情况是,天线有效高度越小,传播损耗越大;天线有效高度越大,传播损耗越小。因此,在利用式(2.81)计算传播损耗时,两项在公式中的符号应取负值。

以上是考虑传播地形是准平滑市区的情况,若传播环境是郊区或开阔地等地形情况,则要以准平滑市区传播损耗为基准,利用不同的地形地物修正因子进行修正,如郊区修正因子 K_{mr}、开阔地修正因子 Q_o、准开阔地修正因子 Q_r、丘陵地区修正因子 K_h、孤立山岳修正因子 K_{js}、斜坡地形修正因子 K_{sp}、水陆混合地形修正因子 K_s 等。

因此,任意地形地区的传播损耗修正因子可表示为

$$G_{\mathrm{AREA}} = K_{mr} + Q_o + Q_r + K_h + K_{js} + K_{sp} + K_s \tag{2.82}$$

根据实际的地形地物情况,修正因子 G_{AREA} 可以为其中的某几项,其余为零。

作为示例,图 2.24 和图 2.25 分别给出郊区修正因子和开阔地、准开阔地修正因子的图表曲线。由图可见,郊区、开阔地等环境电波传播条件明显好于市区,路径损耗中值必然要低于市区路径损耗中值。

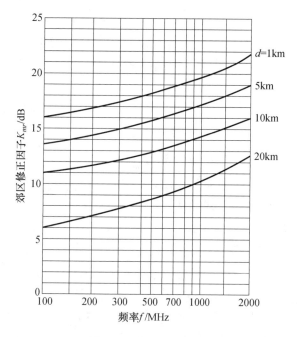

图 2.24　郊区修正因子

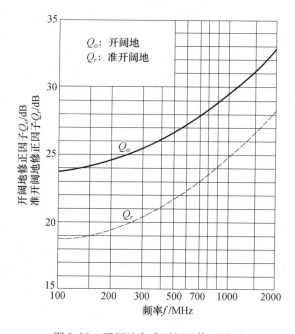

图 2.25　开阔地和准开阔地修正因子

2. Okumura-Hata 模型

在实际工作中,有时会感到使用查曲线图的方法不太方便,且不太准确,因此,Hata 根据 Okumura 所提供的预测曲线,分析归纳出一个更加实用、计算方便的经验公式,即 Okumura-Hata 模型公式:

$$L_p(\text{dB}) = 69.55 + 26.16 \lg f_c - 13.82 \lg h_{te} - \alpha(h_{re})$$

$$+ (44.9 - 6.55 \lg h_{te}) \lg d + C_{\text{cell}} + C_{\text{terrain}} \qquad (2.83)$$

式中:f_c 为工作频率(MHz);h_{te} 为基站天线有效高度(m);h_{re} 为移动台天线有效高度(m);d 为基站天线和移动台天线之间的水平距离(km);$\alpha(h_{re})$ 为移动台有效天线修正因子,是覆盖区大小的函数。

$$\alpha(h_{re}) = \begin{cases} (1.11 \lg f_c - 07) h_{re} - (1.56 \lg f_c - 0.8), & \text{中小城市} \\ 8.29 (\lg 1.54 h_{re})^2 - 1.1, f_c \leqslant 300 \text{MHz} \\ 3.20 (\lg 11.75 h_{re})^2 - 4.97, f_c \geqslant 300 \text{MHz} \end{cases}, \text{大城市/郊区/农村}$$

(2.84)

C_{cell} 为小区类型校正因子,可由下式计算:

$$C_{\text{cell}} = \begin{cases} 0, & \text{城市} \\ -2[\lg(f_c/28)]^2 - 5.4, & \text{郊区} \\ -4.78(\lg(f_c))^2 + 18.33 \lg f_c - 40.98, & \text{乡村} \end{cases} \qquad (2.85)$$

C_{terrain} 为地形校正因子,反映一些重要的地形环境因素对路径损耗的影响。

Okumura-Hata 模型适用于频率范围为 150~1500MHz、小区半径大于 1km 的宏蜂窝系统的路径损耗预测,其分析思路与 Okumura 模型一致,都是以市区的传播损耗中值作为基准,其他地形地物的情况在此基础上进行修正。

3. COST-231Hata 模型

COST-231Hata 模型是欧洲科技合作委员会(COST)开发的 Hata 模型的扩展版本,其应用频率扩展到 1500~2000MHz,其他适用条件与 Okumura-Hata 模型相同。因此,也可认为 COST-231Hata 模型是 Okumura-Hata 模型在 2GHz 频段的扩展。

COST-231Hata 模型路径损耗技术的经验公式为

$$L_{50}(\text{dB}) = 46.3 + 33.9 \lg f_c - 13.82 \lg h_{te} - \alpha(h_{re})$$
$$+ (44.9 - 6.55 \lg h_{te}) \lg d + C_{\text{cell}} + C_{\text{terrain}} + C_M \qquad (2.86)$$

式中:大城市中心校正因子为

$$C_M = \begin{cases} 0 \text{dB}, & \text{中等城市和郊区} \\ 3 \text{dB}, & \text{大城市中心} \end{cases} \qquad (2.87)$$

不难看出,两种 Hata 模型的主要区别在于频率衰减因子不同,Okumura-Hata 模型的频率衰减因子为 26.16,而 COST-231Hata 模型频率衰减因子为 33.9。另外,COST-231Hata 模型增加了大城市中心衰减,对于大城市中心地区的路径损耗增加 3dB。

除了以上模型外,在很多网络规划软件中经常适用的传播预测模型还有 COST-231Walfisch-Ikegami 模型、CCIR 模型、LEE 模型等,具体可参考相关文献。

[例 2-6] 某移动信道,工作频段为 450MHz,基站天线有效高度为 70m,天线增益为 6dB,移动台天线有效高度为 3m,天线增益为 0;在市区工作,传播路径为准平滑中等起伏地,通信距离为 10km。利用 Okumura 模型预测曲线,试求:

(1)传播路径损耗中值;

(2)若基站发射机送至天线的信号功率为 10W,求移动台天线得到的信号功率中值。

解:(1)首先计算自由空间传播损耗:

$$L_{bs} = 32.45 + 20\lg f + 20\lg d$$
$$= 32.45 + 20\lg 450 + 20\lg 10$$
$$= 105.45(\text{dB})$$

由图 2.21 查得市区基本损耗中值为
$$A_m(f,d) = A_m(450,10) = 27(\text{dB})$$

由图 2.22 查得基站天线高度因子为
$$G_T(h_{te},d) = H_b(70,10) = -10(\text{dB})$$

根据已知条件,移动台天线高度因子 $G_R(h_{re})=0$dB,地形修正因子 $G_{AREA}=0$。

根据式(2.81),计算路径传播损耗:
$$L = L_{bs} + A_{mu}(f,d) - G_T(h_{te}) - G_R(h_{re}) - G_{AREA}$$
$$= 105.45 + 27 - (-10)$$
$$= 142.45(\text{dB})$$

(2) 首先把发射信号功率表示成分贝形式:
$$[P_t]_{\text{dBW}} = 10\lg 10 = 10(\text{dBW})$$

然后计算移动台接收天线处的功率:
$$[P_r]_{\text{dBW}} = [P_t]_{\text{dBW}} - L + G_b + G_m$$
$$= 10 - 142.5 + 6 + 0$$
$$= -130.45(\text{dBW})$$

[例 2-7] 若例 2-6 改成郊区环境下工作,再求路径传播损耗中值及接收信号功率。

解:根据题目条件,需要考虑郊区修正因子 K_{mr},查图 2.24 可得 $K_{mr}=12.5$dB。所以,路径传播损耗中值为
$$L = 142.45 - 12.45 = 130(\text{dB})$$

接收信号功率为
$$[P_r]_{\text{dBW}} = 10 - 130 + 6 = -114(\text{dBW})$$

2.5.3 室内传播预测模型

室内信道对应于建筑物内的小范围覆盖区域,如办公室和商场。室内电磁波传播受影响的因素很多,如建筑物的布置、材料结构和建筑物类型等因素。因此,室内无线信道相对于室外无线信道,具有两个显著的特点:①室内覆盖面积小;②收、发机间的传播环境变化很大。实验研究表明,建筑物的穿透损耗与无线电波频段、楼层高度以及建筑物材料等都有关系。一般来说,波长越短,穿透能力越强,损耗相对较小;楼层越高,损耗越小,损耗值随楼层的增高而近似线性下降;砖石和土木结构的穿透损耗较小,钢筋混凝土的穿透损耗大些,钢架结构的穿透损耗最大。因此,室内无线传播不同于室外无线传播,需要研究和使用针对性更强的预测模型。下面介绍几种常用的室内传播预测模型。

1. ITU-R 室内传播模型

根据 ITU-RP.1238 建议,无线电波室内基本传播损耗为

$$L(\mathrm{dB}) = 20\lg f + 10n\lg d + L_{\text{floor}} - 28 \tag{2.88}$$

式中：n 为室内传播系数，与建筑物的性质有关；L_{floor} 为无线电波穿透地板的损耗，与频率、直达波穿透的地板数（$m \geq 1$）以及建筑物的性质有关。

表 2.3 给出 n 的部分取值。表 2.4 给出了 L_{floor} 的取值。

表 2.3 ITU-R 室内传播模型中 n 的取值

室内传播系数 n	频率 f 范围/GHz	建筑物性质
3.3	0.9	住宅和办公楼
2.0	0.9	商住楼
3.2	1.2～1.3	住宅和办公楼
2.2	1.2～1.3	商住楼
3.0	1.8～2.0	办公楼
2.8	1.8～2.0	住宅楼
2.2	1.8～2.0	商住楼

表 2.4 ITU-R 室内传播模型中穿透地板的损耗

L_{floor}	频率 f 范围/GHz	建筑物性质	穿透地板数 m
9	0.9	住宅、办公和商住楼	1
19	0.9	住宅、办公和商住楼	2
24	0.9	住宅、办公和商住楼	3
$4m$	1.8～2.0	住宅楼	
$15+4(m-1)$	1.8～2.0	办公楼	
$6+3(m-1)$	1.8～2.0	商住楼	

2. Keenan-Motley 模型

Keenan-Motley 模型是在自由空间传播的基础上，考虑穿透室内墙壁的损耗和穿透地板的附加损耗。Keenan-Motley 模型路径传播损耗为

$$L = L_f + m \times F + n \times W \tag{2.89}$$

式中：L_f 为自由空间的基本传播损耗；$m \times F$ 为电波在传播过程中所穿透的楼层数（m）的总衰减，$F=19$（1 层）或 $F=20$（2 层以上）为每层楼衰减因子；$n \times W$ 为电波传播过程中所穿透的墙壁数（n）的总衰减；W 为每墙壁衰减因子，即

$$W = \begin{cases} 4, & \text{木板墙} \\ 7, & \text{具有非金属窗户的水泥墙} \\ 10 \sim 20, & \text{无窗户的水泥墙} \end{cases} \tag{2.90}$$

3. 对数路径损耗模型

理论和测试结果表明，室内信道平均接收信号功率随距离的对数衰减，一般遵从以下公式：

$$PL_{[\mathrm{dB}]} = PL(d_0) + 10\gamma \cdot \lg\left(\frac{d}{d_0}\right) + X_{\sigma[\mathrm{dB}]} \tag{2.91}$$

式中:d 为收、发信机之间的距离;d_0 为参考距离,室内环境中使用较小的参考距离;$PL(d_0)$ 为基准距离为 d_0 处的功率,为在街心或室外空阔地面处的路径损耗中值;γ 为路径损耗指数,表示路径损耗随距离增长的速率,取决于周围环境和建筑物类型,如在建筑物内视距传播情况下,路径损耗指数为 1.6~1.8,被建筑物阻挡的情况下为 4~6;X_σ 为标准偏差为 σ 的正态随机变量。

4. Ericsson 多重断点模型

通过测试多层办公室建筑,获得了 Ericsson 无线系统模型,该模型有四个断点并考虑了路径损耗的上下边界,提供了特定地形路径损耗范围的确定范围。该模型假设在基准参考距离 $d_0 = 1\text{m}$ 处衰减为 30dB。Ericsson 多重断点模型的室内损耗曲线如图 2.26 所示。

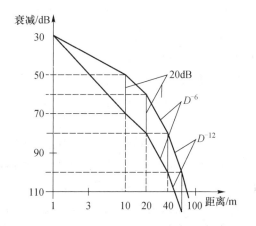

图 2.26 Ericsson 多重断点模型的室内损耗曲线

5. 衰减因子模型

衰减因子模型适用于建筑物内的传播预测,包含了建筑物类型影响以及阻挡物引起的变化,灵活性强,路径预测损耗与测量值的标准偏差约为 4dB,而对数路径模型的偏差可达 13dB。衰减因子模型公式为

$$\overline{PL}(d) = \overline{PL}(d_0) + 10\gamma_{\text{SF}} \cdot \lg\left(\frac{d}{d_0}\right) + \text{FAF} \ [\text{dB}] \tag{2.92}$$

式中:γ_{SF} 为同层测试的指数值(同层指同一建筑楼层)。不同楼层路径损耗可通过附加楼层衰减因子(Floor Attenuation Factor,FAF)获得。

如果 FAF 用考虑多层楼层影响的指数代替,衰减因子模型也可表示为

$$\overline{PL}(d) = \overline{PL}(d_0) + 10\gamma_{\text{MF}} \cdot \lg\left(\frac{d}{d_0}\right) \ [\text{dB}] \tag{2.93}$$

式中:γ_{MF} 为基于测试的多楼层路径损耗指数。

2.6 无线信道的噪声和干扰

在无线通信中,除了大尺度衰落和小尺度衰落之外,噪声和干扰的程度也直接影响无线通信的质量。噪声一般指与信号无关的一些破坏性元素,如各种工业噪声、大气噪声

等。干扰一般指与信号有关的一些破坏性元素,如同频干扰、邻频干扰等。噪声可能会恶化通信质量,而干扰则可能会直接造成通信中断。因此,在进行无线信道设计时,必须认真研究噪声和干扰的来源和特征,采取有效措施减小它们对无线通信的影响。

2.6.1 噪声

1. 内部噪声

内部噪声主要指各种热噪声,如电阻类的导体中由于电子的热运动引起的热噪声、真空管中电子的起伏性发射和半导体中载流子的起伏变化所引起的散弹噪声、电源噪声等。电源噪声及接触不良等引起的噪声是可以消除的,但热噪声和散弹噪声一般无法避免。

2. 外部噪声

外部噪声包括各种自然噪声和人为噪声。自然噪声包括大气噪声、太阳噪声和银河系噪声,后两者又统称为宇宙噪声。人为噪声主要指各种电器设备中电流或电压急剧变化形成的电磁辐射。这种噪声除了直接辐射外,还可以沿供电线路传播并通过供电线路和接收机之间的电容性耦合而进入接收机,形成接收机内部的噪声。

除了接收机的内部噪声外,发射机内部产生的噪声和寄生辐射也会直接影响通信质量。发射机噪声主要由振荡器、倍频器、调制器及电源脉冲等造成。发射机工作时,会存在以载频为中心、频率分布范围相当宽的噪声,这种噪声会在几兆赫频带内产生影响。目前使用的移动台,为获得较高的频率稳定度,一般采用晶体振荡器,通过多级倍频器倍频到所需要的载频。如果各级倍频器的滤波特性不理想,在发射机的输出端就会产生寄生辐射,会影响正好工作在寄生频率附近的接收机。为减轻发射机的噪声和寄生辐射,应尽量减小倍频次数,各级倍频器输出应具有良好的滤波,抑制不必要的频率成分。

在城市中,各种噪声源比较集中,因此城市的人为噪声比郊区大。而且,随着城市中汽车数量的日益增多,汽车点火系统噪声已成为城市噪声的重要来源。

在无线信道中,外部噪声对通信质量的影响较大。各种外部噪声的功率和频率的关系如图 2.27 所示。

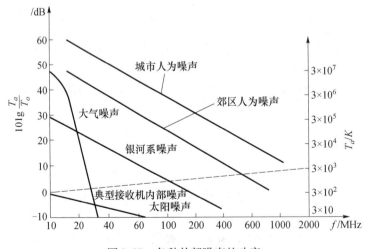

图 2.27 各种外部噪声的功率

图 2.27 中,纵坐标为等效噪声系数 $\left(10\lg\dfrac{T_a}{T_0}\right)$ 和环境噪声温度 $\left(\dfrac{T_a}{K}\right)$。$T_a$ 为噪声温度;K 为玻耳兹曼常数,$K = 1.38 \times 10^{-23}$ J/K;$T_0 = 290$K 为参考温度。

可见,当工作频率在 100MHz 以上时,大气噪声和宇宙噪声都比人为噪声小,基本可忽略不计。在 30~1000MHz 频段,人为噪声较大,尤其是城市噪声较大,在移动通信系统设计时应重点考虑。

2.6.2 同频干扰

同频干扰也称为共道干扰,是指使用相同工作频率的发射台之间的干扰。在多个发射台以相同的频率发射不同信号时,相同频率的无用信号对同频有用信号接收机会造成干扰。

同频干扰是蜂窝移动通信系统组网中经常出现的一种干扰。为提高频谱利用率,蜂窝移动通信系统中采用了频率复用技术,在相隔一定距离的其他小区中,可以使用相同的频道。显然,同频小区的距离越远,同频干扰越小,但频谱利用率也降低。因此,在进行蜂窝小区频率规划时,两者都要兼顾,在满足一定通信质量要求的前提下,确定相同频率可重复使用的最小距离。

另外,也可以通过选择合理的天线安装位置、调整天线的角度、降低发射功率水平、使用不连续发射(DTX)技术等减轻同频干扰的影响。

2.6.3 邻频干扰

邻频干扰是指相邻频率之间的干扰,使得所使用信号频率受到相邻频率信号的干扰,也称为邻道干扰。邻频干扰主要是由于发射机的调制边带扩展和边带噪声辐射以及接收机滤波特性不理想,导致邻频信号落入接收机通带内,造成对接收信号的干扰。如图 2.28 所示,用户 A 使用 k 信道,用户 B 使用 $(k+1)$ 信道,用户 B 距离基站较近,基站在 k 信道上接收到用户 A 的信号较弱,而在 $(k+1)$ 信道上接收到的用户 B 信号较强。当用户 B 发射机存在调制边带扩展和边带噪声辐射时,就会有部分 $(k+1)$ 信道的信号能量落入 k 信道,并且与 A 用户的有用信号强度相当,从而造成对 k 信道接收机的干扰。

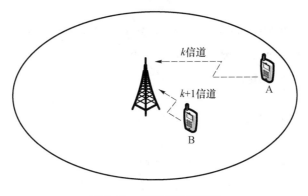

图 2.28 邻道干扰示意图

因此，为减小发射机的调制边带扩展，必须严格限制移动台的发射机频偏。同时，要尽量减小发射机倍频次数、降低振荡器的噪声等，减小发射机本身的边带辐射。还可通过设计精确的接收机滤波器和适当的信道分配减轻邻频干扰的影响。由于每个蜂窝小区只分配系统信道的一部分，如果给小区分配的信道在频率上不相邻，且信道间的频率间隔尽可能大，就可以有效地减小邻频干扰。

一般情况下，产生干扰的移动台离基站越近，邻道干扰越严重。但是，基站发射机对移动台接收机的邻道干扰并不严重，这是由于移动台接收机有较为理想的信道滤波器，且移动台接收有用信号功率远大于邻道干扰功率。

2.6.4 互调干扰

互调干扰是指两个或多个不同频率信号作用在通信设备的非线性器件上，将互相调制产生新的频率信号，如果该新频率正好落在接收机的信道通带内，则形成对该接收机的干扰，称为互调干扰。

1. 互调干扰的原因

互调干扰是由于器件的非线性造成的。在移动通信系统中，造成互调干扰主要有3个方面。

1）发射机互调

发射机互调干扰是基站使用多部不同频率的发射机所产生的特殊干扰。由于多部发射机设置在同一个地点时，无论它们分别使用各自的天线还是共用一副天线，它们的信号可能通过电磁耦合或其他途径窜入其他发射机中。发射机末端功率放大器通常工作在非线性状态，经天线或其他途径耦合进来的无用信号，与发射信号相互调制，就产生了发射机互调干扰。

减小发射机互调干扰的措施主要有：加大发射天线间的空间距离，在各发射机之间采用单向隔离器件，采用高 Q 值谐振腔等。

2）接收机互调

接收机前端射频通带一般较宽，若有两个或多个干扰信号同时进入高频放大器或混频器，由于非线性作用，这些干扰信号相互调制产生新的频率信号，可能会对接收机造成互调干扰。

一般对接收机的互调指标有严格要求，以保证互调干扰在环境噪声电平之下。如提高接收机的射频互调阻抗比，一般要求高于70dB。

3）外部效应引起的互调

在天线、馈线、双工器等处，由于接触不良或不同金属的接触，也会产生非线性作用，由此出现互调现象。这种现象只要采取适当措施，便可以避免。

2. 互调干扰分析

假设非线性器件输出电流与输入电压的关系为

$$i_c = a_0 + a_1 u + a_2 u^2 + \cdots + a_n u^n \tag{2.94}$$

式中：$a_0 、 a_1 、 \cdots 、 a_n$ 为非线性器件的特征参数，一般 n 越大，参数越小。

假设有两个信号同时作用于非线性器件,即

$$u = A\cos\omega_A t + B\cos\omega_B t \quad (2.95)$$

则失真项为

$$\sum_n a_n(A\cos\omega_A t + B\cos\omega_B t)^n, n = 2,3,4,\cdots \quad (2.96)$$

在二阶($n=2$)失真项中,有$\omega_A+\omega_B$和$\omega_A-\omega_B$两种组合频率,均落在有用信号带外。

在三阶($n=3$)失真项中,有$2\omega_A+\omega_B$、$2\omega_B+\omega_A$、$2\omega_A-\omega_B$和$2\omega_B-\omega_A$四种组合频率,其中后两项产生的组合频率可能与接收信号频率ω_0接近,从而造成对有用信号的干扰。这两项称为三阶互调干扰。

若输入端出现3个不同载频信号,即

$$u = A\cos\omega_A t + B\cos\omega_B t + C\cos\omega_C t \quad (2.97)$$

最大危害的三阶互调干扰是$\omega_A+\omega_B-\omega_C$、$\omega_A+\omega_C-\omega_B$、$\omega_B+\omega_C-\omega_A$。

实际中只考虑三阶互调干扰,主要指两个干扰信号产生的三阶互调干扰(称为三阶—Ⅰ型)和3个干扰信号产生的三阶互调干扰(称为三阶—Ⅱ型)。

[例2-8] 已知一个频道组,$f_1=150\text{MHz}$,$f_2=150.025\text{MHz}$,$f_3=150.050\text{MHz}$,$f_4=150.075\text{MHz}$,$f_5=150.100\text{MHz}$,$f_6=150.125\text{MHz}$,$f_7=150.150\text{MHz}$,试问该频道组中频率的分配是否合适?

解: 设两个干扰信号频率$f_A=f_3=150.050\text{MHz}$,$f_B=f_2=150.025\text{MHz}$,有$2f_A-f_B=150.075\text{MHz}=f_4$,$2f_B-f_A=150.000\text{MHz}=f_1$。

互调分量落入到有用信号的频带之内,造成对有用信号的干扰。因此,该频道组中频率的分配不合适。

3. 无三阶互调频道组

设频道组的频率集合为$\{f_1,f_2,\cdots,f_n\}$,若这些频率产生的三阶互调分量不落入频道组的任一个工作频道中,称该频道组为无三阶互调频道组。

设$f_i,f_j,f_k \subset \{f_1,f_2,\cdots,f_n\}$,$f_x$也是该频道组中的一个频率。若产生三阶互调干扰,则有

$$f_x = f_i + f_j - f_k \quad (2.98)$$

或

$$f_x = 2f_i - f_j \quad (2.99)$$

设第一个频道的频率为f_0,频道的带宽为B,第x个频道的序号为C_x,则任一频道的载波可以用频道号表示,即

$$f_x = f_0 + BC_x \quad (2.100)$$

将式(2.100)代入式(2.98)和式(2.99)中,得

$$C_x - C_i = C_j - C_k \quad (2.101)$$

或

$$C_x - C_i = C_j - C_k \quad (2.102)$$

因此,只要频道组内采用的频道序号差值相等,则该组内就一定存在三阶互调干扰。即如果希望本频道组中不存在三阶互调干扰,选用的频道序号差值应该互不相等。

根据以上原则,在移动通信系统设计时,应该选用的无三阶互调频道组如表2.5所列。

表2.5 无三阶互调频道组

需要频道数	最小占用频道数	无三阶互调的频道组	频段利用率/%
3	4	1,2,4；1,3,4	75
4	7	1,2,5,7；1,3,6,7	57
5	12	1,2,5,10,12；1,3,8,11,12	42
6	18	1,2,5,11,13,18；1,2,9,13,15,18 1,2,5,11,16,18；1,2,9,12,14,18	33
7	26	1,2,8,12,21,24,26；1,3,4,11,17,22,26 1,2,5,11,19,24,26；1,3,8,14,22,23,26 1,2,12,17,20,24,26；1,4,5,13,19,24,26 1,5,10,16,23,24,26	27
8	35	1,2,5,10,16,23,33,55	23
9	45	1,2,6,13,26,28,36,42,45	20
10	56	1,2,7,11,24,27,35,42,54,56	18

2.6.5 时隙干扰和码间干扰

1. 时隙干扰

时隙干扰指使用同一载频不同时隙的呼叫之间的干扰。由于移动台到基站间的距离有远有近,较远的移动台发出的上行信号在时间上会有延迟,延迟的信号重叠到下一个相邻的时隙上就会造成相互干扰。

在GSM系统中可利用时间提前量(Timing Advance,TA)来克服时隙干扰。BTS根据自己脉冲时隙与接收到的MS时隙之间的时间偏移测量值,在SACCH(慢速辅助控制信道)上通知MS所要求的时间提前量,以补偿传播时延。正常通话中,当MS接近基站时,基站就会通知MS减小时间提前量;而当MS远离小区中心时,基站就会要求MS加大时间提前量。

2. 码间干扰

移动通信中的多径传播对接收信号的影响有两个方面,一方面会造成接收信号多径衰落现象,另一方面在时域上会使数字信号传输时产生时延扩展。由于时延扩展,接收信号中一个码元的波形会扩展到其他码元周期中,造成码间干扰(Inter Symbol Interference,ISI,也称符号间干扰)。造成码间干扰的另一个原因是频率选择性衰落。数字信号在传输过程中,由于频率选择性衰落造成各频率分量的变化不一致时会引起失真,从而引起码间干扰。

在移动通信系统中,一般用自适应均衡器减轻码间干扰的影响。均衡器通常用滤波器实现,使用滤波器来补偿失真的脉冲,判决器得到的解调输出样本,是经过均衡器修正过的或者清除了码间干扰之后的样本。自适应均衡器直接从传输的实际数字信号中根据某种算法不断调整增益,因而能适应信道的随机变化,使均衡器总是保持最佳的状态,从而有更好的失真补偿性能。

习题与思考题

2.1 移动通信中,无线电波的传播方式主要有哪些,具有什么特点?

2.2 无线移动信道的信号传播主要会经历哪些衰落?请分析其对数字移动通信系统的主要影响。

2.3 蜂窝移动通信系统中有 4 种主要效应,分别是什么?请具体分析描述。

2.4 请分别描述相关带宽、相关时间、相关距离的基本概念,并分析发射机以不同大小的信号带宽、以不同的码元周期发射信号,以及信号以不同的空间角度到达接收机时,分别会发生什么类型的衰落。

2.5 若载波频率为 900MHz,移动台运动速度为 $v=30$km/h,求最大多普勒频移。若移动台朝向入射波方向运动,与入射波夹角为 30°,求移动台接收信号的频率。

2.6 如果发射机发射功率为 100W,并且载频为 1800MHz,假设发射、接收天线均为单位增益。求在自由空间中距天线 100m 处接收功率为多少 dBm?10km 处接收功率为多少 dBm?

2.7 假设 900MHz 蜂窝发射机的发射功率为 100W,发射机和接收机天线增益均为 0dB,路径损耗指数 $n=2$,参考距离 $d_0=1$km。

(1)在自由空间传播环境中,计算距发射机 d_0 处接收信号的平均功率(以 dBW 为单位);

(2)根据上面的结果计算在距发射机 10km 处接收信号的平均功率(以 dBW 为单位)。

2.8 发射天线和接收天线间的距离直接影响自由空间传输损耗,当距离增加 1 倍时,传输损耗有什么变化?当距离增加到 10 倍时,传输损耗的差是多少?

2.9 假设发射机和接收机天线高度相等,二者之间有一个障碍物,菲涅耳余隙为 $x=-82$m,障碍物距发射机的距离为 $d_1=5$km,距接收机的距离为 $d_2=10$km,工作频率为 900MHz,请计算电波传播的绕射损耗。

2.10 某移动通信系统信道的功率时延分布如图 2.29 所示。

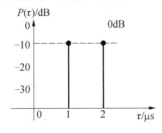

图 2.29 功率时延分布

（1）计算此信道的平均附加时延和 rms 时延扩展；

（2）计算此信道的相关带宽；

（3）若信号带宽为 25kHz，则此系统的信道衰落是平坦衰落还是频率选择性衰落？为什么？

2.11 移动通信中接收信号的包络主要服从哪两种分布？分别满足的条件是什么？

2.12 影响信号衰落速率的主要因素有哪些？若工作频率为 900MHz，移动台运行速度为 60km/h，沿电波传播方向行驶，计算接收信号的平均衰落速率。

2.13 设基站天线高度为 40m，发射频率为 900MHz，移动台天线高度为 2m，通信距离为 15km，利用 Okumura-Hata 模型分别计算城市、郊区和乡村的路径损耗。

2.14 某移动通信系统中，工作频率为 900MHz，基站天线高度为 60m，天线增益为 3dB，移动台天线高度为 3m，天线增益为 1dB，在市区工作，传播路径为中等起伏地，通信距离为 20km，利用 Okumura 模型计算：

（1）传播路径损耗中值；

（2）若基站发射机天线的发射功率为 20W，求移动台天线接收到的信号功率。

2.15 移动通信中的噪声和干扰主要有哪些？请简要描述分析。

第3章 移动通信中的调制/解调

调制是在发送端把要传输的信源信号(或基带信号)变换成适合信道传输的高频信号(或带通信号)的过程。其中,信源信号称为调制信号,调制完成后的带通信号称为已调信号。解调是调制的反过程,在接收端将已调信号还原成要传输的原始信号。本章首先介绍移动通信系统对调制解调技术的要求,接下来介绍移动通信系统中常用的两类调制方式:移频键控和相移键控,主要介绍 GMSK 和各种 QPSK,然后介绍 4G 中的关键技术之一,即正交频分复用(OFDM)。

3.1 移动通信对调制技术的要求

按照调制信号的形式,可分为模拟调制和数字调制。模拟调制指利用输入的模拟信号直接调制(或改变)载波(一般为正弦波)的振幅、频率或相位,从而得到调幅(AM)、调频(FM)或调相(PM)信号。第一代模拟移动通信系统中使用的是模拟调制。而数字调制是指利用数字信号来控制载波的振幅、频率或相位。2G、3G、4G 及未来的移动通信系统采用的是数字调制技术。数字调制相对于模拟调制有很多优点,如高频谱利用率、强纠错能力、抗信道失真、高效的多址接入以及更好的安全保密等。本章主要介绍移动通信系统中采用的数字调制技术。

由于移动信道的带宽有限,信道中不仅存在大量的干扰和噪声,还存在多径衰落、阴影衰落及多普勒频移等。因此,针对移动信道的特点,移动通信系统中调制方式的选择应该综合考虑频谱利用率、功率效率、抗干扰抗衰落能力和已调信号的恒包络特性等因素。

1. 频谱利用率

为了容纳更多的移动用户,移动通信系统要求有比较高的频谱效率,要求已调信号所占的带宽小。这意味着已调信号频谱的主瓣要窄,同时副瓣的能量要小。在数字调制中,常用带宽效率 η_b 来表示频谱资源的利用效率,定义为 $\eta_b = R_b/B$,其中 R_b 为比特速率,B 为无线信号的带宽。

当采用 M 进制调制时,由于 $R_b = R_s \log_2 M$,其中 R_s 为码元速率,在同样的信号带宽条件下,可以有较高的频谱效率,因此常常为移动通信系统所采用。例如,DAMPS 所采用的 $\pi/4$-QPSK 调制方式,带宽效率 $\eta_b = 1.6 \text{bit/s/Hz}$;GSM 系统采用 GMSK 调制,是一种二进制调制方式,带宽效率 $\eta_b = 1.3 \text{bit/s/Hz}$,前者的效率就比后者高,但技术也较复杂。

2. 功率效率

功率效率是指保证信息精确度的情况下所需的最小信号功率(或最小信噪比),所需的功率越小,效率就越高。对于数字调制信号,功率效率表现为误码率(或误比特率)P_b,它是信噪比的函数。在噪声功率一定的情况下,为达到同样的 P_b,要求已调信号的功率越低越好。不同的调制/解调方式,功率效率也不相同。例如,在 M 相同的条件下,MPSK

一般比 MFSK 功率效率高;相干解调一般也比非相干解调效率高。功率效率也可以使用特征量"峰均比"来表征,即已调信号的峰值功率和平均功率的比值。

3. 抗干扰抗衰落能力

高的抗干扰、抗衰落性能要求在恶劣的信道环境下,经过调制/解调后的输出信噪比(SINR)较大或误码率(BER)较低,它是调制的主要特征,不同调制方式的抗干扰抗衰落能力不同。

4. 已调信号的恒包络特性

具有恒包络特性的信号对放大器的非线性不敏感,如采用恒包络调制技术,则可以使用限幅器、低成本的非线性功率放大器,而不会导致频谱带外辐射的明显增加。这样的放大器直流/交流转换效率高,可以节省电源,也是高功率效率的另一种表现。这对电源供给不受限制的基站来说可能不是一个重要问题,但对使用电池的移动台来说具有重要意义,它可以延长 MS 待机时间,还可以减小设备的重量或体积。如果采用非恒包络调制技术,则需要使用成本相对较高的线性功率放大器。

数字调制主要分为两类:频率调制和幅度/相位调制。频率调制一般用非线性方法产生,其信号包络是恒定的。幅度/相位调制是线性调制,一般比非线性调制有更好的频谱特性,这是因为非线性处理会导致频谱扩展。不过幅度/相位调制把信息包含在发送信号的幅度或相位中,使它容易受到无线信道干扰和衰落的影响。幅度/相位调制一般需要价格昂贵、功率效率差的线性放大器。选择线性调制还是非线性调制就是在前者的频谱效率和后者的功率效率及抗信道衰落能力之间进行权衡。

5. 易于解调

根据调制方式的不同,对已调信号的解调可以有两种方法:相干解调和非相干解调。例如,对于 2FSK 信号,可以采用滤波和包络检波的非相干解调方法,也可以采用相干解调的方法。相干解调有较好的误码性能,但要求在接收端产生一个与接收信号完全同频同相的相干载波,这对于移动通信是一个非常大的挑战。非相干解调由于不用提取相干载波,技术上较简单,对信道衰落的影响也不那么敏感,误码性能相对来说反而不那么严重。所以,在信道衰落比较严重的移动通信系统中,常常采用非相干解调。

总之,移动通信系统采用何种调制方式,要综合考虑上述各种因素。

3.2 最小移频键控(MSK)

3.2.1 2FSK

1. 2FSK 信号的表示

二进制移频键控(2FSK)是利用载波的频率变化来表示二进制数字信息。假设发送数据 $b_k = \pm 1$,码元长度 T_b。在一个码元时间内,分别用两个不同频率(f_1, f_2)的正弦信号表示所要发送的信号:

$$s_{\text{FSK}}(t) = \begin{cases} s_1(t) = \cos(\omega_1 t + \varphi_1), b_k = +1 \\ s_2(t) = \cos(\omega_2 t + \varphi_2), b_k = -1 \end{cases} \quad (kT_b \leq t \leq (k+1)T_b) \quad (3.1)$$

式中,$\omega_1 = 2\pi f_1$;$\omega_2 = 2\pi f_2$;φ_1、φ_2 分别为 $s_1(t)$ 和 $s_2(t)$ 的初始相位。

定义载波角频率(虚载波)为

$$\omega_c = 2\pi f_c = \frac{(\omega_1 + \omega_2)}{2} \quad (3.2)$$

ω_1、ω_2 对 ω_c 的角频移为

$$\omega_d = 2\pi f_d = \frac{|\omega_1 - \omega_2|}{2} \quad (3.3)$$

相应地，f_1、f_2 相对于 f_c 频率偏移为

$$f_d = \frac{|f_1 - f_2|}{2} \quad (3.4)$$

定义调制指数 h 为

$$h = |f_1 - f_2| T_b = 2f_d T_b = \frac{2f_d}{R_b} \quad (3.5)$$

式中：R_b 为码元速率。

这样，一个码元内 2FSK 信号表达式可以重写为

$$\begin{aligned} s_{\text{FSK}}(t) &= \cos(\omega_c t + b_k \omega_d t + \varphi_k) \\ &= \cos\left(\omega_c t + b_k \cdot \frac{\pi h}{T_b} \cdot t + \varphi_k\right) \\ &= \cos[\omega_c t + \theta_k(t)] \end{aligned} \quad (3.6)$$

其中，

$$\theta_k(t) = b_k \cdot \frac{\pi h}{T_b} \cdot t + \varphi_k, \quad kT_b \leq t \leq (k+1)T_b \quad (3.7)$$

称为附加相位。

附加相位 $\theta_k(t)$ 是 t 的线性函数，斜率为 $b_k \pi h/T_b$，截距为 φ_k，其特性如图 3.1 所示。

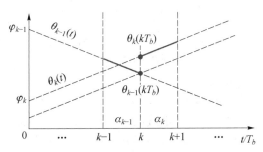

图 3.1　附加相位特性

从原理上，2FSK 信号的产生可以有两种不同的方法：开关切换(键控法)和调频(模拟调频电路法)方法，如图 3.2 所示。

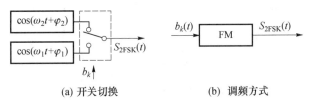

(a) 开关切换　　　　　　　(b) 调频方式

图 3.2　2FSK 信号的产生方法

开关切换方法得到的2FSK信号一般情况下是相位不连续的,而调频方法一般情况下得到的是相位连续的2FSK信号(Continuous Phase 2 FSK,CP2FSK)。相位不连续的信号会使功率谱产生较大的旁瓣分量,带限后会引起较大的包络起伏。因此,需要控制相位的连续性。

2. 相位连续的2FSK

所谓相位连续,是指不仅在一个码元持续期间相位连续,而且在从码元 b_{k-1} 到 b_k 转换时刻 kT_b,两个码元的相位也相等,即

$$\theta_k(kT_b) = \theta_{k-1}(kT_b) \tag{3.8}$$

把式(3.7)代入式(3.8),得到

$$b_k \cdot \frac{\pi h}{T_b} \cdot kT_b + \varphi_k = b_{k-1} \cdot \frac{\pi h}{T_b} \cdot kT_b + \varphi_{k-1} \tag{3.9}$$

因此,CP2FSK要求满足以下关系式:

$$\varphi_k = (b_{k-1} - b_k)\pi hk + \varphi_{k-1} \tag{3.10}$$

也就是说,当前码元的初相位 φ_k,由前一码元的初相位 φ_{k-1}、当前码元 b_k 和前一码元 b_{k-1} 来决定。这就是CP2FSK要满足的相位约束条件,满足该条件的FSK就是相位连续的2FSK。相位连续和不连续的2FSK信号波形如图3.3所示。

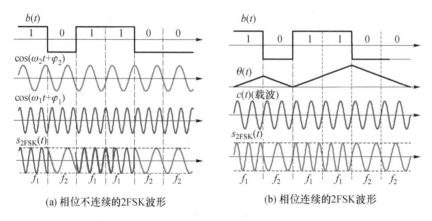

(a) 相位不连续的2FSK波形　　(b) 相位连续的2FSK波形

图3.3　2FSK信号波形

由图3.3可见,相位不连续的2FSK信号在码元交替时刻,波形是不连续的,而CP2FSK信号波形是连续的,这使得它们的功率谱特性很不一样。图3.4分别给出了调制指数为 $h=0.5$、$h=0.8$ 和 $h=1.5$ 时它们的功率谱特性曲线。

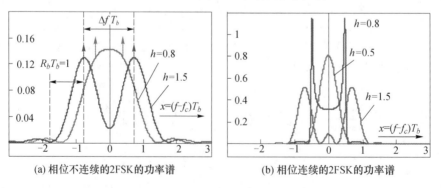

(a) 相位不连续的2FSK的功率谱　　(b) 相位连续的2FSK的功率谱

图3.4　2FSK信号的功率谱

比较图 3.4 可以发现,在调制指数 h 相同的情况下,CP2FSK 的带宽要比一般的 2FSK 带宽要窄,这意味着前者的频带效率要高于后者。所以,在移动通信中 2FSK 常采用相位连续的调制方式。另外,它们的共同点是,随着调制指数 h 的增加,信号的带宽也在增加。因此,从频带效率考虑,调制指数 h 不宜过大,但过小又因两个信号频率过于接近而不利于信号的检测。所以应当从它们的相关系数以及信号的带宽综合考虑。

3. 2FSK 信号的正交条件

在通信中,常常希望式(3.1)中的信号 $s_1(t)$ 和 $s_2(t)$ 相互正交,这样便于检测。

设初始相位 $\varphi_1 = \varphi_2 = 0$,信号 $s_1(t)$ 和 $s_2(t)$ 的归一化互相关系数为

$$\rho = \frac{2}{T_b}\int_0^{T_b} \cos(\omega_1 t)\cos(\omega_2 t)\,\mathrm{d}t = \frac{\sin(2\omega_c T_b)}{2\omega_c T_b} + \frac{\sin(2\omega_d T_b)}{2\omega_d T_b} \tag{3.11}$$

通常,$\omega_c T_b = 2\pi f_c/R_b \gg 1$,或 $\omega_c T_b = n\pi$,略去第一项,得到

$$\rho = \frac{\sin(2\omega_d T_b)}{2\omega_d T_b} = \frac{\sin[2\pi(f_1-f_2)T_b]}{2\pi(f_1-f_2)T_b} = \frac{\sin 2\pi h}{2\pi h} \tag{3.12}$$

$\rho - h$ 的关系如图 3.5 所示。从图中可以看出,当调制指数 $h = 0.5, 1, 1.5, \cdots$ 时,$\rho = 0$,即两个信号 $s_1(t)$ 和 $s_2(t)$ 是正交的。其中,在这些使 $\rho = 0$ 的取值中,调制指数 h 的最小值为 0.5,此时在 T_b 给定的情况下,对应的两个信号的频率差 $|f_1 - f_2|$ 有最小值,从而使 2FSK 有最小的带宽。

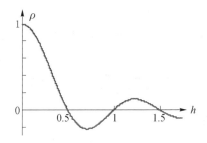

图 3.5 2FSK 信号的 $\rho - h$ 关系

$h = 0.5$ 的相位连续的 2FSK 称为最小移频键控(Minimum Shift Keying,MSK),它是在给定 R_b 的情况下,保证两个信号正交的最小的频差。

3.2.2 MSK

1. MSK 的信号表示和相位路径

MSK 信号的表达式($h = 0.5$ 时的 2FSK)为

$$s_{\mathrm{MSK}}(t) = \cos(\omega_c t + \theta_k) = \cos\left(\omega_c t + \frac{b_k \pi}{2T_b}\cdot t + \varphi_k\right) \tag{3.13}$$

式中,$\theta_k = \frac{b_k \pi}{2T_b}\cdot t + \varphi_k$;$kT_b \leq t \leq (k+1)T_b$。

在一个码元周期内,MSK 信号的相位变化量(增量)为

$$\Delta\theta_k = \theta_k[(k+1)T_b] - \theta_k(kT_b) = \frac{\pi b_k}{2} \tag{3.14}$$

由于 $b_k = \pm 1$，因此，每经过 T_b 时间，相位就增加或减小 $\pi/2$。这样，随着时间的推移，附加相位的函数曲线是一条折线。这一折线就是 MSK 信号的相位路径。由于 $h = 0.5$，MSK 的相位约束条件为

$$\varphi_k = (b_{k-1} - b_k)\frac{\pi}{2} \cdot k + \varphi_{k-1} \tag{3.15}$$

由于 $|b_k - b_{k-1}|$ 总为偶数，所以当 $\varphi_0 = 0$ 时，其后各码元的初相位 φ_k 为 π 的整数倍。MSK 相位路径的例子如图 3.6 所示，其中设 $\varphi_0 = 0$。可以看到，图中 φ_k 的取值为 $0, -\pi, -\pi, -\pi, 3\pi, \cdots$ ($k = 0, 1, 2, \cdots$)。由此图也可以看出，附加相位在码元间也是连续的。

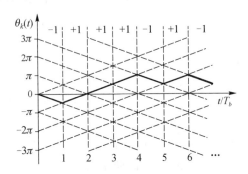

图 3.6 MSK 信号附加相位的相位路径

2. MSK 的频率关系

在 MSK 信号中，码元速率 $R_b = 1/T_b$、峰值频偏 f_d 和两个频率 f_1、f_2 存在一定关系。因为

$$\rho = \frac{\sin 2\omega_c T_b}{2\omega_c T_b} + \frac{\sin 2\omega_d T_b}{2\omega_d T_b} \tag{3.16}$$

若式(3.16)等于零成立，则有

$$\begin{cases} 2\omega_c T_b = 4\pi f_c T_b = 2\pi(f_1 + f_2)T_b = m\pi \\ 2\omega_d T_b = 4\pi f_d T_b = 2\pi(f_2 - f_1)T_b = n\pi \end{cases} \tag{3.17}$$

式中：m、n 均为整数。

对于 MSK 信号，$h = (f_2 - f_1)T_b = 0.5$，因此得到 $n = 1$，当给定码元速率 R_b 时可以确定各个频率如下：

$$\begin{cases} f_c = m\dfrac{R_b}{4} \\ f_2 = (m+1)\dfrac{R_b}{4} \\ f_1 = (m-1)\dfrac{R_b}{4} \end{cases} \tag{3.18}$$

即载波频率应当是 $R_b/4$ 的整数倍。

例如，$R_b = 5\text{kbps}$，$R_b/4 = 1.25\text{kbps}$。设 $m = 7$，则 $f_c = 7 \times 1.25 = 8.75\text{kHz}$，$f_1 = (7+1) \times 1.25 = 10\text{kHz}$，$f_1 = (7-1) \times 1.25 = 7.5\text{kHz}$。该信号的 f_2 在一个 T_b 时间内有 $f_2 T_b = 10/5 = 2$ 个周期，而 f_1 有 $f_1 T_b = 7.5/5 = 1.5$ 个周期。

3. MSK 的功率谱

MSK 信号的的功率谱为

$$P_{\text{MSK}}(f) = \frac{16A^2T_b}{\pi^2}\left\{\frac{\cos[2\pi(f-f_c)T_b]}{1-[4(f-f_c)T_b]^2}\right\}^2 [\text{W/Hz}] \quad (3.19)$$

式中：A 为信号的幅度。

MSK 功率谱特性如图 3.7 所示。为便于比较，图中也给出了一般 2FSK 信号的功率谱特性。

注意，图 3.7 中横坐标是以载频为中心画的，即横坐标代表 $f-f_c$。

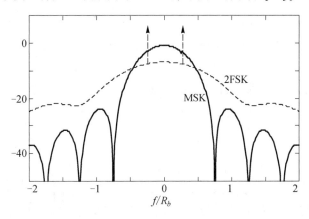

图 3.7 MSK 功率谱

由图 3.7 可见，MSK 信号的功率谱密度更为集中，即旁瓣下降得更快，所以 MSK 比一般 2FSK 信号有更高的带宽效率。

尽管 MSK 的频谱特性已经比 2FSK 有很大的改进，但其旁瓣的辐射功率仍然很大。约 90% 的功率带宽为 $2 \times 0.75R_b$，99% 的功率带宽为 $2 \times 1.2R_b$。在实际应用中，这样的带宽仍然是比较宽的。例如，GSM 空中接口的传输速率为 $R_b = 270\text{kbps}$，则 99% 的功率带宽为 $B_s = 2.4 \times 270 = 648\text{kHz}$。移动通信不可能提供这样宽的带宽。另外，还有 1% 的带外功率辐射到邻近信道，造成邻道干扰。1% 的功率相当于 $10\lg(0.01) = -20\text{dB}$ 的干扰，而移动通信的邻道干扰要求在 $-70 \sim -60\text{dB}$，因此，MSK 的功率谱仍然不能满足要求。旁瓣的功率之所以大，是因为数字基带信号含有丰富的高频分量。如果用低通滤波器滤去其高频分量，就可以减少已调信号的带外能量辐射。

[例 3-1] MSK 信号数据速率为 100kbps，求发送信号的两个频率差。若载波频率为 2MHz，试求发送比特"1"和比特"0"时，信号的两个载波频率。

解：已知 $R_b = 100\text{kbps}$，$f_c = 2\text{MHz}$，则频率差为

$$f_2 - f_1 = R_b/2 = 50(\text{kbps})$$

且

$$f_2 = f_c + (f_2 - f_1)/2 = 2 + 25 \times 10^{-3} = 2.025(\text{MHz})$$
$$f_1 = f_c - (f_2 - f_1)/2 = 2 - 25 \times 10^{-3} = 1.975(\text{MHz})$$

[例 3-2] 已知发送数据序列为 1011001011，传输速率为 128kbps，载波频率为 256kHz。

(1) 画出 MSK 信号的附加相位路径图；
(2) 画出 MSK 信号的时间波形。

解：(1) MSK 信号的相位函数路径如图 3.8 所示。

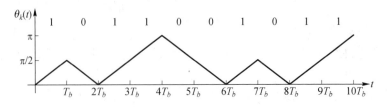

图 3.8　例 3-2 信号的相位路径

(2) 由于 $f_c = 256\text{kHz}, R_b = 128\text{kbps}$，根据式(3.18)，得

$$m = 8, f_2 = 9/4R_b, f_1 = 7/4R_b$$

设比特"0"对应的频率为 f_1，比特"1"对应的频率为 f_2, f_1, f_2 在一个 T_b 时间内分别有 7/4 和 9/4 个周期。因此，MSK 信号的时间波形如图 3.9 所示。

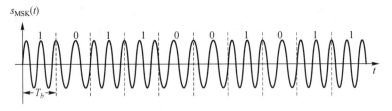

图 3.9　例 3-2 信号的时间波形

3.3　高斯最小移频键控(GMSK)

如前所述，用低通滤波器对基带信号进行预滤波，可以除去调制信号中的高频分量，有效抑制 MSK 信号的带外辐射，从而提高频谱利用率，降低干扰。这种低通滤波器的选择原则是：要具有窄的带宽和尖锐的过渡带；低峰突的冲激响应；保证输出脉冲的面积不变，以保证 90°的相移。高斯低通滤波器就是最合适的选择。

高斯最小移频键控(Gaussian Minimum Shift Keying，GMSK)就是在 MSK 调制前加一个高斯型低通滤波器，进一步抑制高频分量。如果恰当地选择滤波器的带宽，就可使信号的带外辐射功率小到满足移动通信的要求。GMSK 信号的产生如图 3.10 所示。

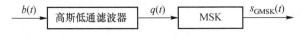

图 3.10　GMSK 信号的产生

3.3.1　高斯滤波器的传输特性

1. 高斯滤波器的频率特性 $H(f)$ 和冲激响应 $h(t)$

高斯滤波器具有指数形式的响应特性，其幅度特性为

$$H(f) = e^{-f^2/a^2} \tag{3.20}$$

冲激响应为

$$h(t) = \sqrt{\pi} a e^{-(\pi a t)^2} \tag{3.21}$$

式中：a 为常数，其取值不同将影响滤波器的特性。

令 B_b 为 $H(f)$ 的 3dB 带宽，因为 $H(0) = 1$，则有

$$H(f)\big|_{f=B_b} = H(B_b) = \exp\left[-\frac{B_b^2}{a^2}\right] = \frac{\sqrt{2}}{2} \tag{3.22}$$

可以求得

$$a = \sqrt{\frac{2}{\ln 2}} \cdot B_b \approx 1.7 B_b \tag{3.23}$$

所以，高斯滤波器传输特性可表示为

$$H(f) = \exp\left[-\frac{\ln 2}{2}\left(\frac{f}{B_b}\right)^2\right] \tag{3.24}$$

$$h(t) = \sqrt{\pi}\sqrt{\frac{2}{\ln 2}}B_b \exp\left[-\left(\pi\sqrt{\frac{2}{\ln 2}}B_b \cdot t\right)^2\right] \tag{3.25}$$

设要传输的码元长度为 T_b，速率为 $R_b = 1/T_b$，以 R_b 为参考，对 f 进行归一化频率表示，即 $x = f/R_b = fT_b$，则归一化 3dB 带宽可表示为

$$x_b = \frac{B_b}{R_b} = B_b T_b \tag{3.26}$$

因此，归一化频率可表示为

$$H(f) = \exp\left[-\frac{\ln 2}{2}\left(\frac{f}{B_b}\right)^2\right] = \exp\left[-\frac{\ln 2}{2}\left(\frac{fT_b}{B_b T_b}\right)^2\right] \tag{3.27}$$

$$H(x) = \exp\left[-\frac{\ln 2}{2}\left(\frac{x}{x_b}\right)^2\right] = \exp\left[-\left(\frac{x}{1.7 x_b}\right)^2\right] \tag{3.28}$$

令 $\tau = t/T_b$，并设 $T_b = 1$，归一化表示 $h(\tau)$ 为

$$h(t) = \sqrt{\pi}\sqrt{\frac{2}{\ln 2}}B_b \exp\left[-\left(\pi\sqrt{\frac{2}{\ln 2}}B_b \cdot t\right)^2\right]$$

$$= \sqrt{\pi}\sqrt{\frac{2}{\ln 2}}B_b \frac{T_b}{T_b}\exp\left[-\left(\pi\sqrt{\frac{2}{\ln 2}}B_b T_b \cdot \frac{t}{T_b}\right)^2\right] \tag{3.29}$$

$$h(\tau) = \sqrt{\pi}\sqrt{\frac{2}{\ln 2}}x_b \frac{1}{T_b}\exp\left[-\left(\pi\sqrt{\frac{2}{\ln 2}}x_b \cdot \tau\right)^2\right]$$

$$= \sqrt{\pi}\sqrt{\frac{2}{\ln 2}}x_b \exp\left[-\left(\pi\sqrt{\frac{2}{\ln 2}}x_b \cdot \tau\right)^2\right], T_b = 1$$

$$= 3.01 x_b \exp\left[-(5.3 x_b \tau)^2\right] \tag{3.30}$$

可见,给定 x_b,就可以计算出 $H(x)$、$h(\tau)$,并画出它们的特性曲线,如图 3.11 所示。因此,高斯低通滤波器的特性完全可以由 x_b 确定。

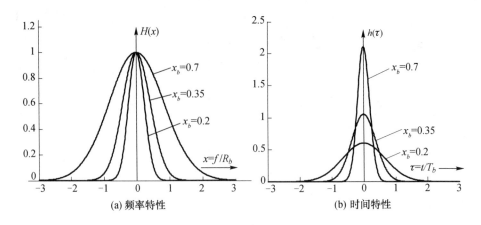

图 3.11 高斯滤波器特性

相邻码元之间的相互影响程度和高斯滤波器的参数有关,即和高斯滤波器的归一化 3dB 带宽 x_b 有关,通常将 x_b 的值作为设计高斯滤波器的一个主要参数。$x_b = B_b T_b$ 值越小,相邻码元之间的相互影响越大。

2. 方波脉冲通过高斯滤波器

设方波

$$f(t) = \begin{cases} 1, & |t| \leq T_b/2 \\ 0, & |t| > T_b/2 \end{cases} \tag{3.31}$$

经过高斯滤波器后,输出为

$$\begin{aligned} g(t) &= f(t) * h(t) = \int_{-\infty}^{\infty} h(\tau) f(t-\tau) \mathrm{d}\tau \\ &= \int_{-\infty}^{\infty} \sqrt{\pi} a \mathrm{e}^{(-\pi a \tau)^2} f(t-\tau) \mathrm{d}\tau \\ &= Q[\sqrt{2} a \pi (t - T_b/2)] - Q[\sqrt{2} a \pi (t + T_b/2)] \end{aligned} \tag{3.32}$$

式中,

$$Q(z) = \frac{1}{\sqrt{2\pi}} \int_z^{\infty} \mathrm{e}^{-y^2/2} \mathrm{d}y \tag{3.33}$$

给定 x_b,就可以计算出 $g(t)$,$x_b = 0.3$、$x_b = 1$ 时的 $g(t)$ 如图 3.12 所示。响应 $g(t)$ 在 $t = 0$ 时有最大值 $g(0)$,没有负值,时间是从 $t = -\infty$ 开始,延伸到 $+\infty$。显然,这样的滤波器不符合因果关系,在物理上是不可实现的。但是,$g(t)$ 有意义的取值仅持续若干个码元时间,在此之外的 $g(t)$ 取值可以忽略。例如,当 $x_b = 0.3$ 时,$g(\pm 1.5 T_b) = 0.016 g(0)$;当 $x_b = 1$ 时,$g(\pm T_b) = 8 \times 10^{-5} g(0)$。所以,可以截取其中有意义的区间作为实际响应波形的长度,并在时间上做适当的延迟,就可以使它成为与 $g(t)$ 有足够的近似和可以实现的波形。通常截取的范围是以 $t = 0$ 为中心的 $\pm(N + 1/2)T_b$,即长度为 $(2N + 1)T_b$,并延迟 $(N + 1/2)T_b$。例如,当 $x_b = 0.3$ 时,长度为 $3T_b$。显然,N 越大,近似效果越好,但需要的时延也就越大。

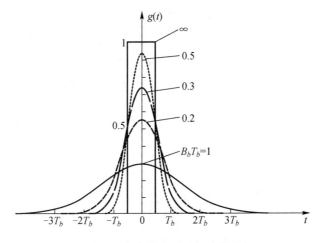

图 3.12 高斯滤波器对方波的响应

3.3.2 GMSK 信号的波形和相位路径

以上讨论了高斯低通滤波器的传输特性和方波通过滤波器的输出信号,下面分析 GMSK 信号的特征。

设要发送的二进制数据序列 $\{b_k\}$ ($b_k = \pm 1$)所用线路码为 NRZ 码,码元起止时刻为 T_b 的整数倍,此基带信号经过高斯滤波器后输出为

$$q(t) = \sum_{k=-\infty}^{\infty} b_k g\left(t - kT_b - \frac{T_b}{2}\right) \tag{3.34}$$

经高斯滤波器输出的信号再通过 MSK 调制,即得到 GMSK 信号。因此,$q(t)$ 经过调频器调频,得到 GMSK 的输出信号

$$s(t) = \cos\left[2\pi f_c t + k_f \int_{-\infty}^{t} q(\tau) d\tau\right] = \cos[2\pi f_c t + \theta(t)] \tag{3.35}$$

式中:$\theta(t)$ 为附加相位,可表示为

$$\begin{aligned}\theta(t) &= k_f \int_{-\infty}^{t} q(\tau) d\tau \\ &= k_f \int_{-\infty}^{kT_b} q(\tau) d\tau + k_f \int_{kT_b}^{t} q(\tau) d\tau \\ &= \theta(kT_b) + \Delta\theta(t)\end{aligned} \tag{3.36}$$

式中:k_f 为调频指数,是由调频器灵敏度确定的常数;$\theta_k(kT_b) = k_f \int_{-\infty}^{kT_b} q(\tau) d\tau$ 为码元 b_k 开始时刻的相位;$\Delta\theta_k(t) = k_f \int_{kT_b}^{t} q(\tau) d\tau$ 为码元 b_k 时间内相位变化量。

由于 $q(t)$ 为连续函数,$\theta(t)$ 也为连续函数。在一个码元结束时,相位的增量取决于该码元期间 $q(t)$ 曲线下的面积 A_k,即

$$\begin{aligned}\Delta\theta_k &= k_f \int_{kT_b}^{(k+1)T_b} q(t) dt \\ &= k_f \int_{kT_b}^{(k+1)T_b} \sum_{n=k-N}^{k+N} b_n g\left(t - nT_b - \frac{T_b}{2}\right) dt \\ &= k_f A_k\end{aligned} \tag{3.37}$$

如图 3.13 所示,$x_b = 0.3$,截取 $g(t)$ 的长度为 $3T_b(N=1)$。在 b_k 期间内,$q(t)$ 曲线只由 b_k 及其前一个码元 b_{k-1} 和后一个码元 b_{k+1} 所确定,与其他码元无关。当这 3 个码元符号相同时,A_k 有最大值 $A_{\max}$,是一个常数。设计调频器的调频指数 k_f,使 $\Delta\theta_{\max} = k_f A_{\max} = \pi/2$。这样,调频器输出的就是 GMSK 信号。由于 3 个码元取值有 8 种组合,因此一个码元周期内 $\Delta\theta_k(t)$ 的变化有 8 种,相位增量 $\Delta\theta_k$ 也只有 8 种,且 $|\Delta\theta_k(t)| \leq \pi/2$,如图 3.14 所示。可见,对 GMSK 信号不是每经过一个码元周期相位都变化 $\pi/2$,而是和本码元、前后 N 个码元的取值有关。

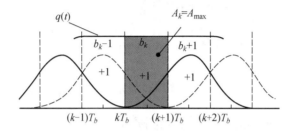

图 3.13　$q(t)$ 曲线下面积最大

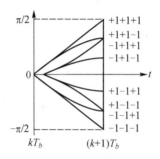

图 3.14　相位的 8 种状态

经过预滤波后的基带信号 $q(t)$、相位函数 $\theta(t)$ 和 GMSK 信号的波形如图 3.15 所示。

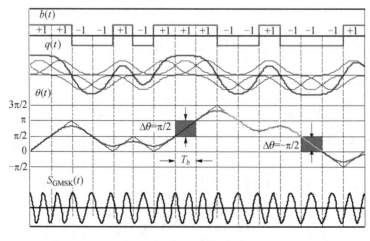

图 3.15　GMSK 信号的波形

由图可见,GMSK 信号的相位变化是光滑连续的,即使在码元转换时刻,其导数也是连续的,不像 MSK 在码元转换时刻有相位转折点。相位变化越尖锐,接收信号的包络起伏越大。因此,GMSK 的相位路径得到进一步平滑,包络起伏平稳。另外,接收信号的频率在码元转换时刻也不会发生突变,这会使信号的旁瓣有更快的衰减。

3.3.3 GMSK 信号的调制与解调

1. GMSK 调制

原理上,GMSK 信号可用调频(FM)方法产生。所产生的 FSK 信号是相位连续的 FSK,只要控制调频器的调频指数 k_f,使 $h=0.5$,就可以得到 GMSK 信号。但在实际的系统中,常常采用正交调制方法产生 GMSK 信号。变换 GMSK 信号的表示形式为

$$s_{\text{GMSK}}(t) = \cos\left[\omega_c t + k_f \int_{-\infty}^{t} q(\tau) d\tau\right] = \cos[\omega_c t + \theta(t)]$$

$$= \cos\theta(t)\cos\omega_c t - \sin\theta(t)\sin\omega_c t \tag{3.38}$$

式中:$\theta(t) = \theta(kT_b) + \Delta\theta(t)$。

在正交调制中,式中 $\cos\theta(t)$ 和 $\sin\theta(t)$ 可以看作经过波形形成后的两条支路的基带信号,问题是如何根据输入的数据 b_n 得到这两个基带信号。由于 $\Delta\theta(t)$ 是第 k 个码元期间信号相位的增量,因此 $\theta(t)$ 可通过对 $\Delta\theta(t)$ 的累加来得到。由于在一个码元内 $q(t)$ 波形有限,在实际应用中可以事先制作 $\cos\theta(t)$ 和 $\sin\theta(t)$ 两张表,根据输入数据通过查表读出相应的值,得到相应的 $\cos\theta(t)$ 和 $\sin\theta(t)$ 波形。GMSK 正交调制原理图及各点信号波形分别如图 3.16 和图 3.17 所示。

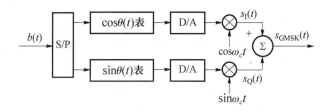

图 3.16 GMSK 正交调制

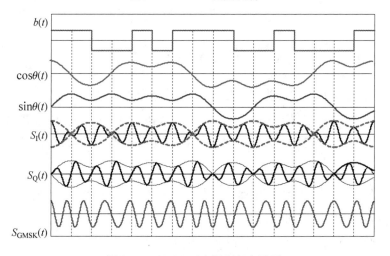

图 3.17 GMSK 正交调制各点波形

2. GMSK 解调

GMSK 可以用相干方法解调,也可以用非相干方法解调。在移动通信中,由于相干载波提取比较困难,所以 GMSK 常采用非相干的差分解调方法。非相干解调方法有很多,下面主要介绍 1bit 时延差分解调方法,图 3.18 给出其基本实现原理。

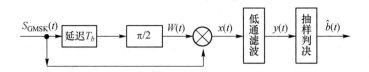

图 3.18　GMSK1bit 延迟差分解调原理

设接收到的 GMSK 信号为

$$s_{\text{GMSK}}(t) = A(t)\cos[\omega_c t + \theta(t)] \tag{3.39}$$

式中:$A(t)$ 为信道衰落引起的包络衰减。

接收机把 $s_{\text{GMSK}}(t)$ 分成两路,一路经过 1bit 延迟和 90°的相移,得到 $W(t)$,即

$$W(t) = A(t - T_b)\cos\left[\omega_c(t - T_b) + \theta(t - T_b) + \frac{\pi}{2}\right] \tag{3.40}$$

与另一路信号 $s_{\text{GMSK}}(t)$ 相乘得 $x(t)$,即

$$\begin{aligned}x(t) &= s_{\text{GMSK}}(t)W(t) \\ &= A(t)A(t - T_b)\frac{1}{2}\{\sin[\theta(t) - \theta(t - T_b) + \omega_c T_b] \\ &\quad - \sin[2\omega_c t - \omega_c T_b + \theta(t) + \theta(t - T_b)]\}\end{aligned} \tag{3.41}$$

经过低通滤波,同时考虑到 $\omega_c T_b = 2n\pi$,得到

$$\begin{aligned}y(t) &= \frac{1}{2}A(t)A(t - T_b)\sin[\theta(t) - \theta(t - T_b) + \omega_c T_b] \\ &= \frac{1}{2}A(t)A(t - T_b)\sin[\Delta\theta(t)]\end{aligned} \tag{3.42}$$

式中:$\Delta\theta(t) = \theta(t) - \theta(t - T_b)$ 为一个码元的相位增量。

由于 $A(t)$ 是包络,总是有 $A(t)A(t-T_b) > 0$,在 $t = (k+1)T_b$ 时刻对 $y(t)$ 采样得到 $y[(k+1)T_b]$,其符号取决于 $\Delta\theta[(k+1)T_b]$ 的符号。根据前面对 $\Delta\theta(t)$ 路径的分析,就可以进行如下判决。

(1) $y[(k+1)T_b] > 0$,即 $\Delta\theta[(k+1)T_b] > 0$,判决结果为 $\hat{b}_k = +1$;

(2) $y[(k+1)T_b] < 0$,即 $\Delta\theta[(k+1)T_b] < 0$,判决结果为 $\hat{b}_k = -1$;

设 $A(t)$ 为常数,解调过程各点的波形如图 3.19 所示。

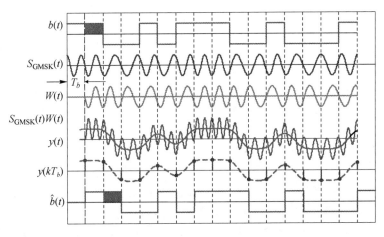

图 3.19　GMSK 解调过程各点波形

3.3.4　GMSK 信号功率谱

MSK 引入高斯滤波器后,平滑了相位路径,使信号的的频率变化变得平稳,大大减少了接收信号频谱的带外辐射。其原因是低通滤波器减少了基带信号的高频分量,使已调信号的频谱变窄。滤波器的通带越窄,即 x_b 越小,GMSK 信号的频谱就越窄,对邻道的干扰也就越小。GMSK 信号功率谱分析比较复杂,图 3.20 给出计算机仿真得到的 $x_b = 0.5$、$x_b = 1$ 和 $x_b = \infty$（MSK）时的信号功率谱。

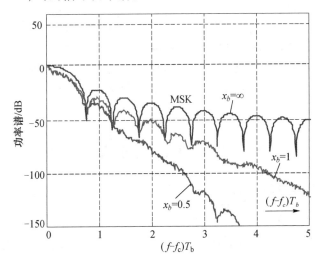

图 3.20　GMSK 信号功率谱

表 3.1 给出了不同 x_b 下的百分比功率归一化带宽,其中带宽是以码元速率为参考的归一化带宽。例如,GSM 空中接口码元速率 $R_b = 270\text{kbps}$,若取 $x_b = B_b T_b = 0.25$,则有以下结果:

(1) $B_b = x_b/T_b = x_b R_b = 0.25 \times 270 = 65.567\text{kHz}$（低通滤波器 3dB 带宽）;

(2) 99% 功率带宽为 $0.86R_b = 0.86 \times 270 = 232.2\text{kHz}$;

(3) 99.9% 功率带宽为 $1.09R_b = 1.09 \times 270 = 294.3\text{kHz}$。

表 3.1 GMSK 百分比功率归一化带宽

$x_b = B_b T_b$	90%	99%	99.9%	99.99%
0.2	0.52	0.79	0.99	1.22
0.25	0.57	0.86	1.09	1.37
0.5	0.69	1.04	1.33	2.08
MSK	0.76	1.20	2.76	6.00

以上这些带宽都超出了 GSM 系统的频道间隔 200kHz 的范围。虽然进一步减小 x_b 可使带宽更窄,但 x_b 过小又会使码间干扰(ISI)增大。事实上,对基带信号进行高斯滤波后,使波形在时间上扩展,引入了 ISI,这从图 3.19 的波形和采样值可以看出。x_b 越小,ISI 就越严重,所以应适当选择 x_b 的大小。GSM 系统的 $x_b = 0.3$、$x_b = 0.25$ 的信号眼图如图 3.21 所示。x_b 越大,眼图张开越大,码间干扰就越小。考虑到相邻信道之间的干扰,在实际应用中,同一蜂窝小区中的载波频率通常相隔若干个频道。

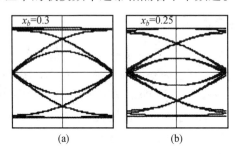

图 3.21 GMSK 信号眼图

GMSK 的最大优点是具有恒包络特性;功率效率高,可用非线性功率放大器和非相干检测。缺点是频谱效率还不够高。例如,GMSK270.833kbps 信道带宽是 200kHz,频带效率为 $270.833/200 = 1.35(bps)/Hz$。在北美,频谱资源紧缺,系统常采用具有更高频谱效率的方式,即 $\pi/4 - QPSK$ 调制。

3.4 QPSK 调制

3.4.1 二相调制(BPSK)

1. BPSK 信号的表示

相移键控就是利用载波的相位变化来表示数字信息,而振幅和频率保持不变。在二进制相位调制(BPSK)中,二进制的数据 $b_k = \pm 1$ 可以用相位不同取值表示,通常用初始相位 0 和 π 来表示。BPSK 信号表达式为

$$s_{\text{BPSK}}(t) = \cos(\omega_c t + \varphi_k), kT_b \leq t \leq (k+1)T_b \tag{3.43}$$

式中:φ_k 为第 k 个码元的初始相位,且

$$\varphi_k = \begin{cases} 0, b_k = +1 \\ \pi, b_k = -1 \end{cases} \tag{3.44}$$

因为 $\cos(\omega_c t + \pi) = -\cos\omega_c t$,所以,BPSK 信号也可表示为

$$s_{\text{BPSK}}(t) = b(t)\cos\omega_c t \tag{3.45}$$

设二进制的基带信号 $b(t)$ 的波形为双极性 NRZ 码，BPSK 波形示例如图 3.22 所示。

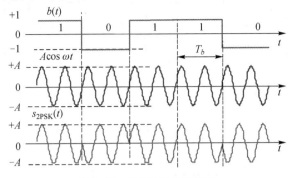

图 3.22 BPSK 信号的波形

2. BPSK 信号的功率谱

当基带信号波形为为双极性 NRZ 码时，BPSK 信号的功率谱密度为

$$P_{\text{BPSK}}(f) = \frac{T_b}{4}\left[\left|\frac{\sin\pi(f+f_c)T_b}{\pi(f+f_c)T_b}\right|^2 + \left|\frac{\sin\pi(f-f_c)T_b}{\pi(f-f_c)T_b}\right|^2\right] \tag{3.46}$$

图 3.23 给出了 BPSK 的功率谱密度曲线。由图可见，90% 功率带宽为 $B = 2R_s = 2R_b$，频谱效率只有 1/2。如果用在某些移动通信系统中，信号的频带就显得过宽。例如，DAMPS 系统的频道带宽为 30kHz，它的传输速率 $R_b = 48.6$kbps，则信号带宽 $B = 97.2$kbps 远大于频道带宽。因此，BPSK 信号带宽大，频谱效率低。此外，BPSK 信号有较大的旁瓣，旁瓣的总功率约占信号总功率的 10%，带外辐射严重。

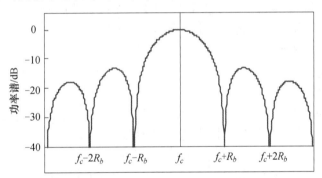

图 3.23 NRZ 基带信号的 BPSK 信号功率谱

为了减小传输信号带宽，提高频谱效率，一般考虑用 M 进制调制代替二进制调制。这是因为，$R_s = R_b/\log_2 M$，设 $M = 4$，则 $R_s = R_b/\log_2 4 = R_b/2$。于是，$B = 2R_s = R_b$，这样就减小了传输信号带宽，频谱效率等于 1。$M = 4$ 的 MPSK 调制就是四相调制（QPSK）。

3.4.2 四相调制（QPSK）

1. QPSK 信号的表示

QPSK 信号利用载波的 4 个不同相位来表示数字信息。因此，在 QPSK 调制中，对输入的二进制数字序列应该先分组，每两个连续比特分成一组，构成一个四进制码元，即双比特码元，如图 3.24 所示。然后，用 4 个不同的载波相位去表征它们。

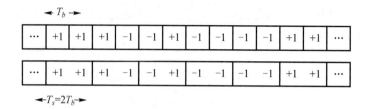

图 3.24 双比特码元

双比特码元和 4 个相位的对应关系可以有多种,图 3.25 给出了其中的一种,这种对应关系称为相位逻辑。

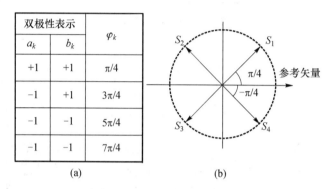

图 3.25 QPSK 的一种相位逻辑

相位逻辑通常都按照格雷(Gray)码的规律安排,其特征在于相邻相位所代表的两个比特只有一位不同。这样安排的好处在于,由于因相位误差造成错判至相邻相位上的概率最大,故这样编码使之仅造成一个比特误码的概率最大。

QPSK 信号一般表示为

$$s_{\text{QPSK}}(t) = A\cos(\omega_c t + \varphi_k), k = 1,2,3,4, kT_s \leq t \leq (k+1)T_s \quad (3.47)$$

2. QPSK 信号的产生

QPSK 信号的产生有两种方法:选择法和正交调制法。选择法是输入基带信号经过串/并转换后用于控制一个相位选择器,按照当时输入的双比特码元,决定选择哪个相位的载波输出。通常。QPSK 信号用正交调制方式产生,这是由于

$$s_{\text{QPSK}}(t) = A\cos(\omega_c t + \varphi_k) = A(\cos\varphi_k\cos\omega_c t - \sin\varphi_k\sin\omega_c t) \quad (3.48)$$

式中:$\varphi_k = \dfrac{\pi}{4}, \dfrac{3\pi}{4}, \dfrac{5\pi}{4}, \dfrac{7\pi}{4}$,所以,$\cos\varphi_k = \pm\dfrac{1}{\sqrt{2}}, \sin\varphi_k = \pm\dfrac{1}{\sqrt{2}}$。

因此,有

$$s_{\text{QPSK}}(t) = \dfrac{A}{\sqrt{2}}[I(t)\cos\omega_c t - Q(t)\sin\omega_c t] \quad (3.49)$$

式中:$I(t) = \pm 1; Q(t) = \pm 1$。

可见,令双比特码元$(a_k, b_k) = (I_k, Q_k)$,则式(3.49)就是实现图 3.25 所示相位逻辑的 QPSK 信号。所以,把串行输入的(a_k, b_k)分开进入两个并联的支路——I 支路(同相支路)和 Q 支路(正交支路),分别对一对正交载波进行调制,然后相加就得到 QPSK 信号。图 3.26 给出了正交调制方式产生 QPSK 信号的原理图,图中各点输出信号波形如图 3.27

所示。由图 3.27 可见,当 I_k 和 Q_k 信号为方波时,QPSK 调制器输出的是一个恒包络信号。

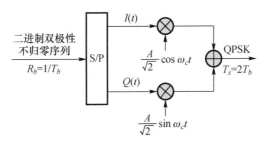

图 3.26　QPSK 正交调制实现

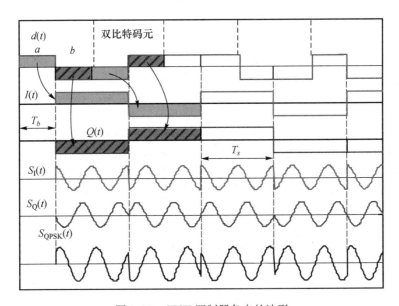

图 3.27　QPSK 调制器各点的波形

3. QPSK 信号的功率谱和带宽

根据式(3.49),QPSK 信号是由两路正交载波调制的 BPSK 信号线性叠加而成,所以 QPSK 信号的功率谱密度是由同相支路和正交支路 BPSK 信号功率谱密度的线性叠加。QPSK 信号的功率谱密度为

$$P_{\mathrm{QPSK}}(f) = \frac{T_s}{2}\left[\left|\frac{\sin\pi(f+f_c)T_s}{\pi(f+f_c)T_s}\right|^2 + \left|\frac{\sin\pi(f-f_c)T_s}{\pi(f-f_c)T_s}\right|^2\right] \qquad (3.50)$$

其中,每路 BPSK 信号码元长度 $T_s=2T_b$,$R_s=\frac{1}{2}R_b$,即码元速率为原来的 1/2。

另外,BPSK 的带宽为 $B=2R_b$,频谱效率只有 1/2。而 QPSK 的带宽为 $B=2R_s=R_b$,频谱效率为 1。

尽管 QPSK 比 BPSK 信号的频谱效率高出 1 倍,但是,当基带信号的波形是方波时,它含有较丰富的高频分量,所以,已调信号功率谱的旁瓣能量仍然很大。计算机分析表明,信号主瓣的功率占 90%,而 99% 的功率带宽约为 $10R_s$。为使 QPSK 信号的功率谱密度更为紧凑,可以在两个支路加入低通滤波器(LPF),如图 3.28 所示,对输入的基带信号进行限带,衰减其部分高频分量,就可以减小 QPSK 已调信号的旁瓣。通常采用的 LPF 是如图 3.29 所示的升余弦滤波器特性。

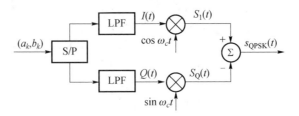

图 3.28 QPSK 的带限传输

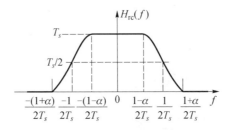

图 3.29 升余弦滤波器特性

在理想情况下,采用升余弦特性滤波器的 QPSK 信号的功率完全被限制在滤波器的通带内,带宽为

$$B = (1+\alpha)R_s = R_b(1+\alpha)/2, 0 < \alpha \leq 1 \quad (3.51)$$

式中:α 为升余弦滤波器的滚降系数。$\alpha = 0.5$ 时 QPSK 信号的功率谱如 3.30 所示。

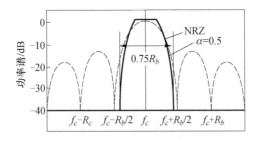

图 3.30 不同基带信号 QPSK 信号的功率谱

4. QPSK 信号的包络特性和相位跳变

由前述已知,当基带信号是 NRZ 码方波脉冲时,QPSK 具有恒包络特性。由升余弦滤波器形成的基带信号 $I(t)$ 和 $Q(t)$ 是连续的波形,它们以有限的斜率通过零点,因此,各支路的 BPSK 信号的包络有起伏且最小值为零,QPSK 信号的包络也不再恒定,且有过零值的点,如图 3.31 所示。

QPSK 信号包络起伏的幅度和 QPSK 信号相位跳变幅度有关,180°的相位跳变会导致包络产生过零点。QPSK 是一种相位不连续的信号,随着双比特码元的变化,在码元转换时刻,信号的相位发生跳变。当两个支路的符号同时变化时,相位跳变幅度为 180°;当只有一个支路符号改变时,相位跳变幅度为 90°。QPSK 信号相位跳变星座图如图 3.32 所示。图中的虚线表示相位跳变的路径,图中显示了 I_k 和 Q_k 状态从(2)→(3)相位 $-180°$ 的变化和从(4)→(5)相位 $+90°$ 的变化。

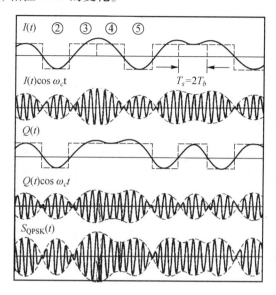

图 3.31 带限的 QPSK 信号

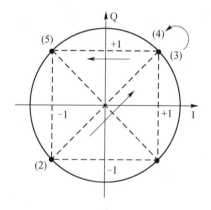

图 3.32 QPSK 信号的相位跳变

恒包络信号可以使用非线性功率放大器来实现,功率效率高且节省移动台电池能量,延长待机时间。而非恒包络信号对非线性功率放大器敏感,它会通过非线性放大而使功率谱的旁瓣再生。由于采用升余弦滤波器进行波形成形的 QPSK 不再具有恒包络特性,$180°$ 的相移会导致信号包络产生过零点,对这样的信号进行非线性放大,会再次产生频谱旁瓣的扩展。为避免这个问题,提出了 QPSK 的一种改进技术,即带偏移的 QPSK(OQPSK)。

[**例 3-3**] 在 QPSK 系统中,待传送的二进制数字序列为"1011010011"。

(1) 假设 $f_c = R_b$,4 种双比特码元 00、10、11、01 分别用相位偏移 0、$\pi/2$、π、$3\pi/2$ 表示,试画出 QPSK 信号波形。

(2) 若二进制数字信息的速率为 128kbps,请计算 QPSK 信号的主瓣带宽。

解:(1)QPSK 信号波形如图 3.33 所示。

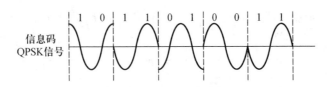

图 3.33 例 3-3 的信号波形

（2）QPSK 的符号速率为 $128/2 = 64\text{kHz}$，信号的主瓣带宽为 $2 \times 64 = 128\text{kHz}$。

3.4.3 偏移 QPSK（OQPSK）

在 QPSK 调制中，当双比特码元的符号同时变化时，相位跳变幅度达到 $180°$，由于这样的相位突变在频带受限系统中会引起信号包络的很大起伏，这是我们所不希望的。为了减小此相位突变，可将两个正交分量的两个比特在时间上错开 $1/2$ 个码元，即错开 $T_s/2 = T_b$ 的时间，使之不可能同时改变。也就是说，每经过 T_b 时间，只可能有一个支路的符号发生变化，这样，相位的跳变被限制在 $\pm 90°$，从而减小了信号包络的波动幅度。这种改进方法就是偏移 QPSK（Offset QPSK，OQPSK）。OQPSK 两支路符号错开半个码元时间和相位变化如图 3.34 所示。

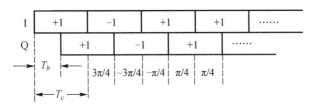

图 3.34 OQPSK 支路符号的偏移

由于两个支路符号不同时发生变化，相邻两个比特信号的相位只可能发生 $\pm 90°$ 变化，因而 OQPSK 星座图中的信号点只能沿正方形 4 个边移动，不再沿对角线移动，消除了 $180°$ 相位变化的情况，如图 3.35 所示。

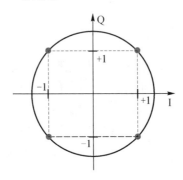

图 3.35 OQPSK 信号相位跳变路径

与 QPSK 相比，OQPSK 信号的相位路径跳变幅度减小了。由于两个支路符号时间上的错开并不影响它们的功率谱，因此，OQPSK 的功率谱与 QPSK 相同，且具有相同的频谱效率。图 3.36 给出了 QPSK 和 OQPSK 信号相位跳变路径的比较。

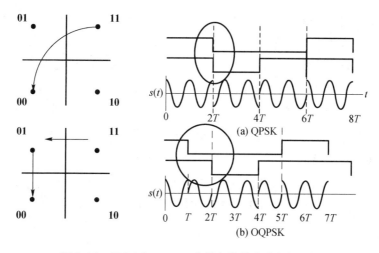

图 3.36 QPSK 和 OQPSK 信号相位跳变路径的比较

OQPSK 信号的表达式为

$$s_{\text{OQPSK}}(t) = [I(t)\cos\omega_c t - Q(t - T_b)\sin\omega_c t] \quad (3.52)$$

图 3.37 为 OQPSK 调制器原理图,图 3.38 给出了其中各点的信号波形。

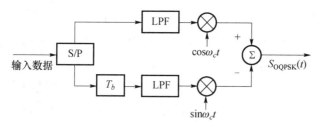

图 3.37 OQPSK 调制原理

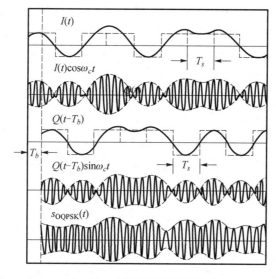

图 3.38 带限 OQPSK 信号波形

由图 3.37 可见，OQPSK 信号的包络变化幅度比 QPSK 信号小许多，且没有包络零点。所以，与 QPSK 信号相比，OQPSK 信号对非线性放大器不那么敏感，可以使用非线性功率放大器来实现，既获得较高的效率同时又不会引起旁瓣功率的显著增加。在 IS-95 CDMA 系统中，移动台就是使用这种调制方式向基站发送信号。

[**例 3-4**] 在 OQPSK 系统中，待传送二进制码元符号序列为 {+1+1 -1+1 +1-1 +1-1 +1+1 -1-1 -1+1}，给出 OQPSK 系统的串/并变换及 $I(t)$ 和 $Q(t)$ 的基带波形。

解：$I(t)$ 和 $Q(t)$ 的基带波形如图 3.39 所示。

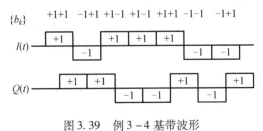

图 3.39 例 3-4 基带波形

3.4.4 π/4 - QPSK

π/4 - QPSK 是在 QPSK 和 OQPSK 基础上发展起来的，具有以下优点。

（1）在四进制码元转换时刻，双比特码元的相位改变 ±45° 和 ±135°。由于相邻码元间总有相位改变，故有利于在接收端提取码元同步信息。

（2）相位跳变最大幅度大于 OQPSK 而小于 QPSK，因此信号包络波动幅度大于 OQPSK 而小于 QPSK，故在通过频带受限的系统传输后其振幅起伏也较小。

（3）由于所传输的信息包含在两个相邻的载波相位差中，因此，可以采用易于用硬件实现的非相干解调方法，避免相干解调中相干载波的相位模糊问题。

π/4 - QPSK 常采用差分编码，以便在解调时采用差分译码。采用差分编码的 π/4 - QPSK 称为 π/4 - DQPSK。因此，π/4 - QPSK 具有兼顾频谱效率、包络波动幅度小和能采用差分检测的优点。

1. π/4 - DQPSK 信号的表示

π/4 - DQPSK 信号可表示为

$$\begin{aligned} s_{\pi/4\text{-}DQPSK}(t) &= \cos(\omega_c t + \theta_k) \\ &= \cos\theta_k \cos\omega_c t - \sin\theta_k \sin\omega_c t \\ &= U_k \cos\omega_c t - V_k \sin\omega_c t, \quad kT_s \le t \le (k+1)T_s \end{aligned} \quad (3.53)$$

式中：$U_k = \cos\theta_k$；$V_k = \sin\theta_k$；θ_k 为当前码元相位，且满足

$$\theta_k = \theta_{k-1} + \Delta\theta_k = \arctan\frac{V_k}{U_k} \quad (3.54)$$

式中：θ_{k-1} 为前一码元的相位；$\Delta\theta_k$ 为当前码元相位增量。

所谓相位差分编码，就是输入的双比特 a_k 和 b_k 的 4 个状态用 4 个 $\Delta\theta_k$ 值来表示，所传输的信息包含在两个相邻的载波相位差之中。π/4 - DQPSK 的一种相位逻辑如表 3.2 所列。

表3.2 相位逻辑表

a_k	b_k	$\Delta\theta$
+1	+1	$\pi/4$
-1	+1	$3\pi/4$
-1	-1	$-3\pi/4$
+1	-1	$-\pi/4$

式(3.54)表明,当前码元的相位 θ_k 可以通过累加的方法得到,从而可以求得 U_k 和 V_k 的值,然后利用图3.40所示的原理图产生 $\pi/4$ - DQPSK 信号,图中的关键就是差分相位编码电路的实现。

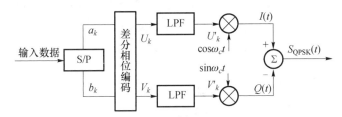

图 3.40 $\pi/4$ - DQPSK 调制器

表3.3给出了一个差分相位编码的实例。

表3.3 相位差分相位编码实例

k	0	1	2	3	4	5
数据 a_k, b_k		+1, +1	-1, +1	+1, -1	-1, +1	-1, -1
S/P a_k		+1	-1	+1	-1	-1
S/P b_k		+1	+1	-1	+1	-1
$\Delta\theta$		$\pi/4$	$3\pi/4$	$-\pi/4$	$3\pi/4$	$-3\pi/4$
$\theta_k = \theta_{k-1} + \Delta\theta_k$	0	$\pi/4$	π	$3\pi/4$	$3\pi/2$	$3\pi/4$
$U_k = \cos\theta_k$	1	$1/\sqrt{2}$	-1	$-1/\sqrt{2}$	0	$-1/\sqrt{2}$
$V_k = \cos\theta_k$	0	$1/\sqrt{2}$	0	$1/\sqrt{2}$	-1	$1/\sqrt{2}$

表3.3中设初相位 $\theta_0 = 0$,于是有

$k = 0: \theta_0 = 0°; U_0 = \cos\theta_0 = 1; V_0 = \sin\theta_0 = 0$

$k = 1: \theta_1 = \theta_0 + \Delta\theta_1 = \pi/4; U_1 = \cos\theta_1 = 1/\sqrt{2}; V_1 = \sin\theta_1 = 1/\sqrt{2}$

$k = 2: \theta_2 = \theta_1 + \Delta\theta_2 = \pi; U_2 = \cos\theta_2 = -1; V_2 = \sin\theta_2 = 0$

$k = 3: \theta_3 = \theta_2 + \Delta\theta_3 = 3\pi/4; U_3 = \cos\theta_3 = -1\sqrt{2}; V_3 = \sin\theta_3 = 1/\sqrt{2}$

$\vdots$

上述结果也可以从以下递推关系中求得:

$$U_k = \cos\theta_k = \cos(\theta_{k-1} + \Delta\theta_k) = \cos\theta_{k-1}\cos\Delta\theta_k - \sin\theta_{k-1}\sin\Delta\theta_k \quad (3.55)$$

$$V_k = \sin\theta_k = \sin(\theta_{k-1} + \Delta\theta_k) = \sin\theta_{k-1}\cos\Delta\theta_k + \cos\theta_{k-1}\sin\Delta\theta_k \quad (3.56)$$

即

$$U_k = U_{k-1}\cos\Delta\theta_k - V_{k-1}\sin\Delta\theta_k \qquad (3.57)$$

$$V_k = V_{k-1}\cos\Delta\theta_k + U_{k-1}\sin\Delta\theta_k \qquad (3.58)$$

可见,U_k 和 V_k 共有 5 种可能的取值:0、± 1、$\pm 1/\sqrt{2}$,并且总有

$$\sqrt{U_k^2 + V_k^2} = \sqrt{\cos^2\theta_k + \sin^2\theta_k} = 1 \quad (kT_s \leq t \leq ((k+1)T_s)) \qquad (3.59)$$

所以,若不加低通滤波器,π/4 - DQPSK 信号仍然是一个具有恒包络特性的等幅波。为了抑制旁瓣的带外辐射,在进行载波调制前,一般用升余弦低通滤波器进行限带,但这样做的结果使信号失去恒包络特性而呈现波动。π/4 - DQPSK 调制器各点信号的波形如图 3.41 所示。由于码元长度 $T_s = 2T_b$,已调信号仍然是两个 BPSK 信号的叠加,其功率谱密度和 QPSK 是一样的,因此有相同的带宽和频谱效率。

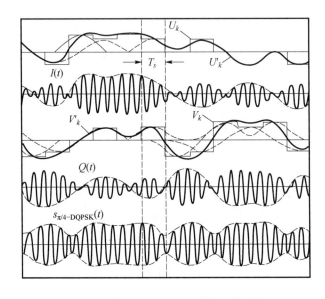

图 3.41 π/4 - DQPSK 调制器各点信号波形

2. π/4 - DQPSK 信号的相位跳变

与 OQPSK 只有 4 个相位点不同,π/4 - DQPSK 信号的相位均匀地分配为相距 π/4 的 8 个相位点,相位跳变路径如图 3.42 中虚线所示,8 个相位点分成两组,分别用"●"和"○"表示。已调信号的相位只能在两组之间交替跳变(从"●"跳到"○"或者反之),不能在同一组内跳变。因此,π/4 - DQPSK 信号的相位跳变值即 $\Delta\theta$ 就只有 4 种:$\pm 45°$ 和 $\pm 135°$,从而避免了 QPSK 信号相位突变 $180°$ 的现象。而且,相邻码元间至少有 π/4 的相位变化,使得接收机容易进行时钟同步。

因此,π/4 - DQPSK 信号的星座图实际上可看作由两个彼此偏移 π/4 的 QPSK 星座图构成,相位跳变总是在这两个星座图之间交替进行。注意,在 π/4 - DQPSK 信号的星座图中,所有的相位路径都不经过原点(圆心),这种特性使得信号的包络波动比 QPSK 要小一些,也就是降低了信号最大功率和平均功率的比值,即信号的峰平比得到降低。

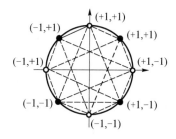

图 3.42 π/4 - DQPSK 相位跳变

3. π/4 - DQPSK 的解调

在 π/4 - DQPSK 调制方法中,由于所传输的信息包含在两个相邻的载波相位差之中,因此,可以采用易于硬件实现的非相干差分检测,图 3.43 给出中频差分解调的原理图。

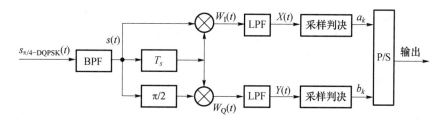

图 3.43 π/4-DQPSK 中频差分解调

设接收机收到的中频信号为

$$s(t) = \cos(\omega_0 t + \theta_k), kT_s \leq t \leq (k+1)T_s \tag{3.60}$$

解调器把输入中频(频率为f_0)信号分成两路,一路是$s(t)$和它的延迟一个码元的信号$s(t-T_s)$相乘,得到$W_I(t)$;另一路是$s(t)$相移 π/2 后和$s(t-T_s)$相乘,得到$W_Q(t)$,这两路信号分别表示为

$$\begin{cases} W_I(t) = \cos(\omega_0 t + \theta_k)\cos[\omega_0(t-T_s) + \theta_{k-1}] \\ W_Q(t) = \cos(\omega_0 t + \theta_k + \pi/2)\cos[\omega_0(t-T_s) + \theta_{k-1}] \end{cases} \tag{3.61}$$

设$\omega_0 T_s = 2n\pi$(n为整数),经过低通滤波后,得到低频分量$X(t)$、$Y(t)$,采样得到

$$\begin{cases} X_k = \frac{1}{2}\cos(\theta_k - \theta_{k-1}) = \frac{1}{2}\cos\Delta\theta_k \\ Y_k = \frac{1}{2}\sin(\theta_k - \theta_{k-1}) = \frac{1}{2}\sin\Delta\theta_k \end{cases} \tag{3.62}$$

根据相位逻辑表 3.2,解调判决规则如下:

(1) $X_k > 0 \Rightarrow \hat{a}_k = +1$;

(2) $X_k < 0 \Rightarrow \hat{a}_k = -1$;

(3) $Y_k > 0 \Rightarrow \hat{b}_k = +1$;

(4) $Y_k > 0 \Rightarrow \hat{b}_k = -1$。

3.5 正交频分复用(OFDM)

3.5.1 概述

前面几节所讨论的数字调制技术都属于串行体制,采用的是单载波调制方式,这在数据传输速率不太高、多径干扰不是特别严重时,通过使用合适的均衡算法可使系统正常工作。但是,对于宽带数据业务来说,数据传输速率较高,时延扩展造成较严重的码间干扰(ISI),这对均衡算法提出了更高的要求,在实现上比较困难。另外,当信号带宽大于信道相关带宽时,容易使信道产生频率选择性衰落。而且,由于瑞利衰落的突发性,在信号衰落期间往往一连多个比特被完全损坏,这是非常严重的问题。因此,需要设计频谱利用率高和抗衰落性能良好的信道。

并行调制系统可以减小串行传输所遇到的上述困难。并行调制一般采用多载波调制,即采用多个载波信号分别对每一个并行支路进行调制。多载波调制首先将高速率的信息数据流经过串/并转换,分解为若干个低速的子数据流,然后对每一路低速子数据流采用一个独立的载波调制,最后叠加在一起构成发送信号。在多载波调制子信道中,数据传输速率相对较低,码元周期相对变长,只要时延扩展与码元周期相比小于一定的比值,就不会造成码间干扰。因此,与单载波系统相比,多载波并行调制系统具有抗码间干扰、抗多径衰落和抗频率选择性衰落的能力。

早期的也是最简单的多载波调制出现在20世纪50年代。其调制方式是,将数据流分成多个子数据流,再调制到不同频率的子载波上,各个子载波的频率不重叠,且相邻子载波之间有足够的保护间隔,以避免邻道干扰,并便于接收机滤波器的处理。这样的系统其实就是一般的频分复用(FDM)系统。显然,一般FDM的频谱利用率不高。

若要提高频谱利用率,就需要重叠多载波调制的子信道,正交频分复用(Orthogonal Frequency Division Multiplexing,OFDM)就是一种有效的解决方法。在OFDM调制方式中,各子载波的频谱有1/2的重叠,且是相互正交的,所以这种调制方式称为正交频分复用。图3.44给出一般FDM和OFDM信号功率谱的比较。由图可见,OFDM系统的带宽比一般FDM节省1/2。

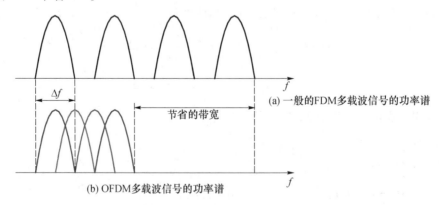

图 3.44 FDM 和 OFDM 带宽比较

因此,OFDM 是一种特殊的多载波并行调制技术,它具有如下显著特点。

(1) 各路子载波的频谱有 1/2 重叠,且不需要子载波保护间隔,大大提高了频谱利用率,增大了数据传输速率。

(2) 各路子载波是严格正交的,接收机能完全分离各路信号。

(3) 各路子载波的调制方式可以不同,如可以采用 BPSK、QPSK、4QAM、64QAM 等调制方式,调制后各路信号频谱的位置和形状没有改变,仅幅度和相位有变化,故仍保持正交性。而且,各路子载波可采用自适应调制方式以适应信道特性的变化。

(4) 各路子载波一般采用多进制调制方式,进一步提高了频谱利用率。

3.5.2 OFDM 原理

假设在一个 OFDM 系统中有 N 个子信道,每个子信道采用的子载波为 $\cos\omega_n t$ ($n=0,1,\cdots,N-1$),如图 3.45 所示。把 N 个并行子信道的已调信号相加,便得到发射的 OFDM 信号:

$$D(t) = \sum_{n=0}^{N-1} d(n)\cos\omega_n t \tag{3.63}$$

式中:$d(n)$ 表示第 n 个子载波上的信号,一般在一个码元期间 T_s 内为常数。

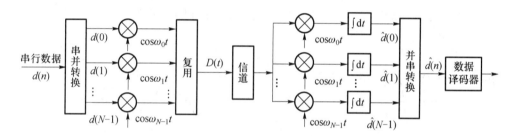

图 3.45 OFDM 系统原理图

设串行码元周期为 t_s,速率为 $r_s = 1/t_s$。经过串/并(S/P)转换后,N 个串行码转换为长为 $T_s = Nt_s$ 的并行码,并行码元的速率为

$$R_s = \frac{1}{T_s} = \frac{1}{NT_s} = \frac{r_s}{N} \tag{3.64}$$

为使这 N 路子信道的已调信号在接收时能完全分离,要求它们满足正交条件。在一个码元持续时间 T_s 内,任意两个子载波都正交的条件为

$$\frac{1}{T_s}\int_0^{T_s} \cos(\omega_k t + \varphi_k)\cos(\omega_i t + \varphi_i)\mathrm{d}t = 0 \tag{3.65}$$

式中:φ_k、φ_i 分别为第 k 路、第 i 路子载波的初相位,可以取任意值而不影响正交性。

利用三角公式展开,逐步推导分析可以得出

$$\begin{cases} f_k = (m+n)/2T_s \\ f_i = (m-n)/2T_s \end{cases} \tag{3.66}$$

式中:m、n 均为整数。

因此,若要求任意两个子载波都正交,需满足:子载波 $f_k = m/2T_s$;子载波间隔 $\Delta f = f_k - f_i = n/T_s$。因此,OFDM 要求的最小子载波间隔为 $\Delta f_{\min} = 1/T_s = 1/Nt_s$。

N 个子载波的频谱为

$$f_n = f_0 + n\Delta f, n = 0,1,2,3,\cdots,N-1 \tag{3.67}$$

一般地,$f_0 \gg 1/T_s$。

在接收端,接收的信号同时进入 N 个并联支路,分别与 N 个子载波相乘和积分(相干解调),便可以恢复各并行支路的数据。

$$\begin{aligned}
\hat{d}(k) &= \int_0^{T_s} D(t) \cdot 2\cos\omega_k t \mathrm{d}t \\
&= \int_0^{T_s} \left[\sum_{n=0}^{N-1} d(n)\cos\omega_n t \cdot 2\cos\omega_k t \right] \mathrm{d}t \\
&= \int_0^{T_s} d(k) 2\cos^2(\omega_k t) \mathrm{d}t + \int_0^{T_s} \left[\sum_{n=0, n\neq k}^{N-1} d(n) 2\cos(\omega_n t)\cos(\omega_k t) \right] \mathrm{d}t \\
&= d(k)
\end{aligned} \tag{3.68}$$

3.5.3 OFDM 系统的频域分析

设在一个子信道中,子载波的频率为 f_k,码元持续时间为 T_s,则此码元的波形及其功率谱密度如图 3.46 所示(其中,功率谱密度图仅画出正频率部分)。

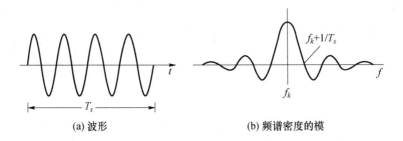

(a) 波形   (b) 频谱密度的模

图 3.46 子载波码元波形和功率谱密度

在 OFDM 中,各相邻子载波的频率间隔等于满足正交关系的最小允许间隔,即 $\Delta f = 1/T_s$,所以,各子载波合成后得到的 OFDM 信号对应的功率谱密度如图 3.47 所示。

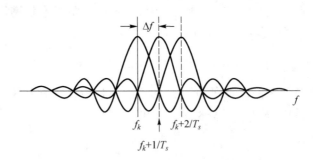

图 3.47 多路子载波波形

尽管从图 3.47 上来看,各路子载波的频谱重叠,但实际上在一个码元周期内它们是彼此完全正交的,因此在接收端很容易将各路子信道信号分离开。

由于 OFDM 能采用如此密集的子载波,而且在子载波信道间不需要保护间隔,相对于一般 FDM 来说,极大地提高了频谱利用率。

下面具体分析 OFDM 的频谱利用率。

根据图 3.47,OFDM 的频带宽度为

$$B_{OFDM} = (N-1)\frac{1}{T_s} + \frac{2}{T_s} = \frac{N+1}{T_s} \tag{3.69}$$

设每个支路采用 M 进制调制,则 N 个并行支路传输的比特速率为

$$R_b = NR_s\log_2 M \tag{3.70}$$

式中:R_s 为每个支路的码元速率。

因此,OFDM 系统频谱效率为

$$\eta_{OFDM} = \frac{R_b}{B} = \frac{N}{N+1}\log_2 M(\text{bits/s/Hz}) \tag{3.71}$$

当 $N \gg 1$ 时,有

$$\eta_{OFDM} = \log_2 M(\text{bits/s/Hz}) \tag{3.72}$$

对于串行传输方式,若采用单个载波的 M 进制码元传输信号,为得到相同的传输速率,则码元持续时间应缩短为 T_s/N,而占用带宽为 $2N/T_s$,所以频谱利用率为

$$\eta_s = \frac{R_b}{B} = \frac{N\log_2 M}{T_s} \cdot \frac{T_s}{2N} = \frac{1}{2}\log_2 M(\text{bits/s/Hz}) \tag{3.73}$$

比较式(3.72)和式(3.73),并行 OFDM 调制和串行单载波调制方式相比,频谱利用率大约可以增至 2 倍,提高了近 1 倍。

3.5.4 OFDM 系统的实现

1. OFDM 的 DFT 实现

OFDM 信号还可以写成复数形式:

$$\begin{aligned} D(t) &= \sum_{n=0}^{N-1}[a(n)\cos\omega_n t + b(n)\sin\omega_n t] \\ &= \text{Re}\left\{\sum_{n=0}^{N-1}d(n)\text{e}^{j\omega_n t}\right\} \end{aligned} \tag{3.74}$$

式中:$d(n) = a(n) + jb(n)$ 为信号的复包络。

由于 OFDM 信号表达式和逆离散傅里叶变换(IDFT)形式相同,所以,一般用计算逆离散傅里叶变换和离散傅里叶变换(DFT)的方法来实现 OFDM 调制和解调。采用 DFT 方法实现 OFDM 系统的过程如图 3.48 所示。

设输入信息速率为 R_b 的二进制数据序列 $\{b_k\}$,根据子信道数目 N 和每路子信道采用的 M 进制调制,将输入串行比特串分成连续的信息帧,L 个比特为一帧,每帧分成 N 组,每组比特数可以不同。若第 i 组采用 M 进制调制,则第 i 组分配的比特数为 $q_i = \log_2 M$,且满

足 $L = \sum_{i=1}^{N} q_i$。因此，经过串/并转换和符号映射后，得到 N 个复数子信号，对其进行 IDFT 变化得到 $d(t)$ 的抽样信号，再进行低通滤波、D/A 转换后对载波进行 I/Q 调制，就得到 OFDM 的基带信号，最后再上变频到频率 f_c。

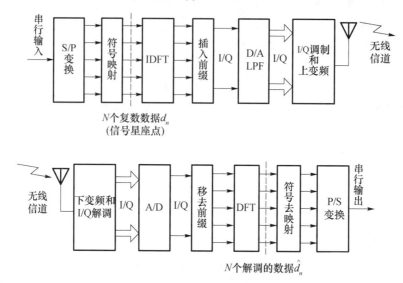

图 3.48　采用 DFT 方法实现 OFDM 系统

2. 保护间隔和循环前缀

如前所述，OFDM 信号采用多进制、多载波、并行传输的主要优点是，使传输码元的持续时间大大增加而又不降低二进制信息传输速率，从而提高频谱利用率，增强信号抗多径传输能力。但是，如果发送的码元是一个接一个无缝地连续发送，当接收信号持续时间 T_r 大于发送码元周期 T_s 时，会产生一定的码间干扰。这样，若在连续两个码元之间加入保护间隔 T_g，只要 $T_g \geqslant \tau$，就可以完全消除码间干扰。其中，$T_r = T_s + \tau$，τ 为信道冲激响应时间，表示信道的最大时延扩展。因此，除了 OFDM 的载波间隔 Δf 之外，另一个重要的设计参数就是 T_g。

一般意义上的保护间隔（用 GI 表示）是一段空白时间，在这段时间内发射机是静默的，只要这段时间大于信道最大时延扩展，就可以分离相邻码元，减轻或避免码间干扰。在 OFDM 中使用这种保护间隔方法当然也可以达到这种效果，但带来的一个问题是，空白时间保护间隔的插入，会导致 OFDM 子载波之间的正交性遭到破坏，不同子载波之间会产生载波间干扰（ICI）。在 OFDM 中解决这个问题的方法是，利用计算 IDFT 时添加一个循环前缀的方法来实现 T_g。

如图 3.49 所示，循环前缀方法就是在每个 OFDM 符号起始位置插入循环前缀（CP），也就是将每个 OFDM 符号的一段尾部样点复制到 OFDM 符号的前面。图 3.49 中的前缀由 OFDM 符号的 g 个样值构成，若每个 OFDM 符号由 N 样值构成，则发送的符号样值序列的长度增加到 $N+g$。只要 CP 的长度大于信道最大时延扩展，就可以保证无论从何时开始，一个 OFDM 符号周期内均包含完整的子载波信息，就可以保护子载波之间的正交性，从而消除子载波间干扰（ICI）。

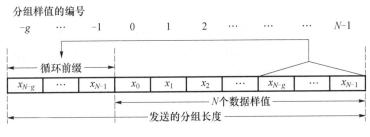

图 3.49 循环前缀的加入

因此,对于 CP,可以从两个层面来看:

(1) CP 在时域上占用一段时间,这段时间大于信道最大时延扩展,所以可以起到抑制码间干扰(ISI)的作用。从这一点上说,CP 可以理解为一个 GI(保护间隔)。

(2) CP 是有内容的,不像 GI 是一段空白时间,这是 CP 区别于 GI 的特点。CP 的内容使得循环卷积可以实施,从而可以起到抑制载波间干扰(ICI)的作用。或者说,CP 的内容在某种程度上有效削弱了频偏带来的正交性损失。

习题与思考题

3.1 在移动通信系统中,对调制技术的设计和选择有哪些特殊要求?

3.2 已知发送二进制数字信息为 1011001,码元速率为 1kbps。设比特"0"对应载波频率 $f_1 = 3$kHz,相位差为 0;比特"1"对应载波频率 $f_2 = 1$kHz,相位差为 π。

(1) 画出对应的 2FSK 和 2PSK 的波形示意图;

(2) 计算 2FSK 和 2PSK 的信号带宽。

3.3 什么是恒包络调制? 2FSK 和 2PSK 在波形、频带利用率上有什么区别?

3.4 什么是相位不连续的 2FSK? 相位连续的 FSK 应当满足什么条件? 在移动通信中,为什么使用移频键控一般总考虑相位连续的 FSK?

3.5 GMSK 系统空中接口传输速率为 270.83333kbps,求发送信号的两个频率差。若载波频率是 900MHz,这两个频率分别等于多少?

3.6 设升余弦滤波器的滚降系数为 0.35,码元长度为 1/24000s。写出滤波器的频率响应表达式(频率单位 kHz)和冲激响应表达式(时间单位 ms)。

3.7 设高斯滤波器的归一化 3dB 带宽为 0.5,符号速率为 19.2kbps。写出滤波器的频率响应表达式(频率单位 kHz)和冲激响应表达式(时间单位 ms)。

3.8 请说明高斯滤波器的归一化 3dB 带宽的大小是如何影响通信系统的带宽效率和误码特性的?

3.9 已知发送数据序列为 $\{-1 +1 +1 -1 +1 -1 -1 -1\}$。

(1) 画出 MSK 信号的相位路径;

(2) 设 $f_c = 1.75 R_b$,画出 MSK 信号的波形;

(3) 设附加相位初值 $\varphi_0 = 0$,试计算各码元对应的相位 φ_k。

3.10 QPSK 信号的数据传输速率为 9600bps,若基带信号采用滚降系数为 0.5 的升余弦特性滤波器,请求出信道应有的带宽和系统的带宽效率。若改用 8PSK 信号,带宽效率又等于多少?

3.11 在移动通信系统中,采用 GMSK 和 π/4 - QPSK 调制方式各有什么优缺点?

3.12 OFDM 系统的工作原理是什么?为什么它可以有效地抵抗频率选择性衰落?

3.13 OFDM 系统的优点和缺点分别是什么?

第4章 无线链路性能增强

第2章已经分析了无线移动信道的复杂性,多径效应、多普勒效应和阴影效应都会使接收信号发生严重的衰落,导致接收信号在时域、频域的失真。另外,无线信道固有的各种噪声和干扰,也会使接收信号失真而造成误码。因此,在移动通信中,必须采取一些关键技术来增强无线链路的性能,改善接收信号的质量。本章将介绍最常见的无线链路性能增强技术,包括扩频技术、分集技术、多输入/多输出天线(MIMO)技术。

4.1 扩频通信

扩频通信也就是扩展频谱通信,就是在发送端用某个特定的独立于信息的扩频码,如伪随机序列码,将待传输的信号的频谱扩展至很宽的频带,在接收端则用相同的扩频码进行相关解扩,将扩展了的频谱进行压缩,恢复到原始基带信号的频谱,从而达到传输信息、有效抑制传输过程中噪声和干扰的目的。

扩频通信技术起源于第二次世界大战,目的是为军事无线电通信提供保密通信和安全可靠传输。随着时间的推移和通信技术的发展,特别是信号处理技术、大规模集成电路和计算机技术的发展,推动了扩频通信理论、技术和方法等方面的研究发展和普及应用,使最初只应用于军事领域的扩频通信技术越来越广泛地应用于卫星通信、个人移动通信、雷达、导航、测距等领域。一个最好的例子是全球定位系统(GPS),它是一个最初为军事应用开发的现代扩频通信系统,目前已广泛应用于很多的民用通信领域中,如空间探测、位置定位和导航等。在个人移动通信领域,扩频通信也发挥了巨大的作用,第三代移动通信系统实际上就是扩频通信系统。

4.1.1 扩频通信基本原理

1. 扩频通信系统原理框图

图4.1所示为一个典型的扩频通信系统原理框图,由发送端、无线信道和接收端三部分组成。发送端和接收端分别对应4个功能单元:信源和信宿,编码和译码,扩频和解扩频(简称解扩),调制和解调。相对于传统的普通数字移动通信系统,就是多了扩频调制和解扩部分。扩频是将信号的频谱展宽,解扩就是实现扩频信号的还原,其目的就是克服和消除无线信道中各种噪声和干扰的影响,提供移动通信中信息传输的可靠性和安全性。

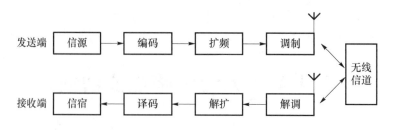

图 4.1 典型扩频通信系统框图

扩频通信系统的主要优点如下。

(1) 抗干扰能力强。扩频通信具有极强的抗人为宽带干扰、窄带瞄准式干扰、中继转发式干扰的能力,特别适合于军事通信。

(2) 多址能力强。扩频通信本身就是一种多址通信,便于实现码分多址通信系统,组网灵活、入网迅速。虽然扩频通信传输信息占据了很宽的频带,但其强大的多址能力保证了它的高频谱效率,一般比单载波系统还要高。

(3) 系统容量大。码分扩频通信系统依靠不同的地址码来区分用户,地址码一般由正交或准正交扩频码来实现,只要扩频码设计合适,理论上讲就可以有足够多的地址码支持大量用户的同时接入,从而大大提高系统的容量。

(4) 保密性强。扩频通信系统发射信号的功率谱密度低,通常隐藏在噪声功率谱密度下,能在较低的信噪比环境下工作,对方很难检测出有效信号,从而达到安全通信的目的。另外,扩频信号还可进行信息加密,如要截获和窃听信号,则必须掌握扩频系统所用的伪随机码、密钥等参数,并要求与系统完全同步,这样就给对方设置了更多的障碍,从而起到保护信息的作用。

(5) 抗多径能力强。扩频通信具有很强的抗多径能力,对于超过一个码片的多径信号,接收机可将它作为干扰信号处理。若采用 RAKE 接收机,可将多径信号分离出来,用以提高接收信号的质量。如果再采用自适应天线、自适应滤波等技术,就可以消除多径干扰,特别适合于移动通信。

(6) 高分辨率测距。测距是扩频通信技术最突出的应用。利用扩频技术测距时,扩频码序列的长度(或周期)决定了测距系统的最大不模糊距离,其速率(或码元宽度)决定了测距系统的分辨率,所以只需要长周期高速率的伪随机码就可达到高分辨率测距的目的。

扩频通信系统的缺点:占用信号频带宽,系统实现复杂,在衰落时变信道中实现同步比较困难,目前在寻求性能好、数量多的扩频码方面仍存在不少问题。但随着计算机技术和微电子技术的发展、半导体工艺技术的进步,特别是软件无线电技术与数字信号处理理论的结合,为扩频通信的发展提供了广阔的空间。

2. 扩频通信理论基础

扩频通信实际上是一种信息传输方式,是把要发送的信号扩展到一个很宽的频带上,然后再发送出去。这样,用来传输信息的信号带宽 B 就远远大于信息本身需要的带宽 R,这对于频率资源极其宝贵的无线通信是一个主要弱点。那么,为什么要用这样宽频带的信号来传送信息呢？主要原因就在于使用扩频通信技术传输信息，能够大大提高无线信道抗各种噪声和干扰的能力。扩频通信具有抗干扰能力的理论依据，是从信息论和抗干扰理论中的相关公式引申而来的。

1）香农公式

扩频通信的基本理论依据是信息论中关于信道容量的香农公式，即

$$C = W\log_2\left(1 + \frac{S}{N}\right) \tag{4.1}$$

式中：C 为信道容量（bps）；W 为射频信号带宽（Hz）；S 为信号发射功率（W）；N 为噪声功率（W）。

从香农公式可以看出，对于任意给定的信噪比（S/N），只要增大用于传输信息的信号带宽，就可以增加系统的信息传输速率，即增加信道容量；或者说，当信道的 S/N 较低或下降时，可以通过增大系统信号带宽 W 的方法来获得一定的信道容量 C。甚至在信号被噪声湮灭的情况下，即 $S/N<1$ 或 $(S/N)_{\text{dB}}<0\text{dB}$，只要相应地增加信号带宽，也能进行可靠的通信。

根据香农公式，通过增加信号带宽可以换取信噪比的降低，即降低接收机接收信号的信噪比阈值，这正是扩频通信的重要理论基础和特点。由信号理论和工程估算可知，信号的频带宽度与脉冲时间宽度近似成反比，脉冲信号宽度越窄，其频谱就越宽。因此，如果很窄的脉冲序列被所传信息调制，则可以产生很宽频带的信号。扩频通信正是利用这一原理，用高速率的扩频码来扩展待传输信息的信号带宽，达到系统抗干扰能力的目的。扩频通信系统的传输带宽比常规通信系统的带宽大几百倍甚至几万倍，在相同的信息传输速率和信号功率的条件下，具有较强的抗干扰能力。需要说明的是，所采用的扩频码与所传输的用户信息是无关的，丝毫不影响信息传输的透明性，扩频码仅仅起到扩展信号频谱的作用。

另外需要强调的是，用频带换取信噪比的降低也不是无限制的。事实上，当 W 增加到一定值时，信道容量 C 就不再增加。考虑 $W\to\infty$ 时，C 的极限值为

$$\lim_{W\to\infty} C = \lim_{W\to\infty} W\log_2\left(1 + \frac{S}{n_0 W}\right) \tag{4.2}$$

令 $x = S/n_0 W$，式（4.2）可写为

$$\lim_{W\to\infty} C = \lim_{x\to 0} \frac{S}{n_0}\frac{1}{x}\log_2(1+x) = \lim_{x\to 0} \frac{S}{n_0}\log_2(1+x)^{\frac{1}{x}} \tag{4.3}$$

利用关系式

$$\lim_{x\to 0}\ln(1+x)^{\frac{1}{x}} = 1 \tag{4.4}$$

以及

$$\log_2 x = \log_2 e \cdot \ln x \tag{4.5}$$

可以得到

$$\lim_{W\to\infty} C = \frac{S}{n_0}\log_2 e \approx 1.44\frac{S}{n_0}\text{（bps）} \tag{4.6}$$

式（4.6）表明，当给定 S/n_0 时，若信号带宽 W 趋于无穷大，信道容量 C 不会趋于无穷

大,而只是 S/n_0 的 1.44 倍。这是因为,随着信号带宽的增大,噪声功率也随之增大。

进一步,设 E_b 为二进制信息每比特能量,信息速率 R 的极限值 R_{max} 等于信道容量 C,根据式(4.6),可得

$$\frac{E_b}{n_0} = \frac{S}{n_0 R_{max}} = \frac{S}{n_0 C} = \frac{1}{1.44} = 0.694 \quad (4.7)$$

由此可得信道要求的最小信噪比为

$$\left(\frac{E_b}{n_0}\right)_{min} = 0.694 = -1.6(\text{dB}) \quad (4.8)$$

2)信息传输差错概率公式

扩频通信具有抗干扰能力的另一个理论依据是柯捷尔尼可夫关于信息传输差错概率的公式,即

$$P_e \approx f\left(\frac{E_b}{n_0}\right) \quad (4.9)$$

式中:P_e 为传输差错概率;E_b 为每比特能量;n_0 为噪声功率谱密度(W/Hz);f 为一个关于变量的递减函数。

设二进制数字信息码元宽度为 T,则信息带宽 $B = 1/T(\text{Hz})$,传输信号功率 $S = E_b/T(\text{W})$,若扩频信号带宽为 $W(\text{Hz})$,则噪声功率 $N = n_0 W(\text{W})$,因此,式(4.9)可变换为

$$P_e \approx f\left(\frac{ST}{N}W\right) = f\left(\frac{S}{N}\frac{W}{B}\right) \quad (4.10)$$

式(4.10)表明,传输差错概率 P_e 是信噪比(S/N)和传输信号带宽与信息带宽之比(W/B)二者乘积的递减函数。在信噪比(S/N)一定的情况下,信道的信号带宽(W)比信息带宽(B)越宽,信息传输差错概率 P_e 就越低。所以,可以通过对信息传输带宽的扩展来提高通信的抗干扰能力,保证强干扰条件下通信的安全可靠。总之,我们用信息带宽的 100 倍,甚至 1000 倍以上的宽带信号来传输信息,就是为了提高通信的抗干扰能力,这就是扩展频谱通信的基本思想和理论依据。

4.1.2 直接序列扩频通信系统

扩展信号频谱的方式有多种,如直接序列扩频(Direct Sequence,DS,也称为直扩)、跳频扩频(Frequency Hopping,FH,也称为跳频)、跳时扩频(Time Hopping,TH,也称为跳时)等。在通信中最常用的是直接序列扩频和跳频以及它们的混合方式(DS/FH)。本节主要介绍直接序列扩频的基本原理、其抗干扰能力及实际应用,跳频扩频在 4.1.3 节介绍。

直接序列扩频系统的原理示意图如图 4.2 所示。

在发送端,第 i 个用户的信息数据 b_i 直接与相对应的高速伪随机码 PN_i 相乘(或模 2 加),进行地址码扩频调制,然后对载波进行调制,如 2PSK、QPSK 等,最后由天线发射出去。在接收端,接收机要产生一个与发射机中的伪随机码完全同步的本地参考伪随机码($PN_k = PN_i$),与收到的宽带扩频信号进行相乘(或模 2 加),相关解扩得到所需的用户信

息($b_k = b_i$)。在这种系统中,伪随机码是一组正交性良好的伪随机码组,其两两之间的互相关值接近于 0。该组伪随机码既用作用户的地址码,以区分不同的用户,又用于加扩与解扩,以增强系统的抗干扰能力。理想情况下,伪随机码之间应该是完全正交的,其两两之间的互相关值应等于 0。但由于实际系统中往往做不到完全正交,只能是准正交,所以各用户之间的相互影响不可能完全消除,整个系统的性能将受到一定影响。

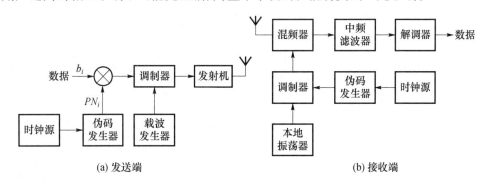

图 4.2 直接序列扩频系统框图

在直接序列扩频系统中,通常对载波进行相移键控(PSK)调制。下面以 2PSK 为例,详细说明直接序列扩频系统的原理和多址干扰以及系统的抗干扰能力。

1. 扩频和解扩

采用 2PSK 调制的直接序列扩频系统如图 4.3 所示。为了突出扩频系统的基本原理,以下分析首先仅考虑单用户的情况,然后再考虑多用户同时通信的情况。

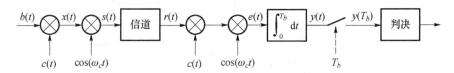

图 4.3 直接序列扩频通信系统

图 4.3 中,$b(t)$ 为二进制数字基带信号,$c(t)$ 为扩频码发生器输出的伪随机序列(PN 序列,如 m 序列),它们的波形都是取值为 ±1 的双极性 NRZ 码。通常,$b(t)$ 的一个比特长度 T_b 等于 PN 序列 $c(t)$ 的一个周期,即 $T_b = NT_c$。由于均为双极性 NRZ 码,可设 $b(t)$ 的信号带宽为 $B_b = R_b = 1/T_b$,$c(t)$ 的带宽为 $B_c = R_c = 1/T_c$。一般伪随机码的速率 R_c 是 Mbps 级,有的甚至达到几百 Mbps,而二进制数字基带信号的速率 R_b 较低,如数字语音信号的速率一般为 16~32kbps。

二进制数字信号 $b(t)$ 和高速伪随机序列 $c(t)$ 的波形如图 4.5 所示。发射机对发送用户信息进行扩频,具体操作就是 $b(t)$ 和 $c(t)$ 相乘(或模 2 加),得到扩频信号 $x(t)$,即

$$x(t) = b(t)c(t) \tag{4.11}$$

扩频的结果就是使携带信息的基带信号的带宽被扩展到近似为 $c(t)$ 的带宽 B_c,扩展的倍数等于 PN 周期序列的码片数 N,而信号的功率谱密度下降到原来的 $1/N$。相应地,$b(t)$、$c(t)$ 和 $x(t)$ 的频谱如图 4.4 所示。

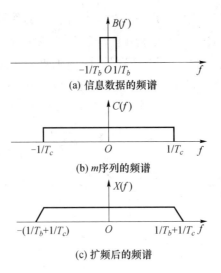

图 4.4 直接序列扩频信号的频谱

扩频后的基带信号进行 2PSK 调制,得到信号 $s(t)$:

$$s(t) = x(t)\cos\omega_c t = b(t)c(t)\cos\omega_c t \tag{4.12}$$

为了和一般的 2PSK 信号进行区分,此处把 $s(t)$ 的信号记为 D-S/2PSK,其波形如图 4.5 所示。从原理上看,由于扩频和 2PSK 调制都是信号的相乘,所以在系统实现中也可将信息调制和扩频的操作次序进行调换。

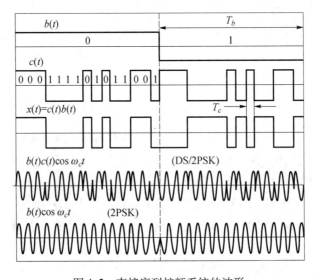

图 4.5 直接序列扩频系统的波形

在接收端,接收机收到的信号 $r(t)$ 一般是多路用户信号以及各种噪声和干扰的混合信号。为了突出解扩的原理,暂时不考虑其他因素的影响,本处只考虑单用户通信的情况,即 $r(t) = s(t)$。由于 $c^2(t) = (\pm 1)^2 = 1$,所以解扩过程为

$$r(t)c(t) = s(t)c(t) = b(t)c(t)\cos\omega_c t \cdot c(t) = b(t)\cos\omega_c t \tag{4.13}$$

这样,扩频宽带信号就恢复成一个窄带 2PSK 信号,其带宽等于 $2R_b$,这一过程就是解扩。解扩后的窄带 2PSK 信号可以采用一般 2PSK 的解调方法,如相关解调。2PSK 信号和相干载波相乘后积分,在 T_b 时刻采样,对采样值 $y(T_b)$ 进行判决:若 $y(T_b)>0$,则判为"0";若 $y(T_b)<0$,则判为"1"。解扩和相干解调的波形如图 4.6 所示。特别要注意的是,为了实现信号的解扩,要求本地产生的 PN 序列要与发射端的 PN 序列完全同步,否则,接收到的就是一片噪声。

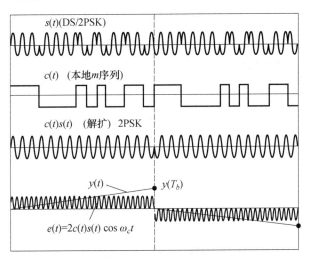

图 4.6 DS/2PSK 信号的解扩和解调

2. 多址干扰的产生

以下考虑多用户同时通信的情况。假设同步单径 2PSK 信道中有 K 个用户,并假设所有的载波相位为 0,则接收的信号为

$$r(t) = \sum_{k=1}^{K} \sqrt{P_k} b_k c_k(t) \tag{4.14}$$

式中:$b_k = \{-1, +1\}$;P_k 为发送功率;$c_k(t)$ 为第 k 个用户的扩频码序列;T_b 为信息比特时间宽度。

若要接收第 k 个用户的信号,则接收机要产生完全同步的扩频码 $c_k(t)$,相关器输出解扩后的信号为

$$\begin{aligned} y_k &= \frac{1}{T_b} \int_0^{T_b} r(t) c_k(t) \mathrm{d}t \\ &= \sqrt{P_k} b_k + \sum_{i=1, i \neq k}^{K} \rho_{i,k} \sqrt{P_i} b_i \mathrm{d}t \\ &= \sqrt{P_k} b_k + \mathrm{MAI}_k \end{aligned} \tag{4.15}$$

式中,$\rho_{i,k} = \frac{1}{T_b} \int_0^{T_b} c_i(t) c_k(t) \mathrm{d}t$,定义为用户扩频码之间的互相关系数。

由此可见,若不同用户扩频码两两之间互相关系数等于 0,则式(4.15)第二项就等于 0,接收机解扩后得到希望接收的第 k 个用户的信息。然而,实际系统中扩频码之间往往

存在着很小的互相关系数值,使得接收机除了产生有用信号外,还会由于与其他用户的互相关产生出干扰项 MAI。这部分干扰就是多址干扰,它是由于扩频码之间存在着一定程度的互相关性所导致的。

3. 抗干扰能力分析

实际上,无线信道总会存在各种噪声和干扰。对于频带无限宽的噪声(如热噪声),扩频系统几乎不起什么作用。而相对于扩频信号,干扰可分为窄带干扰和宽带干扰。与一般的窄带传输系统相比,扩频系统的一个重要特点就是抗窄带干扰的能力。宽带干扰对扩频信号的传输影响比较复杂,本处不作详细讨论。下面对扩频系统抗窄带干扰的能力进行分析。

设 $i(t)$ 为一窄带干扰信号,其频率接近于信号的载波频率,则接收的信号为

$$r(t) = \sum_{k=1}^{K} \sqrt{P_k} b_k c_k(t) + i(t) \quad (4.16)$$

解扩后的输出为

$$\begin{aligned}
y_k &= \frac{1}{T_b}\int_0^{T_b} r(t)c_k(t)\,\mathrm{d}t \\
&= \sqrt{P_k}b_k + \sum_{i=1,i\neq k}^{K}\rho_{i,k}\sqrt{P_i}b_i + \frac{1}{T_b}\int_0^{T_b} i(t)c_k(t)\,\mathrm{d}t \\
&= \sqrt{P_k}b_k + \mathrm{MAI}_k + i_k
\end{aligned} \quad (4.17)$$

可见,与干扰信号的相关性产生了窄带干扰项 i_k,其带宽被扩展到 $2B_c$。在带宽扩展倍数为 N 的情况下,接收机解扩后输出的干扰功率是输入干扰功率的 $1/N$。因此,通过滤波器输出的干扰信号能量被大大削减,极大地增强了系统的抗窄带干扰能力。

图 4.7 表示了在考虑窄带干扰的情况下,接收机的解扩输出过程。

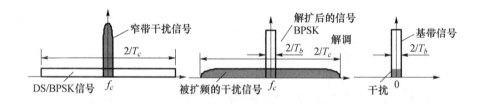

图 4.7 解扩前后信号和干扰的频谱变化

4. 抗多径干扰分析

在扩频通信系统中,利用扩频码序列尖锐的自相关特性和很高的码片速率(T_c 值很小),可以克服多径时延扩展造成的干扰。由于多径传播所引起的干扰只与它们到达接收机的相对时间有关,与传播时间无关。因此,在下面的讨论中,忽略信道的传播时间,以第一个到达接收机的信号时间为参考,其后到达信号时间就表示为 $T_d(i)$ ($i=1,2,\cdots$)。为使讨论简单,设只有两径信号,其相应的扩频通信系统如图 4.8 所示。

图 4.8 中,$b(t)$ 为二进制数字基带信息,$c(t)$ 为扩频码序列。扩频后的信号为

$$x(t) = b(t)c(t) \quad (4.18)$$

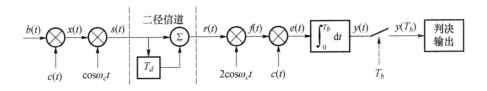

图 4.8 两径信道的扩频通信系统

采用 2PSK 载波调制后的发射信号为

$$s(t) = x(t)\cos\omega_c t \tag{4.19}$$

发射信号经过两径传播后,到达接收机的信号为

$$r(t) = a_0 s(t) + a_1 s(t - T_d) \tag{4.20}$$

式中:T_d 为第二径信号相对于第一径的时延;a_0、a_1 分别为路径传播衰减系数,为简化讨论,设它们为常数,且令 $a_0 = 1, a_1 < 1$,于是有

$$r(t) = x(t)\cos\omega_c t + a_1 x(t - T_d)\cos\omega_c(t - T_d) \tag{4.21}$$

接收信号进行本地相干载波解调,即得

$$\begin{aligned} f(t) &= r(t) \cdot 2\cos\omega_c t \\ &= x(t)(1 + \cos 2\omega_c t) \\ &+ a_1 x(t - T_d)[\cos\omega_c T_d + \cos(2\omega_c t - \omega_c T_d)] \end{aligned} \tag{4.22}$$

设本地伪码 $c(t)$ 和第一径信号同步对齐,相关解扩后的信号为

$$\begin{aligned} e(t) &= f(t)c(t) \\ &= x(t)(1 + \cos 2\omega_c t) \cdot c(t) + a_1 x(t - T_d)[\cos\omega_c T_d \\ &+ \cos(2\omega_c t - \omega_c T_d)] \cdot c(t) \end{aligned} \tag{4.23}$$

再通过积分器(相当于低通滤波器),对 $e(t)$ 滤除高频分量,积分器的输出为

$$\begin{aligned} y(t) &= \frac{1}{T_b}\int_0^t x(\tau)c(\tau)\mathrm{d}\tau + k_d \frac{1}{T_b}\int_0^t x(\tau - T_d)c(\tau)\mathrm{d}\tau \\ &= \frac{1}{T_b}\int_0^t b(\tau)c^2(\tau)\mathrm{d}\tau + k_d \frac{1}{T_b}\int_0^t b(\tau - T_d)c(\tau - T_d)c(\tau)\mathrm{d}\tau \end{aligned} \tag{4.24}$$

式中:$k_d = b_1 \cos\omega_c T_d < 1$。

设发送的二进制码元为 $\cdots b_{-1} b_0 b_1 b_2 \cdots$,$x(t)$、$x(t - T_d)$ 和 $c(t)$ 的时序如图 4.9 所示。要了解多径干扰对信号检测的影响,只需要分析其中一个比特的检测即可。现在考察对比特 b_1 的检测。

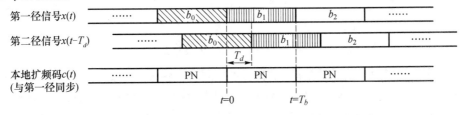

图 4.9 两径信号的接收

设在比特周期的结束时刻对其进行采样检测,在 $t = T_b$ 时刻,采样输出为

$$y(T_b) = \frac{1}{T_b}\int_0^{T_b} b_1 c^2(t)\,\mathrm{d}t + k_d \frac{1}{T_b}\int_0^{T_b} b(t - T_d)c(t - T_d)c(t)\,\mathrm{d}t$$

$$= b_1 + k_d b_0 \frac{1}{T_b}\int_0^{T_b} c(t - T_d)c(t)\,\mathrm{d}t + k_d b_1 \frac{1}{T_b}\int_0^{T_b} c(t - T_d)c(t)\,\mathrm{d}t$$

$$= b_1 + k_d b_0 R_c(T_d) + k_d b_1 R_c(T_b - T_d) \tag{4.25}$$

式中:$R_c(\tau)$ 为 $c(t)$ 的局部自相关函数,其定义为

$$R_c(\tau) = \frac{1}{T_b}\int_0^{\tau} c(t)c(t + \tau)\,\mathrm{d}t \tag{4.26}$$

式(4.25)的后两项就是第二径信号对第一径信号的干扰。当这两项干扰比较大时,就会引起错误的 b_1 判决。但对一个自相关性很好的扩频码序列(如 m 序列)来说,$|\tau| > T_c$ 时,其局部自相关函数的值都比较小。例如,对于一个 m 序列,$N = 7$、$N = 63$ 和 $N = 255$ 时的局部自相关特性曲线如图 4.10 所示。正是扩频码序列的这种自相关特性,有效地抑制了与它不同步的其他多径信号分量。不同时刻接收机各点波形如图 4.11 所示。

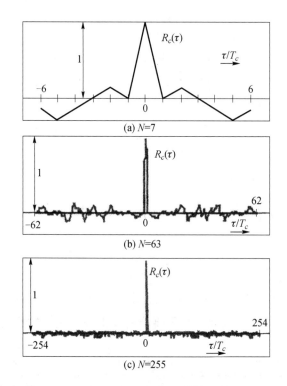

图 4.10 PN 序列局部自相关

以上仅分析了两径信号的情况,很容易推广到多径传播的情况。结果是,在采用扩频技术的情况下,只有与本地相关器扩频码完全同步的这一径信号分量可以被正确解调,而抑制了其他不同步的多径分量的干扰。也就是说,在混合的历经了不同时延扩展的多径信号中,单独分离出与本地扩频码完全同步的多径分量。

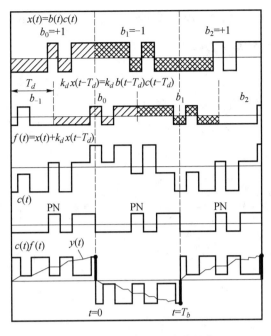

图 4.11 两径信号的接收判决

5. 直扩频系统应用

目前,主流的第三代移动通信系统 WCDMA、CDMA 2000 和 TD-SCDMA 均采用了直接序列扩频技术。在 WCDMA 系统,带宽为 5MHz,扩频码速率为 3.84Mc/s;CDMA 2000 带宽为 1.25MHz,扩频码速率为 1.28Mc/s;TD-SCDMA 带宽为 1.28MHz,扩频码速率为 1.228Mc/s。在第二代移动通信系统中,IS-95CDMA 系统采用了直接序列扩频技术。基于 IS-95 标准的码分多址通信系统的结构示意图如图 4.12 所示。

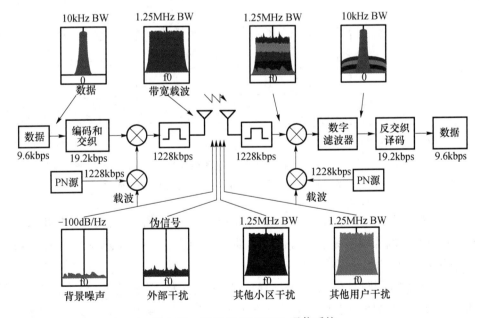

图 4.12 基于 IS-95 CDMA 通信系统

图 4.12 中,载波中心频率为 f_0,输入数据带宽为 9.6kHz,扩频码速率为 1.228Mc/s。

4.1.3 跳频扩频通信系统

1. 跳频扩频原理

跳频系统的抗干扰原理与直扩系统不同,直扩是靠频谱的扩展和解扩处理来提高信噪比的,而跳频是靠躲避干扰来获得抗干扰能力的。跳频扩频系统原理如图 4.13 所示。

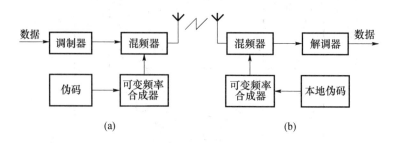

图 4.13 跳频扩频系统原理框图

跳频系统用伪随机码构成跳频指令(又称跳频图案),以此来控制可变频率合成器,频率合成器随机地选择发射频率,使输出载波频率在跳频频带内随机地跳跃变化。这样,发射机的振荡频率在很宽的频率范围内不断地改变,从而使射频载波也在一个很宽的范围内变化,于是形成了一个宽带离散谱,如图 4.14 所示。如果图中的频率合成器被指定在某一固定的频率上,就是普通的数字调制系统,其射频为一窄带谱。可见,跳频实际上就是一种复杂的频移键控,是一种用伪随机码控制多频频移键控的通信方式。

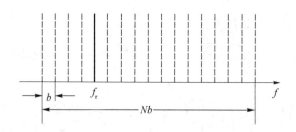

图 4.14 跳频信号的宽带频谱

N—信道数;b—信道间隔;f_τ—时刻 τ 时使用的信道频率。

在接收端,为了解出跳频信号,接收机必须以完全相同的伪随机码去控制本地频率合成器,使其与发送端的频率做出相同的改变,即收发跳频必须同步,这样才能保证通信的建立。解决同步及定时是跳频系统应用中的一个关键问题。

跳频系统的抗干扰性能表现在,发射载波频率在频域中不断跳变,干扰信号只有落在跳频信号的瞬时频谱范围内,即两者同在一个频隙和一个时隙中,且干扰信号功率大于或等于有用信号功率时,才能对有用信号的正确接收造成影响。

需要注意的是,一般跳频系统中的数字调制方式采用 FSK。这是因为在一个很宽的频率范围内,载波信号的产生和在信道的传输过程中,要保持各离散频率载波相位相干是比较困难的。所以,在跳频系统中,一般不用相移键控(PSK),而是采用 FSK 调制和非相干解调。

2. 慢跳频和快跳频

在跳频系统中,控制频率跳变的伪随机码的速率,没有直接序列扩频系统中的伪随机码速率高,一般为几十至几千比特每秒。由于跳频系统中伪随机码的速率就是输出信号频率的改变速率,所以也称为跳频速率。根据跳频速率的不同,一般将跳频系统分为慢跳频和快跳频两种。慢跳频是指跳频速率低于信息比特速率,即连续几个信息比特跳频一次。快跳频是指跳频速率高于信息比特速率,即每个信息比特跳频一次以上。一般来说,跳频速率越高,跳频系统的抗干扰能力就越好,但相应的设备复杂性和成本也越高,跳频速率应根据使用要求来决定。慢跳频比较容易实现,但抗干扰性能也不如快跳频,其频率跳变的速率远比信息速率低,可能数秒至数十秒才跳变一次。快跳频的速率可达每秒几十跳、上百跳或上千跳(毫秒级)。实现既能快速跳变而又具有高稳定度的频率合成器比较困难,但其抗干扰和隐蔽性较好。

假设用户信息采用二进制频移键控(2FSK)调制,T_b 是一个信息比特宽度,T_c 是跳频码宽度,即每隔 T_c 秒系统输出信号的射频频率跳变到一个新的频率上。慢跳频和快跳频系统频率跳变示意图分别如图 4.15 和图 4.16 所示。

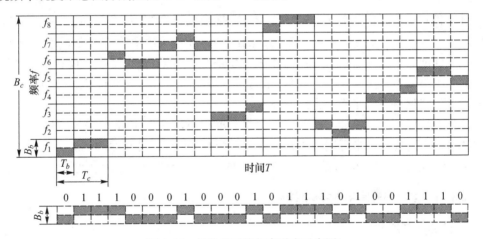

图 4.15 慢跳频系统频率跳变示意图

在图 4.15 中,$B_b = 2/T_b$,$T_c = 3T_b$,$B_c = 8B_b$,频率合成器有 8 个可供跳变的频率,载波在每传送 3bit 信息后跳变到一个新的频率上,频率跳变的顺序为:$f_1, f_6, f_7, f_3, f_8, f_2, f_4, f_5, \cdots$。

在图 4.16 中,$B_b = 2/T_b$,$T_c = T_b/3$,$B_c = 16B_b$,频率合成器有 16 个可供跳变的频率,每传送 1bit 信息频率跳变 3 次,频率跳变的顺序为:$f_5, f_{11}, f_7, f_{14}, f_{12}, f_8, f_1, f_2, f_4, f_9, f_3, f_6, f_{13}, f_{10}, f_{16}, f_{15}, f_5, f_{11}, f_7, f_{14}, f_{12}, \cdots$。

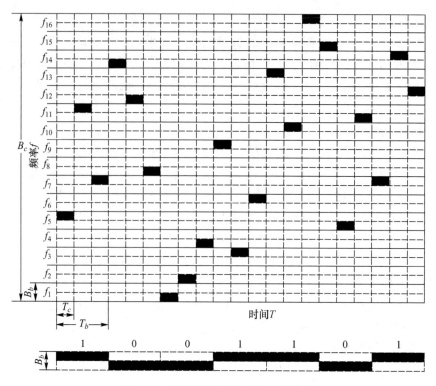

图 4.16 快跳频系统频率跳变示意图

3. 跳频系统应用

跳频扩频的典型应用是 GSM 系统。GSM 是慢跳频系统,每个移动台在每个 TDMA 帧的发送时隙改变一次频率,而在整个突发脉冲期间传输的频隙保持不变。也就是说,移动台在当前的一个时隙(0.577ms)上用一个固定的频率发送(或接收),而在下帧相同时隙以前必须跳到另一个频率上,以便在相同时隙用新的固定频率进行发送(或接收)。接收和发送始终保持在双工频点上。

跳频系统的抗干扰性能与跳频的频率集大小有密切关系,通常要求跳频频率集很大。在 GSM 系统中,规定最多可用的跳频序列个数为 64,但每组跳频序列的频率数目至少应大于 4,否则起不到抗干扰的目的。因为频率越少,相关性越大,干扰也就越大。

4.1.4 扩频通信的性能指标

1. 扩频处理增益

在衡量扩频通信系统的抗干扰能力强弱时,通常用处理增益 G_p 来描述。扩频处理增益定义为接收机解扩器的输出信噪比 $(S/N)_{\text{out}}$ 与输入信噪比 $(S/N)_{\text{in}}$ 的比值,即

$$G_p = \frac{(S/N)_{\text{out}}}{(S/N)_{\text{in}}} \tag{4.27}$$

G_p 表示扩频前后信噪比的改善程度,它体现了扩频通信系统抑制干扰信号、增强有用信号的能力。G_p 越大,扩频通信系统的抗干扰能力越强。

一般地,假设进入接收机解扩器的噪声和干扰功率谱密度是均匀分布,谱密度为 n_0。由于经过解扩器处理后,信号能近似无失真地通过带宽为 B 的滤波器,信号能量没有损

失,所以接收机输入和输出的信号功率相同,均为 S。但是,噪声和干扰只有少部分能量能通过带宽为 B 的滤波器,而大部分能量都被滤掉,所以有

$$N_{in} = n_0 W \tag{4.28}$$

和

$$N_{out} = n_0 B \tag{4.29}$$

式中:W 为接收机的带宽,即扩频信号带宽;B 为滤波器带宽,即解扩后信号的带宽,也就是用户传输数据的信息带宽。

因此,处理增益还可以表示为

$$G_p = \frac{W}{B} \tag{4.30}$$

[例 4 – 1] 假设信息带宽为 9.6kHz,扩频带宽为 1.2288MHz,计算扩频增益。

解:

$$G_p = 10\lg \frac{1.2288 \times 10^3}{9.6} = 21.7(\text{dB})$$

若二进制信息比特的传输速率为 R_b,扩频码的码片速率为 R_c,在直接序列扩频通信系统中,码片速率 R_c 是信息速率 R_b 的整数倍,通常取

$$R_c = NR_b \tag{4.31}$$

式中:N 为扩频码的长度或周期。

因此,在直接序列扩频通信系统中,处理增益可以表示为

$$G_p = \frac{W}{B} = \frac{R_c}{R_b} = N \tag{4.32}$$

在跳频扩频通信系统中,若频率跳变间隔不小于信息码所占的带宽,也就是说,在频率跳变时不存在各频点间的频谱重叠,即 $W \geq MB$,其中 M 为跳频系统可用的载波频点数,则在跳频扩频通信系统中,处理增益可以表示为

$$G_p = \frac{W}{B} \approx M \tag{4.33}$$

2. 干扰容限

扩频处理增益表示了扩频通信系统信噪比改善的程度,但由这一指标还不能说明扩频系统就能在干扰功率比信号功率大 W/B 倍的环境中正常工作,它仅仅表示了使用扩频技术的系统性能和不使用扩频技术的系统性能之间信噪比的差值。事实上,当扩频码速率 R_c 不断增大时,接收机解扩后干扰电平不断下降。当干扰电平下降到与接收机内部热噪声的电平相当时,影响接收机输出信噪比的主要因素不再是外部干扰信号,而要考虑接收机内部热噪声的影响,此时,若再进一步增大扩频码速率,并不能改善输出信号的信噪比。通常将解扩后干扰电平等于接收机内部热噪声电平时的码片速率称为系统的最佳码速率。目前,国际上直接序列扩频系统在工程应用中实现的处理增益 G_p 最大约为 70dB。如果系统的基带滤波器(或中频滤波器)输出信噪比为 10dB,那么接收机输入端的信噪比为 – 60dB。也就是说,输入信号功率可以在不低于干扰功率 – 60dB 的恶劣环境下正常工作。跳频扩频系统中的 G_p 值目前在工程应用中限制在 40 ~ 50dB,相当于系统能提供 10000 ~ 100000 个可使用的跳变频率。

因此,并不能说干扰信号的功率与有用信号的功率之比等于系统的处理增益时,相关

解扩后系统就一定能正常工作。例如,设系统处理增益为50dB,输入接收机的干扰功率为信号功率的10^5倍,即输入信噪比为-50dB时,系统输出信噪比为0。在如此低的信噪比下,解调器显然就不能正常工作了。因此,引入干扰容限的概念,用来表示在保证系统正常工作的条件下,接收机能够承受的干扰信号比有用信号高出的倍数。干扰容限定义为

$$M_j = G_p - \left[L_s + \left(\frac{S}{N}\right)_0\right][\text{dB}] \tag{4.34}$$

式中:G_p为系统处理增益;L_s为系统内部损耗;$\left(\frac{S}{N}\right)_0$为系统正常工作时要求的最小输出信噪比,即相关器的输出信噪比或解调器的输入信噪比。

[**例4-2**] 某扩频系统处理增益为17dB,系统损耗3dB,解调器要求的输入信噪比为8dB,即要求相关解扩器输出的最小信噪比为8dB,求系统的干扰容限。

解:根据式(4.34)可得干扰容限为

$$M_j = G_p - \left[L_s + \left(\frac{S}{N}\right)_0\right] = 17 - 3 - 8 = 6(\text{dB})$$

上式说明,只要接收机前端的干扰功率不超过信号功率的6dB,即不超过有用信号功率的4倍,系统就能正常工作。

干扰容限直接反映了扩频系统接收机可以抵抗的极限干扰强度,即只有当干扰源的干扰功率超过干扰容限时,才能对扩频系统形成干扰。因此,干扰容限往往比处理增益更能反映系统的抗干扰能力。

在实际工程应用中,扩频接收机的相关解扩和解调器,往往都达不到理想的线性要求,其非线性及码元跟踪误差容易导致信噪比损失,且在输入信噪比很低($S \ll N$)时存在门限效应。因此,接收机实际允许的输入干扰与有用信号功率之比,往往较干扰容限还要低。

4.1.5 扩频码的同步

扩频通信系统中,扩频码设计是非常重要的技术,常用伪随机(PN)码实现,简称为伪码。扩频码的码型将影响码序列的相关性,序列的码元长度将决定频谱扩展的宽度。所以,扩频码的设计直接影响扩频系统的性能。

在扩频通信系统中,另一项非常重要的技术是扩频码同步,也是扩频技术中的难点。在扩频系统中,要求相关接收机生成的本地伪码与发送端的伪码在结构、频率、相位上保持完全一致,否则就不能正常接收所发送的信息。因此,扩频码同步是扩频通信系统的关键技术,其同步精度直接影响系统的性能。

通常在码分多址系统中,所采用的扩频码都是周期性重复的序列,即

$$c_i(t) = \sum_{n=-\infty}^{\infty} a_i(t - nT), \quad -\infty < t < \infty \tag{4.35}$$

令$c_i(t-\tau)$为接收到的伪码,$c_i(t-\hat{\tau})$为本地产生伪码,周期为$T = NT_c$,N为扩频码长度,T_c为码片宽度。同步的过程就是使$\hat{\tau} = \tau$。

扩频码同步过程分成PN码捕获(粗同步)和PN码跟踪(细同步)两个阶段。粗同步

使本地伪码粗略对准接收到的伪码,即只需要保证$|\hat{\tau}-\tau|=|\Delta\tau|<T_c$。一旦接收的扩频信号被捕获,则接着进入细同步阶段,使本地伪码的波形尽可能持续地精确对准接收到的伪码,即尽可能使$|\hat{\tau}-\tau|=|\Delta\tau|\rightarrow 0$。下面对粗同步和细同步阶段的方法分别简单介绍。

1. 粗同步

粗同步是指接收机在开始接收扩频信号时,选择和调整接收机的本地扩频码相位,使它与发送端的扩频码相位基本一致(码间定时误差小于1个码片间隔),即接收机捕捉发送的扩频码相位,也称为扩频序列的初始同步,又称作粗同步。粗同步的常用方法包括并行相关检测、串行相关检测及匹配滤波器捕获法。所有的同步检测方法都是先求$c_i(t-\tau)$和$c_i(t-\hat{\tau})$的相关函数,即

$$R_i(\Delta\tau)=R_i(\hat{\tau}-\tau)=\int_0^T c_i(t-\tau)c_i(t-\hat{\tau})\mathrm{d}t \quad (4.36)$$

然后将相关函数值与门限值u_0比较,若$R_i(\Delta\tau)>u_0$,粗同步完成,进入跟踪过程;反之仍然进行捕获过程,改变本地扩频码的相位或频率,再与接收信号做相关比较。粗同步的过程如图4.17所示。

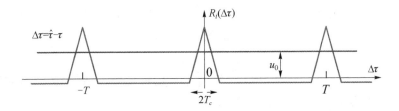

图4.17 粗同步过程示意图

1) 并行相关检测

图4.18给出了并行相关检测捕获系统的示意图,由图可知,本地码序列$c_i(t)$依次延迟一个码片(T_c),T为扩频码周期。经过并行相关器相关运算后,通过比较输出结果y_1,$y_2,\cdots,y_N$,选择最大值对应的$\hat{\tau}$作为时延的估计值,即认为最大值对应的本地伪码与接收信号实现了粗同步(误差$|\Delta\tau|<T_c$)。随着T的增大,同步差错的概率将降低,但捕获所需的时间将增大。

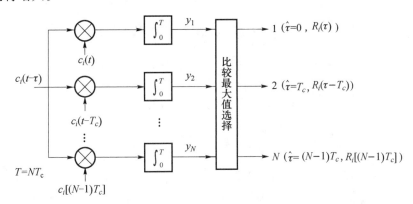

图4.18 并行相关检测

在无干扰即相关特性理想的情况下,并行相关检测法理论上只需要一个周期 T 就可完成捕获,但需要 N 个并行相关器,当 $N \gg 1$ 时,设备将非常庞大复杂。

2) 串行相关检测

图 4.19 给出了串行相关检测捕获系统的示意图。串行相关检测只使用单个相关器,通过对每个可能的序列移位重复进行相关运算来进行搜索。由于只需要使用单个相关器,其电路比较简单。

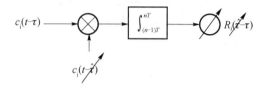

图 4.19 串行相关检测

在串行搜索过程中,将本地伪码 $c_i(t-\hat{\tau})$ 与接收信号 $c_i(t-\tau)$ 进行相关处理,然后,将输出结果 $R_i(\hat{\tau}-\tau)$ 与门限值 u_0 进行比较。若超出门限值,则此时对应的 $\hat{\tau}$ 即为时延估计值,捕获完成,有 $|\Delta\tau| < T_c$;若输出结果低于门限值,则将本地伪码的相位增加一个增量,通常为 T_c 或者 $T_c/2$(每隔 T,增加 $\hat{\tau}$ 的值),再进行相关、比较,直至捕获完成,转入跟踪阶段。

串行相关检测虽然比较简单,但其代价是捕获时间比较长,最长的捕获时间是 $(N-1)T$,当 $N \gg 1$ 时,搜索时间将非常长。

3) 匹配滤波器法

令 $a_i(t) \equiv 0 (t<0, t>T)$,其持续时间为 T。$a_i(t)$ 的匹配滤波器的冲激响应为 $h(t) = a_i(T-t)$,显然,$h(t)$ 的持续时间也是 T。

令输入信号为 $c_i(t) = \sum_{n=-\infty}^{\infty} a_i(t-nT)$,则对应的匹配滤波器捕获方法如图 4.20 所示,其输出结果为

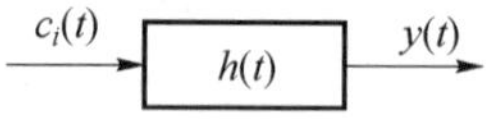

图 4.20 匹配滤波器捕获方法

$$\begin{aligned} y(t) &= c_i(t) * h(t) = \int_0^T c_i(t-\tau) h(\tau) \mathrm{d}\tau \\ &= \int_0^T c_i(t-\tau) a_i(T-\tau) \mathrm{d}\tau \\ &= R_i(t-\tau-T+\tau) \\ &= R_i(t-T) \end{aligned} \quad (4.37)$$

即输出 $y(t)$ 为 $a_i(t)$ 的周期性自相关函数。

如果输入为双极性的 m 序列,则输出结果如图 4.21 所示,可以看出

$$y(kT) = R_i(0) \to |R_i(t)|_{\max}, k = 0, \pm 1, \pm 2, \cdots \quad (4.38)$$

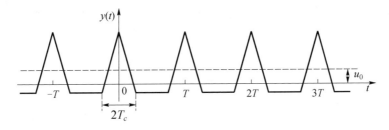

图 4.21 m 序列周期自相关函数

匹配滤波法的优点在于实时性,其输出最大的时刻即输入伪码一个周期的结束时刻,也就是下一个周期的起始时刻,因此它的最短捕获时间也是 T。这种方法的主要限制是,对于长码($N \gg 1$)的匹配滤波器,硬件实现比较困难。

2. 细同步

细同步阶段需要连续地跟踪并检测同步误差,根据检测结果不断地自动调整本地伪码的相位(时延),使之小于码片间隔的几分之一,达到本地码与接收码频率和相位精确同步,并保持此状态。细同步一般采用延迟锁定环技术。

细同步跟踪电路一般由以下几部分组成:同步误差检测电路,本地伪码发生器和本地伪码时延调整电路。同步跟踪电路如图 4.22 所示。

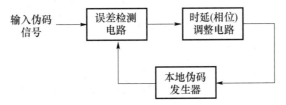

图 4.22 同步跟踪电路

图 4.23 和图 4.24 分别给出了同步误差检测电路及检测误差特性曲线。

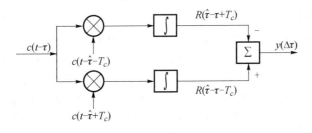

图 4.23 细同步误差检测电路

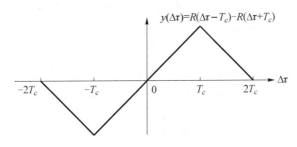

图 4.24 检测误差特性曲线

图 4.25 给出了伪码时延锁定电路,可用于伪码细同步跟踪。图中,VCO 为压控振荡器。

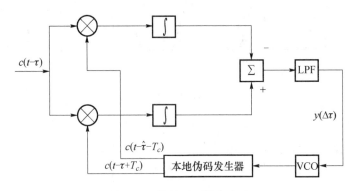

图 4.25 伪码时延锁定电路

从图 4.24 中可以看出,在 $(-T_c, T_c)$ 内,有

$$y(\Delta \tau) = K\Delta \tau \tag{4.39}$$

式中:K 为大于 0 的常数。

因此,若 $\Delta \tau \in (0, T_c)$,则 $K\Delta \tau > 0$,此时本地伪码超前滑动;若 $\Delta \tau \in (-T_c, 0)$,则 $K\Delta \tau < 0$,此时本地伪码滞后。最终锁定在 $\Delta \tau = 0$,跟踪范围为 $(-T_c, T_c)$。

一般来讲,检测电路中两路本地伪码的时延差可以是码片的若干分之一。时延差越小,跟踪范围越小,跟踪精度越高。

4.2 分集技术

分集技术用来缓解由无线信道的不稳定衰落(如多径衰落)造成的差错性能的下降,可以减小在衰落信道上接收信号的衰落深度和衰落的持续时间,是一种重要的抗衰落技术。分集技术的基本思想是:将接收到的信号分离成不相关的(或独立的)多路信号,由于多个统计独立的衰落信道同时处于深度衰落的概率非常低,因此,可以合理地利用这些信号的能量来改善接收信号的质量。因此,分集技术包括两方面的内容:分(分离)的技术和集(合并)的技术。关键问题在于,如何分离多路信号以及如何将这些分离开的多路信号进行合并处理。多路信号之所以难分离,是因为这些信号之间往往是相关的,如何使相关的多路信号变为互不相干的信号就变得比较困难。

一般地,分集技术可分为宏分集和微分集,宏分集用来对抗因地形地物造成的阴影衰落,微分集用来对抗多径衰落。为了消除或减小阴影效应的影响,一般在不同的地点和不同的方向上设置两个或多个基站,如图 4.26 所示。这两个基站可以同时接收移动台的信号,由于相距较远,这两个接收天线受到阴影衰落的影响是相互独立、不相关的,因此,可获得两路衰落独立、携带同一信息的信号。然后,通过对这两个基站获得的信号进行合并处理(一般可以选用其中信号最好的一个基站进行通信),就可以使得在阴影区内的通信质量大大改善。在图 4.26 中,从所接收到的信号中选择最强信号,移动台在路段 B 移动时,选择和基站 B 通信,而在路段 A 移动时则和基站 A 通信。由于宏分集一般是将几个基站或接入点的接收信号进行合并,也称为"多基站分集"。宏分集需要不同的基站或接入点进行协作,在蜂窝移动通信系统中,这种协作是网络协议的一部分。

通常意义上,人们所说的分集技术是指微分集,因此,本节以下重点讨论微分集技术,并不加区分,简称为分集技术。

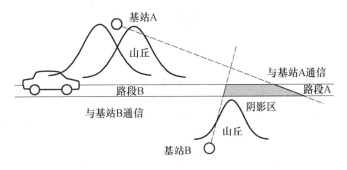

图 4.26 宏观分集

4.2.1 分集技术的分类

理论和实践表明,多径信号衰落所呈现的独立性是多方面的,如在时间、频率、空间、角度,以及携带信息的电磁波极化方向等方面分离的多路信号,都呈现相互独立的衰落特性。利用这些特点,采用相应的方法可以得到来自同一发射机的衰落独立的多路信号,由此区分为不同类型的分集技术。

1. 时间分集

在移动环境中,信道的特性随时间变化。当间隔时间足够长(或移动的距离足够大),大于信道相干时间时,这两个时刻(或地点)无线信道衰落特性不同,可以认为是独立的。因此,以大于信道相干时间的时间间隔重复发送同一信息,接收端则在多个不同的时间段接收到这些衰落独立的信号,然后进行合并处理。时间分集示意图如图 4.27 所示。

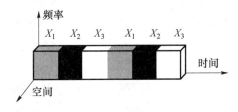

图 4.27 时间分集示意图

时间分集需要额外的时间资源,降低了传输速率;要求收/发信机都有存储器,但只需有一部接收机和一副天线。由于相干时间与移动台运动速度成反比,当移动台处于静止状态时,时间分集基本上是没有用处的。

2. 频率分集

在无线信道中,若两个载波的间隔大于信道的相干带宽,则这两个载波信号的衰落是相互独立的。因此,可以将同一信息分别在不同的载频上发射出去,只要载频间的频率间隔大于信道的相干带宽,接收端就会收到多个衰落特性不相干的信号,然后进行合并处理。频率分集示意图如图 4.28 所示。

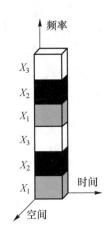

图 4.28 频率分集示意图

频率分集需要占用更多的频谱资源,在发送端需要多部发射机,这对频谱资源短缺的移动通信来说,代价是很大的。因此,在移动通信系统中,一般采用跳频扩频技术来达到频率分集的目的。当移动台静止或慢速移动时,通过跳频可获取明显的频率分集效果;当移动台高速运动时,频率分集的效果不明显。

3. 空间分集

在无线信道中,若两副接收天线之间的距离大于相干距离,则它们接收到的信号衰落是相互独立的。因此,在发送端采用一副天线发射,而在接收端采用两副(或多副)相隔足够大距离的天线接收,它们就会接收到来自同一发射机发射的衰落独立的信号。这种分集方式也称作天线分集或接收天线分集,即单输入/多输出(SIMO)系统。若在发射端采用多根发射天线,则为多输入/单输出(MISO)系统或多输入/多输出(MIMO)系统。

使接收信号不相关的两副天线的距离 d,因移动台天线和基站天线所处的环境不同而有所不同。对于移动台天线,实际测量表明,通常在市区,取 $d=0.5\lambda$,在郊区可以取 $d=0.8\lambda$。使用空间分集的移动台一般是车载台。对于基站天线,在实际的工程设计中,h/d 约为 10,h 表示基站天线高度,一般为几十米,则天线的距离约有几米,相当于十多个波长或更多。

4. 角度分集

由于地形和地物环境的不同,到达接收端的不同多径信号分量可能有不同的到达方向,接收端采用方向性天线分别指向不同的信号到达方向,就可以接收到多路衰落独立的多径信号分量。显然,角度分集是一种特殊的空间分集。

角度分集可利用足够多的定向天线以覆盖信号所有可能到达的方向来实现,但采用多天线会使系统比较复杂,通常应用中可利用一根定向天线对准最佳接收方向(一般指最强径方向)或利用智能天线(通过智能地调整每个阵元的位置,把天线阵列对准最强径的方向)来实现角度分集。

5. 极化分集

由于两个在同一地点极化方向相互正交的天线发出的信号呈现出互不相关的衰落特性,利用这一特点,在发射端同一地点安装垂直极化和水平极化两副发射天线,在接收端同一地点安装垂直极化和水平极化两副接收天线,就可以得到两路衰落特性互不相关的极化分量。这种方法的优点是结构紧凑、节省空间;缺点是由于发射或接收功率要分配到两副极化天线上,将有约 3dB 的功率损失。

4.2.2 分集合并技术和性能分析

在利用不同的分集技术获得 M 路衰落独立的信号(称为 M 重分集)后,需要对它们进行合并处理,以改善接收信号的质量,如图 4.29 所示。

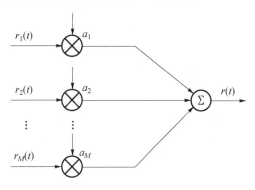

图 4.29 分集技术合并

在图中,合并器的作用就是把经过相位和时延调整后的各分集支路信号相加,输出合并后的接收信号。一般地,对 M 重分集的合并处理表示为

$$\begin{aligned} r(t) &= a_1(t)r_1(t) + a_2(t)r_2(t) + \cdots + a_M(t)r_M(t) \\ &= \sum_{k=1}^{M} a_k(t)r_k(t) \end{aligned} \quad (4.40)$$

式中,$r_k(t)$ 为第 k 支路的信号;$a_k(t)$ 为第 k 支路信号的加权因子。

合并器可以处于检测器之前,称为检测前合并;也可处于检测器之后,称为检测后合并。检测前合并一般在中频和射频电路中进行,检测后合并一般在基带电路中进行,它们的效果没什么不同,至少在理想情况下是这样的。分集合并的目的就是使接收信号的信噪比有所改善,合并器输出的信噪比均值应大于任何一条支路输出的信噪比均值。因此,对分集合并技术的性能分析是围绕合并器输出信噪比进行的。可以预见,合并器输出信噪比的改善和各支路加权因子有关,对加权因子的选择不同,形成 3 种基本的合并方式:选择式合并、最大比值合并和等增益合并。在下面的分析中做如下假设。

(1) 每支路的噪声与信号无关,为零均值、功率恒定的加性噪声;

(2) 信号幅度的变化是由于信号的衰落,其衰落的速率比信号的最低调制频率低许多;

(3) 各支路信号相互独立,服从瑞利分布,具有相同的平均功率。

1. 选择式合并

在选择式合并中,合并器在所接收的多路信号中选择信噪比最高的一路输出,这相当于在 M 个系数 $a_k(t)$ 中,只有一个等于 1,其余的为 0。$M=2$ 即有两个分集支路选择式合并如图 4.30 所示。在选择式合并中,合并器其实就是一个开关,在各支路噪声功率相同的情况下,系统合并器把开关置于信号功率最大的支路,输出的信号就有最大的信噪比。

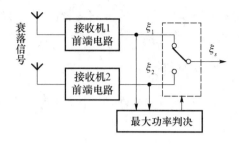

图 4.30 二重分集的选择式合并

设第 k 条支路信号包络 $r_k = r_k(t)$,由于各支路信号服从瑞利分布,其概率密度函数为

$$p(r_k) = \frac{r_k}{b_k^2}\exp\left[-\frac{r_k^2}{2b_k^2}\right] \quad (4.41)$$

则信号平均功率为 b_k^2,信号瞬时功率为 $r_k^2/2$。设支路噪声平均功率为 N_k,则第 k 条支路的信噪比为

$$\xi_k = \frac{r_k^2}{2N_k} \quad (4.42)$$

则选择合并器输出信噪比为

$$\xi_s = \max\{\xi_k\}, k = 1, 2, \cdots, M \quad (4.43)$$

$M = 2$ 时,ξ_s 的选择情况如图 4.31 所示。

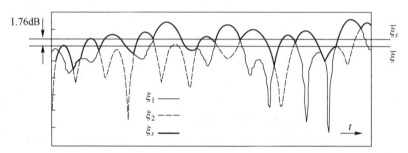

图 4.31 二重分集选择式合并的信噪比

因为 r_k 是一个随机变量,正比于其平方的信噪比 ξ_k 也是一个随机变量,可求得其概率密度函数为

$$p(\xi_k) = \frac{1}{\overline{\xi_k}}\exp\left[-\frac{\xi_k}{\overline{\xi_k}}\right] \quad (4.44)$$

式中:$\overline{\xi_k}$ 为 k 条支路的平均信噪比,且

$$\overline{\xi_k} = E[\xi_k] = \frac{b_k^2}{N_k} \quad (4.45)$$

ξ_k 小于某一指定的信噪比 x 的概率为

$$P(\xi_k < x) = \int_0^x \exp\left[-\frac{\xi_k}{\overline{\xi_k}}\right]\mathrm{d}\xi_k = 1 - \exp\left[-\frac{x}{\overline{\xi_k}}\right] \quad (4.46)$$

由于假设各支路有相同的噪声功率,即 $N_1 = N_2 = \cdots = N$;各支路信号平均功率相同,

即 $b_1^2 = b_2^2 = \cdots = b^2$，各支路有相同的平均信噪比 $\bar{\xi}_k = b^2/N$。

由于 M 个分集支路的衰落是互不相关的，所有支路的 $\xi_k(k=1,2,\cdots,M)$ 同时小于某个给定值 x 的概率为

$$F(x) = (1 - e^{-x/\bar{\xi}})^M \tag{4.47}$$

若 x 为接收机正常工作的阈值，$F(x)$ 就是通信中断的概率。而至少有一支路信噪比超过 x 的概率，就是使系统能正常通信的概率，即可通率为

$$1 - F(x) = 1 - (1 - e^{-x/\bar{\xi}})^M \tag{4.48}$$

$F(x) - x$ 关系如图 4.32 所示。

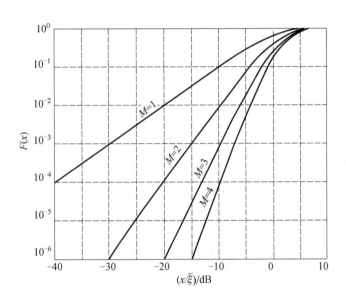

图 4.32 选择合并的 x 累积分布函数

由图 4.32 可以看出，当给定一个中断概率 $F(x)$ 时，有分集 ($M>1$) 与无分集 ($M=1$) 时要求的 $x/\bar{\xi}$ 值是不同的。例如，给定 $F = 10^{-3}$，无分集时要求 $(x/\bar{\xi})_{dB} = -30dB$，即要求支路接收信号的平均信噪比高出阈值 30dB。而有分集时，如 $M=2$，这一数值为 15dB。也就是说，若采用二重分集，在保证中断概率不超过给定值的情况下，所需支路接收信号的平均信噪比下降了 $30-15=15dB$。若采用三重分集，信噪比则下降 $30-10=20dB$。若采用四重分集，信噪比则下降 $30-7=23dB$。

由此得出结论：在给定门限信噪比情况下，随着分集支路数的增加，所需支路接收信号的平均信噪比在下降。这意味着采用分集技术可以降低对接收信号功率（或者说降低对发射信号功率）的要求，而仍然能保证系统所需的通信概率，这就是分集技术带来的好处。

显然，$F(x)$ 也是 $\xi_k(k=1,2,\cdots,M)$ 中最大值小于给定值 x 的概率。因此，$F(x)$ 也是选择式合并器输出信噪比 ξ_s 的累积分布函数，其概率密度可通过对 $F(x)$ 求导得到，即

$$p(\xi_s) = \frac{dF(x)}{dx}\bigg|_{x=\xi_s} = \frac{M}{\bar{\xi}}(1 - e^{-\xi_s/\bar{\xi}})^{M-1} e^{-\xi_s/\bar{\xi}} \tag{4.49}$$

进一步求得 ξ_s 的均值为

$$\bar{\xi}_s = \int_0^\infty \xi_s p(\xi_s)\mathrm{d}\xi_s = \bar{\xi}\sum_{k=1}^M \frac{1}{k} \tag{4.50}$$

对二重分集($M=2$)有

$$\bar{\xi}_s = \bar{\xi}(1 + 1/2) = 1.5\bar{\xi} \tag{4.51}$$

$\bar{\xi}_s$ 为没有分集的平均信噪比的 1.5 倍,即等于 10lg1.5=1.76dB,如图 4.31 所示。在 $\bar{\xi}$ 相同的情况下,$\bar{\xi}_s$ 可用来比较不同分集合并技术的性能,稍后将进行分析比较。

2. 最大比值合并

与选择式合并不同,最大比值合并充分利用各支路的信号能量,明显地改善了合并器的输出信噪比。在最大比值合并中,信号合并前对各路载波相位进行调整并使之同相,然后加权相加,合并器输出信号的包络为

$$r_{mr} = \sum_{k=1}^M a_k r_k \tag{4.52}$$

输出的噪声功率等于各支路的输出噪声功率之和,即

$$N_{mr} = \sum_{k=1}^M a_k^2 N_k \tag{4.53}$$

于是合并器的输出信噪比为

$$\xi_{mr} = \frac{r_{mr}^2/2}{N_{mr}} = \frac{\left(\sum_{k=1}^M a_k r_k\right)^2}{2\sum_{k=1}^M a_k^2 N_k} \tag{4.54}$$

我们希望输出的信噪比有最大值,即选择合适的权值,使 ξ_{mr} 最大。从直觉上分析,信噪比较高的支路应该具有更大的权值。根据柯西-许瓦兹不等式可从理论上证明这一点。因此,若使加权系数 a_k 满足

$$a_k = C\frac{r_k}{N_k} \propto \frac{r_k}{N_k} \tag{4.55}$$

式中:C 为常数。

则 ξ_{mr} 的最大值为

$$\begin{aligned}
\xi_{mr} &= \frac{\left(\sum_{k=1}^M a_k\sqrt{N_k}\cdot r_k/\sqrt{N_k}\right)^2}{2\sum_{k=1}^M a_k^2 N_k} \\
&= \frac{\left(\sum_{k=1}^M a_k^2 N_k\right)\left(\sum_{k=1}^M r_k^2/N_k\right)}{2\sum_{k=1}^M a_k^2 N_k} \\
&= \sum_{k=1}^M \frac{r_k^2}{2N_k} \\
&= \sum_{k=1}^M \xi_k
\end{aligned} \tag{4.56}$$

结果表明,若第 k 支路的加权系数 a_k 和该支路信号幅度 r_k 成正比,和噪声功率 N_k 成

反比,则合并器输出的信噪比有最大值,且等于各支路信噪比之和,即

$$\xi_{mr} = \sum_{k=1}^{M} \xi_k \tag{4.57}$$

二重分集($M=2$)时最大比值合并及合并器输出信噪比分别如图 4.33 和图 4.34 所示。

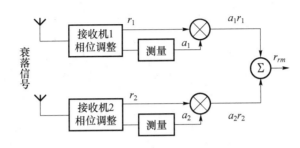

图 4.33 二重分集最大比值合并

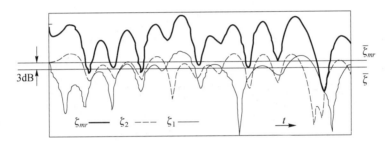

图 4.34 二重分集最大比值合并的信噪比

由于各支路信号幅度 r_k 服从瑞利分布的随机变量,各支路有相同的平均信噪比,可证明其概率密度函数为

$$p(\xi_{mr}) = \frac{1}{(M-1)!(\bar{\xi})^M}(\xi_{mr})^{M-1}e^{-\xi_{mr}/\bar{\xi}} \tag{4.58}$$

则通信中断概率为

$$F(x) = P(\xi_{mr} \leqslant x) = \int_0^x \frac{\xi_{mr}^{M-1}e^{-\xi_{mr}/\bar{\xi}}}{(\bar{\xi})^M (M-1)!}d\xi_{mr}$$
$$= 1 - e^{-x/\bar{\xi}} \sum_{k=1}^{M} \frac{(x/\bar{\xi})^{k-1}}{(k-1)!} \tag{4.59}$$

$F(X)-x$ 的特性如图 4.35 所示。由图可以看出,和选择式合并一样,对给定的中断概率 $F(x)=10^{-3}$,随着 M 的增加,所需的信噪比在减小。相对于没有分集的情况,$M=2$ 时所需的平均信噪比降低了 $30-13.5=16.5(dB)$,$M=3$ 时降低了 $30-7.2=22.8(dB)$,$M=4$ 时降低了 $30-3.7=26.3(dB)$。

由式(4.57)可得,ξ_{mr} 的均值为

$$\bar{\xi}_{mr} = \sum_{k=1}^{M}\bar{\xi}_k = M\bar{\xi} \tag{4.60}$$

由式(4.60)可知,$M=2$ 时,最大比值合并输出的信噪比是没有分集时的 2 倍,即增加了 3dB。

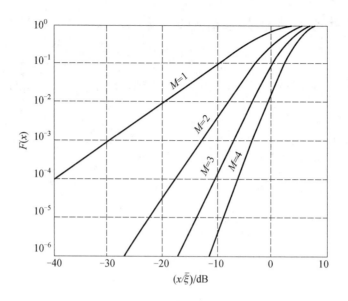

图 4.35 最大比值合并的 x 累积分布函数

3. 等增益合并

等增益合并是最大比值合并的一种最简单的特例,其合并器的各支路加权系数均为 1,即

$$a_k = 1, k = 1, 2, \cdots, M \tag{4.61}$$

在 3 种合并方式中,最大比值合并性能最好,但要求有准确的加权系数,电路实现较复杂。等增益合并性能虽然比它差些,但实现起来要容易得多,而且等增益合并性能也要优于选择式合并。

二重分集等增益合并如图 4.36 所示。

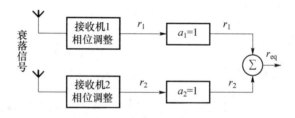

图 4.36 二重分集等增益合并

等增益合并器输出的信号为

$$r_{eq} = \sum_{k=1}^{M} r_k \tag{4.62}$$

在各支路噪声平均功率相等的情况下,输出信号的信噪比为

$$\xi_{eq} = \frac{\frac{1}{2}(\sum_{k=1}^{M} r_k)^2}{\sum_{k=1}^{M} N_k} = \frac{(\sum_{k=1}^{M} r_k)^2}{2\sum_{k=1}^{M} N_k} = \frac{1}{2MN}(\sum_{k=1}^{M} r_k)^2 \tag{4.63}$$

$M=2$ 时,ξ_{eq} 随时间的变化如图 4.37 所示。

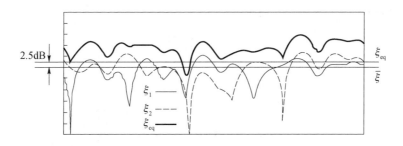

图 4.37 二重分集等增益合并的信噪比

对于 $M>2$ 的情况,要求得 ξ_{eq} 的累积分布函数和概率密度函数是比较困难的,可以用数值方法求解。$M=2$ 时其累积分布函数为(推导过程略)

$$F(x) = P(\xi_{eq} \leqslant x) = 1 - e^{-2x/\bar{\xi}} - \sqrt{\frac{\pi x}{\bar{\xi}}} \cdot e^{-x/\bar{\xi}} \cdot \mathrm{erf}\left(\sqrt{\frac{\xi_{eq}}{\bar{\xi}}}\right) \tag{4.64}$$

$F(x) - x$ 的特性如图 4.38 所示。

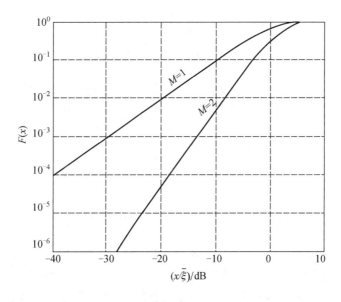

图 4.38 等增益合并的 x 累积分布函数

虽然无法得到 $M>2$ 时 ξ_{eq} 的概率密度函数的一般表达式,但可以求得其均值为

$$\bar{\xi}_{eq} = \frac{1}{2MN}\left[2Mb^2 + M(M-1)\frac{\pi b^2}{2}\right] = \bar{\xi}\left[1 + (M-1)\frac{\pi}{4}\right] \tag{4.65}$$

当 $M=2$ 时,有

$$\bar{\xi}_{eq} = 1.78\bar{\xi} \tag{4.66}$$

即 $\bar{\xi}_{eq}$ 等于没有分集时各支路平均信噪比的 1.78 倍,也就是 2.5dB。

4.3 种合并技术的性能比较

为了比较不同合并方式的性能,可以比较它们的输出平均信噪比与没有分集时的平均信噪比,这个比值称为合并方式的改善因子,用 D 表示。选择式合并、最大比值合并和等增益合并的改善因子 D_s、D_{mr}、D_{eq} 分别为

$$\begin{cases} D_s = \dfrac{\overline{\xi_s}}{\overline{\xi}} = \sum_{k=1}^{M} \dfrac{1}{k} \\ D_{mr} = \dfrac{\overline{\xi_{mr}}}{\overline{\xi}} = M \\ D_{eq} = \dfrac{\overline{\xi_{eq}}}{\overline{\xi}} = 1 + (M-1)\dfrac{\pi}{4} \end{cases} \quad (4.67)$$

通常改善因子也用 dB 表示,$D(\text{dB}) = 10\lg(D)$。图 4.39 给出了各种 $\overline{D}(\text{dB}) - M$ 的关系曲线。

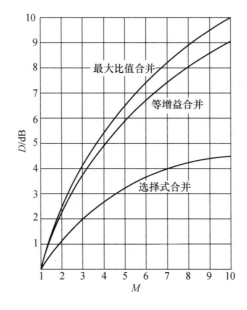

图 4.39 三种合并方式的性能比较

由图可见,随着分集支路数 M 的增加,合并器输出信号的信噪比也增加。但随着 M 的增加,电路复杂度也增加,因此,实际系统中分集重数一般为 3~4。在这 3 种合并方式中,最大比值合并对接收信号信噪比改善效果最好,其次是等增益合并,最差是选择式合并。这是因为选择式合并只利用了其中一个信号,其余没有被利用,而前两者对各支路信号的能量都得到利用。

[**例 4 – 3**] 在二重发射分集($M = 2$)情况下,分别求出 3 种合并方式的平均信噪比改善因子。

解:选择式合并:$D_s = \sum_{k=1}^{M} \dfrac{1}{k} = 1 + \dfrac{1}{2} = 1.76(\text{dB})$

最大比值合并:$D_{mr} = M = 2 = 3(\text{dB})$

等增益合并:$D_{eq} = 1 + (M-1)\dfrac{\pi}{4} = 1 + \dfrac{\pi}{4} \approx 1.8 = 2.5(\text{dB})$

4.2.3 RAKE 接收机

多径传输对信号的接收造成干扰,利用扩频码的良好自相关性,可以很好地抑制多径干扰,特别是时延扩展大于扩频码码片时。但是,这些先后到达的多径信号分量,都携带相同的信息,具有一定的信号能量,可被认为是有用信号在时间上的多次传输。如果能充分利用这些多径信号能量,就可以变害为利,改善接收信号的质量。基于这种思想,Price 和 Green 在 1958 年提出了多径分离接收的技术,即多径分离接收机,也就是通常所说的 RAKE 接收机。

1. RAKE 接收机原理

RAKE 接收机由一组相关器构成,其原理如图 4.40 所示。每个相关器和多径信号中的一个不同时延的分量同步,如图 4.41 所示。各相关器的输出就是携带相同信息但时延不同的信号,把这些信号以适当的时延对齐,然后按某种方法合并,就可以增加信号的能量,改善信噪比。所以,RAKE 接收机具有搜集多径信号能量的作用,用 Price 和 Green 的话说,它的作用有点像花园里用的耙子(rake),故取名为 RAKE 接收机。

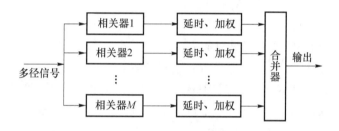

图 4.40 RAKE 接收机的原理图

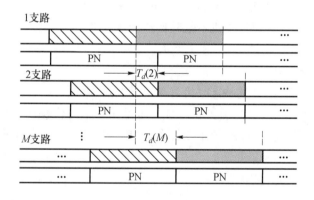

图 4.41 RAKE 接收机多径信号的分离

扩频信号的带宽远大于信道的相关带宽,信号频谱的衰落仅是一小部分,因此也可以说信号的频谱扩展使信号获得了频率分集的好处。另外,多径信号的分集接收,把先后到达接收机的、携带同样信息的、衰落独立的多径信号能量进行合并利用,改善了接收信号质量,这其实也是一种时间分集。但是,RAKE 接收不同于传统的频率、时间分集技术,它充分利用了信号统计和信号处理技术,将分集的作用隐含在被传输的信号中,所以是一种隐分集技术。

2. RAKE 接收机的实现方式

按照选择多径方式的不同,RAKE 接收机有 3 种实现方式:A-RAKE(全 RAKE)接收机、S-RAKE(选择 RAKE)接收机、P-RAKE(部分 RAKE)接收机。

1) A-RAKE 接收机

A-RAKE 接收机将所有可能分离的 L_r 个多径信号进行合并,这要求 A-RAKE 接收机中必须有大量的相关器和 RAKE 接收分支,在实际系统中是不可能实现的。尽管如此,实际的系统上限可以用 A-RAKE 接收机的系统性能来表示。在实际系统中一般采用部分多径分量的分集接收策略,怎样设计接收机才能不断接近这个上限是研究 RAKE 接收技术的重要内容之一。

2) S-RAKE 接收机

S-RAKE 接收机是在所有可能分离的 L_r 个多径信号中选择信号最强的 L_b 个多径分量进行合并。虽然相对 A-RAKE 接收机,S-RAKE 接收机减少了相关器数量和 RAKE 接收分支数目,但 S-RAKE 接收机为了选取其中能量最大的 L_b 个多径分量,需要跟踪全部 L_r 个多径信号,因此结构也较为复杂。

3) P-RAKE 接收机

P-RAKE 接收机不需要对可分离的 L_r 个多径信号进行搜索和排序,只是对最先到达的 L_b 个多径分量进行合并,因此这种方式实现最简单。

注意,以上 3 种接收机都可以采用选择式合并、最大比值合并、等增益合并等分集合并技术,将分离选择出来 L_b 条相互独立的支路进行合并后,就可以获得分集增益。

从以上 3 种 RAKE 接收机的实现方式和仿真结果可知,在采用相同支路数时,A-RAKE 接收机能获得最优的性能,但复杂度最高,实际系统中难以实现;S-RAKE 接收机的复杂度比 A-RAKE 接收机低,但获得的性能也比 A-RAKE 接收机低,是获取系统性能和实现复杂度的折中;P-RAKE 接收机不依赖信道信息,实现最简单,当然,它的性能也是最差的。

3. RAKE 接收机的应用

在 IS-95 CDMA 系统中,基站接收机有 4 个相关器,移动台有 3 个相关器。这保证了对多径信号的分离和接收,提高了接收信号的质量。在第三代移动通信系统中,上、下行链路均采用导频信号,上、下行链路都可以采用相干解调,通过对各个多径信号的相位作出估计,将接收的多径信号能量进行合并,提高信道解码器的输入信噪比,克服移动通信环境中多径效应引起的信号衰落。

4.3 均衡技术

在无线通信中,由于无线电信号的多径传播,同一信号经过不同路径到达接收机的时间不同。或者说,在某个时刻,接收机从不同路径上接收到的是前后不同的多个码元信号,这样,前面码元波形的后端部分会干扰到后续码元波形的前端部分,这种干扰称为码间干扰。码间干扰会影响接收机对信号的判决,严重时可能会造成信息比特的错误判决。

因此,在无线通信中,多径效应会导致码间干扰,进而影响到信息传输的可靠性。

为了减轻或消除码间干扰的影响,无线信息传输系统一般采用均衡技术来提高信息传输的可靠性。均衡技术的基本思想是,在接收机中插入一种滤波器来校正或补偿无线信道的传输特性,使包括该滤波器在内的整个无线传输系统满足无码间干扰条件,这种起补偿作用的滤波器就是均衡器。

4.3.1 无码间干扰传输的条件

1. 无线信道传输的码间干扰

首先分析图 4.42 所示的一般数字基带信号系统的传输情况。输入基带信号

$$b(t) = \sum_{k=-\infty}^{\infty} b_k \delta(t - kT_s) \tag{4.68}$$

式中:$\{b_k\}$ 为输入的二进制数据序列,$b_k = \pm 1$;T_s 为二进制码元的发送时间间隔,即码元周期。

图 4.42　一般数字基带信号系统框图

为分析方便,将包括一些发送设备(如发送端的调制器、滤波器、接收机前端、中频和匹配滤波器等)在内的无线信道称为广义信道。$h(t)$ 为广义信道的单位冲激响应。

广义信道的输出信号为

$$x(t) = b(t) * h(t) = \sum_{k=-\infty}^{\infty} b_k \cdot h(t - kT_s) \tag{4.69}$$

在数字传输系统中,一个理想的无码间干扰传输系统,在不考虑噪声干扰的情况下,其单位冲激响应 $h(t)$ 应具有图 4.43 所示的波形。该波形的特点是,除了在指定的时刻对接收码元的采样不为零外,在其余采样时刻的采样值均为零。然而,如前所述,无线信道的多径效应使得码元到达接收机的时延不同,码元的时延扩展会对其前面和后面的若干码元造成干扰(分别称为前导干扰和拖尾干扰),因此输入信号经过实际无线信道传输之后输出的信号波形如图 4.44 所示。

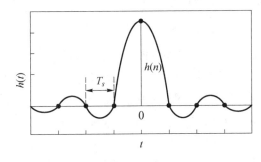

图 4.43　无码间干扰的输出信号波形

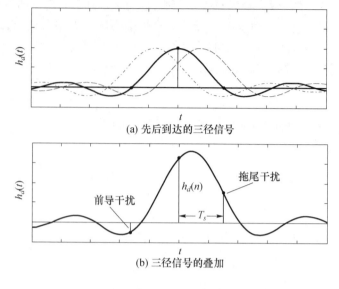

(a) 先后到达的三径信号

(b) 三径信号的叠加

图 4.44　有码间干扰的输出信号波形

接收机滤波器的输入信号 $x(t)$ 送入抽样判决器进行判决输出，以确定所发送的数字信息。以第 k 个码元 b_k 的抽样判决为例，抽样的时刻点在 $t = kT_s + t_0$（t_0 为广义信道传输造成的时延），对 $x(t)$ 在该时刻的抽样值为

$$x(kT_s + t_0) = b_k \cdot h(t_0) + \sum_{n \neq k} b_n \cdot h[(k-n)T_s + t_0] \quad (4.70)$$

若考虑噪声和其他干扰的影响，输出信号可表示为

$$x(t) = b(t) * h(t) + n(t) = \sum_{k=-\infty}^{\infty} b_k \cdot h(t - kT_s) + n(t) \quad (4.71)$$

式中：$n(t)$ 为信道中叠加的噪声和其他干扰经过接收机滤波后的输出。

相应地，$x(t)$ 在该时刻的抽样值表示为

$$x(kT_s + t_0) = b_k \cdot h(t_0) + \sum_{n \neq k} b_n \cdot h[(k-n)T_s + t_0] + n(kT_s + t_0) \quad (4.72)$$

为了突出讨论如何减轻码间干扰的影响，并简化问题分析，以下分析不考虑噪声对无线传输系统的影响。

由式(4.70)可知，若要消除码间干扰，应使

$$\sum_{n \neq k} b_n \cdot h[(k-n)T_s + t_0] = 0 \quad (4.73)$$

由于 b_n 是随机的，在实际中通过各项相互抵消使码间干扰值为零是不可行的。考虑对 $h(t)$ 的波形提出要求。理想情况下，相邻码元的前一个码元的波形到达后一个码元抽样判决时刻已经衰减到零，波形如图 4.45 所示，就能满足要求。实际上，这样的波形是不易实现的，$h(t)$ 波形有很长的"拖尾"，正是由于这种拖尾现象造成了相邻码元间的码间干扰。但是，如果能让 $h(t)$ 在 $T_s + t_0$，$2T_s + t_0$ 等后面码元的抽样判决时刻上正好为零，如图 4.46 所示，码间干扰就能消除。这就是消除码间干扰的基本思想。

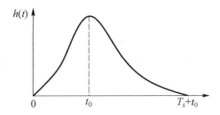

图 4.45　在抽样判决时刻上衰减到零

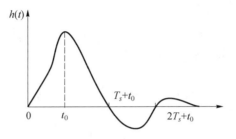

图 4.46　在抽样判决时刻上正好为零

2. 消除码间干扰的条件

如上所述,若 $h(t)$ 的波形满足仅在本码元的抽样时刻上有最大值,并在其他码元的抽样时刻上均为零,就可以消除码间干扰。在时刻 $t=kT_s$(假设信道造成的时延 $t_0=0$)对 $h(t)$ 抽样,应有下式成立:

$$h(kT_s) = \begin{cases} 1, k=0 \\ 0, k \text{ 为其他整数} \end{cases} \tag{4.74}$$

式(4.74)称为无码间干扰的时域条件。

下面来寻找满足式(4.74)的传输系统的 $H(\omega)$。因为

$$h(t) = \frac{1}{2\pi}\int_{-\infty}^{\infty} H(\omega)\mathrm{e}^{\mathrm{j}\omega t}\mathrm{d}\omega \tag{4.75}$$

在时刻 $t=kT_s$,有

$$h(kT_s) = \frac{1}{2\pi}\int_{-\infty}^{\infty} H(\omega)\mathrm{e}^{\mathrm{j}\omega kT_s}\mathrm{d}\omega \tag{4.76}$$

进一步可得

$$\frac{1}{T_s}\sum_i H\left(\omega+\frac{2\pi i}{T_s}\right) = \sum_k h(kT_s)\mathrm{e}^{-\mathrm{j}\omega kT_s} \tag{4.77}$$

注:为了突出问题结论,此处简略了式(4.76)的推导分析步骤。

根据式(4.74),得到无码间干扰传输系统的幅频特性 $H(\omega)$ 应该满足

$$\frac{1}{T_s}\sum_i H\left(\omega+\frac{2\pi i}{T_s}\right) = 1, |\omega|\leqslant \frac{\pi}{T_s} \tag{4.78}$$

也可以写成

$$\sum_i H\left(\omega+\frac{2\pi i}{T_s}\right) = T_s, |\omega|\leqslant \frac{\pi}{T_s} \tag{4.79}$$

该条件称为奈奎斯特(Nyquist)第一准则。也就是说,基带传输系统的特性 $H(\omega)$ 只

要符合这个要求,就能消除码间干扰。

满足奈奎斯特第一准则的 $H(\omega)$ 有很多种,如理想的低通滤波器、余弦滚降特性滤波器等。但在实现时,难免存在接收滤波器的设计误差和信道特性的变化,无法实现理想的传输特性,在抽样时刻上总会存在一定的码间干扰,从而导致接收信号质量的下降。为了减小码间干扰的影响,通常在系统中插入一种可调滤波器来校正或补偿传输系统特性。这种起补偿作用的滤波器就是均衡器。

4.3.2 均衡器设计原理

在数字基带传输系统中,为消除码间干扰的影响,在接收滤波器和抽样判决器之间插入一个称为均衡器的可调滤波器,如图 4.47 所示。

$$b(t) \rightarrow \boxed{\text{广义信道}\, h(t)} \xrightarrow{x(t)} \boxed{\text{均衡器}\, h_{eq}(t)} \xrightarrow{y(t)} \boxed{\text{抽样判决}} \rightarrow \hat{b}(t)$$

图 4.47 数字基带传输系统均衡原理示意图

设插入均衡器的幅频特性为 $T(\omega)$,并设

$$H'(\omega) = H(\omega) \cdot T(\omega) \tag{4.80}$$

式中:$H(\omega)$ 为一般数字基带传输系统的频率特性,只要 $H'(\omega)$ 满足式(4.79),即满足

$$\sum_i H'\left(\omega + \frac{2\pi i}{T_s}\right) = T_s, |\omega| \leqslant \frac{\pi}{T_s} \tag{4.81}$$

这时,包括均衡器在内的传输系统就能消除码间干扰。

将式(4.80)代入式(4.81),得

$$\sum_i H\left(\omega + \frac{2\pi i}{T_s}\right) \cdot T\left(\omega + \frac{2\pi i}{T_s}\right) = T_s, |\omega| \leqslant \frac{\pi}{T_s} \tag{4.82}$$

设 $T(\omega)$ 是以 $2\pi/T_s$ 为周期的周期函数,即 $T\left(\omega + \frac{2\pi i}{T_s}\right) = T(\omega)$,则

$$T(\omega) = \frac{T_s}{\sum_i H\left(\omega + \frac{2\pi i}{T_s}\right)}, |\omega| \leqslant \frac{\pi}{T_s} \tag{4.83}$$

由于 $T(\omega)$ 是以 $2\pi/T_s$ 为周期的函数,则 $T(\omega)$ 可以用傅里叶级数表示为

$$T(\omega) = \sum_{n=-\infty}^{\infty} C_n \mathrm{e}^{-jnT_s\omega} \tag{4.84}$$

其中,

$$C_n = \frac{T_s}{2\pi} \int_{-\frac{\pi}{T_s}}^{\frac{\pi}{T_s}} T(\omega) \mathrm{e}^{jn\omega T_s} \mathrm{d}\omega \tag{4.85}$$

也可以写成

$$C_n = \frac{T_s}{2\pi} \int_{-\frac{\pi}{T_s}}^{\frac{\pi}{T_s}} \frac{T_s}{\sum_i H\left(\omega + \frac{2\pi i}{T_s}\right)} \mathrm{e}^{jn\omega T_s} \mathrm{d}\omega \tag{4.86}$$

由式(4.86)不难看出,傅里叶系数 C_n 完全由 $H(\omega)$ 决定。

对式(4.84)求傅里叶反变换,可得均衡器的单位冲激响应为

$$h_{\text{eq}}(t) = F^{-1}[T(\omega)] = \sum_{n=-\infty}^{\infty} C_n \delta(t - nT_s) \tag{4.87}$$

因此,只要设计一个单位冲激响应满足式(4.87)的均衡器,将其插入接收滤波器和抽样判决器之间,从理论上就可消除抽样时刻上的码间干扰。

均衡器的类型很多,按照研究的角度和领域,可分为时域均衡器和频域均衡器两大类。时域均衡器的原理是建立在响应波形上的,用来直接校正由码间干扰可能导致的失真波形,使包括均衡器在内的整个传输系统的冲激响应满足无码间干扰的条件。频域均衡器是从校正或补偿传输系统的频率特性出发,可用一个可调滤波器的频率特性去补偿系统的频率特性,使包括可调滤波器在内的传输系统的总特性满足无失真传输条件。

时域均衡器可以根据信道特性的变化进行实时调整,有效减小码间干扰,所以在数字基带传输系统中,尤其是在高速数据传输中得到广泛应用。与之相反,频域均衡器在信道特性不变,且在传输低速数据时比较适用,如正交频分复用(OFDM)系统就使用频域均衡作为主要技术。

4.3.3 时域均衡器

根据抽样判决器的输出是否被用于均衡器的反馈控制逻辑中,时域均衡器一般分为线性均衡器和非线性均衡器两大类。如果判决器的输出没有被应用到均衡器的反馈控制逻辑中,这种均衡器就称为线性均衡器。反之,如果判决器的输出被应用到均衡器的反馈控制逻辑中,并改善了均衡器的后续输出,这种均衡器就称为非线性均衡器。

线性或非线性均衡器一般采用横向滤波器或格型滤波器的结构。横向滤波器由多个时延单元和多个可调的抽头加权系数组成,结构简单,实现容易。格型滤波器一般采用更为复杂的递归结构,有更好的数值稳定性和更快的收敛速度,其特殊结构也允许进行最有效长度的动态调整。

常用的非线性均衡器类型有判决反馈均衡器(Decision Feedback Equalizer,DFE)、最大似然符号检测器(Maxmum Likelihood Symbol Detector,MLSD)和最大似然序列估计器(Maxmum Likelihood Sequence Estimator,MLSE)。

按照均衡器算法来划分,主要有最小均方算法(Lowest Mean Square,LMS)、递归最小二乘法(Recursive Least Square,RLS)、快速递归最小二乘法(Fast RLS)、均方根递归最小二乘算法(Square Root RLS)以及梯度递归最小二乘算法(Gradient RLS)等。比较这些算法性能的主要参考标准是算法的快速收敛特性、跟踪快速时变信道的特性以及运算量的大小。

线性均衡器的原理近似是将广义信道的频率响应进行反转,当信道的频率特性在信号带内存在较大的衰减时,线性均衡器在这些频率上以较高的增益来补偿,这样就同时加大了均衡器输出噪声,噪声增强的问题较大。而非线性均衡器并不是将信道进行反转,噪声增强的问题较小。因此,一般来说,线性均衡器常工作在信道失真不大的场合。而要在失真严重的信道上有较好的抗噪声性能,可以采用非线性均衡器。

时域均衡器的具体分类如图4.48所示,本节主要分析线性均衡器中的横向滤波器和非线性均衡器中的判决反馈均衡器。

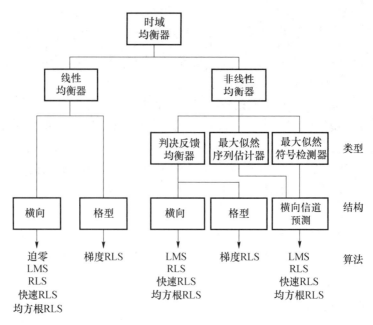

图 4.48 时域均衡器的分类

1. 横向滤波器结构的线性均衡

最基本的均衡器是横向滤波器结构的线性均衡器,其结构如图 4.49 所示。图中均衡器由无限多的按横向排列的延迟单元 T_s 和抽头加权系数 C_n 组成,其功能是利用它产生的无限多个响应波形之和,将接收滤波器输出端抽样时刻上有码间干扰的响应波形变换成抽样时刻上无码间串扰的响应波形。图 4.49 中的抽头加权系数 C_n 由式(4.86)确定。

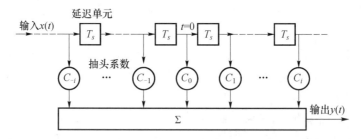

图 4.49 横向滤波器的结构

理论上来说,无限长的横向滤波器可以完全消除抽样时刻上的码间干扰,但在实际中这样的滤波器是不可能实现的。其原因是:一方面,均衡器的长度受到限制,无限长的均衡器是不可能实现的;另一方面,系数 C_n 的可调精度也受到限制,如果 C_n 的调整精度得不到保障,即使增加滤波器的长度也不会获得显著的均衡效果。因此实际可用的都是有限长的、横向滤波器结构的均衡器。

设计一个具有$(2N+1)$个抽头的横向滤波器结构的线性均衡器,如图 4.50 所示,其单位冲激响应为

$$e(t) = \sum_{i=-N}^{N} C_i \delta(t - iT_s) \tag{4.88}$$

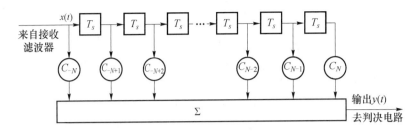

图 4.50 具有 $(2N+1)$ 个抽头的横向滤波器

设输入信号 $x(t)$ 不考虑噪声的影响,均衡器输出信号为

$$y(t) = x(t) * e(t) = \sum_{i=-N}^{N} C_i x(t - iT_s) \quad (4.89)$$

设传输系统无延时,在抽样时刻 $t = kT_s$ 上有

$$y(kT_s) = \sum_{i=-N}^{N} C_i x(kT_s - iT_s) = \sum_{i=-N}^{N} C_i x[(k-i)T_s] \quad (4.90)$$

简写为

$$y_k = \sum_{i=-N}^{N} C_i x_{k-i} \quad (4.91)$$

式(4.91)表明,均衡器在第 k 个抽样时刻上得到的样值 y_k 由 $(2N+1)$ 个 C_i 与 x_{k-i} 的乘积之和确定。其中,除 y_0 以外的所有 y_k 都属于导致波形失真的码间干扰。为消除码间干扰,最容易想到的是,同时要求除 y_0 以外的 y_k 都等于零。显然这是很难做到的。相对来说,当输入波形 $x(t)$ 给定,即各种可能的 x_{k-i} 都确定时,通过调整 C_i 使指定的 y_k 等于零是能够实现的。下面通过一个例子来说明。

[例 4-4] 设有一个三抽头横向滤波器结构均衡器,抽头系数 $C_{-1} = -1/4, C_0 = 1, C_{+1} = -1/2$,输入 $x(t)$ 在各抽样时刻的取值分别为 $x_{-1} = 1/4, x_0 = 1, x_{+1} = 1/2$,其余时刻都为零。请求出均衡器输出 $y(t)$ 在各抽样时刻的取值。

解:根据式(4.91),有

$$y_k = \sum_{i=-1}^{1} C_i x_{k-i}$$

当 $k = 0$ 时,可得

$$y_0 = \sum_{i=-1}^{1} C_i x_{-i} = C_{-1} x_1 + C_0 x_0 + C_1 x_{-1} = \frac{3}{4}$$

当 $k = -1$ 时,可得

$$y_{-1} = \sum_{i=-1}^{1} C_i x_{-1-i} = C_{-1} x_0 + C_0 x_{-1} + C_1 x_{-2} = 0$$

当 $k = +1$ 时,可得

$$y_{+1} = \sum_{i=-1}^{1} C_i x_{1-i} = C_{-1} x_2 + C_0 x_1 + C_1 x_0 = 0$$

当 $k = -2$ 时,可得

$$y_{-2} = \sum_{i=-1}^{1} C_i x_{-2-i} = C_{-1} x_{-1} + C_0 x_{-2} + C_1 x_{-3} = -\frac{1}{16}$$

当 $k = +2$ 时,可得

$$y_{+2} = \sum_{i=-1}^{1} C_i x_{2-i} = C_{-1}x_3 + C_0 x_2 + C_1 x_1 = -\frac{1}{4}$$

同理,$k > +2$ 或 $k < -2$ 时,可得

$$y_k \equiv 0, k > +2 \text{ 或 } k < -2$$

由此例可见,除 y_0 外,均衡使得 y_{-1}、y_{+1}、$y_k(k > +2$ 或 $k < -2)$ 均为零,但 y_{-2} 及 y_{+2} 却不为零。这说明,利用有限长横向滤波器结构的线性均衡器来减小码间干扰确实是可能的,但完全消除却是不可能的。

那么如何确定和调整抽头加权系数 C_i,使均衡器获得最佳的均衡效果呢?

通常采用峰值失真和均方失真作为度量均衡效果的标准,以反映通过均衡器输出信号的失真大小。这两种均衡准则都是根据均衡器输出的单个脉冲响应规定的。

峰值失真定义为码间干扰最大可能值(峰值)与有用信号峰值之比,即

$$D = \frac{1}{y_0} \sum_{k=-\infty, k \neq 0}^{\infty} |y_k| \tag{4.92}$$

式中:除 $k = 0$ 以外所有的 y_k 绝对值之和反映了码间干扰的最大值;y_0 为考察的有用信号样值。

均方失真定义为

$$e^2 = \frac{1}{y_0^2} \sum_{k=-\infty, k \neq 0}^{\infty} y_k^2 \tag{4.93}$$

其表示的物理意义与峰值失真相似。

显然,若能够完全消除码间干扰的均衡,应有 $D = 0$ 或 $e^2 = 0$。对于码间干扰不为零的情况,应该使 D 或 e^2 越小越好。以最小峰值失真或最小均方失真为准则来确定和调整均衡器的抽头加权系数,均可获得最佳的均衡效果,使失真最小。下面以最小峰值法为准则,讨论线性均衡器的实现原理。

与式(4.92)相对应,未均衡前的输入信号峰值失真(称为初始失真)可表示为

$$D_0 = \frac{1}{x_0} \sum_{k=-\infty, k \neq 0}^{\infty} |x_k| \tag{4.94}$$

设 x_k 为归一化表示,且令 $x_0 = 1$,则式(4.94)可表示为

$$D_0 = \sum_{k=-\infty, k \neq 0}^{\infty} |x_k| \tag{4.95}$$

为便于讨论,对 y_k 也归一化表示,且令 $y_0 = 1$,则根据式(4.91),可得

$$y_0 = \sum_{i=-N}^{N} C_i x_{-i} = 1 \tag{4.96}$$

即

$$C_0 x_0 + \sum_{i=-N, i \neq 0}^{N} C_i x_{-i} = 1 \tag{4.97}$$

于是

$$C_0 = 1 - \sum_{i=-N, i \neq 0}^{N} C_i x_{-i} \tag{4.98}$$

将式(4.98)代入式(4.91),可得

$$y_k = \sum_{i=-N, i \neq 0}^{N} C_i(x_{k-i} - x_k x_{-i}) + x_k \tag{4.99}$$

将式(4.99)代入式(4.92),可得

$$D = \sum_{k=-\infty, k \neq 0}^{\infty} \left| \sum_{i=-N, i \neq 0}^{N} C_i(x_{k-i} - x_k x_{-i}) + x_k \right| \tag{4.100}$$

显然,在输入信号序列$\{x_k\}$给定的情况下,峰值失真D是各抽头系数C_i(C_0除外)的函数。

我们的目标是,求解使D最小的C_i。Lucky已经证明[①]:若初始失真$D_0 < 1$,则峰值失真D的最小值必然发生在y_0前后的y_k都等于零的情况下。这一定理说明,满足使D最小的$\{C_i\}$应该是使下式

$$y_i = \begin{cases} 0, 1 \leq |k| \leq N \\ 1, k = 0 \end{cases} \tag{4.101}$$

成立时的$(2N+1)$个联立方程的解。

根据式(4.91)和式(4.101),可得

$$\begin{cases} \sum_{i=-N}^{N} C_i x_{k-i} = 0, k = \pm 1, \pm 2, \cdots, \pm N \\ \sum_{i=-N}^{N} C_i x_{-i} = 1, k = 0 \end{cases} \tag{4.102}$$

表示成矩阵形式

$$\begin{bmatrix} x_0 & x_{-1} & \cdots & x_{-2N} \\ \vdots & \vdots & \cdots & \vdots \\ x_N & x_{N-1} & \cdots & x_{-N} \\ \vdots & \vdots & \ddots & \vdots \\ x_{2N} & x_{2N-1} & \cdots & x_0 \end{bmatrix} \begin{bmatrix} C_{-N} \\ C_{-N+1} \\ \vdots \\ C_0 \\ \vdots \\ C_{N-1} \\ C_N \end{bmatrix} = \begin{bmatrix} 0 \\ \vdots \\ 0 \\ 1 \\ 0 \\ \vdots \\ 0 \end{bmatrix} \tag{4.103}$$

解上面这个联立方程的物理意义:在输入序列$\{x_k\}$给定时,如果按照上面的方程组设计或调整各抽头加权系数C_i,可迫使均衡器输出的各抽样值$y_k(|k| \leq N, k \neq 0)$为零。根据这种"迫零"(Zero Forcing, ZF)调整所设计的均衡器称为迫零均衡器。式(4.103)说明,当均衡之前的码间干扰并不是太严重(保证$D_0 < 1$)时,调整除C_0外的$2N$个抽头的增益,并迫使y_0前后的N个抽样时刻上无码间干扰,则D可取最小值,均衡效果达到最佳。而C_0的值则由其他$2N$个抽头加权系数和$\{x_k\}$的值决定。$C_i(i = -0, |i| \leq N)$系数的调整在使D取到最小值的同时,还要满足使$y_0 = 1$。

---

① Lucky R W. Automatic Equalization for Digital Communications[J]. Bell Syst. Tec. J., 1965, (44)4:547-588.

[**例 4-5**] 设计一个具有 3 个抽头的迫零均衡器,以减小传输系统中的码间干扰。已知,$x_{-2}=0$,$x_{-1}=0.1$,$x_0=1$,$x_1=-0.2$,$x_2=0.1$,求这 3 个抽头的加权系数,并计算均衡前后的峰值失真。

解:已知 $2N+1=3$,得 $N=1$,根据式(4.103),有

$$\begin{bmatrix} x_0 & x_{-1} & x_{-2} \\ x_1 & x_0 & x_{-1} \\ x_2 & x_1 & x_0 \end{bmatrix} \begin{bmatrix} C_{-1} \\ C_0 \\ C_1 \end{bmatrix} \begin{bmatrix} 0 \\ 1 \\ 0 \end{bmatrix}$$

将 $x_k(k=\pm 2,\pm 1,0)$ 的值代入上式,可得

$$\begin{cases} C_{-1}+0.1C_0=0 \\ -0.2C_{-1}+C_0+0.1C_1=1 \\ 0.1C_{-1}-0.2C_0+C_1=0 \end{cases}$$

解方程可得

$$C_{-1}=-0.09606,\ C_0=0.9606,\ C_1=0.2017$$

根据式(4.91)计算得到

$y_{-1}=0$,$y_0=1$,$y_1=0$,$y_{-3}=0$,$y_{-2}=0.0096$,$y_2=0.0557$,$y_3=0.02016$

根据式(4.94),均衡器输入的初始失真为

$$D_0=\frac{1}{x_0}\sum_{k=-\infty,k\neq 0}^{\infty}|x_k|=0.4$$

根据式(4.92),均衡器输出的峰值失真为

$$D=\frac{1}{y_0}\sum_{k=-\infty,k\neq 0}^{\infty}|y_k|=0.0869$$

可见,均衡前后的峰值失真减小近 80%。

例 4-5 说明,具有 3 个抽头的迫零均衡器可以使 y_0 两侧各有一个零点,但在远离 y_0 的一些抽样点上仍会有一定的码间干扰。也就是说,当抽头数量有限时,总不能完全消除码间干扰,但通过适当增加抽头数量,可迫使码间干扰减小到相当的程度。

以上通过分析和例子说明了线性迫零均衡器的实现原理,而在具体实现方法上,迫零均衡器可以有多种形式。一种最简单的实现方式是预置式自动均衡器,图 4.51 所示为其实现框图。均衡器的输入端每隔一段时间 T_s 送入一个来自发送端的测试单脉冲,此单脉冲是指其基带传输系统在单个专门测试单位脉冲的作用下,其接收滤波器输出的脉冲波形。当该测试单脉冲每隔 T_s 时间依次输入时,均衡器输出端就将获得各个样值为 $y_k(|k|\leq N)$ 的波形。根据迫零调整原理,若输出的某一 y_k 为正极性,则相应的抽头加权系数 C_k 应该降到一个适当的增量 Δ;若 y_k 为负极性,则相应的 C_k 应该增加一个相应的增量 Δ。为了实现这个调整,在均衡器输出端对每个 y_k 依次进行抽样并进行"正极性"和"负极性"的判决,判决的结果只有这两种可能。

在某一规定时刻(如测试信号结束时刻),将所有判决结果一起加到控制电路上,使控制电路对相应的抽头系数做出"增加 Δ"和"减小 Δ"的改变。这样,经过多次调整,就能达到更好的均衡目的。可见,这种均衡器的精度和调整增量 Δ 的大小与允许调整时间直接相关。Δ 越小,精度就越高,但调整所需要的时间也就越长。需要说明的是,在传输

数据前,预置式均衡器利用专门的测试单脉冲对抽头加权系数进行误差自动调整,而在整个数据传输期间,不再专门进行误差调整。

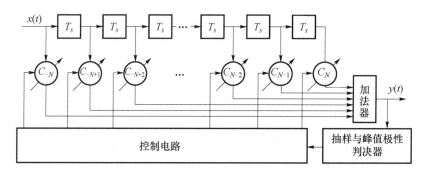

图 4.51 预置式自动均衡器原理框图

2. 判决反馈非线性均衡器

判决反馈均衡器是一种非常有效的非线性均衡器,由两个滤波器和一个判决器构成。其基本思想是,一旦一个输出符号被检测并判定后,就可以在检测后续输出符号之前消除由这个信息符号带来的码间干扰。由于判决反馈均衡器带有反馈环路,且反馈环路中包含了判决器,所以均衡器的输入/输出也不是简单的线性关系,而是非线性关系。对非线性均衡器的分析比线性均衡器要复杂得多,以下仅通过图 4.52 说明判决反馈均衡器的工作原理。

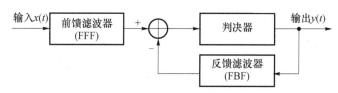

图 4.52 判决反馈均衡器原理框图

判决反馈均衡器的两个滤波器分别是前馈滤波器和反馈滤波器,其输入信号就是前馈滤波器的输入信号 $x(t)$。前馈滤波器可由图 4.50 所示的横向滤波器实现,也可以由格型滤波器实现。反馈滤波器的输入则是均衡器经过判决后的输出信号 $y(t)$。由于前面若干个码元的拖尾现象,可能对当前码元的抽样判决造成影响,因此,在抽样判决前,先用可能包含部分码间干扰的当前码元的估值(前馈滤波器输出)减去前面若干个码元的拖尾干扰(反馈滤波器输出),然后再送入判决器进行当前码元的判决输出,就能进一步消除码间干扰。

与横向线性均衡器相比,判决反馈的非线性均衡器的优点是:在同样的抽头数量的情况下,残留的码间干扰进一步减少,误码率也比较低。但是,前面分析是在假设判决器输出的判决结果是正确的前提下,若存在判决错误,此时反馈路径中减去码间干扰就并非是与当前码元对应的真正码间干扰,而是存在反馈误差,且这样的错误会传播到后面的信息判决中。如果允许在反馈路径中引入时延,就可以借助信道译码来解决这一问题。但是,由于均衡器的反馈输入必须尽快作用到反馈路径中,以消除后续码元的码间干扰,不允许任何译码延时。也就是说,判决反馈均衡器无法借助信道编码来避免误码传播现象。因此,在信道失真十分严重的情况下,判决反馈均衡器的误码传播将严重降低其性能。

4.3.4 自适应均衡器

一般时域均衡器是在假设信道传输特性已知(不随时间变化)的情况下,通过确定均衡器的一组抽头加权系数,使基带传输信号在抽样时刻减小或消除码间干扰。这种设计往往通过求解一组线性方程或用最优化求极值的方法就可以得到均衡器的系数。但是,实际传输过程中的信道特性常常是不确定且随时间变化的。例如,对于移动通信系统,无线移动信道的传输特性每时每刻都在发生变化,而且传输特性非常不理想。因此,实际的传输系统,尤其是移动通信系统,通常要求均衡器能够根据对信道特性的估计随时间更新自己的系数,以实时地适应信道特性的变化。具有这种能力的均衡器就是自适应均衡器。

1. 自适应均衡器的工作原理

一般地,自适应均衡器的工作包含两个阶段,即训练阶段和跟踪阶段。在训练阶段,系统发送端发送一个已知的训练序列,均衡器根据其输出序列和本地产生的、与发送端相同的训练序列作比较,对信道特性进行测试估计,并更新相应的均衡器系数。这个过程就称为均衡器训练或自适应均衡。训练阶段结束后,发送端传输用户数据信息,均衡器通过检测数据来调整其系数,这个过程就称为均衡器跟踪。当然,也可以不用训练序列,直接通过检测传输的数据信息进行信道估计,调整均衡器系数,这种均衡器称为盲均衡器。盲均衡器的均衡效果和收敛速度一般不如两阶段的自适应均衡器。

图 4.53 所示为两阶段自适应均衡器工作原理。在发送数据前,发送端先发送一个已知序列(称为训练序列),接收端的均衡器开关置"1"。由于传输过程中可能会存在一定程度的失真,因此接收到的训练序列和本地产生的训练序列可能会存在一定误差 $e(n)$($e(n) = d(n) - y(n)$),可利用 $e(n)$ 和 $x(n)$ 作为某种算法的输入参数,就可以把均衡器的系数 C_k 调整到最佳水平。此阶段均衡器的工作方式也称为训练模式。

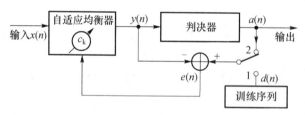

图 4.53　自适应均衡器原理框图

在训练阶段结束后,发送端开始发送数据,均衡器开关置"2",均衡器工作转入跟踪模式。由于通过训练后,均衡器已达到一个较为理想的状态,因此,判决器将以很小的误差对输出数据进行判决。可以用判决前后的误差来调整均衡器的系数,即用均衡器的输出 $y(n)$ 和判决输出 $a(n)$ 估计等效的广义基带传输信道,并更新相应的均衡器系数。

需要指出的是,训练序列的长度取决于均衡器抽头个数和训练算法的收敛速度。设训练的长度为 $m+1$,在训练阶段的 k 时刻,均衡器根据训练序列 $\{d_{k-m}, \cdots, d_k\}$ 更新抽头系数。设 T_c 为信道的相干时间,则均衡器至少每隔 T_c 要训练一次。也就是说,当信道变得不相关后,必须要重新进行训练。如果训练算法收敛速度比信道相干时间还慢,即若

$(m+1)T_s > T_c$,则未等到均衡器完成训练信道传输特性就已经改变。这种训练情况下,自适应均衡器就不能有效地消除码间干扰。

2. GSM 系统中的自适应均衡

GSM 系统采用时分多址接入方式,每一个 TDMA 帧分成固定的 8 个时隙,各种系统消息和用户信息都是在规定的时隙中以突发的方式发送,特别适合采用自适应均衡技术来消除无线信道传输中的码间干扰。

一般地,在 TDMA 系统的每一个时隙中都包含一个训练序列。这个训练序列可以安排在时隙的开始处,如图 4.54 所示;也可以安排在时隙中间,如图 4.55 所示。安排在时隙开始处时,均衡器可以按顺序法根据训练序列进行自适应均衡,然后再对数据进行均衡输出,称为前向或正向均衡。当训练序列安排在时隙中间时,前后往往都有数据信息,可以利用训练序列对前面的数据进行反向均衡,对后面的数据进行前向均衡。

图 4.54 训练序列安排在时隙的开始

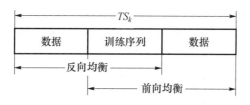

图 4.55 训练序列安排在时隙的中间

GSM 系统中设计了不同的训练序列,分别用于不同逻辑信道时隙中的突发脉冲。在 GSM 系统中共有 5 种类型的突发脉冲,其中在业务信道,专用控制信道时隙中发送的突发脉冲,称为普通突发脉冲。训练序列设计在普通突发脉冲的中间位置,这样,接收机就能正确确定时隙内数据的位置。GSM 系统共有 8 个不同的训练序列用于普通突发脉冲,每个长度均为 26bit,如表 4.1 所列。

表 4.1 GSM 系统使用的训练序列

序号	二进制	十六进制
1	00 1001 0111 0000 1000 1001 0111	0970897
2	00 1011 0111 0111 1000 1011 0111	0B778B7
3	01 0000 1110 1110 1001 0000 1110	10EE90E
4	01 0001 1110 1101 0001 0001 1110	11ED11E
5	00 0110 1011 1001 0000 0110 1011	06B906B
6	01 0011 1010 1100 0001 0011 1010	13AC13A
7	10 1001 1111 0110 0010 1001 1111	29F629F
8	11 1011 1100 0100 1011 1011 1100	3BC4BBC

GSM 系统的反向接入信道有一个唯一的训练序列,长度为 41bit,置于时隙(该时隙对应的突发脉冲称为接入突发脉冲)的开始位置。该序列为:0100 1011 0111 1111 1001 1001 1010 1010 0011 1100。GSM 用于同步信道的训练序列为 64bit,置于时隙(该时隙对应的突发脉冲称为同步突发脉冲)的中间位置。由于同步信道是移动台第一个需要解调的信道,所以它的训练序列长度远大于其他突发脉冲训练序列的长度,也称为扩展的训练序列。

在 GSM 系统中,还有两种类型的突发脉冲,分别称为频率校正突发脉冲和空闲脉冲。频率校正突发脉冲用于频率校正信道,其脉冲中间是固定长度的 142bit,组成全为"0",不需要均衡,也可把所有 142bit 可作为训练序列。GSM 系统中无任何有用信息可发送时,发送的就是空闲脉冲,其格式和采用的训练序列与普通突发相同,但是不携带任何有用信息。

GSM 系统逻辑信道分类以及突发脉冲的格式将在第 6 章详细介绍。

4.4 MIMO 技术

随着用户需求的提高以及无线通信技术的发展,人们对传输速率和系统容量都提出了更高的要求,如何用有限的频谱资源来满足日益增长的通信需求也就成为一个重要的研究课题。传统的无线通信系统通常在发送端和接收端各采用一根天线,对于这种传统的单输入/单输出(Single Input Single Output,SISO)系统来说,香农早在 1948 年就已经给出了该系统信道容量的上限。根据香农公式,虽然提高信噪比可以增加信道容量,但受限于最大发射功率,这种方法对信道容量的提高非常有限,而且系统的整体容量并不一定能得到提高。于是,一个很自然的想法就是在发送端和(或)接收端采用多根天线,成为一个多天线系统,从而大幅度提高系统容量和频谱效率。

根据收、发两端天线数量,无线通信系统可以分为普通的 SISO、SIMO、MISO 和 MIMO 系统,各种类型的多天线系统如图 4.56 所示。SIMO 系统中,单个发射天线的发送信号被多个接收天线所接收(也称为单发多收),当接收端各天线所接收到的信号之间是衰落独立时,可以通过分集合并技术获得接收分集增益。MISO 系统中,多个发射天线可以发送

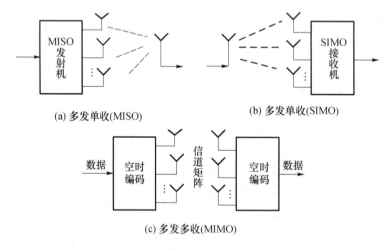

图 4.56 各种类型的多天线系统

相同信号也可以发送不同信号,传输信号被单个接收天线接收(也称为多发单收),使用高级数字信号处理技术后,可获得发送分集增益。前一种情况可以获得空间分集,增强抗信道衰落及抗噪声和干扰的能力,从而提高接收信号质量。后一种情况可以获得空间复用,使用相同的频率资源可以获取更高的数据传输速率,频谱效率和传输速率都得到提高。MIMO 系统(也称为多发多收)实际上同时具有 SIMO 和 MISO 的优点,本节重点讨论 MIMO 系统,使分析更具一般性。

多天线分集接收是抗衰落的传统技术手段,通过在接收端使用多个接收天线,获得一定的空间分集增益。但对于多天线发送分集,长久以来学术界并没有统一认识。MIMO 技术用于通信系统的概念早在 20 世纪 70 年代就有人提出,但是对 MIMO 技术在无线移动通信系统应用产生巨大推动作用的则是 20 世纪 90 年代 AT&T Bell 实验室的学者所做的奠基工作。Foschini 和 Gans 以及 Telatar 的工作是 MIMO 技术研究的开创性文献。在他们的著作中指出:在一定条件下,采用多个天线发送、多个天线接收的 MIMO 系统可以成倍地提高系统容量,信道容量的增长与天线数目成线性关系。同时他们证明了,利用 MIMO 技术可获得(42bps)/Hz 的频谱效率,与当时移动通信系统可获得的(2~3bps)/Hz 的频谱效率相比,是一个巨大的飞跃,由此兴起了 MIMO 的研究热潮。

4.4.1　MIMO 技术原理

图 4.57 给出了采用空时编码的 MIMO 系统模型。设发送端有 n_T 根发射天线,接收端有 n_R 根接收天线,在每个收/发天线对之间将形成一个 MIMO 子信道。这样,整个 MIMO 系统将包括 $n_R \times n_T$ 个子信道,用信道矩阵 $\boldsymbol{H}$ 表示为

$$\boldsymbol{H} = \begin{pmatrix} h_{11} & h_{12} & \cdots & h_{1n_T} \\ h_{21} & h_{22} & \cdots & h_{2n_T} \\ \vdots & \vdots & \ddots & \vdots \\ h_{n_R1} & h_{n_R2} & \cdots & h_{n_Rn_T} \end{pmatrix}_{n_R \times n_T} \quad (4.104)$$

式中:$h_{i,j}(i=1,2,\cdots,n_R;j=1,2,\cdots,n_T)$ 为第 j 根发射天线到第 i 根接收天线的信道冲激响应,表示了天线对之间的信道衰落系数。以上矩阵也称为 MIMO 信道响应矩阵。

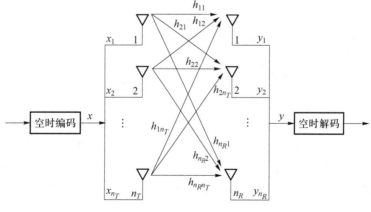

图 4.57　MIMO 系统模型

为便于分析，假设发送信号带宽相对于子信道带宽足够窄，每个子信道经历平坦性衰落。再假设总的发射功率为 P，每根发射天线上的发射功率相同为 P/n_T。也就是说，忽略阴影衰落、天线增益等其他损耗和增益，可以得到信道响应矩阵的归一化约束为

$$\sum_{j=1}^{n_T} |h_{ij}|^2 = n_T \tag{4.105}$$

假设每个符号周期系统发送的信号为 $n_T \times 1$ 维列矢量 $\boldsymbol{x}$，表示为 $\boldsymbol{x} = (x_1, x_2, \cdots, x_{n_T})^T$，其中 x_i 表示从第 i 个发射天线发送的符号，上角标 T 表示矩阵的转置。由信息理论可知，对于高斯信道，最优的输入信号分布也为高斯分布。因此，假设发送信号矢量的每个分量都是服从零均值、独立同分布的高斯随机变量。发送信号协方差矩阵可以表示为

$$\boldsymbol{R}_{xx} = E(\boldsymbol{x}\boldsymbol{x}^H) \tag{4.106}$$

式中：$E(\cdot)$ 为数学期望；H 表示共轭转置。

发送信号协方差矩阵满足

$$\mathrm{Tr}(\boldsymbol{R}_{xx}) = P \tag{4.107}$$

式中：$\mathrm{Tr}(\cdot)$ 为矩阵的迹；P 为总发射功率。

因此，在假设每个发射天线的发送功率都相同的情况下，发送信号协方差矩阵又可以表示为

$$\boldsymbol{R}_{xx} = \frac{P}{n_T}\boldsymbol{I}_{n_T} \tag{4.108}$$

式中：$\boldsymbol{I}_{n_T}$ 为 $n_T \times n_T$ 维单位矩阵。

在接收端，进入接收机的噪声可以用 $n_R \times 1$ 维列矢量 $\boldsymbol{n}$ 来描述，表示为 $\boldsymbol{n} = (n_1, n_2, \cdots, n_{n_R})^T$，其中 n_i 表示进入到第 i 个接收天线的噪声。一般假设各噪声分量都是零均值独立同分布高斯随机变量，每根接收天线上的输入噪声功率都为 σ^2。则接收噪声矢量的协方差矩阵表示为

$$\boldsymbol{R}_{nn} = E(\boldsymbol{n}\boldsymbol{n}^H) = \sigma^2 \boldsymbol{I}_{n_R} \tag{4.109}$$

式中：$\boldsymbol{I}_{n_R}$ 为 $n_R \times n_R$ 维单位矩阵。

接收信号可以表示为 $n_R \times 1$ 维列矢量 $\boldsymbol{y}$，$\boldsymbol{y} = (y_1, y_2, \cdots, y_{n_R})^T$，每个分量表示一个接收天线收到的信号。则 MIMO 系统信道模型可表示为

$$\boldsymbol{y} = \boldsymbol{H}\boldsymbol{x} + \boldsymbol{n} \tag{4.110}$$

由此可得，接收信号的协方差矩阵为

$$\boldsymbol{R}_{yy} = E(\boldsymbol{y}\boldsymbol{y}^H) = \boldsymbol{H}\boldsymbol{R}_{xx}\boldsymbol{H}^H + \boldsymbol{R}_{nn} = \frac{P}{n_T}\boldsymbol{H}\boldsymbol{H}^H + \sigma^2 \boldsymbol{I}_{n_R} \tag{4.111}$$

4.4.2 MIMO 系统的信道容量

根据信息论表述，系统信道容量可以定义为：在传输差错概率任意小的条件下，系统能够获得的最大数据传输速率。一般地，假设发射机未知信道响应矩阵，而接收机却可以精确地估计信道衰落。由矩阵奇异值分解理论，任何一个 $n_R \times n_T$ 矩阵都可以进行如下分解：

$$H = U\Sigma V^H \tag{4.112}$$

式中:上角标 H 表示共轭转置,且满足如下条件。

(1) U 和 V 分别是 $n_R \times n_R$ 和 $n_T \times n_T$ 的酉矩阵,酉矩阵满足 $UU^H = I_{n_R}, VV^H = I_{n_T}, I_{n_R}$ 和 I_{n_T} 为单位矩阵;

(2) Σ 是 $n_R \times n_T$ 的非负对角矩阵,对角矩阵 Σ 的元素是矩阵 HH^H 的特征值的非负平方根;

(3) 定义矩阵 HH^H 的特征根为 λ,即满足关系式 $HH^H z = \lambda z$,$n_R \times 1$ 维矢量 z 是 HH^H 的特征矢量;

(4) Σ 对角线元素为 $\sqrt{\lambda_i}(i=1,2,\cdots,r)$,其秩为 r,非负平方根 $\sqrt{\lambda_i}$ 也称为矩阵 H 的奇异值。并且,矩阵 U 的每一列是矩阵 HH^H 的特征矢量,而矩阵 V 的每一列是矩阵 $H^H H$ 的特征矢量。

因此,把信道响应矩阵 H 进行奇异值分解,将式(4.112)代入式(4.110),可得

$$y = U\Sigma V^H x + n \tag{4.113}$$

引入矩阵变换

$$\begin{cases} y' = U^H y \\ x' = V^H x \\ n' = U^H n \end{cases} \tag{4.114}$$

得到

$$y' = \Sigma x' + n' \tag{4.115}$$

矩阵 HH^H 的非零特征值的数目等于矩阵 H 的秩 r。对于 $n_R \times n_T$ 矩阵 H,它的秩满足不等式:$r \leq \min(n_R, n_T)$。令矩阵 H 的奇异值为 $\sqrt{\lambda_i}(i=1,2,\cdots,r)$ 并代入式(4.115),得到如下关系式:

$$y'_i = \begin{cases} \sqrt{\lambda_i} x'_i + n'_i, & i = 1,2,\cdots,r \\ n_i, & i = r+1, r+2, \cdots, n_R \end{cases} \tag{4.116}$$

由式(4.116)可知,接收信号分量 $y'_i(i=r+1,r+2,\cdots,n_R)$ 并不依赖于发送信号,即信道增益为 0。而只有 r 个信号分量 $y'_i(i=1,2,\cdots,r)$ 与发送信号有关。因此,MIMO 系统的信道可以看作 r 个相互独立的子信道的叠加,每个子信道的增益为矩阵 H 的一个奇异值,其信道容量也可以由子信道的信道容量叠加得到。

如前所述,假设每个天线的发射功率相等,为 P/n_T,利用香农信道容量公式,得到 MIMO 系统的信道容量为

$$C = B \sum_{i=1}^{r} \log_2 \left(1 + \frac{\lambda_i P}{n_T \sigma^2}\right) \tag{4.117}$$

进一步分析推导,可得 MIMO 系统的信道容量为

$$C = B\log_2 \left| I_m + \frac{P}{n_T \sigma^2} Q^H \right| \tag{4.118}$$

式中:B 为每个子信道的带宽;$m = \min(n_R, n_T)$;Q 为 Wishart 矩阵,定义为

$$Q = \begin{cases} HH^{\mathrm{H}}, n_R < n_T \\ H^{\mathrm{H}}H, n_R \geq n_T \end{cases} \qquad (4.119)$$

式(4.119)给出了发射端未知信道状态信息(Channel State Information, CSI)时的MIMO信道容量。也就是,在发射端未知CSI,即对于信道响应矩阵未知的情况下,发射机在所有发射天线上平均分配功率,并且假设各根天线间相互独立时的理想信道容量。若发射端已知CSI,就可以通过注水功率分配算法等在所有发射天线上进行最佳功率分配,从而取得更大的MIMO信道容量。

发射端已知CSI时的MIMO信道容量为

$$C = \max_{\gamma_i} B \sum_{i=1}^{r} \log_2\left(1 + \frac{P\gamma_i}{n_T \sigma^2}\gamma_i\right) \qquad (4.120)$$

满足约束条件

$$\sum_{i=1}^{r} \gamma_i = n_T \qquad (4.121)$$

式中:第 i 根发射天线的发射功率为 $\gamma_i = E|x_i|^2$。

可以证明式(4.121)中最优化问题的解为

$$\gamma_i^{\mathrm{opt}} = \left(\mu - \frac{n_T \sigma^2}{P\lambda_i}\right)^+, i = 1, 2, \cdots, r \qquad (4.122)$$

并且

$$\sum_{i=1}^{r} \gamma_i^{\mathrm{opt}} = n_T \qquad (4.123)$$

式中:μ 为常数,是接收信号信噪比的阈值。

$(x)^+$ 定义为

$$(x)^+ = \begin{cases} x, & x \geq 0 \\ 0, & x < 0 \end{cases} \qquad (4.124)$$

当满足式(4.123)的约束条件时,式(4.122)的解可由注水功率算法得到。注水算法给更高的信噪比模式分配更多的功率。如果模式的信噪比低于给定门限值 μ,则该模式不能被使用,即不给该模式分配功率。

前面两种情况假设MIMO信道是确定性的。然而,MIMO信道通常是随机变化的,因此 H 是随机矩阵,这意味着MIMO信道的容量也是随机时变的。在实际中,通常假设随机信道是遍历过程[①],MIMO信道容量可以通过它的时间平均给出,此时的容量称为MIMO的遍历信道容量。

对于发射机未知CSI的开环MIMO系统,其信道容量为

$$\overline{C_{\mathrm{OL}}} = E\left\{B \sum_{i=1}^{r} \log_2\left(1 + \frac{P}{n_T \sigma^2}\lambda_i\right)\right\} \qquad (4.125)$$

---

① 对于随机过程所有实现来说,如果它的时间平均收敛于相同的极限,如对于一个离散随机过程 $X[n]$,当 $n \to \infty$ 时,$\frac{1}{N}\sum_{n=1}^{N} X[n] \to E\{[n]\}$,则称这个随机过程是遍历的。

对于发射机已知 CSI 的闭环 MIMO 系统,其信道容量为

$$\overline{C_{\mathrm{CL}}} = E\left\{B\sum_{i=1}^{r}\log_2\left(1 + \frac{P}{n_T\sigma^2}\gamma_i^{\mathrm{opt}}\lambda_i\right)\right\} \tag{4.126}$$

一般地,在分析 MIMO 系统容量时,常用其近似容量代替,以此描述不同天线数量对 MIMO 系统的影响。

(1) SISO 的近似容量:

$$C = B\log_2(1 + \mathrm{SNR}) \tag{4.127}$$

(2) SIMO 的近似容量:

$$C \approx B\log_2(1 + n_R \times \mathrm{SNR}) \tag{4.128}$$

(3) MISO 的近似容量:

$$C \approx B\log_2(1 + n_T \times \mathrm{SNR}) \tag{4.129}$$

(4) MIMO 的近似容量:

$$C \approx B\log_2(1 + n_T \times n_R \times \mathrm{SNR}) \tag{4.130}$$

4.4.3 空间复用和 BLAST 编码

根据各个天线上发送信息的差别,MIMO 可以分为空间发射分集技术和空间复用技术。发射分集是指在不同的天线上发射包含同样信息的信号,达到空间分集的效果,从而跟分集接收一样起到抗衰落的作用。通常所说的空时编码技术大多是针对空间分集来说的,具体技术将在 4.4.4 节介绍。空间复用与空间分集不同,它在不同的天线上发送不同的信息,获得空间复用增益,从而大大提高系统的容量和频谱利用率。

具体来讲,空间复用技术将高速数据流分成多路低速数据流,经过编码后调制到多个发射天线上发送出去,每个子信道传输的都是完全不同的信息数据。由于不同空间子信道间具有衰落独立的特征,因此,接收端可以利用最小均方误差或者串行干扰消除技术来区分出这些并行的数据流。这种方式下,使用相同的频谱资源就可以获取更高的数据传输速率,意味着频谱效率和峰值速率都得到改善和提高。下面将以最著名的分层空时码——V-BLAST(Vertical-Bell Laboratories Layered Space-Time Architecture),即垂直结构的分层空时码为例来说明 MIMO 空间复用的基本原理。

分层空时码(LST)最早是由贝尔实验室的 Foschini 等人提出的,也称作 BLAST 编码,其突出优点是:允许采用一维的处理方法对多维空间信号进行处理,因此可极大地降低译码复杂度。一般地,分层空时码接收机复杂度与数据速率成线性关系。

BLAST 编码的基本思想是:在发射端,通过串/并转换将高速数据流分成多路并行的低速数据流,每个数据流看作一层信息,通过普通并行信道编码器编码后,再进行分层的空时编码,即 BLAST 编码,经调制后用多个天线发送出去,实现空间复用;在接收端,用多个天线接收,信道参数通过信道估计获得,通过空时译码后再分别进入到多个并行的信道译码器完成信道译码,通过并/串转换后实现高速数据流的接收。美国贝尔实验室 BLAST 系统结构如图 4.58 所示。

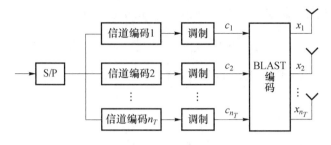

图 4.58 BLAST 系统结构

根据分层后编码码流的天线映射方式不同,BLAST 编码可分为 D-BLAST(Diagonall-BLAST,对角化分层编码方式)和 V-BLAST(Vertical-BLAST,垂直化分层编码方式)两种实现方式。前者将每层码流在每个发射天线上依次循环发送,即每个数据层都在发射矩阵的对角线上;而后者的映射关系是固定的,即每层数据流都在同一个天线上进行传输,每个数据层都对应于发射矩阵的某一行。以下介绍 V-BLAST 和 D-BLAST 的编码实现方式。

设第 $i(i=1,2,\cdots,n_T)$ 个子信道的调制器输出符号为 c_i,即

$$c_i = (c_{1,i}, c_{2,i}, \cdots, c_{n_T,i}, c_{1+n_T,i}, \cdots) \tag{4.131}$$

以 $n_T = 4$ 为例,所有子信道调制后输出的符号可表示为矩阵 C,即

$$C = \begin{bmatrix} c_{1,1} & c_{2,1} & c_{3,1} & c_{4,1} & c_{5,1} & c_{6,1} & c_{7,1} & c_{8,1} & \cdots \\ c_{1,2} & c_{2,2} & c_{3,2} & c_{4,2} & c_{5,2} & c_{6,2} & c_{7,2} & c_{8,2} & \cdots \\ c_{1,3} & c_{2,3} & c_{3,3} & c_{4,3} & c_{5,3} & c_{6,3} & c_{7,3} & c_{8,3} & \cdots \\ c_{1,4} & c_{2,4} & c_{3,4} & c_{4,4} & c_{5,4} & c_{6,4} & c_{7,4} & c_{8,4} & \cdots \end{bmatrix} \tag{4.132}$$

V-BLAST 编码映射矩阵 X 可表示为

$$X = \begin{bmatrix} c_{1,1} & c_{1,2} & c_{1,3} & c_{1,4} & c_{5,1} & c_{5,2} & c_{5,3} & c_{5,4} & \cdots \\ c_{2,1} & c_{2,2} & c_{2,3} & c_{2,4} & c_{6,1} & c_{6,2} & c_{6,3} & c_{6,4} & \cdots \\ c_{3,1} & c_{3,2} & c_{3,3} & c_{3,4} & c_{7,1} & c_{7,2} & c_{7,3} & c_{7,4} & \cdots \\ c_{4,1} & c_{4,2} & c_{4,3} & c_{4,4} & c_{8,1} & c_{8,2} & c_{8,3} & c_{8,4} & \cdots \end{bmatrix} \tag{4.133}$$

在 V-BLAST 编码方式中,空时编码器接收从并行信道调制器的输出,按照垂直方向进行空间编码,C 中的第 1 列,第 $(1+n_T)$ 列,……数据映射到第 1 根发送天线;第 2 列,第 $(2+n_T)$ 列,……数据映射到第 2 根发送天线;依此类推完成所有编码器输出的映射。第 i 根天线上待发送的数据为

$$x_i = (c_{i,1}, c_{i,2}, \cdots, c_{i,n_T}, c_{i+n_T,2}, \cdots, c_{i+n_T,n_T}, \cdots) \tag{4.134}$$

在 D-BLAST 编码方式中,每一层的编码调制符号流沿着发送天线进行对角线分布,因此得名。也就是说,从天线 1 到天线 n_T,发送的符号之间进行了空时二维交织处理。以 $n_T = 4$ 为例,这种处理可以分为两步。第一步,各层数据流之间引入相对时延,对应的符号矩阵为

$$\begin{bmatrix} c_{1,1} & c_{2,1} & c_{3,1} & c_{4,1} & c_{5,1} & c_{6,1} & c_{7,1} & c_{8,1} & \cdots \\ 0 & c_{1,2} & c_{2,2} & c_{3,2} & c_{4,2} & c_{5,2} & c_{6,2} & c_{7,2} & \cdots \\ 0 & 0 & c_{1,3} & c_{2,3} & c_{3,3} & c_{4,3} & c_{5,3} & c_{6,3} & \cdots \\ 0 & 0 & 0 & c_{1,4} & c_{2,4} & c_{3,4} & c_{4,4} & c_{5,4} & \cdots \end{bmatrix} \quad (4.135)$$

第二步,每个天线沿对角线发送符号,D-BLAST 编码矩阵为

$$\begin{bmatrix} c_{1,1} & c_{1,2} & c_{1,3} & c_{1,4} & c_{5,1} & c_{5,2} & c_{5,3} & c_{5,4} & \cdots \\ 0 & c_{2,1} & c_{2,2} & c_{2,3} & c_{2,4} & c_{6,1} & c_{6,2} & c_{6,3} & \cdots \\ 0 & 0 & c_{3,1} & c_{3,2} & c_{3,3} & c_{3,4} & c_{7,1} & c_{7,2} & \cdots \\ 0 & 0 & 0 & c_{4,1} & c_{4,2} & c_{4,3} & c_{4,4} & c_{8,1} & \cdots \end{bmatrix} \quad (4.136)$$

由于 D-BLAST 的码流是在各个发射天线上遍历的,因此子信道衰落对它的影响要比 V-BLAST 小,因而 D-BLAST 的性能要优于 V-BLAST。但是,D-BLAST 在每个发射数据矩阵的开始和结束时都有一段天线空闲时间,影响了频谱效率。另外,D-BLAST 的检测也比 V-BLAST 复杂,因此,V-BLAST 比 D-BLAST 受到了更多的关注。

在接收端,译码算法也是 MIMO 系统中的关键技术,分层空时码有多种译码算法。较早提出的有最大似然(Maximum Likelihood,ML)检测算法,该方法是在误码性能准则上最优的检测算法,但由于其复杂度非常高,尤其在所用调制阶数和天线数较大时,在实际中难以实现。因此,学者们提出了各种简化算法,常用的有迫零(Zero Forcing,ZF)算法、最小均方误差(Minimum Mean Square Error,MMSE)算法以及连续干扰消除(Successive Interference Cancellation,SIC)等。

4.4.4 空间分集和空时编码

传统的空间分集是在接收端使用多个接收天线,通过多径信号分离及合并等信号处理技术达到接收分集增益的效果,其缺点是接收端的计算负荷很高,可能导致下行链路中移动台的功率消耗很大。因此,受到移动台体积、价格、电池容量的限制,接收分集通常只适用于上行(移动台到基站)链路,即在基站放置多个接收天线。研究表明,在发射端使用空时编码同样可以获得空间分集增益,而且在接收端解码时只需要进行简单的线性处理。这样,在基站就可以使用多个发射天线的发射分集方法,解决多径衰落环境中下行链路传输的可靠性。

空时编码(Space-Time Coding)是无线通信的一种新的编码和信号处理技术,其理论基础最早由 Winter 于 1987 年提出,Tarokh 于 1998 年将其内容进行了极大丰富。空时编码在不同发射天线发送的信号之间引入空域和时域相关,使得在接收端可以进行分集接收,获得较高的分集增益,可以大大改善无线通信系统的可靠性。并且在不牺牲带宽的情况下能够获得很高的编码增益,可以大大提高信息传输速率,有效提高无线系统的容量。Tarokh 等人的研究也表明,如果无线信道中有足够的散射,使用适当的编码方法和调制方法可以获得相当大的容量。在 MIMO 技术上发展起来的各种空时码,综合了空间分集和

时间分集的特点,可以同时提供分集增益和编码增益。

1. 空时分组码

空时分组码(Space-Time Block Code,STBC)是由 Tarokh 等人在 Alamouti 的研究基础上提出的,又称为空时块码。Alamouti 提出,采用两个发射天线和一个接收天线的系统,可以得到与采用一个发射天线和两个接收天线的系统同样的分集增益。Tarokh 等人利用正交设计原理,将这种两天线的空时分组码推广到更多发射天线的情况。STBC 码是将每 k 个输入字符映射为一个 $n_T \times p$ 的编码矩阵,矩阵的每行对应在 p 个不同的时间间隔里不同天线上所发送的符号。码速率定义为 $r = k/p$。下面是一个 $k = 2$,$p = 2$ 简单空时分组码(Alamouti 空时分组码)的例子。

Alamouti 空时块编码器结构如图 4.59 所示。

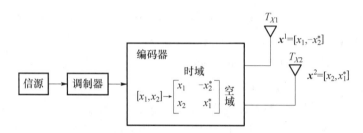

图 4.59　Alamouti 空时块编码器结构

假设使用 M 进制调制,在这种编码方案中,每组 m 比特信息首先调制为 $M = 2^m$ 进制符号。然后,编码器选取连续的两个符号,根据下述变换将其映射为发送信号编码矩阵:

$$\boldsymbol{X} = \begin{bmatrix} x_1 & -x_2^* \\ x_2 & x_1^* \end{bmatrix} \tag{4.137}$$

式中:x_1, x_2 为输入比特调制的两个符号,以复信号表示;上角标 * 表示对信号取复共轭。

天线 1 发送编码矩阵的第一行,天线 2 发送编码矩阵的第二行。也就是说,在某时刻符号 x_1、x_2 分别在天线 1 和天线 2 上发送,在下个时刻两个天线上发送的符号分别为 $-x_2^*$ 和 x_1^*。

天线 1 和天线 2 的发送信号矢量分别为

$$\boldsymbol{x}^1 = [x_1, -x_2^*], \boldsymbol{x}^2 = [x_2, x_1^*] \tag{4.138}$$

空时编码的关键思想是,两个天线发送的信号矢量相互正交:

$$<\boldsymbol{x}^1, \boldsymbol{x}^2> = \boldsymbol{x}^1 \cdot (\boldsymbol{x}^2)^H = x_1 x_2^* - x_2^* x_1 = 0 \tag{4.139}$$

相应的编码矩阵具有如下性质:

$$\boldsymbol{X} \cdot \boldsymbol{X}^H = \begin{bmatrix} |x_1|^2 + |x_2|^2 & 0 \\ 0 & |x_1|^2 + |x_2|^2 \end{bmatrix} = (|x_1|^2 + |x_2|^2)\boldsymbol{I}_2 \tag{4.140}$$

式中:$\boldsymbol{I}_2$ 为 2×2 的单位矩阵。

推广到一般情况,为了满足各根天线上发送数据的正交,STBC 的编码矩阵需要满足如下条件:

$$\boldsymbol{c}_{n_T} \cdot \boldsymbol{c}_{n_T}^H = (|x_1|^2 + |x_2|^2 + \cdots + |x_k|^2)\boldsymbol{I}_{n_T} \tag{4.141}$$

对于两发单收无线系统,接收机采用单天线接收,用 y_1、y_2 表示第1、第2个发射符号间隔接收天线的接收信号。

$$\begin{cases} y_1 = h_1 x_1 + h_2 x_2 + n_1 \\ y_2 = -h_1 x_2^* + h_2 x_1^* + n_2 \end{cases} \quad (4.142)$$

式中:h_i 为从发射天线 i 到接收天线的信道冲激响应($i=1,2$)。

令 $\boldsymbol{y} = (y_1, y_2^*)^T, \boldsymbol{x} = (x_1, x_2)^T, \boldsymbol{n} = (n_1, n_2^*)^T$,则式(4.142)可表示为

$$\boldsymbol{y} = \boldsymbol{H}\boldsymbol{x} + \boldsymbol{n} \quad (4.143)$$

式中:$\boldsymbol{n}$ 为均值为零,协方差矩阵为 $N_0 \boldsymbol{I}$ 的复高斯随机噪声矢量;信道矩阵为

$$\boldsymbol{H} = \begin{bmatrix} h_1 & h_2 \\ h_2^* & -h_1^* \end{bmatrix} \quad (4.144)$$

对式(4.143)求解,得

$$\begin{cases} \hat{x}_1 = \dfrac{(y_1 h_1^* + y_2^* h_2) - (n_1 h_1^* + n_2^* h_2)}{|h_1|^2 + |h_2|^2} \\ \hat{x}_2 = \dfrac{(y_1 h_2^* + y_2^* h_1) - (n_1 h_2^* - n_2^* h_1)}{|h_1|^2 + |h_2|^2} \end{cases} \quad (4.145)$$

STBC 一般采用最优极大似然译码,可表示为

$$\boldsymbol{x} = \arg\left(\min_{\boldsymbol{x} \in C} \| \hat{\boldsymbol{x}} - \boldsymbol{x} \|^2\right) \quad (4.146)$$

式中:C 为所有可能的调制符号对 (x_1, x_2) 的集合。

由于空时分组码的编码正交性,式(4.146)的联合最大似然译码可以分解为对两个符号 x_1 和 x_2 分别进行最大似然译码,从而大大降低了接收端译码的复杂度。

2. 空时格码(STTC)

分层空时码能够极大地提高系统的频谱效率,但它一般不能获得完全的分集增益。空时分组码能够获得分集增益,但不能提供编码增益。Tarokh、Seshadri 和 Calderbank 首次提出将信道编码、调制及收发分集联合优化的思想,构造了空时格码(Space-Time Trellis Code, STTC)。STTC 既可以获得完全的分集增益,又能获得非常大的编码增益,同时还能提高系统的频谱效率。STTC 的编码过程将编码、调制以及收/发分集联合优化,采用格型图编码,其某个时刻天线上所发射的符号是由当前输入符号和编码器的状态决定的。相对于其他两种编码方法,STTC 能够获得更好的性能,当然其编译码的复杂度也要高一些。图 4.60 显示了一个采用 MPSK($M=2^m$)符号映射的 STTC 编码器结构。

图 4.60 中的 D 表示延迟一个符号周期,假设发射天线数 n_T,$\boldsymbol{c}_t = [c_t^1, c_t^2, \cdots, c_t^m]^T$ 表示 t 时刻输入编码器的 $m = \log_2 M$ 比特的数据符号($t = 0, 1, 2, \cdots$)。编码器输入的连续信息比特流 $\boldsymbol{C}$ 可表示为

$$\boldsymbol{C} = [\boldsymbol{c}_0, \boldsymbol{c}_1, \cdots, \boldsymbol{c}_t, \cdots] = \begin{bmatrix} c_0^1 & c_1^1 & \cdots & c_t^1 & \cdots \\ c_0^2 & c_1^2 & \cdots & c_t^2 & \cdots \\ \vdots & \vdots & \ddots & \vdots & \vdots \\ c_0^m & c_1^m & \cdots & c_t^m & \cdots \end{bmatrix} \quad (4.147)$$

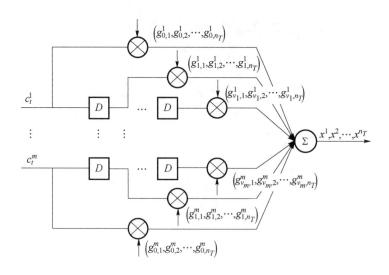

图 4.60 STTC 编码器结构

编码器将输入比特流映射为 MPSK 调制符号流 X,可表示为

$$X = [x_0, x_1, \cdots, x_t, \cdots] \tag{4.148}$$

式中:x_t 为 t 时刻的符号矢量,即

$$x_t = [x_t^1, x_t^2, \cdots, x_t^{n_T}]^\mathrm{T} \tag{4.149}$$

STTC 编码器可以看作卷积编码器,第 k 个支路的每个输出符号具有 v_k 个延迟单元的记忆长度。令 $\{v_k\}_{k=1}^m$ 表示用于存储第 k 个支路的度量所需的内存大小,即

$$v_k = \left\lfloor \frac{v + k - 1}{\log_2 M} \right\rfloor \tag{4.150}$$

式中:v 为空时格码总共需要的内存大小,即

$$v = \sum_{k=1}^m v_k \tag{4.151}$$

STTC 编码器的输出由下面的生成多项式确定:

$$\begin{cases} \boldsymbol{g}^1 = [(g_{0,1}^1, g_{0,2}^1, \cdots, g_{0,N_{\mathrm{Tx}}}^1), (g_{1,1}^1, g_{1,2}^1, \cdots, g_{1,N_{\mathrm{Tx}}}^1), \cdots, (g_{v_1,1}^1, g_{v_1,2}^1, \cdots, g_{v_1,N_{\mathrm{Tx}}}^1)] \\ \boldsymbol{g}^2 = [(g_{0,1}^2, g_{0,2}^2, \cdots, g_{0,N_{\mathrm{Tx}}}^2), (g_{1,1}^2, g_{1,2}^2, \cdots, g_{1,N_{\mathrm{Tx}}}^2), \cdots, (g_{v_1,1}^2, g_{v_1,2}^2, \cdots, g_{v_1,N_{\mathrm{Tx}}}^2)] \\ \quad\quad\quad\quad\quad\quad\quad\quad\quad\quad\quad\quad \vdots \\ \boldsymbol{g}^m = [(g_{0,1}^m, g_{0,2}^m, \cdots, g_{0,N_{\mathrm{Tx}}}^m), (g_{1,1}^m, g_{1,2}^m, \cdots, g_{1,N_{\mathrm{Tx}}}^m), \cdots, (g_{v_1,1}^m, g_{v_1,2}^m, \cdots, g_{v_1,N_{\mathrm{Tx}}}^m)] \end{cases} \tag{4.152}$$

式中:$g_{j,i}^k$ 表示 MPSK 符号 ($k=1,2,\cdots,m; j=1,2,\cdots,v_k; i=1,2,\cdots,n_T$)。可以采用秩—行列式准则或迹准则设计 STTC 的生成多项式。

例如,设 $v=2, n_T=2$,采用 QPSK 调制,由秩—行列式准则设计的生成多项式为

$$\begin{cases} \boldsymbol{g}^1 = [(0,2),(2,0)] \\ \boldsymbol{g}^2 = [(0,1),(1,0)] \end{cases} \tag{4.153}$$

又如,设 $v=3, n_T=2$,采用 8PSK 调制,由秩—行列式准则设计的生成多项式为

$$\begin{cases} \boldsymbol{g}^1 = [(0,4),(4,0)] \\ \boldsymbol{g}^2 = [(0,2),(2,0)] \\ \boldsymbol{g}^3 = [(0,1),(5,0)] \end{cases} \quad (4.154)$$

令 x_t^i 表示 STTC 编码器在时刻 t 第 i 根发射天线上的输出符号 ($i=1,2,\cdots,n_T$),x_t^i 由下式给出：

$$x_t^i = \sum_{k=1}^{m} \sum_{j=0}^{v_k} g_{j,i}^k c_{t-j}^k \mod M \quad (4.155)$$

则经过 STTC 编码后的 MPSK 符号可以表示为

$$\boldsymbol{X} = [\boldsymbol{x}_0,\boldsymbol{x}_1,\cdots,\boldsymbol{x}_t,\cdots] = \begin{bmatrix} x_0^1 & x_1^1 & \cdots & x_t^1 & \cdots \\ x_0^2 & x_1^2 & \cdots & x_t^2 & \cdots \\ \vdots & \vdots & \ddots & \vdots & \vdots \\ x_0^{n_T} & x_1^{n_T} & \cdots & x_t^{n_T} & \cdots \end{bmatrix} \quad (4.156)$$

空时格码编码的译码可以采用维特比算法。在维特比算法中,支路度量由欧氏距离的平方给出,即

$$\sum_{t=1}^{T} \sum_{j=1}^{n_R} \left| y_t^j - \sum_{i=1}^{n_T} h_{j,i} x_t^i \right|^2 \quad (4.157)$$

式中：y_t^j 为第 t 个符号周期内第 j 根接收天线上的接收符号；$h_{j,i}$ 为第 i 根发射天线和第 j 根接收天线之间的信道增益。

使用式(4.157)中的支路度量,选择累积欧氏距离最小的一条路径作为对发射信号的检测序列。

下面给出一个 STTC 的例子。一个采用 QPSK 调制,两根发射天线($n_T=2$),4 - 态($v=2$)的 STTC 编码器结构如图 4.61 所示。

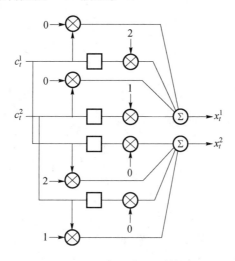

图 4.61 STTC 编码器结构

图 4.61 中编码器的生成多项式为

$$\begin{cases} \pmb{g}^1 = [(g_{0,1}^1, g_{0,2}^1), (g_{1,1}^1, g_{1,2}^1)] = [(0,2), (2,0)] \\ \pmb{g}^2 = [(g_{0,1}^2, g_{0,2}^2), (g_{1,1}^2, g_{1,2}^2)] = [(0,1), (1,0)] \end{cases} \quad (4.158)$$

编码器在 t 时刻的状态为 $(c_{t-1}^1 c_{t-1}^2)$ 或 $2c_{t-1}^1 + c_{t-1}^2$。计算第 i 根发射天线在 t 时刻的输出为

$$\begin{aligned} x_t^1 &= (g_{0,1}^1 c_t^1 + g_{1,1}^1 c_{t-1}^1 + g_{0,1}^2 c_t^2 + g_{1,1}^2 c_{t-1}^2) \bmod 4 \\ &= (2c_{t-1}^1 + c_{t-1}^2) \bmod 4 \\ &= 2c_{t-1}^1 + c_{t-1}^2 \end{aligned} \quad (4.159)$$

以及

$$\begin{aligned} x_t^2 &= (g_{0,2}^1 c_t^1 + g_{1,2}^1 c_{t-1}^1 + g_{0,2}^2 c_t^2 + g_{1,2}^2 c_{t-1}^2) \bmod 4 \\ &= (2c_t^1 + c_t^2) \bmod 4 \\ &= 2c_t^1 + c_t^2 \end{aligned} \quad (4.160)$$

从式(4.159)和式(4.160)可以看出,$x_t^1 = x_{t-1}^2$,即第1根发射天线的信号是第2根发射天线的信号经过延迟后得到的。在这个例子中,t 时刻的输出 x_t^2 变成了 $t+1$ 时刻的编码器状态,图4.62显示了相应的格状图,图中支路标签指示两个输出符号 x_t^1 和 x_t^2。

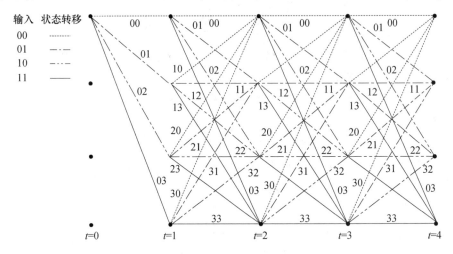

图 4.62 STTC 编码器示例的格状图

例如,考虑下面的输入比特序列:

$$\pmb{C} = \begin{bmatrix} c_0^1 & c_1^1 & c_2^1 & c_3^1 & c_4^1 & \cdots \\ c_0^2 & c_1^2 & c_2^2 & c_3^2 & c_4^2 & \cdots \end{bmatrix} = \begin{bmatrix} 1 & 0 & 1 & 0 & 0 & \cdots \\ 0 & 1 & 1 & 0 & 1 & \cdots \end{bmatrix} \quad (4.161)$$

假设 $t=0$ 时刻的初始状态为"0",输入 $(c_0^1 c_0^2) = (1\ 0)$ 产生输出 $(x_0^1 x_0^2) = (0\ 2)$,转移到 $t=1$ 时刻的状态为"2"。在 $t=1$ 时刻,输入 $(c_1^1 c_1^2) = (0\ 1)$ 产生输出 $(x_0^1 x_0^2) = (2\ 1)$,转移到 $t=2$ 时刻的状态为"1"。在 $t=2$ 时刻,输入 $(c_2^1 c_2^2) = (1\ 1)$ 产生输出 $(x_0^1 x_0^2) = (1\ 3)$,转移到 $t=3$ 时刻的状态为"3"。继续同样的编码过程,空时格码的编码符号流输出为

$$\pmb{X} = \begin{bmatrix} x_0^1 & x_1^1 & x_2^1 & x_3^1 & x_4^1 & \cdots \\ x_0^2 & x_1^2 & x_2^2 & x_3^2 & x_4^2 & \cdots \end{bmatrix} = \begin{bmatrix} 0 & 2 & 1 & 3 & 0 & \cdots \\ 2 & 1 & 3 & 0 & 1 & \cdots \end{bmatrix} \quad (4.162)$$

4.4.5 MIMO 技术的应用

根据线性系统互换原理,在一个线性系统中,分集的位置是可以互换的。也就是说,它可以根据实际需要和具体情况放在接收端,称为接收分集(或分集接收);也可以放在发送端,称为发送分集(或分集发送)。但是,实际的移动通信系统是复杂时变的移动无线信道,并不完全遵从线性规律,只是近似的线性时变系统。因此,严格来说,发送分集性能不如接收分集性能。

为了进一步改善发送分集的性能,发送分集应该从被动走向主动,即根据信道的衰落时变特性,动态调整不同发射天线的发送功率,以实现更好的发送分集效果。这样发送分集就从开环走向性能更好的闭环形式。因此,根据是否需要提供信道状态信息(CSI),即是否需要在发送端和接收端之间建立反馈回路,可以将发送分集划分为开环和闭环两种类型。

(1)开环发送分集。不需要提供任何信道状态,因此,也不需要建立收/发之间的反馈回路。根据不同的信号变换或编码方式,可以构成不同形式的发射分集方案。比较典型的开环发送分集有空时发送分集(Space-Time Transmit Diver-sity,STTD)、正交发送分集(Orthogonal Transmit Diversity,OTD)、空时扩展发送分集(Space-Time Spreading Transmit Diversity,STSTD)、时间切换发送分集(Time-Switch Transmit Diversity,TSTD)以及延时发送分集(Delay Transmit Diversity,DTD)等。

(2)闭环发送分集。需要在发射端和接收端之间建立反馈回路,并利用这一反馈回路传送信道状态信息(CSI)。通常,基站在下行链路的传输符号中周期性地加入训练序列,移动台根据接收的训练序列检测下行链路的 CSI,然后再通过反馈回路将下行链路 CSI 反馈到基站,基站据此调整相应发射天线信息的加权增益系数,实现闭环发送分集,以获得更好的发送分集效果。比较典型的闭环发送分集有选择式发送分集(Selective Transmit Diversity,STD)和自适应阵列发送分集(Adaptive-Array Transmit Diversity,TX-AATD)等。

1. 发送分集在 WCDMA 系统中的应用

WCDMA 建议定义了两种开环发送分集(时间切换发送分集 TSTD、空时发送分集 STTD)和两种闭环发送分集,闭环分集的差异在于两种反馈模式的参数不同。在 WCDMA 中,同步信道(SCH)采用 TSTD,根据时隙号的奇偶,两个天线轮流交替发送主同步码(PSC)和辅同步码(SSC)。TSTD 方式可以提高移动台正确同步的概率和缩短同步搜索的时间,可以很简单地实现与最大比值合并(MRC)性能相当的效果。除同步信道外,几乎所有的下行信道均可采用 STTD 方式实现发送分集。闭环发送分集主要用于下行专用物理信道(DPCH)。

2. 发送分集在 CDMA 2000 系统中的应用

CDMA 2000 标准中也定义了两种开环发送分集(正交发送分集 OTD、空时扩展发送分集 STSTD)和两类闭环发送分集(选择式发送分集 STD、自适应阵列发送分集 TX-AATD)。

3. MIMO 技术在 LTE 系统中的应用

LTE 系统中的 MIMO 技术包括 3 种:发送分集、波束成形和空间复用,这些技术主要针对单用户 MIMO 系统。其中,发送分集主要包括空频分组码(SFBC)和频率切换发送分集(FSTD)。

习题与思考题

4.1 移动通信系统中,通常采用哪些抗干扰抗衰落的技术来增强无线链路的传输性能?

4.2 扩频通信的基本思想和目的是什么? 其理论基础是什么?

4.3 为什么扩频技术能有效地抑制信号传输中的窄带干扰?

4.4 画出直接序列扩频通信系统的组成框图,并说明直接序列扩频在蜂窝移动通信系统中的应用。

4.5 分集接收技术的基本思想和目的是什么?

4.6 分集技术如何分类? 每种分集方式的主要特点是什么?

4.7 分集接收有哪几种合并方式? 请比较这几种合并方式的性能。

4.8 在三重发射分集($M=3$)的情况下,分别求出选择式合并、最大比值合并和等增益合并方式下的平均信噪比改善因子。若每条支路的平均信噪比为 15dB,计算 3 种合并方式下输出的平均信噪比。

4.9 均衡技术的基本思想和目的是什么? 支路数有限的线性横向均衡器能否完全消除码间干扰,为什么?

4.10 线性均衡器和非线性均衡器的主要优缺点分别是什么? 在移动通信中一般使用哪一类均衡器?

4.11 设计一个三抽头的迫零均衡器。已知,输入信号 $x(t)$ 在各抽样点的值分别是 $x_{-2}=1/8, x_{-1}=1/3, x_0=1, x_1=1/4, x_2=1/16$,其余点处的抽样值均为 0。求这 3 个抽头的最佳加权系数,并计算和比较均衡前后的峰值失真。

4.12 MIMO 技术的基本思想和目的是什么?

4.13 MIMO 通信系统中,空时编码的主要任务是什么,可以实现什么目的和效果,如何实现?

4.14 画出 MIMO 系统的原理示意图,并描述 MIMO 系统的发送和接收过程。

4.15 对于采用 QPSK 调制的 STTC 编码,两根发射天线的 MIMO 系统,要发送的信息符号是(2,1,3,0,2),请分析在每根天线上发送的符号是什么。

第 5 章 移动蜂窝组网

移动通信在为用户提供高质量无线信道传输服务的同时,还要追求最大容量和最大覆盖。也就是说,系统应该能够在其尽可能大的覆盖区域内为尽可能多的移动用户提供良好的语音、数据和多媒体通信等服务,这就要求必须有一个通信网支撑,这个通信网就是移动通信网。

一般来说,移动通信网由两大部分组成:空中网络和地面网络。空中网络也就是移动台和基站之间的无线空中接口部分,是移动通信网实施和运行的关键部分。地面网络也就是有线网络,包括覆盖区内基站与基站控制器的连接、各个基站之间的相互连接、基站/基站控制器与核心通信网的连接以及移动通信网与其他通信网络(如 PSTN、互联网、其他数据网络)的连接等。

本章重点介绍与空中网络密切相关的移动通信组网技术,包括频率复用和蜂窝小区、多址接入技术、CDMA 中的地址码、无线信道分配和多信道复用、CDMA 系统功率控制、蜂窝网络移动性管理等技术。移动通信系统中的地面网络在后续相应章节中结合具体移动通信网络进行介绍。

5.1 频率复用与蜂窝小区

频率复用与蜂窝小区的设计是与移动网络的区域覆盖和容量需求紧密相连的。早期的移动通信采用大区制覆盖,但随着移动通信的发展,这种设计方案已远远不能满足时代需求。因此,以蜂窝小区、频率复用技术为代表的新型移动通信系统应运而生,在解决有限频率资源和更大系统容量需求之间的矛盾问题上实现了关键性的重大突破。

5.1.1 移动通信网的覆盖方式

一般来说,根据服务区的区域覆盖方式,可分为两种类型的移动通信网:大区制和小区制。

1. 小容量的大区制

大区制是指用一个基站覆盖整个服务区,在某些情况下,也可能有两个以上基站,但它们之间是相互独立的。为了增大单个基站的覆盖区半径,大区制移动通信的基站天线通常架设得很高,可达几十米甚至几百米。基站的发射功率很大,一般为 50~200W,实际覆盖半径可达 30~50km。但是,这只能保证移动台可以接收到基站的信号。反过来,当移动台发射时,受到移动台发射功率的限制,就无法保证通信正常进行。为了解决上行通信问题,可以设立分集接收点,接收附近移动台的信号,然后通过有线的方式将信号转发至基站。在大区制中,所有频道的频率都不能重复,每个用户的使用频率不能相同,否则将会产生严重的干扰。因此,大区制只能适用于小容量的通信网。

大区制方式的优点是网络结构简单、成本低。缺点是信号传输损耗大、传输距离有限;覆盖区域的边缘信号质量差;传输时延较大。更严重的缺点是频谱利用率低,同时服务的用户数有限,系统容量小。这种覆盖方式只能适用于早期小容量的通信网或发展专用移动通信网。

2. 大容量的小区制

当用户数很多时,话务量相应增大,需要提供更多频道才能满足通话要求。大区制系统可容纳的用户数非常有限,无法满足大容量的需求。小区制是指将整个服务区划分成许多较小的小区(1~20km),在每个小区设立一个基站为本小区范围内的用户服务。由于覆盖范围小,可以用许多小功率发射机来覆盖每个小区,各小区基站在基站控制器的统一控制下,实现整个服务区的覆盖。随着用户数的不断增长,每个覆盖小区还可以继续划分成更小的小区,以增大系统容量,为更多用户服务,这称为小区分裂。

小区制的核心思想是频率复用,简单说就是同一组频率可以在相隔较远的另一些小区中重复使用,而不会造成太大干扰。若相隔距离足够远,则几乎没有干扰。因此,小区制系统的显著优点就是极大地提高了频谱利用率,缓解了频率资源紧缺,增加了系统容量。但缺点是频率复用技术的使用带来了同频干扰问题,需要进行复杂的规划和设计来减轻同频干扰的影响。另外,小区制系统的网络结构也较复杂,设备复杂性提高。

根据服务区域类型的不同,小区制覆盖方式可划分为带状服务区和面状服务区。

1) 带状服务区

所谓带状服务区是指无线电信号覆盖区域呈带状,对于公路、铁路、海岸等的覆盖可采用带状服务区,又称带状网,如图5.1所示。带状网宜采用有向天线,使每个小区呈扁圆形,整个系统由许多细长小区环链而成,故也称为链状网。

图5.1 带状服务区

带状网进行频率复用可采用双频制,也可用多频制,如图5.2所示。

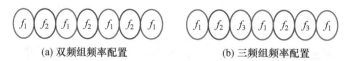

(a) 双频组频率配置　　　　　(b) 三频组频率配置

图5.2 带状网频率配置

2) 面状服务区

实际上,陆地移动通信的大部分服务区是宽广的面状区域,即为面状服务区。假设整个面状服务区的地形、地物相同,将整个服务区在平面上划分成许多小区,每个小区基站采用全向天线,就可以无缝隙地覆盖整个服务区。全向天线辐射的覆盖区域是一个圆,无缝隙覆盖的圆形辐射区之间必定含有很多交叠区,在考虑了交叠之后,实际上每个辐射区的有效覆盖区是一个多边形。

按交叠区的中心线所围成的面积形状,区域的形状可分为正三角形、正方形和正六角形3种,分别称为正三角形区域、正四边形区域和正六边形区域。可以证明,要用正多边形无空隙、无重叠地覆盖一个平面区域,可取的形状只有这3种。小区可选形状如图5.3所示。

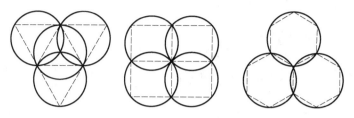

图5.3 小区可选的3种形状

那么,这3种形状选取哪一种最好呢?在辐射半径均为 R 的情况下,可以很容易计算出这3种形状小区的邻区距离、小区面积、交叠区面积和交叠区宽度。这3种形状小区的比较如表5.1所列。

表5.1 3种形状小区的对比

小区形状	邻小区中心距	单个小区面积	交叠区面积	交叠区宽度
正三角形	R	$\frac{3\sqrt{3}}{4}R^2$	$\left(2\pi - \frac{3\sqrt{3}}{2}\right)R^2$	R
正方形	$\sqrt{2}R$	$2R^2$	$(2\pi - 4)R^2$	$(2-\sqrt{2})R$
正六角形	$\sqrt{3}R$	$\frac{3\sqrt{3}}{2}R^2$	$(2\pi - 3\sqrt{3})R^2$	$(2-\sqrt{3})R$

由表5.1可见,在服务区面积一定的情况下,正六边形小区的形状最接近理想的圆形,单小区覆盖面积最大,小区间交叠面积最小,可用最少的小区数就能覆盖整个服务区域。因此,用正六边形覆盖整个服务区所需的基站数最少,也最为经济。正六边形小区构成的网络形同蜂窝,因此,将这种小区称为蜂窝小区,把采用蜂窝形正六边形小区的小区制移动通信网称为蜂窝网。

实际上,由于无线系统覆盖区的地形地貌不同,无线电波传播环境不同,电波的衰落形式不同,小区的实际无线覆盖是一个不规则的形状。

根据基站的放置位置不同,分为两种类型的小区:中心激励小区和顶点激励小区。在中心激励小区中,基站设置在小区中心,用全向天线形成圆形覆盖区,从而覆盖整个服务小区,如图5.4(a)所示。在顶点激励小区中,基站设置在每个正六边形小区3个相隔的顶点上,每个基站采用3副扇形辐射的定向天线,分别覆盖3个相邻小区的各1/3区域。每个小区由3副120°扇形天线共同覆盖,这就是所谓的"顶点激励"方式,如图5.4(b)所示。

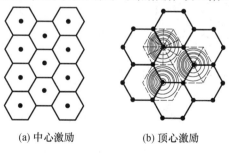

(a) 中心激励　　(b) 顶心激励

图5.4 小区的两种激励方式

5.1.2 频率复用和同频干扰

蜂窝网络的基本原理和核心思想是频率复用。从理论上讲,每个小区需要分配不同的频率,否则会发生相互干扰(称为同频干扰或同道干扰)。但是,这样需要大量的频率,且频谱利用率很低。为了满足对频率资源的需求和提高频谱利用率,引入了频率复用技术。

蜂窝小区的工作频率,由于所使用的功率较小,路径传播损耗可以提供一定的隔离度,因此,在相隔一定距离的另一个蜂窝小区可以重复使用同一组工作频率,这就是频率复用,也称为频率再用或频率再生。频率复用缓解了频率资源紧缺的状况,增加了系统容量,但也带来了同频干扰。如果使用同一组工作频率的两个或多个小区(称为同频小区)相隔距离较近,则同频干扰现象会较严重。因此,相邻小区不能使用同一组工作频率。一般把共同使用全部可用频率的 N 个相邻小区称为一个区群或一个小区簇,N 称为区群的大小。同一个区群内的不同小区要使用不同的频率,不同区群的对应小区使用相同的频率。

1. 区群的构成

构成区群的基本条件有两个:
(1)单位无线区群之间彼此邻接,能无缝隙地覆盖整个平面;
(2)相邻单位无线区群的同频小区中心间隔距离是一样的。

满足条件的区群形状和区群内的小区数不是任意的,可以证明

$$N = i^2 + ij + j^2 \tag{5.1}$$

式中:N 为构成单位无线区群的正六边形数目,即区群大小;i 和 j 为相邻同频小区相隔的小区数,是不能同时为零的正整数。可供选择的部分方案如图 5.5 所示。

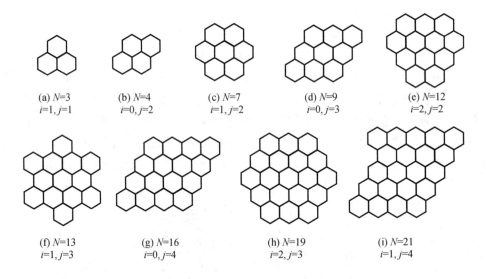

图 5.5 区群的构成示意图

具体地,蜂窝系统区群之间的频率复用如图 5.6 所示。

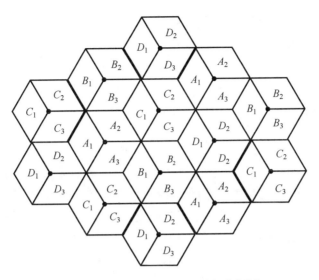

图 5.6 蜂窝系统区群之间的频率复用

根据 GSM 体制规范的建议,通常在 GSM 网络规划中采用 4×3 频率复用方式。"4"表示 4 个基站,"3"表示每基站 3 个小区(扇区),即将一个基站小区等分成 3 个扇形小区,使用 3 组不同频率。这 12 个扇形小区为一个频率复用簇,同一簇中频率不能被复用。这种频率复用方式由于同频复用距离大,能够比较可靠地满足 GSM 体制对同频干扰和邻频干扰的指标要求,使 GSM 网络运行质量好,安全性高。

根据式(5.1)可以找到与任意小区 A 相距最近的同频小区。首先,沿着正六边形 A 小区的任意一条边的垂直方向跨越 i 个小区。然后,逆时针旋转 $60°$,再跨越 j 个小区,到达使用相同频率相距最近的小区。按照这种方法,在正六边形的 6 个方向上,可以找到 6 个距离相同的同频小区。具体方法如图 5.7 所示。

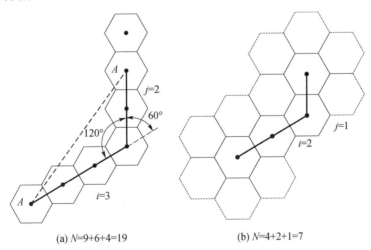

(a) $N=9+6+4=19$ (b) $N=4+2+1=7$

图 5.7 同频小区的定位方法

2. 区群的意义

考虑一个共有 S 个频道可用的双向通信蜂窝系统,如果每个小区都分配 K 个频道

($K<S$),S 个频道分为 N 个各不相同、各自独立的频道组,每个频道组可以分配给大小为 N 的区群的一个小区使用,它们之间的关系为

$$S = K \cdot N \tag{5.2}$$

式中:N 为区群的大小,典型值为 4,7,12。

如果单位区群在系统中复制了 M 次,则双向频道的总数 C 可作为容量的一个度量,即系统容量为

$$C = MKN = MS \tag{5.3}$$

由式(5.3)可以看出,蜂窝系统的容量直接与单位区群在其整个服务区中复制的次数成正比例关系。如果单位区群内小区的个数(N)减小而小区大小保持不变或者减小小区大小而保持区群内小区的个数不变,则需要更多的单位区群来覆盖整个服务区,从而获得更大的容量,这也是扩充小区容量的主要方法。但是,这样会导致同频小区之间距离的减小,从而带来较大的同频干扰。因此,N 的值表现了移动台或基站在保证通信质量的同时,可以承受的同频干扰能力。

[例 5 – 1] 某 FDD 蜂窝系统有 10MHz 带宽,使用两个 25kHz 的信道来提供双工语音和控制信道,当系统使用 4 小区复用、7 小区复用、12 小区复用时,分别计算每个小区可以获得的信道数目。

解:已知信道带宽 25kHz × 2 = 50kHz,总共有 10MHz/50kHz = 200 个信道。

(1) $N = 4$ 时,每小区可以获得的信道数目为:200/4 = 50;
(2) $N = 7$ 时,每小区可以获得的信道数目为:200/7 ≈ 28;
(3) $N = 12$ 时,每小区可以获得的信道数目为:200/12 ≈ 50。

3. 同频复用距离和同频复用因子

在蜂窝系统中,移动台或基站可以承受的干扰主要体现在由于频率复用带来的同频干扰。考虑同频干扰首先想到的就是同频小区之间的距离。因为无线电波的传输损耗随着距离的增大而增加,当同频小区间距离增大时,同频干扰自然会减轻。同频复用距离 D(也称为频率复用距离)定义为最近的两个同频小区中心之间的距离。

如图 5.8 所示,在任一小区 A 的正六边形的 6 个方向上,可以找到 6 个相邻同频小区 A,所有同频 A 小区之间的距离都相等,即为同频复用距离 D。

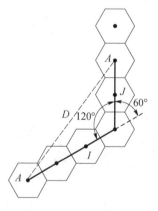

图 5.8 同频复用距离

设小区辐射半径为 R，在两个相距最近的同频小区间构成如图 5.8 所示的三角形。三角形的三条边分别是同频复用距离 D、I 和 J，其中 I 和 J 为跨域小区的距离，其夹角为 $120°$。所以

$$D^2 = I^2 + J^2 - 2IJ\cos 120° = I^2 + IJ + J^2 \tag{5.4}$$

令 H 为小区中心到边的距离，则 $I = 2iH, J = 2jH$，由于

$$H = \frac{\sqrt{3}}{2}R \tag{5.5}$$

所以

$$I = \sqrt{3}iR, J = \sqrt{3}jR \tag{5.6}$$

将式(5.6)代入式(5.4)，得

$$D = \sqrt{3N}R \tag{5.7}$$

式中，$N = i^2 + ij + j^2$ 为区群的大小。

进一步定义同频复用距离与小区半径的比值为同频复用因子(或频率复用因子) Q：

$$Q = \frac{D}{R} = \sqrt{3N} \tag{5.8}$$

可见，在小区半径一定的情况下，Q 值越大，同频干扰越小，语音质量就越好，但频率利用率越低。因为此时的 N 较大，单位区群需要的频道组较多。相反，N 较小时，D 和 Q 值越小，频率利用率越高，但同频干扰也就越大。可见，频谱利用率与同频干扰是一对矛盾。在设计实际的蜂窝系统时，需要对这两个参数进行协调和折中。

4. 载波干扰比 C/I 与区群的关系

下面具体讨论同频干扰的问题。假设小区大小相同，移动台的接收功率门限按小区的大小调节。若设 L 为同频干扰小区数，则移动台接收信号的载干比可表示为

$$\frac{C}{I} = \frac{C}{\sum_{l=1}^{L} I_l + n} \approx \frac{C}{\sum_{l=1}^{L} I_l} \tag{5.9}$$

式中：C 为最小载波强度；I_l 为第 l 个同频干扰小区所在基站引起的干扰功率；n 为环境噪声功率，可忽略。此处认为同频干扰是主要干扰，其他干扰因素不考虑。

通常在被干扰小区周围，同频干扰小区是多层，一般第一层起主要作用。现仅考虑第一层干扰小区，共有 6 个。移动台的接收载干比可表示为

$$\frac{C}{I} \approx \frac{C}{\sum_{l=1}^{6} I_l} \tag{5.10}$$

移动无线信道的传播特性表明：

(1) 如果每个基站的发射功率相等，则整个覆盖区域内的路径衰落指数相同，设 n 为衰落指数，一般取 4；

(2) 小区中移动台接收到的最小载波强度 C 与小区半径的 R^{-n} 成正比；

(3) 设 D_l 是第 l 个干扰源与移动台的间距，则移动台接收到的来自第 l 个干扰小区的载波功率与 D_l^{-n} 成正比。

则接收到的信号功率和干扰功率可分别表示为

$$C = AR^{-4}, I_l = AD_l^{-4} \tag{5.11}$$

式中:A 为常数。

假定所有干扰基站与预设被干扰基站的间距相等,即 $D_l = D$,则

$$\frac{C}{I} = \frac{R^{-4}}{\sum_{l=1}^{6} D_L^{-4}} = \frac{1}{6}\left(\frac{R}{D}\right)^{-4} \tag{5.12}$$

若规定系统的载干比门限为 $(C/I)_s$,接收信号载干比只要满足

$$C/I \geq (C/I)_s \tag{5.13}$$

就可以保证通信质量。

根据式(5.8)和式(5.12),可得

$$N = \sqrt{\frac{2}{3}C/I} \geq \sqrt{\frac{2}{3}(C/I)_s} \tag{5.14}$$

式(5.14)表明了小区接收信号载干比与区群大小的关系。一般模拟移动通信系统要求 $C/I > 18\text{dB}$,根据上式可得出,小区簇大小 N 最小为 6.49,故一般取 N 的最小值为 7。数字移动通信系统中,$C/I = 7 \sim 10\text{dB}$,所以可以采用较小的 N 值。

另外,除了载干比,影响区群大小的其他因素还有信号的衰落和屏蔽、通信概率要求、业务量大小、基站的位置、周围的电磁环境等,CDMA 系统中还要考虑软切换增益等。因此,区群的大小需要进行综合性、系统性的计算。

5.1.3 蜂窝系统的扩容

随着无线服务需求的提高,分配给每个小区的信道数量变得不足以支持所需要的用户数,需要一些设计技术来给单位覆盖区域提供更多的信道,达到蜂窝系统扩容的目的。在实际应用中,紧密频率复用、小区分裂、小区扇区化等技术是实现扩充系统容量的有效方法。

1. 紧密频率复用技术

比较典型的紧密频率复用技术有 3×3、2×6、1×3、1×1、多重复用(Multiple Reuse Pattern,MRP)以及同心圆技术等。下面以 1×3、MRP、同心圆技术为例进行介绍。

采用 1×3 频率复用方式时,每个基站小区由 3 个扇形小区覆盖,这 3 个扇形小区组成一个区群,使用系统总的可用频率,每个扇形小区使用不同的频率。由于缩小了单位区群的大小和覆盖面积,大大提高了频谱利用率,极大地增大了系统容量。但是,这样也缩小了同频小区(此处为同频扇区)间的距离,增大了同频干扰。因此,使用 1×3 复用方式时,必须使用射频跳频,使相邻基站的同频扇区在不同的载频上跳变,从而减小相同碰撞概率或避免频率碰撞,减轻或避免同频干扰。

MRP 技术是将系统所有可用载频分为几组,每组载频作为独立的一层,不同层的频率采用不同的复用方式,频率复用逐层紧密。例如,设系统共有 37 个频道,其中,控制信道载频以 12 扇区为一复用群,不同业务信道载频分别以 9、6、4 扇区为复用群。这是因为,控制信道如广播控制信道(BCCH),一般不使用不连续发射(DTX)和跳频技术,发射功率较大,其干扰特性与业务信道(TCH)不同,前者干扰比后者较大。因此,为了保证网络的服务质量和安全可靠,一般建议 BCCH 采用 4×3 即 12 扇区复用方式。显然,用于

BCCH的载频数应不少于12个，在实际应用中，一般分配12~15个。

同心圆技术是指把一个基站小区中的某几个载频的发射功率降低，使其覆盖变小，成为内层圆，而其他载频以正常功率发射，成为外层圆，内层圆和外层圆载频使用不同的频率复用方式。因而，所有的载频被分为两组，一组用于外层，一般采用常规的 4×3 复用方式；另一种用于内层，采用更加紧密的复用方式，如 3×3、2×6、1×3 等。对于离基站近的地区，呼叫的上下行电平高，抗干扰能力强，因此可把内圆载频分配给这种呼叫。而在离基站远的地区，其电平相对较低，抗干扰能力弱，同时，由于处在小区边缘，收到其他小区的干扰电平强，对其他小区的干扰也强，因此可把外圆载频分配给这种呼叫，增强自身抗干扰能力的同时也减小对其他小区的同频干扰。所以，同心圆技术可以降低整网的干扰，但只开通少数同心圆小区不起作用，需要进行大面积开通。

2. 小区分裂技术

理想设计的每个小区大小在整个服务区内是相同的，但这只适应于用户密度均匀的情况。事实上，服务区内的用户密度并不均匀，如城市中心商业区的用户密度高，居民区和市郊区的用户密度相对较低。为适应这种情况，一般在用户密度高的市中心使小区的面积小一些，在用户密度低的市郊区使小区面积大一些。因此，根据小区覆盖面积大小，一般分为巨小区、宏小区（Macro Cell）、微小区（Micro Cell）、微微小区（Pico Cell）等几种类型，具体指标及大体关系如表5.2所列。

表5.2 蜂窝小区的分类

小区类型	巨小区	宏小区	微小区	微微小区
小区半径/km	100~500	≤35	≤1	≤0.05
终端移动速度/(km/h)	1500	≤500	≤100	≤10
运行环境	所有	乡村郊区	市区	室内
业务量密度	低	低到中	中到高	高
适用系统	卫星	蜂窝	蜂窝/无绳	蜂窝/无绳

当容量密度不同时，小区划分的一个例子如图5.9所示，图中的号码表示信道数。

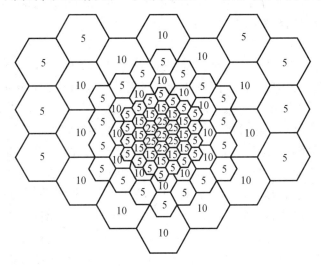

图5.9 容量密度不等时的小区划分

对于已设置好的蜂窝通信网络,随着城市建设的发展,无线服务需求的提高,原来的低用户密度区可能会变成高用户密度区,分配到本区域的信道数已不能满足需要。通过将原有小区分裂成多个更小的小区,提高信道的复用次数,因而增加系统容量,这种方法称为小区分裂。图 5.10 是将原小区分裂成多个更小小区的情况。

图 5.10 中假设每个小区都按半径的 1/2 来分裂,将需要大约原来小区数目 4 倍的新的更小小区才可以覆盖整个服务区。原小区分设 3 个新基站,新增加的基站服务半径减小,发射功率也随之减小。图中实圈为原基站位置,空圈为新基站位置。最初的小区被 6 个新的微小区基站所覆盖,微小区基站的频率分配应与原频率复用规划一致,小区分裂只相当于按比例缩小了单位区群的几何形状。

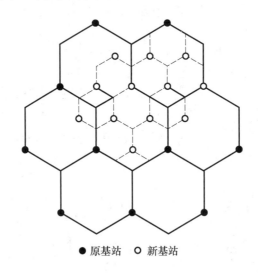

● 原基站　○ 新基站

图 5.10 小区分裂

实际系统中,不是所有的小区都同时进行分裂,而是根据具体情况和不同需要,允许不同大小规模的小区同时存在。因此,蜂窝系统的频率规划和分配将变得复杂,特别需要注意保证同频小区间的距离和用户移动时的切换问题。

3. 扇区化技术

对于用户密度不均匀的情况,除了采用小区分裂进行系统扩容,还可以采用小区扇区化技术。蜂窝系统中的同频干扰可以通过使用多根定向天线代替基站中单独一根全向天线的方法来减小,其中每个定向天线辐射某一特定的扇区。由于使用定向天线,小区接收时对主瓣之外的干扰衰耗很大,将只接收一部分主瓣之内的同频小区的干扰,即所接收的同频干扰功率功率降低。同时,使用定向天线,对位于天线主瓣之外的同频小区造成的干扰也小。因此,使用定向天线技术减小同频干扰,允许以更紧密的频率复用方式来提高频谱利用率,从而增加系统容量,这种方法称为扇区化技术,或小区裂向技术。扇区化与小区分裂不同,它可以保持小区半径不变,容量的提高是通过减少同频干扰提高频谱利用率来实现的。

利用定向天线将小区分成几个扇区,如 120°的三扇区,每个扇区的基站仅接收来自确定方向的用户信号,理论上可提高 3 倍的系统容量。扇区的划分与系统提供的业务量相匹配,在业务量高的地区扇区划分得密集一些,可以进一步提高系统容量。图 5.11 所示为划分为 60°的六扇区的网络拓扑结构。虽然扇区数量增加会带来系统容量的提升,但同时也增加了切换次数,导致交换机和控制链路的负荷增加,从而造成中继效率下降,话务量有所损失。

图 5.11　扇区化技术组网

5.2　多址接入技术

在移动通信系统中,有许多移动用户可能同时通过一个基站与其他用户进行通信,系统是以信道来区分通信用户的,一个信道只能容纳一个用户通信。许多同时通信的用户,互相以信道来区分,这就是多址。在无线通信环境的电波覆盖区域内,如何建立各用户之间无线信道的连接是多址接入方式的问题。解决多址接入问题的方法就是采用多址接入技术。因此,采用不同的多址接入技术给用户分配不同的信道后,不同用户和基站发出的信号就被赋予了不同的特征,从而使基站能从众多用户信号中区分出是哪一个用户发出的,各用户终端也能识别出基站发出的信号中哪一路是发给自己的。

根据信道信号的不同特征,基本的多址接入技术有频分多址方式(Frequency Division Multiple Access,FDMA)、时分多址方式(Time Division Multiple Access,TDMA)、码分多址方式(Code Division Multiple Access,CDMA)和空分多址方式(Space Division Multiple Access,SDMA),在 4G 系统中还采用了新型的多址接入技术,即正交频分多址方式(Orthogonal Frequency Division Multiple Access,OFDMA)。

5.2.1　频分多址(FDMA)

在频分多址(FDMA)中,不同信道传输信号的载波频率不同,即 FDMA 是按照频率来分割信道,从而区分不同用户的。图 5.12(a)给出了 FDMA 接入方式的示意图。

如图 5.12(a)所示,在 FDMA 系统中,将可以使用的总频带划分为若干占用较小带宽的频道,这些频道在频域上互补重叠,每个频道就是一个通信信道,分配给一个用户使用,在该用户通信的整个过程中,其他用户不能共享这一频段。在接收设备中,使用带通滤波器允许指定频道的能量通过,并且滤除其他频率的信号,从而限制邻近信道之间的干扰,正确接收有用信号。

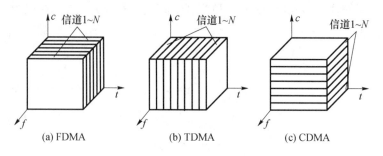

图 5.12　3 种典型多址接入方式

在单纯的 FDMA 系统中,通常采用频分双工(FDD)的方式来实现双工通信,即接收频率和发送频率是不同的。因此,分配给每个用户通信的信道就是一对频谱。一般地,较高的频谱用作前向信道即基站向移动台方向的通信,较低的频谱用作反向信道即移动台向基站方向的通信。在这种系统中,基站必须同时发射和接收多个不同频率的信号,任意两个移动用户之间进行通信都必须经过基站的中转,因此,必须同时占用 2 个信道(2 对频谱或 4 个频道)才能实现双工通信。不过,移动台在通信时所占用的信道并不是固定分配的,它通常在通信建立阶段由系统控制中心临时分配,通信结束后,移动台将退出它占用的信道,这些信道又可以重新分配给其他用户使用。FDMA/FDD 工作方式如图 5.13 所示。

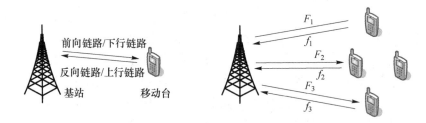

图 5.13　FDMA/FDD 工作方式

采用 FDMA 的系统,需要进行周密的频率规划,以减少干扰。为了使同一移动台的收、发之间不产生干扰,前向信道与反向信道之间要设有保护频带,即收发频率间隔必须大于一定的数值。基站需要多部不同频率的发射机同时工作,需要在不同信道间设立保护频隙 F_g,以免因系统的频率漂移造成邻道干扰。FDMA 系统频谱分割如图 5.14 所示。

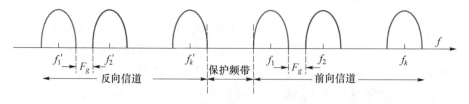

图 5.14　FDMA 系统频谱分割

第一代移动通信是模拟制移动通信，都采用 FDMA 方式，最典型的有北美的 AMPS 和欧洲及我国的 TACS 系统。下面以 TACS 为例讨论 FDMA 方式。

TACS 总的可用频段与 GSM 相同，即上行为 890～915MHz，占用 25MHz；下行为 935～960MHz，占用 25MHz。TACS 采用频率双向双工 FDD 方式。收/发频段间距为 45MHz，以防止发送的强信号对接收的弱信号的影响。每个语音信道占用 25kHz 频带，采用窄带调制方式。TACS 系统可以支持的信道数为

$$N = \frac{B_s - 2 \times B}{B_c} = \frac{25 \times 10^6 - 2 \times 10 \times 10^3}{25 \times 10^3} \approx 1000 \quad (5.15)$$

式中：B_s 为 TACS 的可用频带宽度；B 为 TACS 的系统保护边带；B_c 为信道（语音）带宽。TACS 的频率划分如图 5.15 所示。

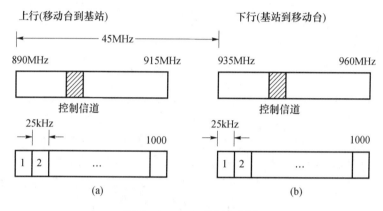

图 5.15 TACS 的频率划分

表 5.3 给出 TACS 系统的部分信道频率配置。TACS 系统中，信道编号 23～43 共 21 个信道为控制信道，其余全部为语音信道。

表 5.3 TACS 系统的信道频率配置

信道号	移动台发射频率/MHz	基站发射频率/MHz
001	890.025	935.025
002	890.050	935.050
003	890.075	935.075
⋮	⋮	⋮

FDMA 系统的优点是技术成熟、稳定、容易实现且成本较低，而且每符号时间远大于平均时延扩展（$T_s \gg \sigma_\tau$），所以码间干扰较少，无须自适应均衡。主要缺点是系统的频率资源利用率低；基站必须要设置 N 套调制解调器，设备复杂庞大，易产生信道间的邻道干扰和互调干扰；越区切换复杂，必须瞬时中断传输，对于数据传输将带来数据的丢失。因此，模拟移动通信系统通常采用 FDMA，而在数字移动通信系统中，则很少单独采用 FDMA 方式。

5.2.2 时分多址（TDMA）

时分多址（TDMA）是第二代移动通信系统主要采用的多址接入方式之一，如 GSM 系统采用的就是 TDMA。在 TDMA 系统的一个载频上，时间分成周期性的帧，每一帧再分割成若

干互不重叠的时隙,每一个时隙就是一个通信信道,分配给一个用户使用。图5.12(b)给出了 TDMA 接入方式的示意图。

根据一定的时隙分配原则,各个移动台只能在每帧规定的时隙内向基站发射信号,在满足定时和同步的情况下,基站可以在各时隙内接收到各移动台的信号而互不干扰。同时,基站发向各个移动台的信号都按照顺序安排在预定的时隙中传输,各移动台只要在指定的时隙内接收,就能接收到发给它的信号。也就是说,TDMA 依靠传输信号存在的时间不同来区分信号。图 5.16 给出了一个具体的 TDMA 时隙分配示例。

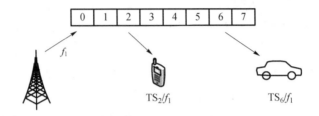

图 5.16 TDMA 系统的工作

TDMA 系统一般也采用频率双向双工 FDD 方式,如 GSM 系统的 FDD 频分方式与 TACS 基本相同,在同一个信道的上下行载频上分配同样的时隙号给同一个用户,但设计为前向信道比反向信道提前 3 个时隙的固定时间偏差,称为 GSM 系统的帧偏离,以简化设计,并避免 GSM 移动台在同一时刻收发,减轻上下行链路间的干扰。

TDMA 系统的优点:频率规划简单,便于动态分配信道;基站发射机少,复杂性小;抗干扰能力增强;频谱利用率有较大提高,系统容量增大;便于系统控制,越区切换简单,可在无信息传输时进行,不会丢失数据等。TDMA 系统的缺点:系统需要精确的定时和同步;需要用复杂的自适应均衡器来克服多径造成的码间干扰;多层次的帧结构往往会占用一些非信息位的比特开销,以致影响整体传输效率;分配给某个用户的时隙在整个通信过程中不能被其他用户占用,即便该用户暂时无信息可传,需要采用一些新技术(如统计时分复用,S-TDMA)来进一步提高频谱利用率。

5.2.3 码分多址(CDMA)

当以传输信号的码型不同来区分信道建立多址连接时,称为码分多址接入(CDMA)。CDMA 是第二代移动通信系统主要采用的另外一种多址接入方式,如 IS-95 采用的就是 CDMA 技术,也称为第二代窄带 CDMA 系统。在 3G 的三大主流标准 WCDMA、CDMA 2000 和 TD-SCDMA 中都采用了 CDMA 技术,因此,CDMA 多址方式是 3G 系统的最佳多址接入方式。其中,CDMA 2000 系统采用 FDD 双工方式,TD-SCDMA 系统采用 TDD 方式,而 WCDMA 同时支持 FDD 和 TDD 两种方式。

CDMA 采用扩频通信技术,每个用户分配特定的地址码,利用地址码之间的正交性(或准正交性)来区分信道。因此,CDMA 系统既不分频道也不分时隙,传送不同信息的信道是依靠采用不同的码型来区分,这些信道在频域和时域上都是重叠的,或者说它们均占有相同的频段和时间,甚至在空间上也可以重叠。在发送端,不同用户的信息用分配给它们的地址码进行扩频调制,调制后的宽带信号从发射天线上发送出去。图 5.12(c)给出了 CDMA 接入方式的示意图。

由于多个用户发射的 CDMA 信号在频域和时域上相互重叠,所以用传统的滤波器或选通门不能分离信号,只有采用与其相匹配的接收机通过相关检测才可能正确接收。也就是说,CDMA 系统的接收端必须具有与发送端完全一致的本地地址码,用来对接收信号进行相关检测。其他使用不同码型的用户信号因为与接收机本地产生的地址码不同而不能被解调,它们的存在类似于在信道中引入了噪声或干扰,这种干扰通常称为多址干扰。

在实际中通常将 CDMA 与 FDMA、TDMA 结合在一起使用。如果将工作频段先分成若干载波频率(FDMA),再对每一个频带进行时分复用(TDMA),然后在每个时隙中使用 CDMA,则形成 FDMA/TDMA/CDMA 方式。3G 系统中的 TD-SCDMA 就采用了这种混合多址方式,而 WCD-MA/CDMA 2000 则采用了 FDMA/CDMA 两种混合方式。

CDMA 系统的主要优点如下:

(1) 频谱利用率高。多用户共享频率资源,不管使用的是 TDD 还是 FDD 双工技术。

(2) 系统容量大。理论上讲,CDMA 的系统容量可由地址码的数量决定。

(3) 具有软容量特征。CDMA 是干扰受限系统,在指定的干扰电平下,即使用户数已经达到限定数目,也允许多增加一些用户。在 CDMA 系统中多增加一个用户只会使通信质量略有下降,不会出现硬阻塞现象。相比而言,FDMA 和 TDMA 系统是硬容量,如果小区的频点或时隙已分配完,该小区就不能接受新的呼叫,呼叫被阻塞。

(4) 支持软切换。CDMA 系统中所有小区可使用相同频率,这使得越区切换时可以采用软切换技术。软切换过程中,移动台既保持与旧基站的连接,又建立与新基站的连接,同时利用新、旧链路的分集合并技术来改善通信质量,具有有效的宏分集能力。在与新基站建立了可靠连接后,再中断与旧基站的连接,这种切换可以在通信的过程中平滑完成,称为软切换。与先断开旧连接再建立新连接的硬切换方式相比,软切换不会出现"乒乓效应",没有通信暂时中断的现象,切换过程中通信质量也较高。

(5) 抗多径衰落能力强。CDMA 利用高速率扩频码对用户信息进行扩频调制,因此,信道数据速率很高,码片时间很短,通常比信道的时延扩展小得多。因为扩频码具有较好的自相关性,大于一个码片宽度的时延扩展部分可受到接收机的自然抑制。另外,如采用适当的分集接收技术,可获得更好的抗多径衰落效果。

(6) 抗窄带干扰能力强。CDMA 系统采用扩频技术,信号被扩展到较宽的频谱上,其信号功率谱密度大大降低。因此,CDMA 具有扩频通信固有的突出优点,即具有较强的抗窄带干扰能力。同时,CDMA 系统对窄带系统的干扰也小,有可能与其他系统共用频带,使有限的频谱资源得到更充分的利用。

CDMA 系统的主要缺点如下:

(1) 引入了多址干扰。在 CDMA 系统中,由于扩频码之间可能并不是完全正交的关系,在接收端,它们的非零互相关系数会引起各个用户之间的相互干扰,即为多址干扰(MAI)。而且,随着通话用户数的增多,多址干扰将更加严重。因此,CDMA 系统是干扰受限系统。

(2) 存在远近效应。远近效应是指在上行链路中,如果小区内所有终端的发射功率相同,则离基站近的移动台发射的信号到达基站时信号功率比较强,而离基站远的移动台发射的信号到达基站时信号功率比较弱,由于 CDMA 系统所有用户共用频率,这样就会导致较远距离移动台的弱信号淹没在较近距离移动台的强信号中,影响远处移动台终端的正常工作。为克服远近效应,需要在上行链路中引入功率控制技术,动态实时调整移动台的上行发射功率,保证到达基站时的信号功率尽可能相同。

（3）存在边缘问题。边缘问题是指在下行链路中,如果基站的发射功率相同,则 CDMA 系统中的移动台移动到小区边缘地区时,接收到本小区基站的信号变弱,同时,接收到邻近其他小区的干扰会大大增强,影响移动台接收机的正确解调。为解决这个问题,要求在下行链路中引入功率控制技术,动态实时调制基站的发射功率,保证距离基站远近不同的移动台收到的信号功率尽可能相同。

（4）具有小区呼吸效应。在 CDMA 系统中,小区的容量和覆盖与系统干扰有密切的关系。当小区内用户数增多,小区容量增大时,基站接收到的干扰也随之增大,这就意味着小区边缘的用户即使在最大发射功率情况下也无法保证自身与基站之间正常连接的要求,于是这些用户便会切换到相邻小区,等效为原小区的覆盖范围缩小了。反之,当小区内用户数减少时,小区容量下降,系统业务强度的降低使基站接收到的干扰也随之降低,这就意味着小区边缘的用户允许以较小的发射功率来维持与基站的正常连接,于是可以在边缘处或更远一些的地方接入更多的用户,等效为原小区的覆盖范围扩大了。

5.2.4 空分多址(SDMA)

空分多址(SDMA)接入通过空间的分割来构成不同的信道,从而区分不同的用户。理论上讲,空间中的一个信源可以向无限多个方向(角度)发射信号,从而形成无限多个信道。但是由于发射信号需要天线,而天线的数量是有限的,所以空分信道也是有限的。因此,SDMA 是利用多个不同空间指向天线波束实现空间域的正交分离,将通信覆盖区分割成多个空分区域,进行区域间的多址通信。

实际上,SDMA 是卫星通信系统的基本技术。通过在一颗卫星上安装多个分别指向地球表面不同区域的天线,使各区域的地球站所发射的电波不会在空间出现重叠。这样,即使工作在相同频率、相同时隙和相同地址码的情况下,这些地球站之间的信号也不会形成干扰,从而大大提高系统容量。

在陆地移动通信系统中,能实现空间分割的基本技术就是采用自适应阵列天线,即"智能天线"。通过在基站使用智能天线技术,可以根据通信中用户终端的来波方向,自适应地对接收和发射波束赋形,在不同用户方向上形成不同的波束,并动态改变天线方向,自动跟踪用户。这样,在整个蜂窝小区中就形成了多个空间波束,如果这些空间波束之间的干扰可以控制到足够小,在这些波束之间就可以重用频率、时隙、码资源等,实现最大限度地利用频谱资源。图 5.17 给出了蜂窝系统中 SDMA 方式的工作示意图。

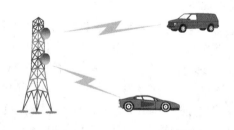

图 5.17 SDMA 方式的工作

在蜂窝移动通信系统中,由于一些原因使反向链路困难较多:①基站完全控制了前向链路上所有发射信号功率,但在反向链路上,由于各用户和基站间无线传播路径的环境和距离不同,必须对用户端的发射功率进行精细的动态控制,防止用户间信号的干扰;②由于用户发射信号功率受到终端电池能量的限制,用户端发射信号的功率控制程度也受到限制。用在基站的智能天线技术,可以在一定程度上解决反向链路的这个问题。为了从每个用户接收到更多的能量,通过空间过滤用户信号的方法,即通过空分多址方式反向控制用户的空间辐射能量,那么每一个用户的反向链路性能将得到改善,并且需要较小的终端发射功率。

一般情况下,SDMA 技术不单独使用,需要和其他多址方式相结合。在 3G 系统中只有 TD-SCDMA 使用了智能天线,也就是说,TD-SCDMA 在 FDMA/TDMA/CDMA 的基础上又提供了使用 SDMA 方式的可能性,有可能充分使用频分、时分、码分和空分 4 种信号分割技术,解决蜂窝系统中反向链路存在的问题。

SDMA 系统的主要特点如下:

(1) 大幅提高了系统容量;

(2) 扩大了覆盖范围,天线阵列的覆盖范围远远大于任何单个天线;

(3) 兼容性强,可以与任何调制方式、频段或多址方式兼容;

(4) 抗干扰能力增强,方向性接收天线大大滤除了其他空间中的干扰信号能量;

(5) 功率大大降低,选择性的空间传输可以使基站的发射功率远低于普通基站的发射功率;

(6) 具有较强的定位功能,每条空间信道的方向是已知的,可以准确地确定信号源的位置,从而可以为基于位置的服务提供便利。

5.2.5 正交频分多址(OFDMA)

正交频分多址(OFDMA)是第四代移动通信(4G)的核心技术,典型代表是 LTE、WiMAX 移动通信体制。学术界与工业界主流观点认为,只有 OFDMA 才能满足 ITU 4G 标准——IMT-Advanced 的技术要求。

OFDMA 系统中,整个可用频带被划分为多个相互正交的子载波,每个通信用户分配不同的子载波组。一般地,OFDMA 子载波映射方式有 3 种:分布式映射、集中式映射和随机映射,如图 5.18 所示。其中,分布式映射方式将一组规律分布的子载波分配给一个用户,因此每个用户的子载波均匀分布在整个可用频带内。集中式映射方式将一组连续的子载波分配给一个用户,因此每个用户的子载波集中分布在整个可用频带内。随机映射方式则按照某种随机算法,在系统可用的子载波集合中,对用户的子载波进行随机分配,因此用户信号随机分布在整个可用频带内。

在这 3 种映射方式中,分布式映射和随机映射由于用户信号分布于整个系统带宽内,因此能够获得频率分集增益,性能要优于集中式映射。但后者实现简单,并且通过上层调度,可以弥补频率分集增益的损失。因此实际的 LTE、WiMAX 系统中,主要采用集中式映射方式。

OFDMA 系统的主要干扰是相邻小区之间的同频干扰。为了抑制同频干扰,小区间干扰协调是 ODFMA 系统的关键技术之一。另外,同步技术、峰平比抑制技术、分组调度以及信道估计等,也都是 OFDMA 的核心技术。尤其是 MIMO 技术和 OFDMA 技术的结合,已经成为第四代移动通信体制的基石。

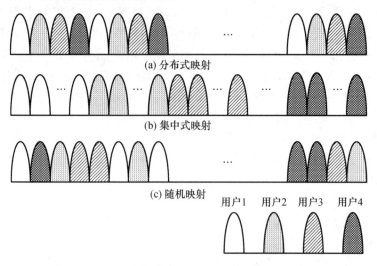

图 5.18　OFDMA 子载波映射方式

OFDMA 系统的容量既不同于传统 FDMA/TDMA 系统的硬容量,也不同于 CDMA 系统的软容量,一般称为动态容量。由于现代信号处理与跨层优化技术的应用,物理层的链路自适应和 MAC 层的分组调度技术相结合,能够根据信道状态为 OFDMA 用户动态分配无线资源,自适应调制无线链路传输速率,从而有效提高系统容量。

5.3　CDMA 中的地址码

由于在第二代移动通信 IS-95 和第三代 3 种主流通信体制(WCDMA/CDMA 2000/TD-SCDMA)中都采用码分多址(CDMA)技术,因此本节将重点讨论 CDMA 中的地址码。地址码的设计是 CDMA 系统的关键技术之一,它直接关系到系统的多址能力、系统容量、抗噪声、抗干扰、抗多径和抗衰落的能力、保密性以及算法实现的复杂度等。

5.3.1　地址码设计的要求

1. 地址码的分类

在 CDMA 系统中,地址码主要分为三类:

(1) 用户地址码 PN_M。用于区分不同的移动用户,既有信号区分的要求也有保密的需要,与移动用户一样,是完全唯一的。

(2) 信道地址码 PN_C。用于区分每个小区(或扇区)内的不同信道,在 IS-95 中为单业务、单速率信道地址码,在 3G CDMA 系统中为多业务、多速率信道地址码。

(3) 基站地址码 PN_I。在蜂窝系统中用于区分不同的基站小区(或扇区)。

设用户地址码、信道地址码、基站地址码的周期分别为 N_M、N_C、N_I,也就是最多可支持 N_M 个用户、N_C 个小区信道和 N_I 个不同基站。由于移动用户非常多,N_M 就会相当大。信道地址码一般在不同基站重复使用,而基站地址码却不能。对于蜂窝移动通信系统,基站数目远比一个基站能同时收发的信道数多。因此,这3种码的周期大小关系一般为:$N_M \gg N_I \gg N_C$。

因此,在 CDMA 系统中,移动用户通信使用的地址码为复合地址码。移动用户 MS_m 使用的复合地址码表示为

$$PN_m = PN_{M_m} \oplus PN_{C_k} \oplus PN_{I_i} \tag{5.16}$$

式中:$m \leq N_M, k \leq N_C, i \leq N_I$。

比如,正在通信的移动用户 MS_1 和 MS_2 使用的复合地址码分别为

$$PN_1 = PN_{M_1} \oplus PN_{C_k} \oplus PN_{I_i} \tag{5.17}$$

$$PN_2 = PN_{M_2} \oplus PN_{C_p} \oplus PN_{I_j} \tag{5.18}$$

式中:$PN_{M_1} \neq PN_{M_2}$,$k = p$ 和 $i = j$ 不能同时成立,即在同一基站小区中不能使用相同的信道地址码,而在不同的基站小区中则可以使用。因此在 CDMA 系统中,不同用户有不同的地址码。

2. 地址码的要求

理想的地址码必须具有以下特征:

(1) 良好的自相关和互相关特性,即尖锐的自相关函数和几乎处处为零的互相关函数;

(2) 尽可能长的码周期,使干扰者难以通过地址码的一小段去重建整个码序列,确保保密和抗干扰的要求;

(3) 足够多的码序列,用来作为唯一区分的地址,以实现码分多址的要求;

(4) 易于产生、复制、控制和实现。

从理论上讲,用纯随机序列实现地址码是最理想的,但在接收端要求相关接收,必须产生一个完全同步的本地地址码。考虑到纯随机序列产生、复制、控制和实现的复杂性,在实际中一般采用伪随机或伪噪声(Pseudo-Noise,PN)序列作为地址码。伪随机序列具有类似白噪声的性质,但它又是周期性、有规律的,既容易产生,又容易复制加工。

目前常用的、较为理想的地址码有伪随机(PN)码、沃尔什(Walsh)码和正交可变速率扩频增益(OVSF)码等。

5.3.2 地址码基础知识

1. 基本运算规则

如果二进制数字信号用 0 或 1 表示,为单极性码;如果用"-1"表示 0,"+1"表示 1,或者反之,则称为双极性码。

单极性码的逻辑运算由模2加实现,其运算规则为

$$\begin{cases} 0 \oplus 0 = 0 \\ 0 \oplus 1 = 1 \\ 1 \oplus 0 = 1 \\ 1 \oplus 1 = 0 \end{cases} \tag{5.19}$$

双极性码的逻辑运算由逻辑乘实现,其运算规则为

$$\begin{cases} (+1) \times (+1) = +1 \\ (+1) \times (-1) = -1 \\ (-1) \times (+1) = -1 \\ (-1) \times (-1) = +1 \end{cases} \quad (5.20)$$

2. 相关函数和正交

相关函数是任意两个信号之间相似度的测量,有自相关函数和互相关函数两种。在 CDMA 中,希望设计或选择的地址码自相关性和互相关性都比较好。

1) 自相关函数

在数学上,信号的自相关性用自相关函数来表征。自相关函数表示一个信号延迟一段时间后,与自身信号的相似性。CDMA 使用的码序列,要求自相关性越大越好,这样能充分保证接收端的判别和解调。对 CDMA 系统的接收端而言,只有包含伪随机序列与接收机本地产生的伪随机序列相同且完全同步的信号才能被检测出来,其他不同步(有时延)的信号,即使包含的伪随机序列完全相同,也会作为背景噪声对待。

设 $\{a_i\}$ 是长度为 N 的二进制序列,则 $\{a_i\}$ 的自相关函数定义为

$$R_a(\tau) = \frac{1}{N} \sum_{i=1}^{N} a_i \cdot a_{i+\tau} \quad (5.21)$$

式中:τ 为时延;· 表示逻辑运算,当 $\{a_i\}$ 是单极性码时,· 表示模 2 加;当 $\{a_i\}$ 是双极性码时,· 表示逻辑乘。

所谓信号的自相关性比较好,就是指自相关函数值越大越好,也就是信号与信号时延的自相关性函数值相对于信号自身的自相关函数值比较小。根据式(5.21),当 $\{a_i\}$ 与 $\{a_{i+\tau}\}$ 完全重叠,即 $\tau = 0$ 时,自相关函数值 $R_a(0)$ 为常数 1。当 $\{a_i\}$ 与 $\{a_{i+\tau}\}$ 不完全重叠,即 $\tau \neq 0$ 时,希望自相关函数值 $R_a(\tau)$ 为很小的值,通常为负值。信号的自相关性越大越好,这样时延扩展对信号的影响也就越小。因此,自相关函数决定了多径干扰特性。

2) 互相关函数和正交

除自相关性外,伪随机序列与其他同类码序列的相似性也很重要。例如,有许多用户共用一个信道,要区分不同用户的信号,就得靠相互之间的区别来区分。两个不同信号的相似性,用互相关函数来表征。在 CDMA 中,不同用户应选用互相关性小的信号作为地址码。

设 $\{a_i\}$ 和 $\{b_i\}$ 是长度为 N 的两个二进制序列,则 $\{a_i\}$ 和 $\{b_i\}$ 的互相关函数定义为

$$R_{ab}(\tau) = \frac{1}{N} \sum_{i=1}^{N} a_i \cdot b_{i+\tau} \quad (5.22)$$

所谓两个信号的互相关性比较好,就是指二者的互相关函数值越小越好,也就是一个信号中不提供另一个信号(包括该信号时延)的任何信息。如果两个信号都是完全随机的,在任意延迟时间 τ 都不相同,则上式的结果为 0,同时称这两个信号是正交的,也就是完全不相关,或相关性为 0。如果二者有一定的相似性,则结果不完全为 0。两个信号的互相关性越小越好,这样它们就越容易被区分,且相互之间的干扰也就越小。因此,互相关函数决定了多址干扰特性。

为了实现多址通信,要求地址码之间必须正交或准正交,保证信号间不受干扰。所谓

正交,来自数学,两条直线相互垂直称为正交。据此给出两个二进制序列正交关系的另一种形式定义。对于二进制数字信号,如果两个二进制序列的异或(即模2加)结果具有相同个数的0和1,那么,这两个序列正交。例如,0000⊕0101 = 0101,二者正交;0101⊕0101 = 0000,二者完全相关;1010⊕0101 = 1111,二者负完全相关。

[例5-2] 已知序列 $a = (0110)$,计算自相关函数。

解:计算不同时延的自相关函数:

$$R_a(0) = \frac{1}{4}\sum_{i=1}^{4} a_i^2 = \frac{1}{4}(a_1a_1 + a_2a_2 + a_3a_3 + a_4a_4) = 1$$

$$R_a(1) = \frac{1}{4}\sum_{i=1}^{4} a_i a_{i+1} = \frac{1}{4}(a_1a_2 + a_2a_3 + a_3a_4 + a_4a_1) = 0$$

$$R_a(2) = \frac{1}{4}\sum_{i=1}^{4} a_i a_{i+2} = \frac{1}{4}(a_1a_3 + a_2a_4 + a_3a_1 + a_4a_2) = -1$$

$$R_a(3) = \frac{1}{4}\sum_{i=1}^{4} a_i a_{i+3} = \frac{1}{4}(a_1a_4 + a_2a_1 + a_3a_2 + a_4a_3) = 0$$

5.3.3 PN码

伪随机码又称伪噪声码,简称PN码或PN序列。PN码是一种具有白噪声性质的码。白噪声是服从正态分布、功率谱在很宽频带内均匀的随机过程。白噪声具有优良的相关特性,但工程上无法实现,因此采用类似带限白噪声统计特性的伪随机码来逼近。"伪"是指这种码是周期性的序列,通常由二进制移位寄存器产生,易于产生和复制。PN码具有良好的随机性和接近于白噪声的相关函数,可预先确定和可重复,功率谱频带很宽,易于从其他信号或干扰中分离出来,抗干扰性比较好,这些特性使得PN码在移动通信中得到了广泛应用。

在所有的PN序列中,m序列是最基本、最重要的一种伪随机码。在定时严格的系统中,可以采用m序列作为用户地址码来区分不同用户,目前的CDMA蜂窝系统就是采用这种方法。另外还有一种重要的PN序列——Gold码,是由m序列引出的。其他的PN序列还有m序列、二次剩余(Legendre)序列、霍尔(Hall)序列和双素数序列等。下面重点介绍m序列和Gold码。

1. m序列

m序列全称是"最长线性反馈移位寄存器序列",它是由带线性反馈的移位寄存器产生的周期最长的序列。图5.19给出了一个4级线性反馈移位寄存器产生的m序列。设初始状态为$(a_3, a_2, a_1, a_0) = (1,0,0,0)$,则在一次移位后,由$a_3$和$a_2$模2加产生新的反馈输入"1",此时变成新的状态为$(a_4, a_3, a_2, a_1) = (1,1,0,0)$。这样,15次移位后又回到初始状态$(1,0,0,0)$。不难看出,若初始状态为$(0,0,0,0)$,则移位后还是$(0,0,0,0)$。因此,移位寄存器中应避免出现全"0"状态。这就是说,由任何4级线性反馈移位寄存器产生的序列周期最长为15。如图5.19所示,寄存器产生的m序列为"000111101011001"。

因此,如果n级线性反馈移位寄存器输出序列的周期是$N = 2^n - 1$,则该序列称为m序列,序列的长度也为N。

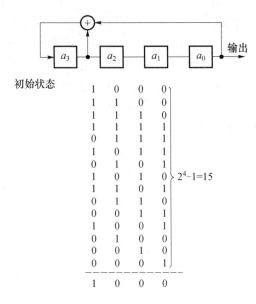

图 5.19 m 序列的产生

1) m 序列的产生

图 5.20 给出了 n 级线性反馈移位寄存器的原理图。m 序列发生器由移位寄存器、反馈抽头和模 2 加法器组成。

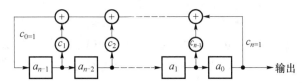

图 5.20 n 级线性反馈移位寄存器

图 5.20 中,各级移位寄存器的状态用 a_i 表示,$a_i = 0$ 或 1,i 为整数。反馈线的连接状态用 c_i 表示,$c_i = 1$ 表示此线接通(参加反馈),$c_i = 0$ 表示此线断开(不参加反馈)。反馈线的连接状态直接影响移位寄存器输出序列的周期大小。

根据图中状态和反馈线连接关系,寄存器移位一次后,得到新的寄存器反馈输入为

$$a_n = c_1 a_{n-1} \oplus c_2 a_{n-2} \oplus \cdots \oplus c_{n-1} a_1 \oplus c_n a_0 = \sum_{i=1}^{n} c_i a_{n-i} \pmod{2} \quad (5.23)$$

在线性反馈移位寄存器中,c_i 的取值直接决定了寄存器的反馈连接关系和输出序列的结构,因此,c_i 是一个很重要的参量。c_i 的取值可用其特征方程来表示,即

$$f(x) = c_0 + c_1 x + c_2 x^2 + \cdots + c_n x^n = \sum_{i=0}^{n} c_i x^i \quad (5.24)$$

式中:x^i 仅代表其系数 c_i 的取值(0 或 1),x 本身的取值并无实际意义。

例如,若 $c_0 = c_1 = c_4 = 1$,其余 $c_i = 0$,则对应的特征方程为

$$f(x) = 1 + x + x^4 \quad (5.25)$$

图 5.19 中所示的线性反馈移位寄存器就是按照这一特征方程构成。

类似地,反馈移位寄存器的输出序列 $\{a_k\}$ 也可以用代数方程表示为

$$G(x) = a_0 + a_1 x + a_2 x^2 + \cdots = \sum_{k=0}^{\infty} a_k x^k \tag{5.26}$$

需要说明的是,m 序列的最大长度取决于移位寄存器的级数,而码的结构取决于反馈抽头的位置和数量。不同的抽头组合可以产生不同长度和不同结构的码序列,有的抽头组合并不能产生最长周期的序列。对于如何构造一个产生 m 序列的线性反馈移位寄存器,前人已经做了大量的研究工作,确定了许多能够产生 m 序列的特征多项式,100 级以内的 m 序列发生器的连接图和所产生的 m 序列结构一般都能直接得到。

2) m 序列的性质

(1) 平衡性。在 m 序列一个周期内,"1" 和 "0" 的数目基本相等。准确地说,"1" 的个数仅比 "0" 的个数多 1,即 "1" 的个数为 $(N+1)/2$,"0" 的个数为 $(N-1)/2$。其中,N 为 m 序列周期。

(2) 游程分布特性。把一个序列中取值相同的那些连在一起的元素合称为一个"游程"。在一个游程中元素的个数称为游程长度。一个 m 序列中共有 $2^{(n-1)}$ 个游程:长度为 $R(1 \leq R \leq (n-2))$ 的游程数占游程总数的 $1/2^R$;长度为 $(n-1)$ 的游程只有 1 个,且是连 "0" 码;长度为 n 的游程也只有一个,且是连 "1" 码。其中,n 为产生 m 序列的移位寄存器的阶数。

例如,图 5.19 中给出的 m 序列为 "000111101011001",在其一个周期($N = 15$ 个元素)中,共有 8 个游程,其中长度为 4 的游程有一个,即 "1111";长度为 3 的游程有一个,即 "000";长度为 2 的游程有两个,即 "11" 和 "00";长度为 1 的游程有 4 个,即 2 个 "1" 和 2 个 "0"。

(3) 移位相加特性。m 序列和其移位后的序列逐位模 2 相加,所得的序列仍然是 m 序列,只是相移不同而已。例如,m 序列 "1110100" 与其向右移 3 位后的序列 "1001110" 逐位模 2 加后的序列为 "0111010",相当于原序列向右移 1 位后的序列,仍是 m 序列。

(4) m 序列移位寄存器的各种状态,除全 "0" 外,其他状态在一个周期内只出现一次。

3) m 序列的自相关性

根据前面自相关函数的定义,m 序列的自相关函数定义为

$$R_a(\tau) = \frac{A-D}{A+D} = \frac{A-D}{N} \tag{5.27}$$

式中:A 为 m 序列与其移位 τ 次序列的一个周期中对应元素相同的位数,即二者模 2 加结果为 "0" 的位数(单极性码的情况)或逻辑乘结果为 "+1" 的位数(双极性码的情况);D 为二者周期序列中对应元素不同的位数,即模 2 加结果为 "1" 的位数(单极性码的情况)或逻辑乘结果为 "−1" 的位数(双极性码的情况)。显然,$N = A + D$。

根据序列自相关函数定义和 m 序列的性质,可推导出 m 序列的自相关函数计算表达式为

$$R_a(\tau) = \begin{cases} 1, \tau = 0 \\ -1/N, \tau = \pm 1, \pm 2, \cdots, \pm (N-1) \end{cases} \tag{5.28}$$

有时我们把这类自相关函数只有两种取值的序列称为双值自相关序列。m 序列的自相关函数如图 5.21 所示。

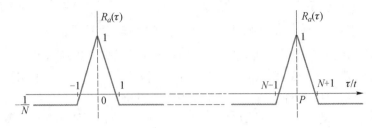

图 5.21　m 序列的自相关函数

由图 5.21 可见,m 序列的自相关性很好。当 $\tau=0$ 时,m 序列的自相关函数 $R_a(\tau)$ 出现峰值 1;当 τ 偏离 0 时,自相关函数曲线很快下降;当 $1\leqslant\tau\leqslant N-1$ 时自相关函数值为 $-1/N$;当 $\tau=N$ 时又出现峰值,如此周而复始。当周期 N 很大时,m 序列的自相关函数与白噪声类似。

m 序列的这一特性很重要,接收端相关检测就是利用这一特性,在"有"或"无"信号相关函数值的基础上识别信号,检测自相关函数值为 1 的码序列。

4)m 序列的互相关性

根据前面互相关函数的定义,对于周期为 $N=2^n-1$ 的两个 m 序列 $\{a_i\}$ 和 $\{b_i\}$,同样定义其互相关函数为

$$R_c(\tau)=\frac{A-D}{A+D}=\frac{A-D}{N} \tag{5.29}$$

式中:A 为 $\{a_i\}$ 序列与 $\{b_i\}$ 移位 τ 次序列的一个周期中对应元素相同的位数,即二者模 2 加结果为"0"的位数(单极性码的情况)或逻辑乘结果为"+1"的位数(双极性码的情况);D 为二者周期序列中对应元素不同的位数,即模 2 加结果为"1"的位数(单极性码的情况)或逻辑乘结果为"-1"的位数(双极性码的情况)。显然,$N=A+D$。

对于同一周期 $N=2^n-1$ 的 m 序列组,其两两 m 序列对的互相关特性差别很大,有的 m 序列对的互相关性很好,有的则较差,不能实际应用。但是一般来说,随着周期的增加,其归一化的互相关函数值的最大值会递减。通常我们只关心互相关性好的 m 序列对的特性。

研究表明,m 序列的互相关函数是多值函数,其互相关性不好。对于周期为 $N=2^n-1$ 的 m 序列组,其最好的 m 序列对的互相关函数值只有 3 个,即

$$R_c(\tau)=\begin{cases}\dfrac{t(n)-2}{N}\\-\dfrac{1}{N}\\-\dfrac{t(n)}{N}\end{cases} \tag{5.30}$$

式中:$t(n)=1+2^{[(n+2)/2]}$;$[\,\cdot\,]$ 表示取整。这 3 个值被称为理想三值,能够满足这一特性的 m 序列对称为 m 序列优选对,它们可以用于工程实际。

2. Gold 码

m 序列虽然性能优良,但同样长度的 m 序列个数不多,且序列之间的互相关性不够好。虽然 m 序列优选对是特性很好的伪随机序列,但能彼此构成优选对的数目很少,不便于在 CDMA 系统中应用。Gold 在 1967 年提出了一种基于 m 序列优选对 PN 码,后来命

名为 Gold 码。Gold 码由优选对的两个 m 序列逐位模 2 加得到,但它已不是 m 序列,不过它具有 m 序列优选对类似的自相关和互相关特性,而且构造简单,产生的序列数量较多,因而获得了广泛的应用。

1) Gold 码的生成

Gold 码是由两个经过特殊选取的、周期相等、码时钟速率相同的 m 序列优选对进行模 2 加运算得到的。图 5.22 给出由两个 5 级 m 序列优选对构成的 Gold 码发生器。图中,$g_1(D)$ 和 $g_2(D)$ 是两个周期相等的 m 序列优选对对应的特征多项式,分别产生周期为 $N=2^5-1=31$ 的 m 序列 $\{u_i\}$ 和 $\{v_i\}$。这两个 m 序列的和序列 $\{s_i\}$ 就是一个 Gold 码序列,其中 $\{s_i\}=\{u_i\}\oplus\{v_i\}$。

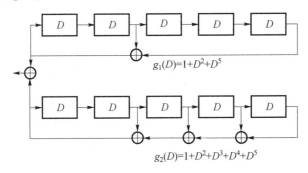

图 5.22 Gold 码发生器

2) Gold 码的特性

在实际应用中,人们关心的 Gold 码的特性主要有以下三点。

(1) 相关性。对于由周期 $N=2^n-1$ 的 m 序列优选对生成的 Gold 码序列,具有与 m 序列优选对相似的自相关和互相关特性。Gold 序列的自相关函数值 $R_a(\tau)$ 在 $\tau=0$ 时与 m 序列相同,具有尖锐的自相关峰;当 $1\leqslant\tau\leqslant(N-1)$ 时,与 m 序列有所差别,相关函数值不再是 $-1/N$,而是取式(5.30)中的三值,即最大旁瓣值是 $t(n)/N$。

Gold 码的自相关函数为

$$R_a(\tau,\tau\neq 0)=\begin{cases}\dfrac{t(n)-2}{N}\\-\dfrac{1}{N}\\-\dfrac{t(n)}{N}\end{cases} \quad (5.31)$$

Gold 码的互相关函数为

$$R_c(\tau)=\begin{cases}\dfrac{t(n)-2}{N}\\-\dfrac{1}{N}\\-\dfrac{t(n)}{N}\end{cases} \quad (5.32)$$

(2) Gold 码的数量。对于由周期 $N=2^n-1$ 的 m 序列优选对生成的 Gold 码序列,

每改变两个 m 序列相对位移都可得到一个新的 Gold 码序列。因为总共有 $N = 2^n - 1$ 个不同的相对位移,总共有 $2^n - 1$ 个 Gold 序列。随着 n 的增加,Gold 序列数以 2^n 增长。因此,Gold 码的数量比 m 序列多得多。

(3)平衡的 Gold 序列。Gold 序列数目远远多于 m 序列,其相关值也很低,但平衡性不很一致。Gold 序列大致分为:平衡序列,指序列中"1"和"0"的数目基本相等,"1"的个数仅比"0"的个数多 1;非平衡序列有两类,"1"码元过多的序列和"0"码元过多的序列。当 n 为奇数时,约 50% 为平衡序列;当 n 为偶数(但不是 4 的倍数)时,约 75% 为平衡序列。因此,只有约 50%(n 为奇数时)或 75%(n 为偶数,但不是 4 的倍数)的 Gold 序列可以用到 CDMA 通信系统中。

5.3.4 Walsh 序列

尽管伪随机序列具有良好的自相关特性,但其互相关特性不是很理想(互相关值不是处处为 0),如果把伪随机序列同时用作扩频码和地址码,系统性能将受到一定影响。所以,通常将伪随机序列用作地址码,而就扩频码而言,目前则采用 Walsh 码。

如果序列间的互相关函数值很小,特别是正交序列的互相关函数值为 0,这类序列称为第二类伪随机序列。Walsh 序列就是第二类伪随机序列。Walsh 函数是以数学家 Walsh 的名字命名的,他证明了 Walsh 函数的正交性。Walsh 函数可由哈达玛(Hadmard)矩阵、莱得马契函数、Walsh 函数自身的对称性等方法产生。其中,最常见的生成方法是哈达玛矩阵生成方法。

1. 哈达玛矩阵

哈达玛矩阵是数学家 Hadmard 于 1893 年首先构造出来的,记为 $\boldsymbol{H}$,其递推关系为

$$\boldsymbol{H}_0 = [0], \boldsymbol{H}_2 = \begin{bmatrix} 0 & 0 \\ 0 & 1 \end{bmatrix}, \boldsymbol{H}_4 = \begin{bmatrix} 0 & 0 & 0 & 0 \\ 0 & 1 & 0 & 1 \\ 0 & 0 & 1 & 1 \\ 0 & 1 & 1 & 0 \end{bmatrix} \tag{5.33}$$

$$\boldsymbol{H}_8 = \begin{bmatrix} \boldsymbol{H}_4 & \boldsymbol{H}_4 \\ \boldsymbol{H}_4 & \overline{\boldsymbol{H}_4} \end{bmatrix} = \begin{bmatrix} 0 & 0 & 0 & 0 & 0 & 0 & 0 & 0 \\ 0 & 1 & 0 & 1 & 0 & 1 & 0 & 1 \\ 0 & 0 & 1 & 1 & 0 & 0 & 1 & 1 \\ 0 & 1 & 1 & 0 & 0 & 1 & 1 & 0 \\ 0 & 0 & 0 & 0 & 1 & 1 & 1 & 1 \\ 0 & 1 & 0 & 1 & 1 & 0 & 1 & 0 \\ 0 & 0 & 1 & 1 & 1 & 1 & 0 & 0 \\ 0 & 1 & 1 & 0 & 1 & 0 & 0 & 1 \end{bmatrix} \tag{5.34}$$

$$\boldsymbol{H}_{2N} = \begin{bmatrix} \boldsymbol{H}_N & \boldsymbol{H}_N \\ \boldsymbol{H}_N & \overline{\boldsymbol{H}_N} \end{bmatrix} \tag{5.35}$$

式中:N 取 2 的幂;$\overline{\boldsymbol{H}_N}$ 为 $\boldsymbol{H}_N$ 的补。

矩阵 $\boldsymbol{H}$ 是一种对称方阵,仅由元素"0"和"1"构成,第一行和第一列的元素全为"0",而且其各行(和各列)是互相正交的。一般把这样的矩阵 $\boldsymbol{H}$ 称为正规哈达玛矩阵。

容易看出,在 H 矩阵中,交换任意两行(或任意两列),或改变任一行(或任一列)中每个元素的符号,都不会影响矩阵的正交性质。因此,正规 H 矩阵经过上述各种变换后仍为 H 矩阵,但不一定是正规形式的了。

H 矩阵中各行(或各列)是相互正交的,所以 H 矩阵称为正交矩阵。若把其中每一行(或每一列)看作一个码组,则这些码组也是相互正交的。所以,H 矩阵就是一种正交编码,若编码长度为 n,则包含的码组数也为 n。因为长度为 n 的编码共有 2^n 个不同的码组,若将 H 矩阵的 n 个码组作为准用码组,则其余 $2^n - n$ 个为禁用码组,可以用来纠错。

2. Walsh 函数和 Walsh 矩阵

我们知道,正弦和余弦函数可以构成一个完备正交函数系,由其构成的无穷级数或积分可以表示任一波形。Walsh 函数是一种非正弦的完备正交函数系,其取值仅为"+1"和"-1"。类似地,Walsh 函数也可以用来表示任一波形。前 8 个 Walsh 函数的波形如图 5.23 所示。

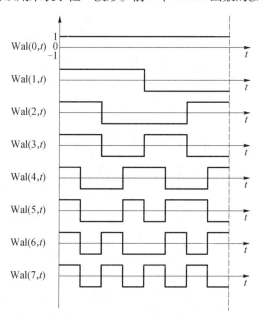

图 5.23 Walsh 函数的波形

容易看出,其中任意两个 Walsh 函数相乘积分的结果等于 0,即满足两两正交的条件。由于 Walsh 函数的取值仅为"+1"和"-1",可用其离散的抽样值来表示,即表示成矩阵的形式,称为 Walsh 矩阵。若采用负逻辑,即"0"用"+1"表示,"1"用"-1"表示,从上往下排列,图 5.23 所示 Walsh 函数对应的 Walsh 矩阵为

$$W_8 = \begin{bmatrix} 0 & 0 & 0 & 0 & 0 & 0 & 0 & 0 \\ 0 & 0 & 0 & 0 & 1 & 1 & 1 & 1 \\ 0 & 0 & 1 & 1 & 1 & 1 & 0 & 0 \\ 0 & 0 & 1 & 1 & 0 & 0 & 1 & 1 \\ 0 & 1 & 1 & 0 & 0 & 1 & 1 & 0 \\ 0 & 1 & 1 & 0 & 1 & 0 & 0 & 1 \\ 0 & 1 & 0 & 1 & 1 & 0 & 1 & 0 \\ 0 & 1 & 0 & 1 & 0 & 1 & 0 & 1 \end{bmatrix} \quad (5.36)$$

可见，Walsh 矩阵是按照每一行中"+1"和"-1"的交变次数由少到多排列的。规范形式的哈达玛矩阵的行序列(或列序列)都是 Walsh 序列，但是表示的并不是对应的 Walsh 函数，哈达玛矩阵需要行(或列)进行排序后才能得到对应的 Walsh 函数，即才能得到对应的 Walsh 矩阵。图 5.24 给出了 IS-95 系统中 Walsh 函数和 64 阶哈达玛矩阵行序列的对应关系。

```
Walsh Codes
 #  ------------------------------ 64-Chip Sequence -----------------------------------------
 0  0000000000000000000000000000000000000000000000000000000000000000
 1  0101010101010101010101010101010101010101010101010101010101010101
 2  0011001100110011001100110011001100110011001100110011001100110011
 3  0110011001100110011001100110011001100110011001100110011001100110
 4  0000111100001111000011110000111100001111000011110000111100001111
 5  0101101001011010010110100101101001011010010110100101101001011010
 6  0011110000111100001111000011110000111100001111000011110000111100
 7  0110100101101001011010010110100101101001011010010110100101101001
 8  0000000011111111000000001111111100000000111111110000000011111111
 9  0101010110101010010101011010101001010101101010100101010110101010
10  0011001111001100001100111100110000110011110011000011001111001100
11  0110011010011001011001101001100101100110100110010110011010011001
12  0000111111110000000011111111000000001111111100000000111111110000
13  0101101010100101010110101010010101011010101001010101101010100101
14  0011110011000011001111001100001100111100110000110011110011000011
15  0110100110010110011010011001011001101001100101100110100110010110
16  0000000000000000111111111111111100000000000000001111111111111111
17  0101010101010101101010101010101001010101010101011010101010101010
18  0011001100110011110011001100110000110011001100111100110011001100
19  0110011001100110100110011001100101100110011001101001100110011001
20  0000111100001111111100001111000000001111000011111111000011110000
21  0101101001011010101001011010010101011010010110101010010110100101
22  0011110000111100110000111100001100111100001111001100001111000011
23  0110100101101001100101101001011001101001011010011001011010010110
24  0000000011111111111111110000000000000000111111111111111100000000
25  0101010110101010101010100101010101010101101010101010101001010101
26  0011001111001100110011000011001100110011110011001100110000110011
27  0110011010011001100110010110011001100110100110011001100101100110
28  0000111111110000111100000000111100001111111100001111000000001111
29  0101101010100101101001010101101001011010101001011010010101011010
30  0011110011000011110000110011110000111100110000111100001100111100
31  0110100110010110100101100110100101101001100101101001011001101001
32  0000000000000000000000000000000011111111111111111111111111111111
33  0101010101010101010101010101010110101010101010101010101010101010
34  0011001100110011001100110011001111001100110011001100110011001100
35  0110011001100110011001100110011010011001100110011001100110011001
36  0000111100001111000011110000111111110000111100001111000011110000
37  0101101001011010010110100101101010100101101001011010010110100101
38  0011110000111100001111000011110011000011110000111100001111000011
39  0110100101101001011010010110100110010110100101101001011010010110
40  0000000011111111000000001111111111111111000000001111111100000000
41  0101010110101010010101011010101010101010010101011010101001010101
42  0011001111001100001100111100110011001100001100111100110000110011
43  0110011010011001011001101001100110011001011001101001100101100110
44  0000111111110000000011111111000011110000000011111111000000001111
45  0101101010100101010110101010010110100101010110101010010101011010
46  0011110011000011001111001100001111000011001111001100001100111100
47  0110100110010110011010011001011010010110011010011001011001101001
48  0000000000000000111111111111111111111111111111110000000000000000
49  0101010101010101101010101010101010101010101010100101010101010101
50  0011001100110011110011001100110011001100110011000011001100110011
51  0110011001100110100110011001100110011001100110010110011001100110
52  0000111100001111111100001111000011110000111100000000111100001111
53  0101101001011010101001011010010110100101101001010101101001011010
54  0011110000111100110000111100001111000011110000110011110000111100
55  0110100101101001100101101001011010010110100101100110100101101001
56  0000000011111111111111110000000011111111000000000000000011111111
57  0101010110101010101010100101010110101010010101010101010110101010
58  0011001111001100110011000011001111001100001100110011001111001100
59  0110011010011001100110010110011010011001011001100110011010011001
60  0000111111110000111100000000111111110000000011110000111111110000
61  0101101010100101101001010101101010100101010110100101101010100101
62  0011110011000011110000110011110011000011001111000011110011000011
63  0110100110010110100101100110100110010110011010010110100110010110
```

图 5.24　IS-95 中 Walsh 函数和 64 阶哈达玛矩阵行序列的对应关系

3. Walsh 码的特点

（1）Walsh 函数是一种非正弦波的完备正交函数系统，可用哈达玛矩阵通过递推关系构成。由于它仅有两种取值"+1"和"-1"，比较适合表达和处理数字信号。

（2）Walsh 函数具有理想的互相关特性。在 Walsh 函数中，两两之间的互相关函数为 0，也就是说，它们之间是完全正交的。Walsh 码和其他 Walsh 码或者其他 Walsh 码的反码都是正交的。

（3）由于 Walsh 码的正交性比较好，一般用 Walsh 码来实现扩频。这样，系统不仅具有理想的正交信道隔离特性，还由于扩频增益提高了抗干扰性能。

此外，Walsh 码在纠错编码、保密编码等通信领域也有广泛应用。

5.3.5 OVSF 码

WCDMA 系统要求支持多速率、多业务，也就是说，同一小区中的多个移动用户可以在相同频段同时以不同的速率发送不同的多媒体业务，只有通过可变扩频比才能达到统一要求的信道速率。为了防止多用户业务信道之间的干扰，必须设计一类适合于多业务多速率和不同扩频比的正交信道地址码，即正交可变速率扩频增益（OVSF）码。

显然，OVSF 码是一组长短不一样的码。低速率业务信道的扩频比大，码组长；高速率业务信道的扩频比小，码组短。在 WCDMA 中，最短的码组长度为 4 位，最长的码组长度为 256 位。不管码组长短是否一致，各码组间都要保持正交性，以免不同速率业务信道之间的相互干扰。

1. OVSF 码的构造过程

OVSF 码与 Walsh 码结构很相似，其构造过程类似 Huffman 编码的树形结构与生成规律，具体构造过程如表 5.4 所列。

表 5.4 OVSF 码的构造过程

$C_1^0 = 1$	$C_2^0 = (00)$	$C_4^0 = (0000)$	$C_8^0 = (00000000)$
			$C_8^1 = (00001111)$
		$C_4^1 = (0011)$	$C_8^2 = (00110011)$
			$C_8^3 = (00111100)$
	$C_2^1 = (01)$	$C_4^2 = (0101)$	$C_8^4 = (01010101)$
			$C_8^5 = (01011010)$
		$C_4^3 = (0110)$	$C_8^6 = (01100110)$
			$C_8^7 = (01101001)$

在上述码树中，当选定某一个码为扩频码后，则以其为根节点的其他码就不能再被选作扩频码。这一点与 Huffman 编码的非延长特性是完全一致的。

OVSF 码的编码规则：树图中的根节点是按照 2^r 规律增长的，其中 $r = 0, 1, 2, \cdots$。也就是说，OVSF 码的编码树为一棵完全二叉树，即从每一个根节点一分为二，每一层节点的编码规范由以下方式确定。

第一层节点有 $2^0 = 1$ 个，码长为 1，第一层根节点编码为

$$C_1^0 = 0 \tag{5.37}$$

第二层节点有 $2^1=2$ 个,码长为2,第二层根节点编码为

$$\begin{bmatrix} C_2^0 \\ C_2^1 \end{bmatrix} = \begin{bmatrix} C_1^0 & C_1^0 \\ C_1^0 & \overline{C_1^0} \end{bmatrix} = \begin{bmatrix} 0 & 0 \\ 0 & 1 \end{bmatrix} \tag{5.38}$$

第三层节点有 $2^2=4$ 个,码长为4,第三层根节点编码为

$$\begin{bmatrix} C_4^0 \\ C_4^1 \\ C_4^2 \\ C_4^3 \end{bmatrix} = \begin{bmatrix} C_2^0 & C_2^0 \\ C_2^0 & \overline{C_2^0} \\ C_2^1 & C_2^1 \\ C_2^1 & \overline{C_2^1} \end{bmatrix} = \begin{bmatrix} 0 & 0 & 0 & 0 \\ 0 & 0 & 1 & 1 \\ 0 & 1 & 0 & 1 \\ 0 & 1 & 1 & 0 \end{bmatrix} \tag{5.39}$$

第四层节点有 $2^3=8$ 个,码长为8,第四层根节点编码为

$$\begin{bmatrix} C_8^0 \\ C_8^1 \\ C_8^2 \\ C_8^3 \\ C_8^4 \\ C_8^5 \\ C_8^6 \\ C_8^7 \end{bmatrix} = \begin{bmatrix} C_4^0 & C_4^0 \\ C_4^0 & \overline{C_4^0} \\ C_4^1 & C_4^1 \\ C_4^1 & \overline{C_4^1} \\ C_4^2 & C_4^2 \\ C_4^2 & \overline{C_4^2} \\ C_4^3 & C_4^3 \\ C_4^3 & \overline{C_4^3} \end{bmatrix} = \begin{bmatrix} 0 & 0 & 0 & 0 & 0 & 0 & 0 & 0 \\ 0 & 0 & 0 & 0 & 1 & 1 & 1 & 1 \\ 0 & 0 & 1 & 1 & 0 & 0 & 1 & 1 \\ 0 & 0 & 1 & 1 & 1 & 1 & 0 & 0 \\ 0 & 1 & 0 & 1 & 0 & 1 & 0 & 1 \\ 0 & 1 & 0 & 1 & 1 & 0 & 1 & 0 \\ 0 & 1 & 1 & 0 & 0 & 1 & 1 & 0 \\ 0 & 1 & 1 & 0 & 1 & 0 & 0 & 1 \end{bmatrix} \tag{5.40}$$

依此类推,可以得到任意长度的 OVSF 码。和 Walsh 码一样,OVSF 码的互相关函数为0,同步时相互间完全正交。因此,可以根据业务的不同带宽要求,灵活选用不同长度的 OVSF 码作为扩频码。

2. OVSF 码的特点

(1) OVSF 码具有多个不同长度的正交扩频码,使实现系统多业务多速率成为可能。

(2) 同代(同一层次或长度相同)的 OVSF 码是完全正交的。如 C_2^0 和 C_2^1 是正交的。

(3) 不同代(不同层次)但没有直接关系的 OVSF 码也相互正交。如 C_2^0 和 C_4^2 是正交的。

(4) 不同代(不同层次)但有直接关系的 OVSF 码不相互正交。如 C_2^1 和 C_4^2 是不正交的。

(5) 同一根节点下不同长短的 OVSF 码不能同时选作扩频码。如选择 C_2^0 为短扩频码,则以 C_2^0 为根的所有较长的扩频码 C_4^0、C_4^1 以及 $C_8^0 \sim C_8^3$ 都不能再选作扩频码。进一步再选 C_4^3 为扩频码,则其后的分支 C_8^6、C_8^7 也不能再用。最后,若再选 C_8^5 作为长扩频码,则 C_8^5 以后的分支也不能再用。可以验证,C_2^0、C_4^3 和 C_8^5 之间满足两两正交关系。

5.3.6 地址码的应用

如前所述,在 CDMA 系统中,扩频码和地址码主要分为用户地址码、信道地址码和基站地址码。在这3类地址码中,信道地址码是唯一具有扩频功能的序列。由于 CDMA 是

干扰受限系统,实际用户之间的干扰主要取决于信道间的隔离度(或正交性),因此,信道地址码的选取直接决定用户的数量,影响系统的容量。

信道地址码也称为信道化码,在上行链路区分同一用户的不同上行信道,在下行链路区分同一基站小区(或扇区)的不同下行信道。信道化码一般由 Walsh 码或 OVSF 码来实现,不仅具有理想的自相关和互相关特性,而且由于其扩频增益提高了系统的抗干扰能力。用户地址码和基站地址码主要目的是区分用户和基站,均不具有扩频的功能,但在传输中用于平衡"0"和"1"的数量,因此一般称为扰码。扰码一般采用数量较多、准正交性的伪随机 PN 序列,如 m 序列和 Gold 序列来实现。扩频、信道化码和扰码的关系如图 5.25 所示。

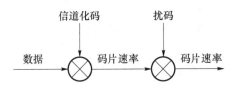

图 5.25 扩频、信道化码和扰码的关系

1. IS-95 系统中的地址码

在 IS-95 系统中,采用一个超长序列的 m 序列伪码,即 PN 长码 $N = 2^{42} - 1 (n = 42)$ 作为用户地址码,主要用于反向(上行)信道,由移动台产生,便于区分用户。在下行信道中基站产生 PN 长码,作为数据扰码,用于数据的加扰。

在 IS-95 系统中,选用码长 $N = 64$ 的正交 Walsh 序列作为信道化码,即采用 64 个长度为 64 位的等长 Walsh 码作为 IS-95 的信道地址码。

在 IS-95 系统中,采用两个较短的 PN 码作为基站地址码,码长 $N = 2^{15} - 1 (n = 15)$,分别对下行同相(I)和正交分量(Q)进行正交调制。I 和 Q 信道的 15 位 m 序列的 PN 码周期为 32767 码片,是奇数、不可约的,为了使周期变成 $2^{15} = 32768$,规定在周期最后加上一位"0"。

在 IS-95 系统中,所有不同基站的短 PN 码是一样的,即其生成多项式 $f_I(x)$、$f_Q(x)$ 是同一个,而各个基站间的差异在于起始相位不一样。IS-95 规定各基站地址码的相位差是 64 码片的整数倍。因此,在 IS-95 中,最多可提供的基站(或小区)数是 $2^{15}/64 = 512$ 个。

2. WCDMA 系统中的地址码

WCDMA 系统为了支持多速率、多业务,采用 OVSF 码作为信道化码。

WCDMA 采用的用户地址码分为两类:Gold 长码和 Gold 短码。

(1) Gold 长码,是由一个 25 阶的移位寄存器产生的 Gold 码,然后截短为一个帧长 10ms,共计 38400 个码片。主要用于 WCDMA 第一期,当基站使用 Rake 接收机时采用。

(2) Gold 短码,是从扩展的码组中选取,长度仅为 256 个码片。主要用于 WCDMA 第二期,当基站使用多用户检测器时采用。

WCDMA 基站地址扰码采用两个 18 阶移位寄存器产生的 Gold 序列,共计可产生 $2^{18} - 1 = 262143$ 个扰码,但实际上仅采用前面的 8192 个。这 8192 个扰码分成 512 个集合,每个集合中有 16 个码。这 16 个码中有一个是基本扰码,其余 15 个是辅助扰码。

3. CDMA 2000 中的地址码

CDMA 2000 是 IS-95 体制的延续和发展,其用户地址码和基站地址码与 IS-95 完全相同。

CDMA 2000 的信道化码使用变长 Walsh 码。在下行链路使用 2～128 阶的 Walsh 码，用于区分同一小区中不同的下行信道。在上行链路使用 2～64 阶的 Walsh 码，用于区分同一用户的不同上行信道。

4. TD-SCDMA 系统中的地址码

在 TD-SCDMA 系统中，信道化码为 OVSF 码，用于区分上下行信道。上行扩频码的长度可为 1、2、4、8、16，下行扩频码的长度只能为 1 或 16。扰码为 PN 码，TD-SCDMA 采用 16 位的扰码，长度较短，效果不是太好，大大影响了 TD-SCDMA 系统的性能。

5.4 蜂窝网络的容量分析

系统容量是衡量系统有效性的重要指标，可以采用不同的表征方法来度量。一般来说，在有限频段内，信道数目越多，系统容量越大。对于蜂窝移动通信网络，一般有以下 3 种度量方法。

（1）每个小区中可用信道数（ch/cell），表征每个小区中允许同时工作的用户数。

（2）每个小区中每兆赫兹带宽可用信道数（ch/MHz/cell），表征每个小区中单位带宽内允许同时工作的用户数。

（3）每小区厄兰量（Erl/cell），表征每小区允许的话务量。

其中，比较常用的度量指标是第一种，即用每个小区中允许同时工作的用户数定义系统容量。在采用不同多址接入方式的蜂窝移动通信网络中，多用户占用频率、时隙、地址码等资源的方式不同，因此允许同时接入的用户数也不同。下面对 FDMA、TDMA、CDMA 蜂窝网络的容量进行具体分析。

5.4.1 FDMA 网络的容量

在 FDMA 蜂窝网络中，系统总的可用频段被分为若干个等间隔、互不交叠的子信道，每个子信道分配给一个不同的用户使用。因此，FDMA 网络的容量计算比较简单，计算公式为

$$C_F = \frac{W}{BN} \tag{5.41}$$

式中：W 为系统总的可用带宽；N 为频率复用区群的大小；B 为每个子信道的带宽。

[例 5-3] 模拟 TACS 系统，采用 FDMA 方式，设系统总带宽 1.25MHz，信道带宽 25kHz，频率复用小区数为 7，计算其系统容量。

解：TACS 系统容量为

$$C_F = \frac{W}{BN} = \frac{1.25 \times 10^3}{25 \times 7} = 7.1(\text{ch/cell})$$

5.4.2 TDMA 网络的容量

在 TDMA 蜂窝网络中，连续时间被分割成周期的时间帧，每一帧再分割成若干个不

交叠的时隙,每个时隙分配给一个不同的用户使用。一般蜂窝移动通信系统都是在 FDMA 的基础上再进行 TDMA,因此,TDMA 网络的计算公式为

$$C_T = \frac{W}{B'N} = \frac{mW}{BN} \tag{5.42}$$

式中,B 为频分子信道的带宽;B' 为每个时分子信道的带宽;m 为一个时间帧划分的时隙数,满足 $B = m \times B'$。

[例 5 - 4] GSM 系统使用 FDMA/TDMA 多址方式,设总带宽为 1.25MHz,载波带宽 200kHz,每载频时隙数为 8,频率复用小区数为 4,计算其系统容量。

解:GSM 系统容量为

$$C_T = \frac{W}{B'N} = \frac{8 \times 1.25 \times 10^3}{200 \times 4} = 12.5(\text{ch/cell})$$

5.4.3 CDMA 网络的容量

在 CDMA 蜂窝网络中,所有用户共用频率和时间,依靠不同的地址码来区分用户,因此,地址码的数量决定了能够同时工作的用户数量,即系统容量。一般可提供的地址码数量较多。但是,用户数越多,系统干扰越大,通信质量就无法保证。因此,CDMA 蜂窝网络是自干扰系统。所以,CDMA 网络的容量除了与基站小区配置的频道数有关外,还和无线制式、小区环境等有很大关系。影响 CDMA 网络容量的主要参数有扩频处理增益、E_b/N_0、语音激活期、频率复用效率、基站天线扇区数等。

1. CDMA 网络容量

对于一般扩频通信系统,接收信号的载干比为

$$\frac{C}{I} = \frac{R_b E_b}{N_0 W} = \left(\frac{E_b}{N_0}\right) / \left(\frac{W}{R_b}\right) \tag{5.43}$$

式中:E_b 为每比特信息的能量;R_b 为信息的比特速率;N_0 为干扰信号的功率谱密度;W 为系统总带宽;W/R_b 为系统扩频处理增益。

在 CDMA 网络中,设 N 个用户共用一个无线频道同时通信,每个用户受到其他 $(N-1)$ 个用户的多址干扰。一般认为 CDMA 中的干扰主要是多址干扰。假设到达一个接收机的信号强度和各干扰信号强度相等,则 CDMA 系统的载干比为

$$\frac{C}{I} = \frac{1}{N-1} \tag{5.44}$$

根据式(5.43)和式(5.44),得到

$$C_C = 1 + \left(\frac{W}{R_b}\right) / \left(\frac{E_b}{N_0}\right) \tag{5.45}$$

如果把背景热噪声 η 考虑进去,则 CDMA 网络容量为

$$C_C = 1 + \left(\frac{W}{R_b}\right) / \left(\frac{E_b}{N_0}\right) - \frac{\eta}{C} \tag{5.46}$$

因此,在误比特率一定的条件下,降低热噪声功率、减小归一化信噪比、增大系统的处理增益都有利于提高 CDMA 网络的系统容量。

2. 提高 CDMA 容量的技术

需要说明的是,以上是假设到达接收机的信号强度和各干扰信号强度相等。对于单一小区,在前向传输时,不加功率控制即可满足;但在反向传输时,各个移动台向基站发送的信号必须进行理想的功率控制才能满足。因此,可采用一些技术来提高 CDMA 系统的容量。

1) 语音激活技术

在典型的全双工通话中,实际上每次通话中语音存在时间小于 35%,即语音的激活期(或占空比)$d \leqslant 35\%$。如果在语音停顿时停止发送信号,就能减少对其他用户的干扰,即其他用户受到的干扰会相应平均减少 65%,从而使系统容量提高到原来的 $1/0.35 = 2.86$ 倍。因此,CDMA 系统的容量公式修正为

$$C_C = 1 + \left[\left(\frac{W}{R_b}\right) \Big/ \left(\frac{E_b}{N_0}\right) - \frac{\eta}{C}\right] \cdot \frac{1}{d} \quad (5.47)$$

当用户数非常大,系统是干扰受限而非噪声受限时,CDMA 系统的容量公式可表示为

$$C_C = \left[\left(\frac{W}{R_b}\right) \Big/ \left(\frac{E_b}{N_0}\right)\right] \cdot \frac{1}{d} \quad (5.48)$$

2) 扇区划分技术

小区扇区化能有效地扩充 CDMA 网络的容量。当利用 120°定向天线把一个基站小区划分为 3 个扇区时,每个用户处于一个扇区中,相应的用户间的多址干扰能量也就减少为原来的 1/3,从而使系统容量增加约 3 倍。实际上,由于相邻天线覆盖区之间有交叠,一般能提高到 $G = 2.55$ 倍,G 称为扇区分区系数。因此,CDMA 系统的容量公式又修正为

$$C_C = \left\{1 + \left[\left(\frac{W}{R_b}\right) \Big/ \left(\frac{E_b}{N_0}\right)\right] \cdot \frac{1}{d}\right\} \cdot G \quad (5.49)$$

3. 邻近蜂窝小区的干扰考虑

在 CDMA 系统中,所有用户共享一个无线频率,即若干个小区内的基站和移动台都工作在相同的频率上。因此,任一小区中的基站和移动台都会受到相邻小区的干扰,这些干扰的存在必然会影响 CDMA 系统的容量。前向信道和反向信道的干扰对系统容量的影响是不同的。

先分析前向信道的情况。假设移动台所在的小区为当前小区,当前小区基站不断地向小区中所有移动台发射信号,移动台在接收有用信号时,基站发给其他用户的信号都对这个移动台形成干扰。由于路径传播损耗的原因,当移动台靠近基站时,这些干扰信号和有用信号一样增大;当移动台远离当前小区基站时,这些干扰信号也和有用信号一样减少。但是,对于移动台来说,越靠近邻近 CDMA 小区,受到邻小区的干扰信号就越强,而有用信号的强度却趋于最低。考虑这种原因,可以发现,对于信干比来说,移动台最不利的位置是处于 3 个小区交界的地方,如图 5.26 中所示的圆圈点。

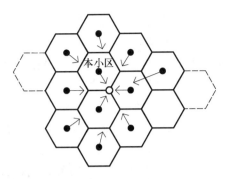

图 5.26 CDMA 系统移动台受干扰情况

对于反向信道,因为相邻小区基站和移动台在功率控制的作用下不断调整发射功率,对当前小区基站的干扰不易计算,只能从概率上计算出平均值的下限。然而理论分析表明,前向信道和反向信道的干扰总量对系统容量的影响大致相当。因此,在考虑邻近蜂窝小区的干扰对系统容量的影响时,一般根据前向信道计算。

假设各小区中同时通信的用户数是 N,即各小区的基站同时向 N 个用户发送信号。理论分析表明,在采用功率控制时,每小区同时通信的用户数将下降到原来的 60%,即信道复用效率为 $F=0.6$,也就是系统容量下降到没有考虑邻区干扰时的 60%。此时,CDMA 系统的容量公式又修正为

$$C_C = \left\{1 + \left[\left(\frac{W}{R_b}\right) \bigg/ \left(\frac{E_b}{N_0}\right)\right] \cdot \frac{1}{d}\right\} \cdot G \cdot F \tag{5.50}$$

[例 5-5] 对于 IS-95CDMA 系统,设系统总带宽为 1.25MHz,语音编码速率 $R_b=9.6$kbps,语音占空比 $d=0.35$,扇区分区系数 $G=2.55$,信道复用效率 $F=0.6$,归一化信噪比 $E_b/N_0=7$dB,计算其系统容量。

解:IS-95 系统容量为

$$C_C = \left\{1 + \left[\left(\frac{1250}{9.6}\right) \bigg/ (10^{0.7})\right] \cdot \frac{1}{0.35}\right\} \cdot 2.55 \cdot 0.6$$

$$= 115.1(\text{ch/cell})$$

从例 5-3~例 5-5 可以看出,在总带宽相同,即为 1.25MHz 时,IS-95 CDMA 系统的容量约是模拟 FDMA 系统 TACS 容量的 16 倍,约是 TDMA 系统 GSM 的 9 倍。

需要说明的是,以上的比较中,CDMA 系统容量是理论值,是在假设 CDMA 具有理想功率控制技术的前提下得出的,这在实际应用中显然是做不到的。为此,实际 CDMA 系统的容量应比理论值有所下降,下降多少与功率控制的精度有关。另外,CDMA 系统容量的计算与某些参数的选取有关,对于不同的参数值,得出的系统容量也有所不同。当前比较普遍的看法是,CDMA 系统容量是模拟 FDMA 系统的 8~10 倍。

5.5 信道分配和多信道共用

5.5.1 信道分配

为每个基站小区分配合适的无线信道是无线网络规划的重要工作。无线信道的分配

主要与系统总的可用频带、频率复用需求、多址接入方式等有关。当然,具体网络规划中还要考虑无线传播的地形地物等实际环境。

信道带宽是进行信号传送所必需的射频技术指标,是决定信道间隔的重要因素。在无线信道中,如果能保证一定的信道带宽,就能保证信号在该信道中的可靠传输。虽然信号的能量主要集中在信道带宽内,即主瓣能量比较大,然而,信道带宽外的频谱功率(即副瓣能量)也不能忽略。因为,为了避免副瓣能量泄漏到相邻信道而造成邻道干扰,相邻信道之间要保证一定的信道间隔。一般来说,无线信号允许信道带宽是信道间隔的60%左右。国际无线电信咨询委员会(CCIR)制定了无线频率配置的国际标准,根据推荐的标准,各个国家根据具体情况制定本国的无线频率配置方案。例如,我国规定,在25～1000MHz全频段内均为25kHz信道间隔。无线频率配置的基本方案如图5.27所示。

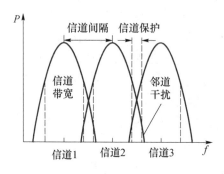

图5.27　无线频谱配置基本方案

对于CDMA系统,如果使用单载波,则一个载频可以承载系统所需的所有控制信道和业务信道,不需要规划频率。但CDMA系统中存在远近效应和小区呼吸效应,因此,CDMA网络规划需要对各种逻辑信道的发射功率及门限值进行合理设计,还要根据业务量的变化合理地调整发射功率和门限值。

本节所介绍的无线系统的信达分配方案主要是针对FDMA和TDMA移动通信系统的频率分配。

1. 频道分组的原则

频率分配是频率复用的前提。频率分配有两个基本含义:①频道分组,根据移动网拥有的频率资源,将全部频道分成若干组;②频道指配,以固定的或动态的分配方法将频率资源分配给移动网的用户使用。

1) 频道分组的原则

(1) 根据不同移动通信系统的无线频率使用要求和移动通信设备抗干扰能力等,选择双工方式、载波中心频率、频道间隔、收发间隔等;

(2) 在同一频道组中不能有相邻序号的频道;

(3) 确定无互调干扰或尽量减小互调干扰的分组方法;

(4) 考虑有效利用频率资源、减小基站天线高度和尽量减小发射功率,在满足射频防护比的前提下,确定频道分组数。

2) 频道分配时需要注意的问题

(1) 一般将一个频道组分配给一个基站小区或一个扇区;

（2）相邻序号的频道不能分配到相邻小区或扇区；

（3）根据规定的射频防护比建立频率复用的频道分配图案；

（4）保证频率计划、远期规划、新建网和重叠网频率分配的协调一致。

2. 固定频道分配方法

固定频道分配方法有两种：分区分组分配方法和等频距分配方法。

1）分区分组分配方法

分区分组分配方法具体遵循的原则如下：

（1）尽量减少占用的总频段，提高频谱的利用率；

（2）单位无线区群中不能使用相同的频道，以避免同道干扰；

（3）每个无线小区应采用无三阶互调的频道组，以避免三阶互调干扰。

假设在一个确定的频段内，以等间隔划分频道，按顺序分别标明各频道的号码为1，2，3，…，42，以7个小区为一个区群，若每个小区需要6个频道，分区分组分配方法如下：

第一组：1，5，14，20，34，36

第二组：2，9，13，18，21，31

第三组：3，8，19，25，33，40

第四组：4，12，16，22，37，39

第五组：6，10，27，30，32，41

第六组：7，11，24，26，29，35

第七组：15，17，23，28，38，42

上述每一组频道将分配给区群内的一个小区，共占用了42个频道。分区分组分配方法的主要出发点是避免三阶互调，但未考虑同一频道组中的频率间隔，可能会出现较大的邻道干扰，这正是这种方法的主要缺点。

2）等频距分配方法

等频距分配方法是按照等频率间隔划分频道组。只要频率间隔选得足够大，就可以有效地避免邻道干扰。这样的频率配置可能正好满足产生互调干扰的频率关系，但由于频距大，干扰频率易于被接收机滤波器滤除而不易作用到非线性器件上，也就避免了互调干扰的产生。

等频距分配方法可根据区群内小区数 N 来确定同一频道组内各频道之间的频率间隔。假设第一组用$(1,1+N,1+2N,1+3N,\cdots)$，则第二组可用$(2,2+N,2+2N,2+3N,\cdots)$，等等。

假设每个区群中有7个小区，即 $N=7$，则等频距信道配置如下：

第一组：1，8，15，22，29，…

第二组：2，9，16，23，30，…

第三组：3，10，17，24，31，…

第四组：4，11，18，25，32，…

第五组：5，12，19，26，33，…

第六组：6，13，20，27，34，…

第七组：7，14，21，28，35，…

同一频道组内的频道间最小频率间隔最小为 7 个频道间隔。若频道间隔为 25kHz，则其频道间最小频率间隔为 175kHz，接收机的输入滤波器就可有效地抑制邻道干扰和互调干扰。

如果采用定向天线顶点激励的小区制，每个基站向 3 个方向辐射，应配置 3 组频道，假如单位区群内小区的个数为 $N=7$，则每个区群就需要分配 21 个频道组。整个区群内各基站频道组的分布如图 5.28 所示。

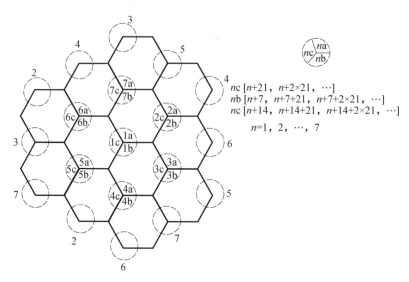

图 5.28 三顶点激励小区的信道配置

3. 动态分配方法

为了进一步提高频谱利用率，应该使频道不是固定分配给某个小区，于是引入了动态分配方法，包括动态配置法和柔性配置法。

1）动态配置法

动态配置法是根据移动用户话务量随时间和位置的变化对频道进行分配。也就是说，频道不是固定分配给某个小区，移动台可在小区内使用系统的任何一个频道。

这种分配方法的优点是，可以充分利用有限的频道资源。但是，动态地分配频道需要使用混合任意频道的天线共用设备，而且需要高速处理横跨多个基站的庞大算法。

2）柔性配置法

柔性配置是指首先分配给多个小区共用频道，利用这些小区话务量高峰时间段的不同，控制话务量高峰小区顺序地使用话务量小的小区不使用的共用频道，为话务量高峰小区服务。柔性配置法适用于可预先预测话务量分布及动态变化的情况。

在实际应用中，经常将固定频道分配和动态频道分配结合起来使用，即采用混合频道分配方法。混合频道分配方法需要系统通过软件编程来控制实现。

5.5.2 多信道共用

1. 多信道共用意义

在双工移动通信系统中，移动用户在通话时要占用一条双向信道。由于频谱资源的限制,用户数总是大于信道数。移动通信系统使用多信道共用技术来缓解频谱资源有限和用户数多的矛盾。多信道共用是指系统允许大量的用户在一个小区内共享少量的信道,每个用户只在呼叫时才分配一个信道,一旦通话结束,该用户占用的信道马上释放出来供其他用户使用。

假设一个无线小区中有 n 个信道,用户也分成 n 组,每组用户分别被指定在某一信道上工作,不同信道内的用户不能互换信道,这种用户占用信道的方式称为独立信道方式,如图 5.29(a)所示。这种工作方式中,当某一信道被某一用户占用时,属于该信道的其他用户都不能使用该信道,其他用户的通话被阻塞,即使此时其他一些信道很可能正空闲。这样一来就造成了有些信道在紧张"排队",而另一些信道却空闲。显然,独立信道方式对信道的利用是不利的。

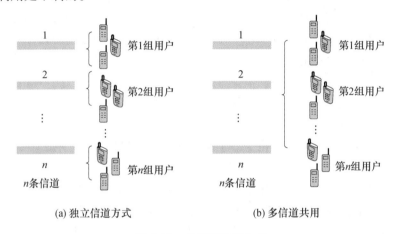

图 5.29　多信道共用方式

所谓多信道共用,就是一个无线小区中的 n 个信道为该无线区中的所有用户共用,如图 5.29(b)所示。当其中 $k(k<n)$ 个信道被占用时,其他需要通话的用户可以在剩下的 $(n-k)$ 个信道中选择一个进行通话。任何一个移动用户选取空闲信道和占用信道的时间都是随机的,显然,所有信道同时被占用的概率远小于一个信道被占用的概率。因此,在同样多的信道数和用户数情况下,多信道共用技术能大大降低用户通话的阻塞率,显著提高信道利用率。

2. 多信道共用技术

在多信道共用系统中,多信道共用必须在基站和移动台的共同控制下实现。对基站而言,必须能自动管理其控制小区内的 n 个信道。也就是说,若基站小区中有 n 个无线信道可供移动用户共同使用,当某一用户需要占用一个信道进行通信时,如何从这 n 个信道中自动选择一条空闲信道呢?信道的自动选择方式有专用呼叫信道方式、循环定位方式、循环不定位方式和循环分散定位方式。

1) 专用呼叫信道方式

专用呼叫信道方式是指在系统给定的多个信道中,设置 1 个或 2 个信道专门用于处理呼叫的控制信道,因此,又称为共用信令信道方式。该控制信道有两个作用:①处理基站到移动台的呼叫(寻呼信道)和移动台到基站的呼叫(接入信道);②为允许接入的用户指配语音信道或其他业务信道。

专用呼叫信道的具体作用如下：

（1）平时，移动业务交换中心通过基站在寻呼信道上发寻呼信号，正常开机状态下的移动台都守候在该寻呼信道上。

（2）若移动台作为被叫用户，在寻呼信道上收到寻呼信号后进行应答，并根据基站的指令转入分配的空闲语音信道或其他业务信道进行通信。

（3）若移动台作为起呼用户，通过上行接入信道发出呼叫请求信号。基站收到后，在下行允许接入信道给移动台指定分配的空闲信道。移动台根据指令转入空闲信道进行通信。

（4）呼叫处理完成后，该控制信道就空闲出来，可以处理其他用户的呼叫请求。

专用呼叫信道方式处理一次呼叫所需要的时间很短，一般为几百毫秒甚至更短，所以设置一个专用呼叫信道可以处理成百上千个用户。这种方式一般用于大容量移动通信系统，目前，在数字蜂窝移动通信网络中采用的就是专用呼叫信道方式。但是，由于这种方式需要专门一个信道作为呼叫控制信道，减少了通话信道的数目，因此不适合信道数目少的小容量移动通信系统。

2）循环定位方式

循环定位方式是由基站临时指定一个空闲信道作为呼叫信道，并在该临时呼叫信道上发送空闲信号。平时，所有未通话移动台都自动对全部信道进行扫描搜索，一旦在哪个信道上收到空闲信号，就停留在该信道上，等待接收寻呼信号。当某个移动台响应寻呼后，就在此信道上进行通话。此时，基站需要另外寻找一个空闲信道作为临时呼叫信道，所有未通话移动台接收机都自动转到这个新的临时呼叫信道上守候。可见，这种方式中，通话是在呼叫信道上进行的，一旦呼叫信道作为通话信道使用，基站就需要重新确定某个空闲信道作为临时呼叫信道，并发送空闲信号。呼叫信道是临时的、不断改变的，一旦移动台收不到空闲信号，就重新开始信道扫描。

这种方式不设立专用的呼叫信道，全部信道都可用于用户通话，因而信道利用率高。另外，各移动台平时都守候在临时呼叫信道上，一旦通话就能在该信道上立即进行，因此不论主叫还是被叫呼叫都能够立即进行，通话接续快。但是，由于所有未通话移动台都停在同一个临时信道上，同时起呼的概率（称为同抢概率）大，容易出现冲突，通话阻塞率高。因此，这种方式只适用于用户数较少的小容量系统。

3）循环不定位方式

循环不定位方式是在循环定位方式的基础上，为减少同抢概率而提出的一种改进方法。循环不定位方式中的基站在所有空闲信道上都发送空闲信号，不通话的移动台平时一直自动扫描空闲信道。移动台摘机呼叫时，就随机地停在就近搜索到的空闲信道上，然后使用此信道拨号呼叫。当基站呼叫用户时，必须选择一个空闲信道先发出时间足够长的召集信号，此时其他空闲信道停发空闲信号，而后基站在此空闲信道上再发出被呼信号。网内移动台由于收不到空闲信号重新进入扫描状态，一旦扫描到召集信号就停留在该信道上等候被呼信号，一旦发现自己被呼叫就在该信道上进行通话；如果发现自己未被呼叫，就重新进入自动的信道扫描状态。

可见,这种方式的优点是减少了同抢概率,因为各移动台扫描是随机的,同时扫描到同一空闲信道发起呼叫的概率较小。但缺点是接续时间比较长,尤其是移动台作为被呼用户时,接续时间更长。这是因为在这种方式下,主叫用户摘机时移动台仍在扫描,必须找到一个空闲信道后才能发出呼叫,多了一个扫描时间,不像循环定位方式那样移动台在摘机时已停在空闲信道上,所以可立即呼叫;而为被叫用户进行通话接续时,又需要选择一个空闲信道先发出一个长时间的召集信号,然后再发送被呼信号。另外,这种方式下系统的全部信道(不管是否通话)都处于工作状态,会引起较大的邻道干扰和互调干扰。因此,这种方式只适用于信道数较少的小容量系统。

4) 循环分散定位方式

循环分散定位方式是介于循环定位方式和循环不定位方式之间的一种方式,结合了二者的优点而克服了二者的缺点。在这种方式中,移动台自动扫描并停在最先搜索到的空闲信道上。由于各移动台的扫描是随机开始的,因此,这些移动台未摘机时分散地停靠在各个空闲信道上,一旦移动台摘机呼叫,由于已停留在相应的空闲信道上,不需要搜索,可立即发出呼叫。基站则在所有的空闲信道上都发送空闲信号,被呼信号从所有空闲信道发出,并等待应答信号,提高了接续速度。

因此,这种方式的优点是接续快、效率高、同抢概率小,它兼有前两种定位方式的优点,是目前比较好的一种分配方式。但当基站呼叫移动台时,必须在所有空闲信道上同时发出被呼信号,因而干扰比较严重。与前两种定位方式一样,这种方式同样只适合于小容量系统。

5.5.3 话务量与呼损率

多信道共用技术解决了大量用户共享少量信道的问题。接下来的问题是,若采用多信道共用技术,一个基站小区中的 n 个信道能为多少用户提供服务呢?或者说,在保证一定质量的前提下,一条信道究竟平均分配给多少个用户才算合理呢?另外,共用信道必然会遇到所有信道都被占用,这样就导致新呼叫不能接通,发生这种情况的概率有多大呢?业内用话务量和呼损率来定义和描述这些问题。

1. 话务量

话务量是衡量通信系统中语音业务量大小的度量,分为流入话务量和完成话务量。流入话务量(A)定义为在单位时间(如 1h)内平均发生的呼叫次数(λ)与每次呼叫平均占用信道时间(包括接续时间和通话时间)t 的乘积,即

$$A = \lambda \cdot t (\text{Erl}) \tag{5.51}$$

式中:λ 的单位为次/h,t 的单位为 h/次。因此,A 是一个无量纲的量,以科学家 Erlang(厄兰)的名字命名。

1 Erl(厄兰)就是一条线路连续使用 1h 情况下的话务量,也就是一条线路所具有的最大话务量。例如,一条线路每小时呼叫 20 次,每次呼叫持续时间 3min,则话务量 $A = 20 \times \frac{3}{60} = 1(\text{Erl})$。

在移动通信系统中,无法保证每次呼叫都能成功,即会发生"呼损"。也就是说,流入

话务量中,单位时间内呼叫次数 λ 并不是都能成功。设单位时间内成功呼叫的平均次数为 λ_c,则完成话务量(即流出话务量)为

$$A_c = \lambda_c \cdot t (\text{Erl}) \tag{5.52}$$

2. 忙时话务量

在工程计算和设计中,常用到忙时话务量的概念。由于每个用户在 24h 内的话务量分布是不均匀的,网络设计时应按最忙时的话务量来进行估算。

最忙 1h 内的话务量与全天话务量之比称为忙时集中率,用 K 表示,一般 $K = 10\% \sim 15\%$。每个用户的忙时话务量需要用统计的方法来确定。

假设每一用户每天平均呼叫的次数为 C(次/天),每次呼叫平均占用信道时间为 T(s/次),忙时集中率为 K,则每用户的忙时话务量为

$$\alpha = C \cdot T \cdot K \cdot \frac{1}{3600} \tag{5.53}$$

系统话务量应为所有用户总的忙时话务量,表示为

$$A = M \cdot \alpha \tag{5.54}$$

式中:M 为系统总的用户数。

[例 5-6] 假设某通信系统平均每小时发生 20 次呼叫,平均每次呼叫的时间为 2min,计算流入话务量。

解:$t = 2(\text{min}/\text{次}) = \frac{2}{60} = \frac{1}{30}(\text{h}/\text{次})$

流入话务量为

$$A = \lambda \cdot t = 20 \cdot \frac{1}{30} \approx 0.67(\text{Erl})$$

[例 5-7] 假设每用户每天平均有 3 次呼叫,每次呼叫平均占用 2min,忙时集中率为 10%,计算每个用户的忙时话务量。

解:$\alpha = C \cdot T \cdot K \cdot \frac{1}{3600} = 3 \cdot 120 \cdot \frac{10}{100} \cdot \frac{1}{3600} = 0.01(\text{Erl}/\text{用户})$

一些统计数据表明,我国蜂窝移动通信系统设计的用户忙时话务量一般为 0.01 ~ 0.03Erl,而专用移动通信网设计的用户忙时话务量一般为 0.06Erl 左右。

3. 呼损率

在系统流入的话务量中,完成接续的那部分话务量称为完成话务量,又称为流出话务量,未完成接续的那部分话务量称为损失话务量。损失话务量与流入话务量之比定义为呼损率,用符号 B 表示,即

$$B = \frac{A - A_c}{A} = \frac{\lambda - \lambda_c}{\lambda} \tag{5.55}$$

因此,呼损率也可定义为呼叫失败的次数占总呼叫次数的百分比,它是衡量通信网接续质量的重要指标。呼损率 B 越小,成功呼叫的概率越大,用户越满意。因此,呼损率 B 有时也称为通信网的服务等级(或业务等级)。对于一个通信网来说,要使呼损率小,只有让流入话务量小,即容纳的用户数少一些,通常这又是不希望的。

对于多信道共用的移动通信系统,假设呼叫具有以下性质:

(1) 各次呼叫相互独立,用户数量无限大;
(2) 呼叫到达服从泊松分布;
(3) 每次呼叫在时间上都有相同概率,呼叫占用信道概率服从指数分布;
(4) 呼叫请求的到达无记忆性;
(5) 可用信道数目有限。

根据话务理论,呼损率(B)、共用信道数(n)和流入话务量(A)之间的定量关系可用厄兰公式表示为

$$B = \frac{\dfrac{A^n}{n!}}{1 + \dfrac{A^1}{1!} + \dfrac{A^2}{2!} + \dfrac{A^3}{3!} + \cdots + \dfrac{A^n}{n!}} \qquad (5.56)$$

此式为厄兰呼损公式。

根据式(5.56)可算出,在给定呼损率 B 的情况下,共用 n 个信道所能承受的流入话务量 A;在给定流入话务量 A 的情况下,为达到某一服务等级 B 应取的共用信道数 n;在给定共用信道数 n 的情况下,各种流入话务量 A 时的服务等级 B。

4. 信道利用率

信道利用率(η)定义为系统完成话务量和总的信道数之比。设总的信道数为 n,完成话务量为 A_c,则信道利用率为

$$\eta = \frac{A_c}{n} \times 100\% = \frac{A(1-B)}{n} \times 100\% \qquad (5.57)$$

信道利用率是系统信道利用程度的重要度量。当信道数一定时,完成话务量越大,说明信道利用的程度越高。η 与 n 之间的定量关系如图 5.30 所示。在 B 相同的条件下,随着 n 的增加,η 有明显的提高。但是,当 n 增加到一定数值后(如 $n=10$),η 的提高就很有限了。

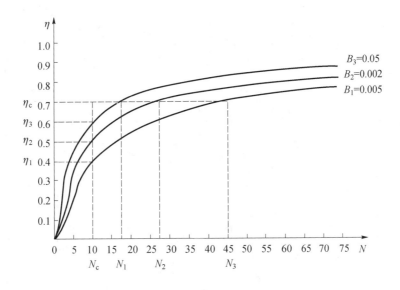

图 5.30 信道利用率

5. 系统和每个信道能容纳的用户数

根据式(5.54),系统能容纳的用户数为

$$M = \frac{A}{\alpha} = \frac{A}{C \cdot T \cdot K \cdot \frac{1}{3600}} \tag{5.58}$$

式中:α 为每用户的忙时话务量;C 为每一用户每天平均呼叫的次数(次/天);T 为每次呼叫平均占用信道时间(s/次);K 为忙时集中率。

若给定一个无线小区可共用信道数 n,则每个信道能容纳的用户数 m 可表示为

$$m = \frac{M}{n} = \frac{A/n}{C \cdot T \cdot K \cdot \frac{1}{3600}} \tag{5.59}$$

在给定呼损率 B 和共用信道数 n 的情况下,根据式(5.56)计算得到所能承受的流入话务量 A。然后,基于统计确定的每用户的忙时话务量 α,可根据式(5.58)计算得到系统能容纳的用户数 M,并进一步根据式(5.59)计算得到每个信道能容纳的用户数 m。

在实际工程中,为计算方便,把不同呼损率 B 条件下的信道数 n 和话务量 A 列成表格,称为厄兰 $-B$ 表。B、n、A、M 和 m 的关系如表5.5所示,该表是以 $\alpha = 0.01 \text{Erl}/$用户为依据计算的。

由表5.5可见:

(1) 当一个无线小区的共用信道数一定时,系统的流入话务量越大,信道利用率越高;但呼损率也越大,服务质量越低。因此,呼损率不能定得过大或过小,就我国国内通信水平来说,一般可按 10%~20% 选取。

表5.5 B,n 和 $A,A/n,m,n \cdot m$ 之间的关系

n	B = 5%				B = 10%				B = 20%			
	A	A/n	m	n·m	A	A/n	m	n·m	A	A/n	m	n·m
1	0.053	0.053	5	5	0.111	0.111	11	11	0.25	0.25	25	25
2	0.381	0.191	19	38	0.595	0.298	30	59	1.0	0.5	50	100
3	0.899	0.300	30	90	1.271	0.424	42	127	1.93	0.643	64	193
4	1.525	0.381	38	152	2.045	0.511	51	205	2.945	0.736	74	295
5	2.218	0.444	44	221	2.881	0.576	58	228	4.01	0.802	80	401
6	2.96	0.493	49	296	3.758	0.626	63	376	5.109	0.852	85	511
7	3.738	0.534	53	374	4.66	0.667	67	467	6.23	0.89	89	623
8	4.543	0.568	57	454	5.597	0.700	70	560	7.369	0.921	92	737
9	5.370	0.597	60	537	6.546	0.727	73	655	8.522	0.947	95	852
10	6.216	0.622	62	622	7.511	0.751	75	751	9.685	0.969	97	969
11	7.076	0.643	64	708	8.487	0.772	77	849	10.86	0.987	99	1086
12	7.95	0.663	66	795	9.474	0.79	79	947	12.04	1.003	100	1204
13	80835	0.68	68	884	10.47	0.805	81	1047	13.22	1.017	102	1322
14	9.73	0.695	70	973	11.47	0.82	82	1147	14.41	1.03	103	1441

（2）采用多信道共用技术后,可以提高信道的利用率,但随着信道数的增加,信道利用率提高缓慢,而设备复杂度提高,互调产物也越多,因此,共用信道数 n 不宜过大。

（3）每个信道所能容纳的用户数不仅和用户话务量有关,还和通话持续时间有关。

由以上分析可以看出,在系统设计时,既要保证一定的服务质量,又要尽量提高信道利用率,还要求在经济上、技术上合理,就必须选定合适的呼损率、正确地确定每用户忙时话务量和采用合适数量的多信道共用方式工作。根据用户数计算需要的信道数,或者由给定的信道数计算系统能容纳的用户数。

[**例 5-8**] 某移动通信系统拥有 8 个无线信道,每天每个用户平均呼叫 10 次,每次占用信道平均时间为 80s,呼损率要求 10%,忙时集中率 $K=0.125$,试求:该系统能容纳的用户数、每信道能容纳的用户数以及信道利用率。

解:（1）根据呼损率($B=10\%$)和共用信道数($n=8$),查表 5.5 得到话务量 $A=5.597\text{Erl}$。

（2）计算每个用户忙时话务量为

$$\alpha = C \cdot T \cdot K \cdot \frac{1}{3600} = 10 \cdot 80 \cdot 0.125 \cdot \frac{1}{3600} \approx 0.0278(\text{Erl}/\text{用户})$$

（3）系统能容纳的用户数为

$$M = \frac{A}{\alpha} = \frac{5.597}{0.0278} \approx 201.33$$

（4）每个信道能容纳的用户数为

$$m = \frac{M}{n} = \frac{201.33}{8} \approx 25.2$$

（5）信道利用率为

$$\eta = \frac{A(1-B)}{n} \times 100\% = (1-10\%) \times \frac{5.597}{8} \approx 62.97\%$$

5.6 CDMA 系统中的功率控制

功率控制就是根据无线信道的变化,自动调整基站和移动台的发射功率,使接收机接收到合适强度的信号电平。由于在移动通信系统中,无线信道普遍存在快衰落和慢衰落等现象,以及移动台运动等情况,一般移动通信系统中都采用了功率控制技术。但是,功率控制对 CDMA 系统尤其重要,主要原因是 CDMA 系统是自干扰受限系统,多址干扰的增加会导致系统容量的下降以及通信质量的降低。克服 CDMA 系统中多址干扰的关键技术就是功率控制,即根据无线信道的变化状况和链路质量,按照一定的规则调节发射信号的电平,在保证链路质量目标的前提下使发射信号的功率最小,以减少多址干扰的影响。

另外,CDMA 系统中还存在着"远近效应"和"边缘问题"。远近效应发生在 CDMA 系统的反向链路,是指如果小区中的所有移动台以相同的功率发射信号,则离基站远的移动台发射的信号可能会被近处移动台的信号淹没。边缘问题发生在 CDMA 系统的前链路,是指如果基站的发射功率相同,则当移动台位于相邻小区交界处时,收到当前基站的有用信号变低,而收到相邻小区基站的干扰信号增强。因此,考虑到这些问题的存在,CDMA系统常常采用功率控制技术来提高整个系统的性能。

CDMA系统功率控制的一般原则:当信道传播条件突然改善时,功率控制应作出快速反应(例如在几微秒时间内),以防止信号突然增强而对其他用户产生附加干扰;相反,当传播条件突然变坏时,功率调整的速度可以相对慢一些。也就是说,宁愿单个用户的信号质量短时间恶化,也要防止许多用户都增大背景干扰。

理论分析表明,当达到以下两个条件时,CDMA系统容量最大:①基站从各个移动台接收到的功率相同;②用户的接收功率刚好能够满足所需信噪比的最小值。因此,功率控制的目标就是要实时调整移动台(或基站)的发射功率,使信号到达基站(或移动台)接收机时,信号电平刚刚达到保证通信质量的最小信噪比门限值。

根据通信链路的方向,功率控制可分为反向控制和前向控制;根据功率控制的方法,功率控制可分为开环(Open Loop)控制和闭环(Closed Loop)控制。

5.6.1 反向功率控制

反向功率控制就是在反向链路进行功率控制,用于调整移动台的发射功率,使信号到达基站接收机时,信号电平刚刚达到保证通信质量要求的最小信噪比门限值,从而克服远近效应,降低干扰,保证系统容量。反向功率控制不仅可以降低多址干扰,还可以延长移动台电池的寿命。由于移动台的移动性,不同移动台到达基站的距离不同,不同用户之间的路径损耗差别很大,甚至可能相差80dB,而且不同用户的信号所经历的无线信道环境也有很大的不同。因此,反向功率控制必须采用大范围动态变化的功率控制方法,快速补偿迅速变化的信道条件。

反向功率控制包括反向开环功率控制和反向闭环功率控制两种方法,它们分别作用在反向链路的不同阶段。

1. 反向开环功率控制

反向开环功率控制作用在移动台处于接入状态时,此时由于移动台还没有分配到前向业务信道(包含功率控制比特),只能通过测量前向链路的接收信号功率来估计发射功率大小。具体操作是,移动台接收并测量基站发来的信号强度,并估计反向传输损耗,然后根据这种估计结合已知的一些接入参数,调节移动台的反向发射功率。如果接收信号增强,就降低其发射功率;如果接收信号减弱,就增加其发射功率。基本原则是使移动台的发射功率与接收功率成反比,以补偿平均路径损耗以及慢衰落。反向链路必须采用大动态范围的功率控制方法,至少应该达到±32dB的动态范围,以快速补偿迅速变化的信道条件。

可见,反向开环功率控制依靠移动台自身完成,图5.31给出了其工作示意图。

反向开环功率控制存在的问题:前提是假定前后向具有完全相同的路径损耗,不能反映不对称的路径损耗;初始判断是基于接收到的总的信号功率,移动台从其他基站接收到的功率导致该判断很不准确。

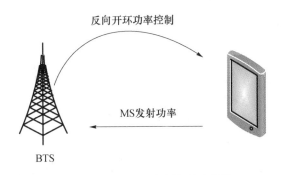

图 5.31 反向开环功率控制示意图

以 IS-95 为例,反向开环功率控制分步计算移动台的发射功率方法如下:

(1) 刚进入接入状态时,移动台发射第一个接入探测,探测信号的发射功率计算公式为

$$\text{平均输出功率(dBm)} = -\text{平均输入功率(dBm)} + K + \text{NOM\_PWR} + \text{INIT\_PWR} \tag{5.60}$$

式中:常数 K 取值为 -73dBm;NOM_PWR 用于告知移动台基站标称功率的变化信息;INIT_PWR 用于调整第一个接入探测的功率。

(2) 其后的接入探测不断增加发射功率,直至收到确认或者序列结束,计算公式为

$$\text{平均输出功率(dBm)} = -\text{平均输入功率(dBm)}$$
$$+ K + \text{NOM\_PWR} + \text{INIT\_PWR} + \text{接入探测校正} \tag{5.61}$$

式中:接入探测校正 = PWR_LVL × PWR_STEP;PWR_LVL 为接入探测功率电平调整,单位为 PWR_STEP;PWR_STEP 为连续的两个接入试探之间功率的增加量。

(3) 移动台接收到确认之后,开始在反向业务信道上发送信号,计算公式为

$$\text{平均输出功率(dBm)} = -\text{平均输入功率(dBm)}$$
$$+ K + \text{NOM\_PWR} + \text{INIT\_PWR} + \text{接入探测校正之和} \tag{5.62}$$

(4) 移动台一旦从前向链路接收到功率控制比特,将开始进行闭环功率控制,计算公式为

$$\text{平均输出功率(dBm)} = -\text{平均输入功率(dBm)}$$
$$+ K + \text{NOM\_PWR} + \text{INIT\_PWR} + \text{接入探测校正之和} + \text{所有闭环功率控制校正之和} \tag{5.63}$$

2. 反向闭环功率控制

移动台一旦分配到前向业务信道,从前向链路接收到功率控制比特,就开始进行闭环功率控制过程。反向闭环功率控制是指通过基站,对移动台的开环功率估计进行迅速纠正,而使移动台保持最理想的发射功率。反向闭环功率控制用于补偿前向和反向路径之间的不对称,是对反向开环功率控制的不准确性进行弥补的一种有效手段,需要基站和移动台的共同参与,如图 5.32 所示。反向闭环功率控制的精确度高,动态调整范围较小,一般在开环功率控制的基础上,能提供 ±24dB 的动态范围。但实现复杂,开销大,控制时延长。另外,在用于小区间硬切换时,由于边缘地区信号电平的波动性,易产生"乒乓"式控

制,引发"乒乓效应",导致系统稳定性下降。

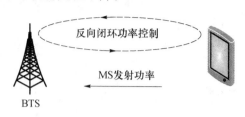

图 5.32 反向闭环功率控制

具体操作:基站根据测量到的反向信道质量,调整移动台的发射功率。如果测量到的反向信道质量低于门限值,则命令移动台增加发射功率;如果测量到的反向信道质量高于门限值,则命令移动台降低发射功率。移动台根据在前向业务信道上接收到的有效功率控制比特调整其发射功率。例如,当移动台收到"0"时,将增加其发射功率1dB;当移动台收到"1"时,将减小其发射功率1dB。

反向闭环功率控制又分为反向内环(Inner Loop)功率控制和反向外环(Outer Loop)功率控制,如图 5.33 所示。

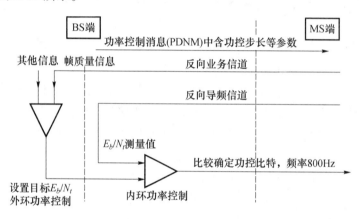

图 5.33 反向内环和反向外环功率控制

在反向链路中,内环功率控制是指基站测量接收到的移动台信号强度(通常是 E_b/N_0),将测量结果与某个目标门限值(以下称"内环门限",由外环功率控制确定)相比较。如果高于该门限值,就向移动台发送"降低发射功率"的功率控制指令;否则,发送"增加发射功率"的功率控制指令,以使接收到的信号强度接近内环门限值。

在反向链路中,外环功率控制是对内环门限进行调整,这种调整是根据接收信号质量指标(如误帧率 FER)的变化来进行的。外环功率控制是由基站控制器(BSC)来完成。BSC 测量反向信道误帧率,将测量的结果与目标 FER 相比较。如果实测的 FER 超过目标值,则命令提高内环门限;否则命令降低内环门限。

可见,反向内环功率控制就是基站将接收到的移动台信号强度与内环门限值相比较,以此调整移动台的发射功率;反向外环功率控制就是基站控制器将接收信号的误帧率与目标误帧率相比较,调整内环门限,保证移动台信号的接收质量。因此,内环和外环功率控制的区分,使得功率控制直接与通信质量相联系,而不仅仅体现在对信噪比的改善上。

图 5.34 给出 IS-95 系统的反向闭环功率控制过程。在 IS-95 系统中,业务信道的帧长为 20ms,每帧分为 16 个时隙,每个时隙(1.25ms)也称为一个功率控制组(Power Control Group,PCG)。具体过程如下:

(1) 基站测量所有移动台反向业务信道的 E_b/N_0,测量周期为 1.25ms(一个功率控制组)。

(2) 基站将测量结果与目标 E_b/N_0 值相比较,分别确定对各个移动台功率控制比特的取值。

(3) 基站在相应前向业务信道上发送功率控制比特,功率控制比特的发送比反向业务信道延迟 $2 \times 1.25 = 2.5$ms。如基站收到反向业务信道中第 5 个功率控制组的信号,则其对应功率控制比特将在前向业务信道的第 7 个功率控制组中发送。一个功率控制比特的长度正好等于前向业务信道两个调制符号的长度,在发送时,每个功率控制比特将替代两个连续的前向业务信道调制符号。

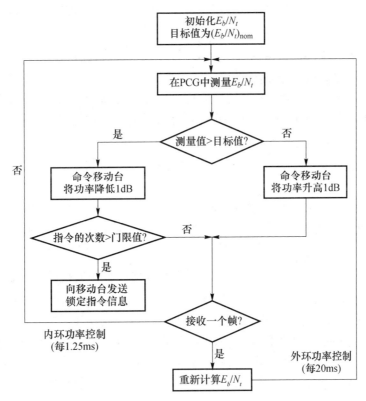

图 5.34 IS-95 系统反向闭环功控流程图

(4) 移动台从前向业务信道中提取功率控制比特后,进而对反向业务信道的发射功率进行调整。

注意,图 5.34 中还包括"移动台禁用"的情况,目的是检测那些无法对功率控制做出响应并可能对其他用户造成严重干扰的移动台,这种检测是由内环功率控制完成的。基站计算连续发送功率降低指令的次数,如果次数超过规定门限值,则基站给移动台发送一个锁定的指令消息,该消息将使移动台处于"禁用"状态,直到用户关机并重新开机为止。

5.6.2 前向功率控制

理想情况下,由于前向链路的发射是同步正交的,则移动台之间的干扰不会存在,但是由于多径衰落的影响,完全正交是不可能的,所以前向功率控制还是必要的。在前向链路存在较多高速数据流的情况下,如果不采用前向功率控制,那么前向链路就很有可能成为系统容量的瓶颈。

前向功率控制是指调整基站向移动台的发射功率,使处于任意位置的移动台收到基站发来的信号电平都刚刚达到信噪比所要求的门限值。通过前向功率控制,对信道衰落较小和解调能力比较高的移动台分配相对较小的前向发射功率,对信道衰落较大和解调能力较低的移动台分配相对较大的前向发射功率。其作用是,降低基站的平均发射功率,避免基站向距离近的移动台辐射过大的信号功率;同时也避免发射功率过低,防止或减少由于移动台进入传播条件恶劣或背景干扰过强的地区而发生误码率增大或通信质量下降的现象。

在前向链路中,由于小区内各个信道之间是同步的,并且移动台可以根据前向导频信道进行相干解调,使得前向链路的质量远远好于反向链路。因此,前向链路对功率控制动态范围的要求比较低。具体操作是,移动台测量前向业务信道帧质量,以周期方式或门限方式上报帧质量,基站根据上报的帧质量情况确定是否进行前向功率调整。从这个意义上说,前向功率控制采用的是闭环方式。

与反向链路类似,前向功率控制又分为内环和外环功率控制。

1. 前向内环功率控制

由移动台检测来自基站的信号强度和信噪比(如 E_b/N_0),与预置的目标功率或信噪比相比较,移动台发出增加或减小功率的请求,基站收到请求后,相应地调整发射功率。

2. 前向外环功率控制

移动台根据接收信号质量指标(如误帧率 FER),调整前向链路的目标 E_b/N_0 值,有效地控制前向链路的连接。

在 IS-95 前向链路中,采用的是基于测量报告的慢速功率控制方式,功率控制调整速率为 0.5Hz,足够解决长期阴影效应造成的影响,但不能解决多径效应引起的快衰落问题。相对于 IS-95 系统,CDMA 2000 1x 系统对前向链路的功率控制进行了很大改进。改进后的前向链路功率控制和反向链路功率控制一样,最高达到 800Hz 的调整速率,能够跟踪补偿更快的衰落,因此,CDMA 2000 1x 的功率控制也称为快速功率控制。前向功率控制比特是在反向导频信道的子信道上发送的,每个 20ms 的帧中包括 16 个功率控制组,每个功率控制组包含一个功率控制比特,因此速率通常是 800bps。CDMA 2000 1x 系统的语音容量理论上是 IS-95 系统的 2 倍,前向链路功率控制的改进做出了很大贡献。

图 5.35 给出了 CDMA 2000 1x 系统对前向链路的功率控制过程。具体过程如下:

（1）移动台测量前向链路的 E_b/N_0 值，并将其与目标值相比较，如果大于目标值，则命令基站降低发射功率；反之，则命令基站增加发射功率。

（2）外环功率控制也在移动台进行，如果 FER 的测量值大于目标 FER 值，则提高目标 E_b/N_0 值；反之，则降低 E_b/N_0 值。

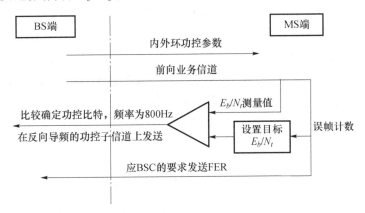

图 5.35 CDMA 20001x 系统对前向链路的功率控制过程

第三代移动通信系统 3 种主流制式的功率控制指标如表 5.6 所列。

表 5.6 3 种主流 3G 标准的功率控制指标

指标	链路方向	WCDMA	CDMA 20001x	TD-SCDMA
功率控制方式和速度/Hz	反向（上行）	开环、内环（1500Hz）和外环（10～100Hz）	开环、内环（800Hz）和外环（50Hz）	开环、闭环（200Hz）
功率控制速度/Hz	前向（下行）	内环（1500Hz）和外环（10～100Hz）	内环（800Hz）和外环（50Hz）	闭环（200Hz）
步长/dB		0.25～4dB 可变	0.25dB、0.5dB、1dB 可变	1dB、2dB、3dB（闭环）可变

5.7 蜂窝网络的移动性管理

在蜂窝移动通信网络中，为了向用户提供服务，网络需要随时掌握移动用户的当前所在位置和开关机状态。这会引起网络相关功能单元的一系列操作，包括各种位置寄存器中移动台位置信息的登记、修改和删除等，这就是蜂窝网络的位置管理。位置管理包括位置登记和位置更新。若移动台在通话过程中发生了位置移动，从当前小区移动到相邻的另一个小区，则将发生（越区）切换。切换过程中在目标小区建立起新连接，而中断与原小区的旧连接，从而与目标小区基站建立可靠连接，保证通话的连续性。这就是支持蜂窝网络工作的移动性管理。本节将简要介绍切换和位置管理的基本原理，具体的移动性管理过程，需要结合具体的移动通信系统进行介绍。本书后续章节将分别结合 GSM 系统和 IS-95 系统进行深入介绍。

5.7.1 切换

1. 切换原因

从广义上来讲,一个正在通信的移动台由于某种原因而被迫从当前使用的无线信道转换到另一个无线信道上的过程,称为切换(Handoff 或 Handover)。最常见的切换是越区切换,是指当移动用户处于通话状态时,如果用户从一个小区(称为当前小区)移动到相邻的另一个小区(称为目标小区),为了保证通话的连续性,必须将通话从原小区相应语音信道转移到目标小区中的某个信道上,并且系统对移动台的连接控制也要从当前小区转移到目标小区的过程。因此,切换的操作不仅包括识别新的目标小区,而且需要分配给移动台在目标小区的语音信道和控制信道。通常,有以下两个主要原因会引起切换发生:

(1) 信号强度或质量下降到门限值以下,此时移动台被切换到信号强度较强的相邻小区。这种原因一般是由于移动台的运动,通常由移动台发起。

(2) 由于某小区业务信道容量全被占用或几乎全被占用,此时移动台被切换到业务信道容量较空闲的相邻小区。这种原因一般是出于运营商话务量均衡的需要,通常由上级实体发起。

一般切换的准则有:按接收信号电平功率的测量值进行判断;按移动台的载干比进行判断和按移动台(MS)到基站(BS)的距离进行判断等。如果所监测的值超出了门限值,则会发起切换过程。

2. 切换控制方式

在移动通信系统中,切换过程的控制方式主要有 3 种。

(1) 移动台控制的切换。移动台连续监测当前小区基站和若干相邻候选小区基站的信号强度和质量,当满足特定的切换准则后,移动台从候选小区中选择一个最佳的小区作为切换的目标小区,并发送切换请求。

(2) 网络控制的切换。基站监测来自移动台的信号强度和质量,当信号低于某个门限后,网络开始安排向另一个基站的越区切换。网络要求移动台周围的所有基站都监测该移动台的信号,并把测量结果报告给网络,网络从这些基站中选择一个最佳的基站作为切换的目标基站,并把选择结果通过旧基站通知移动台和新基站。

(3) 移动台辅助的切换。网络要求移动台测量其周围基站的信号并把结果报告给网络,网络根据测量报告结果决定何时进行切换,以及切换到哪一个基站。

3. 切换分类

根据切换发生时,移动台与原基站以及目标基站连接方式的不同,可以将切换分为硬切换和软切换两大类,在软切换中还包括更软切换。

1) 硬切换

硬切换(Hard Handoff,HHO)是指在新的通信链路建立之前,先中断旧的通信链路的切换方式,即先断后通。这样,在整个切换过程中移动台只能使用一个无线链路。当然,旧链路断开到新链路建立起来需要一个时间,这个期间存在通话中断。但是,这个时间非常短,用户一般感觉不到。在这种切换方式中,可能存在原有的链路已经断开,但是新的链路还没有成功建立起来的情况,这样移动台就会失去与网络的连接,即产生了掉话。

采用不同频率的小区之间只能采用硬切换,所以模拟系统和 TDMA 系统(如 GSM)都是采用硬切换方式。在 CDMA 系统中,一个小区中允许有多个载波频率。因此,当进行切换的两个 CDMA 小区频率不同时,就必须进行硬切换。在这种硬切换中,既有载频频率的切换,又有导频信道 PN 序列频移的转换。

硬切换方式的缺点是失败率比较高,掉话现象较严重。如果目标基站没有空闲的信道或者切换信令的传输出现错误,都会导致切换失败。此外,当移动台处于两个小区交界处,需要进行切换时,由于两个基站在该处信号都比较弱,并且会起伏变化,这就容易导致移动台在两个基站之间反复要求切换,即出现"乒乓效应",不仅使系统控制器的负担加重,还会增加通话中断的可能性。根据以往对模拟系统、TDMA 系统的测试统计,无线信道上 90% 的掉话是在切换过程中发生的。

2) 软切换

软切换(Soft Handoff,SHO)是指需要切换时,移动台先与目标基站建立通信链路,再切断与原基站之间的通信链路的切换方式,即先通后断。这样,移动台在切换过程中可以同时与多个基站保持通信,只有当移动台与目标基站建立起稳定的通信后,才会中断原有的通信链路。因此,软切换可以提高切换成功率,与硬切换相比,大大降低了由切换造成的掉话。同时,在切换过程中,移动台收到从多个基站发来的相同信号,就可以进行分集合并,从而提高前向链路的抗衰落能力。在反向链路,多个基站收到同一个移动台发送的相同信号,解调后送到基站控制器(BSC),BSC 就可以对这些信号进行分集合并,从而实现反向链路的分集接收。因此,软切换可以提高切换过程中接收信号的质量。另外,当移动台与多个基站通信时,有的基站命令移动台增加发射功率,有的基站则可能命令移动台减小发射功率,一般移动台优先考虑降低发射功率的指令。这样,从统计的角度上来看,降低了移动台整体的发射功率。对于 CDMA 系统而言,降低发射功率就降低了对其他用户的多址干扰,从而可以提高系统容量。

软切换只有在使用相同频率的小区之间才能进行,因此模拟系统、TDMA 系统不具有软切换能力。软切换是 CDMA 系统中特有的切换方式,是 CDMA 系统特有的关键技术之一。

软切换也有一些缺点,如导致硬件设备复杂;占用更多的资源;当切换触发机制设定不合理时导致过于频繁的控制消息交互,影响用户正在进行的通话质量等。但是,对于 CDMA 系统来说,系统容量的瓶颈主要不在于硬件设备资源,而是系统自身的干扰。

3) 更软切换

同一基站内具有相同频率的不同扇区之间的切换称为"更软切换"(Softer Handoff,SrHO)。与之对应,软切换通常是指在导频信道的载波频率相同时不同基站小区间的切换。

软切换过程中,移动台会同时占用两个或多个基站的信道单元和码资源,通常由基站控制器完成切换控制过程。更软切换则不需要占用新的信道单元,只需要在新扇区分配码资源,所有行为由基站管理,基站和基站控制器之间传送的只是一路语音信号。对于移动台来说,更软切换和软切换的过程基本相同,跨越两扇区时始终保持与两个扇区的同时通信直到移动台切换完全完成,从两个扇区接收到的信号可以被合并以改善信号质量。在扇区化 CDMA 系统中,更软切换可能频繁发生。

4. 切换过程

切换过程通常可分为以下 3 个阶段。

(1) 链路监视和测量。移动台要完成对前向链路的监视和测量,包括信号质量、本小区和相邻小区的信号强度。基站完成对反向链路的监视和测量,测量结果发送给相邻的网络单元、移动台、基站控制器(BSC)和移动交换中心(MSC)。测量的参数通常是接收到的信号强度,也可以是信噪比、误比特率等。

(2) 确定目标小区和切换触发。这一阶段也称为切换决策。在这一阶段,将测量结果与预先设定的门限值进行比较,确定切换的目标小区,决定是否启动切换过程。切换策略或切换算法必须制定合适的门限值,以保证切换的顺利完成,降低切换时延,并减少不必要的切换发生,避免"乒乓效应"。一般在决定是否启动切换时,很重要的一点是要保证检测到的信号强度下降不是因为瞬时的衰减,而是由于移动台正在离开当前服务的基站。为了保证这一点,通常的做法是在准备切换前,先对信道监视一段时间。

(3) 切换执行。在这一阶段,移动台与目标小区中分配的新链路建立连接,释放旧小区的原有连接,完成整个切换过程。

5. 切换时的信道分配

切换时的信道分配主要用来解决当呼叫要切换到新的目标小区时,新小区如何分配信道的问题。不同的系统用不同的策略和方法来处理切换请求,一般遵循的原则是:分配信道时,切换请求要优先于呼叫发起请求;切换失败的概率要尽可能小;切换必须要尽快完成,且尽可能少发生,同时使用户觉察不到。

根据这些原则,通常的做法是在每个小区预留部分信道专门用于越区切换,呼叫发起请求不能占用这部分预留的信道。这样,新呼叫可使用信道数减少,虽然增加了新呼叫的呼损率,但减小了通信中断的概率,提高了切换成功的概率。

5.7.2 位置管理

在移动通信系统中,用户可以在系统服务范围内任意移动,为能把一个呼叫传送到随机移动的用户,就必须要有一个高效的位置管理系统来跟踪用户的位置变化。因此,位置管理的目的就是使移动台始终与网络保持联系,以便移动台在网络覆盖的任何一个地方都能接入到网络。或者说,网络能随时知道移动台当前所在的位置,以使在需要时网络总能找到移动台。

位置管理一般可分为位置登记(Location Register)和位置更新(Location Update)。当一个新的移动用户在网络服务区开机登记时,其登记信息要通过空中接口传送到网络中相应的位置寄存器(或位置数据库)中,这一过程称为位置登记。位置更新是在移动台实时位置信息已知的情况下,更新位置寄存器中的相关信息并认证移动台。

与位置管理紧密相关的一个问题是寻呼(Paging)。寻呼解决的是当网络呼叫移动台时,如何有效及时地确定被叫移动台当前所处的位置(或小区)。

具体位置管理过程,需要结合具体系统进行介绍,此处不再展开描述。

习题与思考题

5.1 大区制和小区制移动通信系统的主要特点分别是什么?与大区制相比,小区制移动通信有何优点?

5.2 频率复用的基本原理是什么?影响频谱利用率的因素有哪些?

5.3 请分析说明为什么移动通信中最佳的小区形状是正六边形?实际的小区形状是什么样的?

5.4 蜂窝移动通信系统中的区群是如何组成的?区群大小对系统的同频干扰有什么影响?

5.5 蜂窝移动通信系统中,同频干扰是如何产生的?一般可采用哪些方法减轻同频干扰的影响?

5.6 蜂窝小区的激励方式有哪两种?各有什么特点?二者在信道配置上有何不同?

5.7 N-CDMA 系统有效带宽为 1.2288MHz,语音编码速率为 9.6kbps,每比特能量与噪声功率密度比为 6dB,请计算系统的容量。

5.8 某移动电话系统有 15 条无线业务信道。经统计,每天每个用户平均呼叫 8 次,每次通话时间为 3min,该系统忙时集中率为 12%,若要求系统的呼损率不能超过 5%,请计算该系统能容纳的用户数及信道利用率。

5.9 在 CDMA 移动通信系统中,尤其需要进行功率控制,为什么?

5.10 CDMA 系统功率控制的方法有哪些?请简要分析描述。

5.11 蜂窝移动通信系统中,移动性管理的内容包括哪些?目的是什么?

5.12 什么情况下会发生越区切换?切换发生时通常需要经历哪些阶段?

5.13 根据切换的实现方式不同,通常有硬切换和软切换之分,请描述二者的特点,并对二者的优缺点进行对比分析。

第6章 GSM 系统

全球移动通信系统(Glboal System for Mobile Communication,GSM)是由欧洲电信标准化协会(European Telecommunications Standards Institute,ETSI)提出的,是全球第一个对数字调制技术、网络结构和业务种类进行标准化的数字蜂窝移动通信系统。与第一代模拟蜂窝移动通信系统相比,GSM 的信令和语音信道都是数字的,因此被看作第二代(2G)移动通信系统,后来成为2G系统的典型代表。

历经20余年的发展,GSM 取得了极大成功,在移动通信发展史中占有重要的位置。GSM 与在其基础上发展起来的通用分组业务(General Packet Radio Service,GPRS)、增强数据传输速率技术(Enhanced Data Rates for Global Evolution,EDGE)等系统共同成为2G系统的重要组成部分。

6.1 GSM 系统概述

6.1.1 GSM 系统的发展

早在第一代模拟蜂窝移动通信系统刚开始部署时,如美国的 AMPS、英国的 TACS 和北欧多国的 NMT 等,1982年,来自当时欧共体11国的代表在欧洲邮电管理委员会(CEPT)组织下成立了一个特别移动小组(Group Special Mobile,GSM),其任务是制定一种泛欧900MHz 的移动通信标准,以满足欧洲各国间跨国漫游通信的需求。最开始的两年着重讨论基本原理,1984年成立了3个工作组分别研究业务、制定无线传输规范和定义网络结构及开放接口的信令规程。1986年GSM 的永久研究机构成立,1987年GSM 的主要无线传输技术被确定下来。

1988年欧洲电信标准协会(ETSI)成立,GSM 和其他标准化工作一起转入这个新机构下。1991年,GSM 阶段1的技术规范全部完成,它包括12系列,130多个建议。同年底,世界上第一个GSM 网络开始运营,正式更名为全球移动通信系统(Glboal System for Mobile Communication GSM)。同年,ETSI 还完成了制定1800MHz 频段的公共欧洲电信业务的规范,名为 DCS 1800 系统。该系统与 GSM 900 具有同样的基本功能,因而该规范只占 GSM 建议的很小一部分,仅将 GSM 900 和 DCS 1800 之间的差别加以描述,绝大部分是通用的。因此,常将 DCS 1800 称为 GSM 1800,和 GSM 900 通称为 GSM。1995年,GSM 阶段2的技术规范全部完成,比阶段1增加了许多新的功能和业务。因此,从其发展历史看,GSM 从一开始就是一个完整的数字移动通信标准体系。

1995年,GSM 系统进入中国市场。中国 GSM 用户数量每年以惊人的速度不断攀升,截至2011年5月,中国的 GSM 手机用户已经达到5.8亿。

1999年年底以前,GSM 规范都是由 ETSI 负责的,2000年转交至3GPP(3rd Generation

Partnership Project,第三代合作伙伴计划)组织。由于3GPP主要负责3G系统技术规范制定和报告发布,因此,2000年后的GSM规范修订主要集中在制定GPRS和EDGE上。

GSM规范的版本先后有Phase1、Phase2、Release96、Release97、Release98、Release99和Release4。根据Release99,GSM规范的组织如下:
- 01系列:综述
- 02系列:业务方面
- 03系列:网络方面
- 04系列:空中接口和协议
- 05系列:物理层
- 06系列:语音编码
- 07系列:终端适配
- 08系列:BSS-MSC接口
- 09系列:网络互操作
- 10系列:业务互操作
- 11系列:设备和类型
- 12系列:运行和维护

6.1.2 GSM的频带划分

1. 工作频带和载频间隔

GSM工作在如下射频频段:

(1) 上行(移动台发 – 基站收):890~915MHz;

(2) 下行(基站发 – 移动台收):935~960MHz;

(3) 工作带宽:25MHz;

(4) 载频间隔:200kHz;

(5) 收发双工间隔:45MHz。

GSM 900采用等间隔频道配置方式,相邻两频道间隔为200kHz,因此,整个工作频段分为124对载频,其频道序号为1~124,共124个频道。频道序号与频道标称中心频率的关系为

$$\begin{cases} 上行频道: f_l(n) = 890.200\text{MHz} + (n-1) \times 0.200\text{MHz} \\ 下行频道: f_h(n) = f_l(n) + 45\text{MHz} \end{cases} \tag{6.1}$$

式中:$n = 1 \sim 124$。

随着业务的发展,GSM可向GSM 1800发展,即采用1800MHz频段。

(1) 上行(移动台发 – 基站收):1710~1785MHz;

(2) 下行(基站发 – 移动台收):1805~1880MHz;

GSM 1800的工作带宽为75MHz,收发双工间隔为95MHz,采用等间隔配置方式,频道间隔200kHz,共分为374个频道,频道序号为512~885,频道序号与频道标称中心频率的关系为

$$\begin{cases} 上行频道: f_l(n) = 1710.200\text{MHz} + (n-512) \times 0.200\text{MHz} \\ 下行频道: f_h(n) = f_l(n) + 95\text{MHz} \end{cases} \tag{6.2}$$

式中：$n = 512 \sim 885$。

为减少重复，以下对 GSM 的介绍主要针对 GSM 900 进行。

2. GSM 系统的多址方式

为了提高频带利用率，GSM 在空中无线接口上综合使用了 FDMA 和 TDMA 两种多址接入技术，用来把通信媒介划分成多个相互独立的信道。因此，GSM 采用 FDMA/TDMA 混合多址接入技术，GSM 900 等间隔分成 124 个载频（或频道），每个载频进行时间分割，分成一个个连续的 TDMA 帧，每个 TDMA 帧再以时间分割为 8 个时隙，每个时隙作为一个信道分配给一个用户进行通信。因此，GSM 900 系统总共有物理信道数 $124 \times 8 = 992$ 个。GSM 的 FDMA/TDMA 混合多址接入技术如图 6.1 所示。

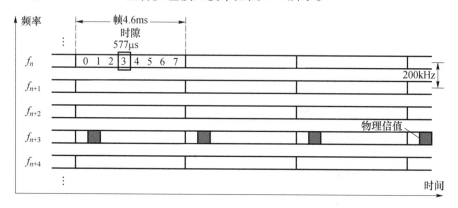

图 6.1　GSM 的 FDMA/TDMA 混合多址接入方式

3. GSM 系统的其他主要参数

表 6.1 给出 GSM 系统使用的工作频段、信道带宽、调制方式、编码方案等其他主要参数。

表 6.1　GSM 系统主要参数

特性	GSM 900	DCS 1800
（发射类别）		
业务信道	271KF7W	271KF7W
控制信道	271KF7W	271KF7W
基站	935～960MHz	1805～1880MHz
移动台	890～915MHz	1710～1785MHz
双工间隔	45MHz	95MHz
射频带宽	200kHz	200kHz
射频双工信道总数	124	374
基站最大有效发射功率/射频载波峰值	300W	20W
业务信道平均值	37.5W	2.5W
（小区半径）		
最大	0.5km	0.5km
最小	1.35km	35km

续表

特性	GSM 900	DCS 1800
接续方式	TDMA	TDMA
调制	GMSK	GMSK
传输速率	270.833kbps	270.833kbps
(全速率语音编译码)		
比特率	13kbps	13kbps
误差保护	9.8kbps	9.8kbps
编码算法	RPE-LTP	RPE-LTP
信道编码	具有交织脉冲检错和1/2编码率的卷积码	具有交织脉冲检错和1/2编码率的卷积码
(控制信道结构)		
公共控制信道	有	有
随路控制信道	快速和慢速	快速和慢速
广播控制信道	有	有
时延均衡能力	20μs	20μs
国际漫游能力	有	有
(每载频信道数)		
全速率	8kbps	8kbps
半速率	16kbps	16kbps

6.1.3 GSM 系统的业务

简单来说，GSM 系统的业务就是 GSM 系统为了满足用户的通信要求而向用户提供的服务。不同版本的 GSM 规范支持的业务并不完全相同，从 Phase1 到 Release96,GSM 支持的业务也从最基本服务向增强数据、增强用户功能等业务特征发展。

GSM 系统定义的业务是建立在综合业务数字网(Integrated Services Digital Network, ISDN)基础上的，根据 ISDN 对业务的分类方法，并针对移动性特点作了必要的修改,GSM 提供的业务分为基本业务和补充业务两大类。

1. 基本业务

基本业务又分为电信业务和承载业务。GSM 支持的基本业务如图 6.2 所示。

图 6.2 GSM 基本业务

由图 6.2 可见，电信业务为用户提供的是包括终端设备功能在内的完整能力的通信业务，承载业务提供用户接入点(也称为用户/网络接口)之间信号传输的能力。这两种业务是独立的通信业务。其中，电信业务是 GSM 系统的主要业务,GSM 提供的主要电信业务如表 6.2 所列。

表 6.2　GSM 的主要电信业务

电信业务类型	业务码	电信业务名称	功能
语音传输	11	电话	为数字移动通信系统的用户和其他所有与其联网的用户之间提供双向电话通信
紧急呼叫	12		通过一种简单而同一的手续将用户接到就近的紧急业务中心
短消息	21 22 23	MS 终端的点对点短消息业务 MS 起始的点对点短消息业务 小区广播短消息业务	由短消息业务中心完成存储和前转功能
传真	61 62	交替语音和三类传真 自动三类传真	语音与三类传真交替传送 使用户以传真编码信息文件的形式自动交换各种函件

GSM 系统主要提供的承载业务如表 6.3 所列。

表 6.3　GSM 的主要承载业务

承载业务码	承载业务名称	透明属性
21	异步 300bps 双工电路型	T/NT
22	异步 1.2kbps 双工电路型	T/NT
24	异步 2.4kbps 双工电路型	T/NT
25	异步 4.8kbps 双工电路型	T/NT
26	异步 9.6kbps 双工电路型	T/NT
31	同步 1.2kbps 双工电路型	T
32	同步 2.4kbps 双工电路型	T/NT
33	同步 4.8kbps 双工电路型	T/NT
34	同步 9.6kbps 双工电路型	T/NT
41	异步 PAD 接入 300bps 电路型	NT
42	异步 PAD 接入 1.2kbps 电路型	T/NT
44	异步 PAD 接入 2.4kbps 电路型	T/NT
45	异步 PAD 接入 4.8kbps 电路型	T/NT
46	异步 PAD 接入 9.6kbps 电路型	T/NT
61	交替语音/数据	
81	语音后接数据	

2. 补充业务

补充业务又称附加业务,是对基本业务的补充,它不能单独向用户提供,而必须和基本业务一起提供。下面列出部分附加业务：
- 计费提示(AOC)
- 来话限制(BAIC)
- 呼出限制(BOC)
- 呼叫等待(CW)
- 主叫线识别显示(CLIP)
- 遇忙呼叫前转(CFB)
- 无应答呼叫前转(CFNA)
- 会议呼叫(CONF)
- ……

6.2 GSM 系统的网络与接口

6.2.1 GSM 的网络结构

总体上，GSM 网络由移动台子系统(MSS)、基站子系统(BSS)、网络和交换子系统(NSS)和操作支持子系统(OSS)等子系统构成。GSM 的网络结构如图 6.3 所示。

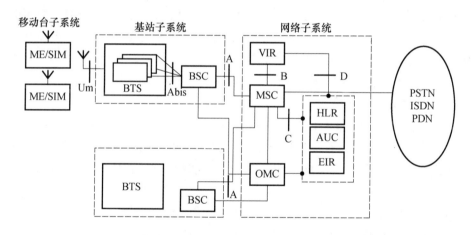

图 6.3 GSM 系统的总体结构

下面分别介绍各部分包含的功能单元和主要功能。

1. 移动台子系统(Mobile Station Subsystem, MSS)

移动台是 GSM 系统的移动用户设备，就是配有 SIM 卡的终端设备。移动台由两部分组成：移动设备(Mobile Equipment, ME)和用户识别卡(Subscriber Identity Module, SIM)。

1) 移动设备

移动设备就是"机"，它可完成语音编/解码、信道编/解码、信息加密/解密、信息的调制/解调、信息发射/接收等功能。根据业务状况和终端设备类型，移动设备可包括 MT

(移动终端)和 TAF(终端适配功能)以及 TE(终端设备)等功能。一般后两者组合相当于移动终端,所以一般也称移动设备为移动终端。

2) 用户识别卡

用户识别卡就是"人",每张 SIM 卡代表一个移动用户。SIM 卡是一枚带有微处理器的芯片,存有认证和管理用户身份所需的所有信息,并能执行一些与安全保密有关的重要信息,以防止非法用户入网。

根据移动终端的不同,移动台可分为车载型、便携型和手持型 3 种。车载型移动台的主体设备与天线分离,移动台可以使用较大的发射功率进行通信。便携型移动台为可便携设备,天线和设备主体在一起。手持型移动台即人们通常使用的手机,便于携带,但发射功率较小。

2. 基站子系统

基站子系统(Base Station Subsystem,BSS)一般指包含了 GSM 系统无线通信部分的所有基础设施,它一端通过无线接口直接与移动台相连,另一端连接到 GSM 网络子系统(NSS),为 MSS 和 NSS 提供传输通路。它分为两个部分:基站收发信台(Base Transceiver Station,BTS,简称基站)和基站控制器(Base Station Controller,BSC)。GSM 规范规定,一个基站子系统是指一个 BSC 以及由它管辖的所有 BTS。

1) 基站

BTS 通过无线接口(也称为空中接口)与移动台相连,它完全由 BSC 控制,主要负责无线传输,如完成无线与有线的转换、无线分集接收、无线信道加密、跳频等功能。除此以外,还要完成必要的无线测试,以便检查通信是否正常进行。当然,有些工作并不是由 BTS 直接完成,而是由 BTS 发送到 BSC 进行。BTS 一般包括收发信机和天线以及与无线接口有关的信号处理电路等。

在 GSM 系统中,BTS 最大容量的典型值是 16 个载频(实际上从未达到过),这就是说,一个基站能同时支持上百个通信。在农村比较分散的区域,BTS 可能减少到一个载频。在城市等用户密集区域,BTS 可分配 2~4 个载频。一般情况下,一个全向 BTS 覆盖面积约为 1km^2。

2) 基站控制器

基站控制器(BSC)是 BTS 和网络子系统中移动业务交换中心(MSC)之间的连接点,并为其交换信息提供通用接口,是 BSS 的智能中心。BSC 的主要功能是负责网络无线资源管理、实施呼叫及通信链路的建立和拆除,并对本控制区内移动台的越区切换和定位进行管理。一个 BSC 通常控制多个 BTS,根据 BTS 的业务能力,BSC 可以管理多达几十个 BTS。

3. 网络和交换子系统

网络和交换子系统(Network and Switching Subsystem,NSS)一般也简称为网络子系统或交换子系统,主要完成交换功能以及用户数据和移动性管理、安全性管理所需的数据库功能,是 GSM 网络的核心子系统。NSS 主要包括移动交换中心和相关的数据库,各功能实体的主要功能如下。

1) 移动交换中心

移动交换中心(MSC)即移动交换机,是 GSM 系统的核心。MSC 对位于其服务区内的移动台进行控制和完成话路交换,也是 GSM 系统与其他公共通信网之间互连的接口。它提供最基本的交换功能,完成移动用户寻呼接入、信道分配、呼叫接续、话务量控制、计费、基站管理等功能,还完成 BSS、MSC 之间的切换、移动性管理和辅助性的无线资源管理等,并提供面向其他功能实体和通信网的接口功能。作为网络的核心,MSC 还与其他设备协同工作,完成移动用户身份的合法性检查、计费等功能。

GSM 与其他网络互连时,通过关口移动交换中心(Gateway MSC,GMSC)接续 GSM 移动用户和其他网络用户的呼叫连接。即 GMSC 是 GSM 用户和其他网络用户呼叫连接的出入点,即我们通常所说的关口局。

作为一个设备,MSC 通常是一台相当大的数字交换机。一个 MSC 通常控制几个 BSC。

2) 归属位置寄存器

归属位置寄存器(HLR)是 GSM 系统的中央数据库,用来存储本地用户(即归属用户)的数据信息。每个移动用户在刚入网时都要在某个 HLR 中登记,该 HLR 称为该用户的归属地或原籍。HLR 中主要存储两类信息:一是静态数据,包括移动用户号码、移动台的类型和参数、漫游权限、基本业务、补充业务等;二是动态数据,主要是计费信息和移动用户的当前位置信息,如 MSC/VLR 地址等,以便在漫游时建立至移动台的呼叫路由。

在 GSM 网络中,通常设置若干个 HLR,一个 HLR 能够为若干个 MSC 服务区提供服务。

3) 拜访地位置寄存器

移动用户进入了非归属地地区的移动业务区时,称其进入了拜访地。拜访者有时称为漫游用户。拜访地位置寄存器(VLR)是一个动态数据库,存储的数据与 HLR 相似,但是它仅存储进入本地区的、与拜访者有关的信息和数据。VLR 中的一些数据信息是从该移动用户的 HLR 获取并暂存的,但其具有的定位信息比 HLR 更确切。

VLR 与 MSC 共同实现位置登记、越区切换、呼叫接续等功能。当来访者进入 VLR 控制区域时,需要进行位置登记,将其用户信息添加到该 VLR 数据库中以便于查询。而一旦用户离开了该 VLR 控制区时,就需要重新在其新进入的另一个 VLR 中登记信息,并将原 VLR 中该用户的临时存储信息删除。通常情况下,制造商把 VLR 功能与 MSC 功能集成在一起,这样就可以避免 MSC 与 VLR 之间频繁传递信令信息所带来的开销和时延。VLR 功能与 MSC 功能集成在一起的设备称作 MSC/VLR 交换机。一般一个 MSC/VLR 交换机可管理十万以上的用户。

4) 鉴权中心

鉴权中心(AuC 或 AC)是一个受到严格保护的数据库,用于实现 GSM 的安全保密措施。例如,防止非法用户接入系统,并对无线接口上的语音、数据、信令信息进行加密,保证通过无线接口的移动用户的信息安全。AuC 存储和产生用户的鉴权信息和加密密钥,在需要对用户鉴权时传送到 HLR 中。因此,为减小信令开销和处理时延,物理上通常将 AuC 与 HLR 集成在同一个设备中,记为 HLR/AuC。

5) 设备识别寄存器

设备识别寄存器(EIR)也是一个数据库,存储着移动台的国际移动设备识别码(IMEI)。在 GSM 系统中,IMSI 一般包含移动台的机型、产地和生产顺序等信息,每个移动台的 IMEI 在全球都是唯一的。在 EIR 数据库中,每个移动台分别被列入白名单、黑名单或灰名单。运营商通过对 IMEI 码的识别,可以判断出是属于准许使用的、失窃不准使用的、还是由于技术故障或操作异常而可能危及网络正常运行的移动设备。网络根据各种情况都能采取及时的防范措施,确保网络内所使用移动设备的唯一性和安全性。

6) 短消息中心

在 GSM 系统中,除了语音业务,另一个重要的业务就是短消息。短消息中心(SC)就是实现对短消息进行接收、存储和转发,是短消息业务的核心功能实体。

4. 操作支持子系统

操作支持子系统(Operation Support Subsystem,OSS)是运营技术人员对 GSM 系统进行管理和维护的接口,完成移动设备管理、移动用户管理及网络操作维护等功能。主要包括操作维护中心(OMC)、网络管理中心(NMC)、安全性管理中心(SEMC)、用于用户识别卡管理的个人化中心(PCS)、用于集中计费管理的数据后处理系统(DPPS)等。

从狭义上讲,OSS 一般是指 OMC。OMC 又分为维护管理无线设备的 OMC-R 和管理交换设备的 OMC-S。OMC 负责对运营商的网络设备进行监控和管理,通过它实现 GSM 各设备或各功能实体的监视、状态报告、故障诊断等功能。例如,系统自检、报警与备用设备的激活、系统故障诊断和处理、话务量统计、计费数据的记录与传递、与网络参数有关的数据收集、分析与显示等。

6.2.2 接口和协议

为了保证网络运营部门能在充满竞争的市场条件下灵活选择不同设备供应商提供的数字蜂窝移动通信设备,且使不同供应商提供的 GSM 设备能够符合统一的标准而达到互联互通、共同组网的目的,GSM 规范在制定技术标准时就对其子系统之间及各功能实体之间的接口和协议做了比较具体的定义。为使 GSM 系统实现国际漫游功能,并在业务上实现面向 ISDN 的数据通信业务,必须建立规范和统一的信令网络,以传递与移动业务有关的数据和各种信令信息。GSM 的信令系统是以 7 号信令网络为基础的。

需要注意的是,"接口"和"协议"是两个非常重要但又不同的概念。在 GSM 系统中,"接口"是指两个相邻功能实体之间的连接点,而"协议"是说明两个相邻功能实体接口上交换信息需要遵守的规则。根据开放系统互连(OSI)模型的概念,协议可按其功能分成不同的层,每一层都有各自的协议规约。

1. GSM 网络接口

GSM 网络各功能实体之间的接口如图 6.3 所示,各接口的主要功能定义如下。

1) 主要接口

GSM 的主要接口是指 A 接口、Abis 接口和 Um 接口。这 3 个接口标准使得不同供应商生产的移动台、基站子系统和网络子系统设备能够纳入同一个 GSM 系统中运行和使用。

(1) A 接口。NSS 和 BSS 之间的通信接口,具体就是指 MSC 与 BSC 之间的接口。主要传送数字语音或数据,以及与呼叫有关的接续管理、基站管理、移动性管理和鉴权及安全管理等信息。

(2) Abis 接口。BTS 和 BSC 之间的接口,用于 BTS 和 BSC 之间的远端互连方式。该接口支持所有向用户提供的服务,并支持对 BTS 无线设备的控制和无线频率的分配。

(3) Um 接口。也称为"空中接口",是移动台和 BTS 之间的接口,用于移动台与 GSM 系统固定部分之间的互连。Um 接口是 GSM 系统中最核心最关键的接口,主要传递无线资源管理、移动性管理、接续管理等信息,其物理链路是无线链路。

2) 网络子系统内部接口

网络子系统由 MSC、HLR、VLR、AuC、EIR 等功能实体构成,其内部接口包括 B、C、D、E、F、G 接口,各接口的主要功能定义如下:

(1) B 接口。MSC 与 VLR 之间的接口。用于 MSC 向 VLR 查询有关漫游用户的当前位置信息,或者通知 VLR 有关用户位置的更新信息等。

(2) C 接口。MSC 与 HLR 之间的接口。建立呼叫连接时,用于查询移动台的路由选择和管理信息;呼叫完成时,用于向 HLR 发送计费信息等。

(3) D 接口。HLR 和 VLR 之间的接口。用于交换有关用户位置和用户管理信息,保证移动台在整个服务区内都能建立和接收呼叫。

(4) E 接口。不同 MSC 之间的接口。当用户在呼叫过程中,从一个 MSC 服务区移动到另一个 MSC 服务区时,利用此接口交换信息完成越区切换。

(5) F 接口。MSC 与 EIR 之间的接口。用于交换相关的 IMEI 号码管理信息。

(6) G 接口。不同 VLR 之间的接口。当采用临时移动用户识别码(TMSI)时,用于向分配 TMSI 的 VLR 询问此移动用户的国际移动用户识别码(IMSI)信息。

3) GSM 系统与其他公用电信网的接口

GSM 系统通过 MSC 与其他公用电信网(PSTN、ISDN、PDN 等)相连,一般采用 7 号信令系统接口。

除 Um 接口采用无线链路实现外,以上其他各个接口的物理链路通常采用标准的 2.048Mbps PCM 数字传输链路来实现。

2. 接口协议

GSM 网络各功能实体之间的接口定义明确,同样,GSM 规范对各接口使用的分层协议也作了详细的定义。篇幅所限,本节只介绍 Um 接口和 A 接口使用的分层协议。图 6.4 给出了 GSM 主要接口的协议分层示意图。

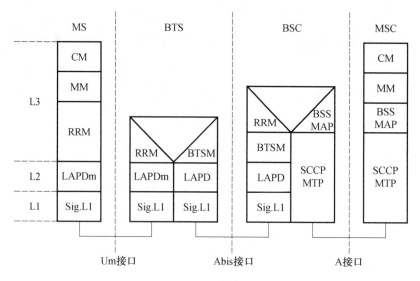

图 6.4 GSM 系统主要接口协议分层

1）Um 接口协议

Um 接口协议就是指 GSM 的无线信令接口协议，是三层结构的协议模型。

（1）L1 层。是无线接口协议的最底层，也称物理层。L1 层提供在无线链路上传送比特流所需的全部功能，如频率配置、信道划分、传输定时、比特或时隙同步、调制和解调等，为高层提供各种不同功能的逻辑信道，每个逻辑信道都有自己的服务接入点。

（2）L2 层。也称数据链路层。L2 层主要功能是在移动台和基站之间建立可靠的专用数据链路，它接受 L1 提供的服务，同时向 L3 提供服务。L2 层协议基于 ISDN 的 D 信道链路接入协议（LAP-D）做了针对移动性特征的修改，因此称为 LAP-Dm 协议。

（3）L3 层。也称网络层，是无线接口中实际负责控制和管理的协议层。主要功能有：无线信道连接的建立、维护和释放；位置更新、鉴权和 TMSI 的分配；呼叫连接的建立、维护和释放等。L3 的以上主要功能分别由 3 个子层完成，即无线资源管理（RRM）子层、移动性管理（MM）子层和连接管理（CM）子层。

2）A 接口协议

在 A 接口上，无线资源管理（RRM）子层在 BSC 中终止，而从 MS 发出的移动性管理（MM）消息和连接管理（CM）消息必须传送到 MSC。因此，一般把 BSC/MSC 之间的消息类型集合在一起称为 BSSMAP，即 BSS 移动应用部分；把 MS/MSC 之间的消息类型（如 MM 和 CM 消息）集合在一起称为 DTAP，即直接传送应用部分。这样，BSS 就能透明传送 MM 和 CM 消息，保证 L3 子层协议在各接口之间的互通。BSSMAP 的作用是支持 MSC 和 BSC 间有关 MS 的规程，如建立呼叫连接、信道指配、切换控制等。

6.3 GSM 系统的信道

如前所述，GSM 采用 FDMA/TDMA 混合多址接入技术，其一个 TDMA 帧分成 8 个时隙，每个时隙对应一个用户。因此，GSM 物理信道就是指一个载频上一个 TDMA 帧的一个时隙。可见，GSM 的一个载频可提供 8 个物理信道。根据 BTS 和 MS 之间在物理信道上传送的信息类型不同而定义了不同的逻辑信道。具体来看,GSM 系统在物理信道上传输的信息是大约由 100 多个调制比特组成的脉冲串,称为突发脉冲序列(Burst)。以不同的 Burst 信息格式携带不同类型的信息内容来表示不同的逻辑信道。

6.3.1 逻辑信道及分类

GSM 逻辑信道包括公共信道和专用信道两大类,如图 6.5 所示。公共信道主要指用于传送基站向移动台广播消息的广播控制信道和用于传送 MSC 与 MS 之间建立连接所需双向信号的公共控制信道。专用信道主要指传送用户语音或数据的业务信道,还包括一些用于控制的专用控制信道。GSM 定义的各种逻辑信道如下。

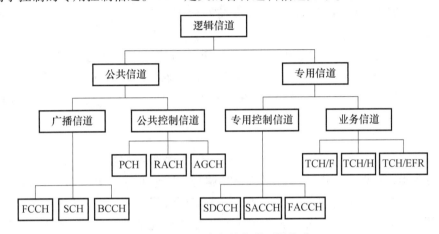

图 6.5 GSM 定义的各种逻辑信道

1. 公共信道

1) 广播信道

广播信道(BCH)是从基站到移动台的单向信道,包括:

(1) 频率校正信道(FCCH)。传送频率校正信息,移动台在该信道上接收频率校正信息以校正自己的工作频率,使手机工作在合适的频率。

(2) 同步信道(SCH)。用于向 MS 传送帧同步(TDMA 帧号)信息和 BTS 识别码(BSIC)信息。

(3) 广播控制信道(BCCH)。用于每个 BTS 在小区内广播通用的信息,包括本小区识别码、相邻小区列表、本小区使用的频率表、跳频序列、功率控制指示等。MS 周期性地监听 BCCH,以获取相关信息。BCCH 载波由基站以固定功率发射,其信号强度可被本小区所有移动台测量。

2) 公共控制信道

公共控制信道(CCCH)是基站与移动台间的一点对多点的双向信道,包括:

(1) 寻呼信道(PCH)。用于传输基站寻呼移动台的寻呼消息,是下行信道。

(2) 随机接入信道(RACH)。MS 随机接入网络时用此信道向基站提出入网请求,发送的消息包括对基站寻呼消息的应答、MS 始呼时的接入请求。MS 在此信道还向基站申请指配一独立专用控制信道(SDCCH)。RACH 是公共控制信道中唯一的一个上行信道。

(3) 允许接入信道(AGCH)。AGCH 是对 RACH 的应答。基站向随机接入成功的移动台发送指配了的独立专用控制信道(SDCCH),是下行信道。

2. 专用信道

1) 专用控制信道

专用控制信道(DCCH)是基站与移动台间的点对点的双向信道,包括:

(1) 独立专用控制信道(SDCCH)。传送基站和移动台间的连接建立、鉴权、位置更新、加密等信令消息,以及处理短消息和各种附加业务。

(2) 慢速随路信道(SACCH)。通过此信道,基站向移动台传送功率控制信息、帧调整信息;基站接收移动台发来的移动台接收信号强度报告和链路质量报告等。SACCH 是安排在业务信道和有关的控制信道中,共用一个物理信道,以复接方式传送信令信息。安排在业务信道时以 SACCH/T 表示;安排在控制信道时以 SACCH/C 表示。SACCH 常安排在 SDCCH 信道中。

(3) 快速随路信道(FACCH)。用于传送基站与移动台间的越区切换的信令消息,使用时要中断 TCH 的传送,把 FACCH 控制信息插入。FACCH 的传输速率比 SACCH 高很多,一般用于切换时。不过,只有在没有分配 SDCCH 的情况下才使用这种控制信道。

2) 业务信道

业务信道(TCH)是用于传送用户的语音和数据业务的信道,有全速率业务信道(TCH/F)和半速率业务信道(TCH/H)以及增强型全速率业务信道(TCH/EFR)之分。对于语音业务,可分为全速率语音业务信道(TCH/FS,13kbps)和半速率语音业务信道(TCH/HS,6.5kbps)。对于数据业务,也分为全速率数据业务信道(TCH/F9.6,TCH/F4.8,TCH/F2.4)和半速率数据业务信道(TCH/H4.8,TCH/H2.4)。半速率业务信道所使用的时隙长度是全速率业务信道的1/2,即一个载频可提供 8 个全速率或 16 个半速率业务信道,如图 6.6 所示。半速率语音信道的速率从原来的 13kbps 下降到 6.5kbps,系统容量可增加 1 倍。增强型全速率业务信道的传输速率和普通全速率业务信道一样,但是其压缩编码机制更好,使用它可以获得更好更清晰的语音质量。

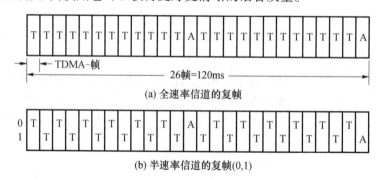

图 6.6 全速率信道和半速率信道

6.3.2 GSM 帧结构和突发脉冲

1. GSM 帧结构

GSM 帧结构有 5 个层次,即时隙、TDMA 帧、复帧(Multiframe)、超帧(Super-frame)和

超高帧。图 6.7 给出了 GSM 分级帧结构的示意图。

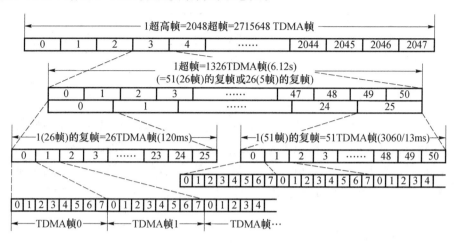

图 6.7 分级的帧结构

(1) 时隙。时隙是 GSM 物理信道的基本单位,每个时隙传送 156.25 个码元,称为一个突发脉冲或突发脉冲序列,占 0.577ms。

(2) TDMA 帧。每个 TDMA 帧包含 8 个时隙,共占 4.615ms。

(3) 复帧。多个 TDMA 帧构成复帧,有两种类型:

① 由 26 个 TDMA 帧组成的复帧。这种帧用于业务信道(TCH)及随路控制信道(SACCH 和 FACCH),也称为业务复帧。业务复帧的周期为 120ms。

② 由 51 个 TDMA 帧组成的复帧。这种帧用于控制信道(BCCH 和 CCCH),也称为控制复帧。控制复帧的周期为 235.385ms。

(4) 超帧。多个复帧又构成超帧,一个超帧由 51 个包含 26 帧的复帧或 26 个包含 51 帧的复帧组成。超帧的周期为 1326 个 TDMA 帧,即 6.12s。

(5) 超高帧。多个超帧构成超高帧,它包含 2048 个超帧,即 2715648 个 TDMA 帧。超高帧的周期为 12533.76s,即 3h28min53s760ms,主要与加密和跳频有关。每经过一个超高帧的周期,系统将重新启动密码和跳频算法。在 GSM 系统中,帧的编号也是以超高帧为周期,即 0~2715647。

2. 突发脉冲

TDMA 帧中的一个时隙称为一个突发。在一个时隙内传输的信息比特串称为一个突发脉冲或突发脉冲序列。一个突发脉冲序列固定由 156.25 个调制比特组成,可看成是逻辑信道在物理信道传输的载体。对于不同的逻辑信道,有不同的突发脉冲。GSM 规定了 5 种类型的突发脉冲。

1) 普通突发脉冲

普通突发脉冲(Normal Burst,NB)用于构成 TCH,以及除 RACH、SCH、FCCH 以外的控制信道,携带它们的业务信息和控制信息。普通突发脉冲的构成如图 6.8 所示。

可见,普通突发脉冲是由两组 57bit 的加密信息、26bit 的训练序列、两个 1bit 借用标志、前后各 3bit 尾比特和 8.25bit 的保护时间组成,共计 156.25bit。每个比特持续时间

3.6923μs,一个普通突发脉冲持续时间 0.577ms。

TB	加密比特	F	训练序列	F	加密比特	TB	GP
3	57	1	26	1	57	3	8.25

0.577ms 156.25bit

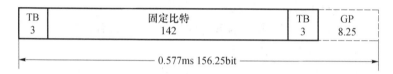

图 6.8　普通突发脉冲的构成

其中,加密比特是加密的语音、数据或控制信息。1bit 借用标志用来表示前面所传的 57bit 加密信息是业务信道的信息还是控制信道的信息。当业务信道被 FACCH 借用时,1bit 借用标志被置“1”。训练序列是一串已知序列,供信道均衡使用,以克服码间串扰的影响。尾比特总是“000”,是突发脉冲开始和结束的标志。保护时间 GP 用来防止由于定时误差而造成突发脉冲间的重叠。

2) 频率校正突发脉冲

频率校正突发脉冲(Frequency Correction Burst,FB)用于构成频率校正信道(FCCH),携带频率校正信息。频率校正突发脉冲的构成如图 6.9 所示。

TB	固定比特	TB	GP
3	142	3	8.25

0.577ms 156.25bit

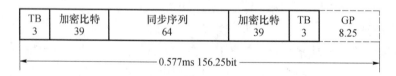

图 6.9　频率校正突发脉冲的构成

频率校正突发脉冲主要由 142 个全“0”的固定比特组成,相当于一个带频率偏移的未调制载波,它的重复发送就构成了 FCCH。

3) 同步突发脉冲

同步突发脉冲(Synchronization Burst,SB)用于构成同步信道(SCH),携带系统的同步信息。同步突发脉冲的构成如图 6.10 所示。同步突发脉冲由加密信息(2×39bit)和一个易被检测的长同步序列(64bit)构成。加密信息位携带有 TDMA 帧号和基站识别码信息。

TB	加密比特	同步序列	加密比特	TB	GP
3	39	64	39	3	8.25

0.577ms 156.25bit

图 6.10　同步突发脉冲的构成

4) 接入突发脉冲

接入突发脉冲(Access Burst,AB)用于构成移动台的随机接入信道(RACH),携带随机接入信息。接入突发脉冲的构成如图 6.11 所示。接入突发脉冲由同步序列(41bit)、加密信息(36bit)、尾比特(8+3bit)和保护时间构成。其中保护时间间隔较长,这是为了使移动台首次接入或切换到一个新的基站时不知道时间提前量而设置的。这样长的保护间隔允许小区半径最大为 35km,在此范围内可保证移动台成功地随机接入。

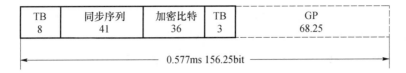

图 6.11 接入突发脉冲的构成

5)空闲突发脉冲

空闲突发脉冲(Dummy Burst,DB)的作用是当无信息发送时,由于系统的需要,在相应的时隙内发送的空闲突发。空闲突发脉冲不携带任何信息,其格式与普通突发脉冲相同,只是将 NB 中加密信息比特换成固定比特,如图 6.12 所示。

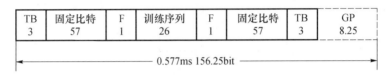

图 6.12 空闲突发脉冲的构成

6.3.3 逻辑信道到物理信道的映射

根据前面介绍的 GSM 逻辑信道划分,其逻辑信道数远远超过了 GSM 一个载频所提供的 8 个物理信道。因此,要想给每一个逻辑信道都分配一个物理信道,就需要再增加载频。但是,这样的配置方式是低效的而且不需要的。主要原因是频率资源非常宝贵、紧缺,要充分利用每个载频的资源传送尽可能大的用户业务量。另一个原因是一些控制信道的信息传输量不大,不需要独占整个物理信道。因此,在 GSM 系统中,解决上述问题的方法是将控制信道进行复用,即在一个或两个物理信道上复用控制信道。

在 GSM 系统中,假设一个基站有 N 个载频,定义为 f_0、f_1、f_2、$\cdots$、$f_{(N-1)}$,每个载频有 8 个时隙,分别用 TS_0、TS_1、$\cdots$、TS_7 表示。其中,f_0 称为主载频。逻辑信道到物理信道的映射关系为:f_0 上的 TS_0 用于装载广播信道(BCH)和公共控制信道(CCCH),f_0 上的 TS_1 用于装载专用控制信道,而 f_0 上的 $TS_2 \sim TS_7$ 以及 $f_1 \sim f_{(N-1)}$ 上的所有时隙全部用于装载业务信道。

1. BCH 和 CCCH 在 TS_0 上的复用

图 6.13 为 BCH 和 CCCH 在 TS_0 上的复用关系。

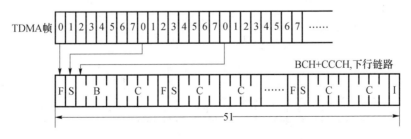

图 6.13 BCH 和 CCCH 在 TS_0 上的复用

BCH 和 CCCH 共占用 51 个 TS_0 时隙,尽管只占用了每一帧的 TS_0 时隙,但从时间上讲长度为 51 个 TDMA 帧。因此,BCH 和 CCCH 在 TS_0 上的复用构成了一个 51 个 TDMA 帧长的控制复帧。以每出现一个空闲帧作为此复帧的结束,之后,复帧再从 F、S 开始进行新的复帧。

在没有寻呼或呼叫接入时,基站也总在 f_0 上发射。这使得移动台能够测试基站的信号强度,以决定使用哪个小区更合适。

2. RACH 在 TS_0 上的复用

对于上行链路,f_0 上的 TS_0 不包括上述信道。它只用于移动台的接入,即仅作为 RACH 信道。图 6.14 为 51 个连续 TDMA 帧的 TS_0。

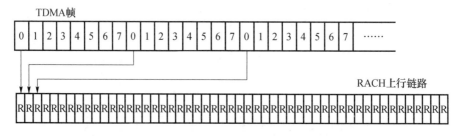

图 6.14　TS_0 上 RACH 的复用

BCH、FCCH、SCH、PCH、AGCH 和 RACH 均映射到 f_0 上的 TS_0。RACH 映射到上行链路,其余逻辑信道映射到下行链路。

3. SDCCH 和 SACCH 在 TS_1 上的复用

由于呼叫建立和登记时的比特率相当低,所以可在一个时隙上安排 8 个专用控制信道,以提高时隙的利用率。

独立专用控制信道(SDCCH)和慢速随路信道(SACCH)共有 102 个时隙,即 102 个时分复用帧。

SDCCH 上的 DX(D0,D1,…)只用于移动台建立呼叫的开始时,当移动台转到业务信道上时,用户开始通话或登记完释放后,DX 就用于其他的移动台。

SACCH 的 AX(A0,A1,…)主要用于传送那些不紧要的控制信息,如无线测量数据等。

下行链路上,SDCCH 和 SACCH 在 f_0 的 TS_1 上的复用关系如图 6.15 所示。

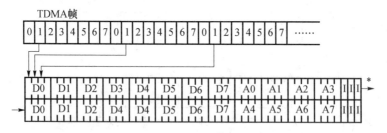

图 6.15　SDCCH 与 SACCH 在 TS_1 上的复用(下行)

上行链路上，二者在 TS_1 上的复用与下行链路相同，只是它们在时间上有一个偏移，这样可保证一个移动台同时双向接续。图 6.16 给出了 SDCCH 和 SACCH 在上行链路 f_0 的 TS_1 上的复用关系。

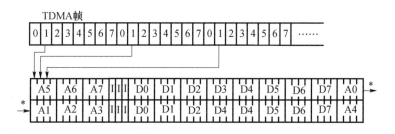

图 6.16　SDCCH 与 SACCH 在 TS_1 上的复用（上行）

4. 业务信道的映射

载频 f_0 上下行的 TS_0 和 TS_1 共逻辑控制信道复用，而 f_0 上的其余 6 个物理信道 TS_2 ~ TS_7 以及 f_1 ~ $f_{(N-1)}$ 上的所有时隙则全部用于装载业务信道。

以 f_0 上的 TS_2 时隙为例，TCH 到物理信道的映射如图 6.17 所示。

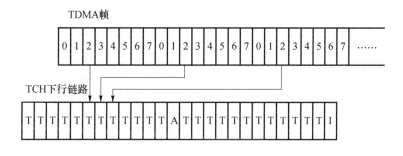

图 6.17　TCH 的复用

图 6.17 中，T 表示业务信道，用于传送语音或数据；A 表示慢速随路信道，用于传送控制命令，如命令改变输出功率等；I 为空闲帧，它不含任何信息，用于配合测量。TCH 是以 26 个时隙为周期进行时分复用的，以空闲帧 I 作为重复序列的开始或结束。

上下行链路的 TCH 结构完全一样，只是有 3 个时隙的偏移，表明移动台的收、发不必同时进行。图 6.18 给出了 TCH 上下行偏移的情况。

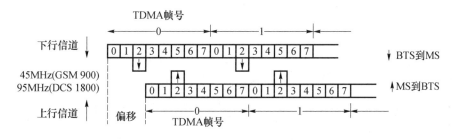

图 6.18　TCH 的上下行偏移

6.3.4 帧偏离与时间提前量

1. 帧偏离

帧偏离是指前向信道的 TDMA 帧定时与反向信道的 TDMA 帧定时的固定偏差为 3 个时隙,如图 6.19 所示。其目的是简化设计,避免移动台在同一时间收发,但是保证收发的时隙号不变。

2. 时间提前量

在 GSM 系统中,突发脉冲的发送和接收必须严格在相应的时隙中进行,所以系统必须保证严格的同步。然而,移动用户是随机移动的,当移动台与基站距离远近不同时,其突发脉冲的传输时延也就不同。为了克服由突发脉冲的传输时延所带来的定时不确定,基站要指示移动台以一定的时间提前量发送突发脉冲,以补偿传播时延,如图 6.19 所示。

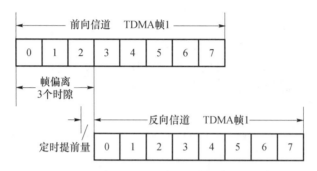

图 6.19 GSM 帧偏离与定时提前量

具体方法是,BTS 根据自己脉冲时隙与接收到的 MS 时隙之间的时间偏移测量值,在 SACCH 上通知 MS 所要求的时间提前量。正常通话中,当 MS 接近基站时,基站就会通知 MS 减小时间提前量;而当 MS 远离小区中心时,基站就会要求 MS 加大时间提前量。

6.4 GSM 的无线数字传输

为了增强 GSM 的无线链路传输性能,保证 GSM 的语音业务等通信的服务质量,GSM 系统中采用了一系列抗干扰及抗衰落技术。为简单起见,以下不加区分,统一称为抗衰落技术。

6.4.1 GSM 的抗衰落技术

1. 信道编码

信道编码用于提高 GSM 无线链路传输的可靠性,改善传输质量。但是,信道编码是以增加数据长度,降低有效传输速率为代价的。GSM 采用的是混合信道编码方案,包括奇偶码、分组码和卷积码。

GSM 系统首先把语音分成 20ms 的语音帧,这 20ms 的语音帧通过语音编码器被数字化和语音编码后,产生260bit的比特流。根据这些比特对传输差错的敏感性分为3类:非常重要的、重要的和一般的。非常重要的比特有50个,其中任一比特的传输差错都会导致语音质量的明显下降,需要进行严格的编码保护。重要的比特有132个,对差错的敏感性不如非常重要的比特,但是传输差错会影响帧差错率,也需要进行编码保护。一般的比特有78个,传输差错仅涉及误比特率,不影响帧差错率,所以不需要进行保护。GSM的信道编码如图6.20所示。一个语音帧经过信道编码后产生456个编码比特,编码速率为22.8kbps。

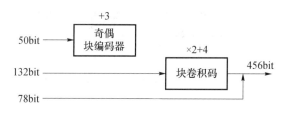

图6.20 GSM语音信道编码过程

2. 交织技术

经过信道编码后,组成语音信息的是一系列有序的帧。为了纠正连续突发差错,GSM系统引入了二次交织技术来克服这个问题,如图6.21所示。

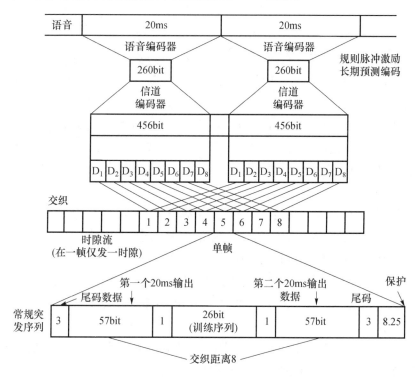

图6.21 GSM的二次交织技术

首先进行块内交织,即将456bit的语音编码块分成8段($D_1, D_2, \cdots, D_8$),每段57bit,组成8×57的交织编码矩阵,如图6.22所示,进行第一次交织。

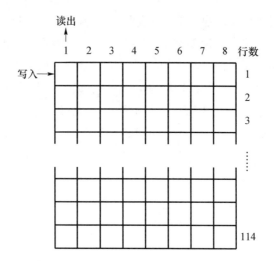

图 6.22 交织编码矩阵

然后进行块间交织,即第二次交织。在发送的每个突发脉冲序列中,分别插入每块的 1 段,这样,一个 20ms 的语音编码块的 8 段被分别插入到 8 个不同的普通突发脉冲中。然后,逐一发送突发脉冲,此时发送的突发脉冲序列中的前后 57bit 均来自不同的编码块。这样,即便在传输中一个突发脉冲出现错误,也只会影响一个编码块的少量比特,也能通过信道编码加以纠正。

3. 维特比均衡

均衡用于解决符号间串扰问题,适合于信号不可分离多径、且时延扩展远大于符号宽度的情况。均衡有两种基本途径:时域均衡和频域均衡。在 GSM 系统中,由于处理的业务信号是时变信号,因此采用时域均衡来达到整个系统无码间干扰。

实现均衡的算法有很多。GSM 标准中并没有对采用哪种均衡算法做出规定,但是有一个重要的限制,即采用的算法必须能够处理在 16μs 以内接收到的两个等功率的多径信号。因此,大多数 GSM 系统中都采用了维特比(Viterbi)均衡算法。

4. 天线分集

如前所述,实现分集的方法有空间分集、频率分集、时间分集、极化分集等。在 GSM 系统中,时间分集通过交织技术体现;频率分集通过跳频技术天线;而空间分集则通过在空间架设两个接收天线,独立接收同一信号实现。

GSM 系统中的空间分集主要用于基站或小区中,一个基站通常采用两个水平间隔数十个波长的天线接收同一信号,通过合并技术选出最强信号或合并成衰落最小信号。

5. 跳频技术

GSM 采用每帧改变频率的方法,即每隔 4.615ms 跳频一次,属于慢跳频。这是因为,GSM 要求在整个突发脉冲期间使用的频隙保持不变。

GSM 的每个小区分配一组频率(跳频频率集),每一个频率为 GSM 的一个频道(频隙)。时隙和频道构成了跳频信道。GSM 跳频在时隙和频隙上进行,即在一定的时间间隔(4.615ms)不断地在不同的频隙上跳频,如图 6.23 所示。

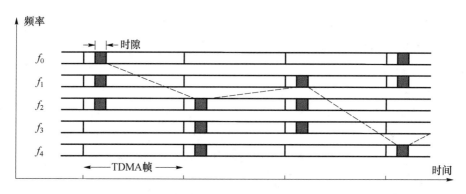

图 6.23 GSM 慢跳频示意图

在一个频道上,GSM 规定最多可用的跳频次序个数为 64 个。对于 n 个指定的频率集合,可以建立 $64 \times n$ 个不同的跳频序列。它们由两个参数描述:跳频序列号(HSN)和移动指配偏置度(MAIO)。HSN(0~63)有 64 种不同值,规定跳频时采用哪种算法进行循环。MAIO 可包括全部 n 个频率,是从哪个频点开始循环的指示,即起跳点,其取值要根据跳频集内的频点数决定。通常,在一个小区内的所有信道采用相同的 HSN 和不同的 MAIO 进行跳频,可避免小区内信道间干扰。而在邻近小区之间,如果使用不相关的频率集合,可认为彼此之间没有干扰。但对于同频邻区,一定要保证 HSN 不同,这样可以最大程度地减小同频干扰。

[例 6-1] Cell A 的频点集 MA = 1,4,7,10,13,…,HSN 的取值是 0~63,0 为循环序列,1~63 为随机序列,例如:

(1) HSN = 0,跳频次序为:1,4,7,10,13,…

(2) HSN = 2,跳频次序 = 1,10,4,13,7,…

使用 MAIO = 0 时,跳频序列为:1,10,4,13,7,…

使用 MAIO = 1,时,跳频序列为:10,4,13,7,16,…

使用 MAIO = 2 时,跳频序列为:4,13,7,16,19,…

6. 其他技术

在 GSM 系统中,采用功率控制、不连续发射(DTX)技术和非连续接收(DRX)技术可以有效地减少同信道干扰。

1) 功率控制

功率控制的目的是在保证通信服务质量的前提下,使发射机的发射功率最小。平均发射功率的减小就相应地降低了系统内的同道干扰。GSM 支持基站和移动台各自独立地进行发射功率控制,总的控制范围为 30dB,每步调节范围为 20dB,从 20mW 到 20W 之间的 16 个功率电平,每步精度为 ±3dB,最大功率电平的精度为 ±1.5dB。GSM 900 的 MS 最大发射功率为 8W。

GSM 功率控制过程:移动台测量信号强度和信号质量,并定期向基站报告,基站按预置的门限参数与之相比较,然后确定发射功率的增减量。同理,移动台按预置的门限参数与之相比较,然后确定发射功率的增减量。

在实际应用中,为避免整个系统因功率控制的正反馈造成恶性循环,GSM 系统对基站一般不采用发射功率控制,而主要对移动台的发射功率进行控制。基站的发射功率以满足覆盖区内移动用户的正常接收为准。通过功率控制,可使通话中的平均信噪比改善2dB。

2) 不连续发射(DTX)技术

由前面已知,在典型的全双工通话中,实际上每次通话中语音存在时间小于35%,即语音的激活期(或占空比)$d \leqslant 35\%$。如果在语音停顿时停止发送信号,就能减少对其他用户的干扰。在GSM系统中也采用了语音激活技术,即不连续发射(DTX)技术。原理上,DTX技术在没有语音信息传输时不发送无线信号,从而使总干扰电平降低,以提高系统的效率。此外,该机制还可以节省移动台能量,延长移动台待机时间。

实际上,GSM在DTX模式下,通话期间传输13kbps的编码语音,而在通话间隙即非激活期传输约500bps低速编码的噪声信号。这种噪声是人为制造的,不会让通话者厌烦,也不会被认为通话中断,因此称为"舒适噪声"。

DTX模式在GSM中是可选的,在DTX模式下,传输质量会稍有下降。为实现DTX,在发送端需要引入语音激活检测器(VAD),而在发送端和接收端都需要舒适噪声功能模块。GSM不连续发射(DTX)技术的原理如图6.24所示。VAD的作用是检测语音激活期,以便在非激活期引入"舒适噪声"。发射机/接收机舒适噪声功能模块分别完成"舒适噪声"的编码输出和解码输出。

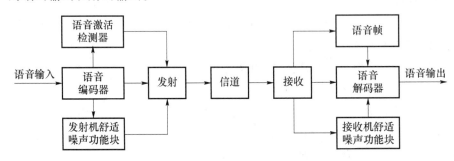

图6.24 不连续发射技术原理

3) 非连续接收(DRX)技术

手机大多数时间处于空闲状态,随时准备接收BTS发送的寻呼信号,但是解码PCH信号会消耗一定的能量。为节省移动台能量,延长待机时间,GSM系统按照用户识别码(IMSI)将移动台分成不同的寻呼组。不同寻呼组的手机在不同时刻接收系统的寻呼消息,无须连续接收。在非自身寻呼组时间中,移动台处于休眠状态。当寻呼到自己所在组时,移动台才对PCH信息进行解码,查看是否在寻呼自己。移动台这种接收系统寻呼信号的方式称为DRX技术。

6.4.2 GSM的语音处理过程

根据前面讨论的语音编码技术和GSM无线传输技术,很容易理解GSM系统语音处理的一般过程,如图6.25所示。其中,GSM语音编码方案是规则脉冲激励长期预测(RPE-LTP码),编码速率为13kbps。

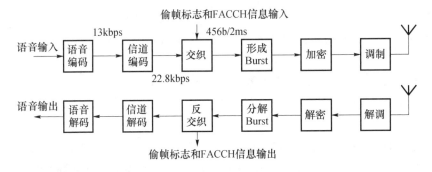

图 6.25 GSM 中语音处理的一般过程

6.5 GSM 系统的号码与地址识别

GSM 系统需要在其整个服务区域内为移动用户提供通信服务,并实现位置更新、越区切换等移动性管理功能。因此,在 GSM 网络中需要对服务区域进行划分,以便在移动性管理和通话接续时迅速准确地识别目标。另外,还需要对移动用户和 GSM 中的各单元部件进行号码定义,便于 GSM 调用相应的实体实现 GSM 的通信服务及其他管理功能。

6.5.1 GSM 的区域划分

在 GSM 中,区域的划分如图 6.26 所示。

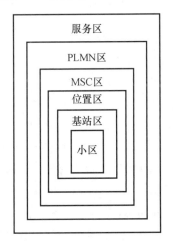

图 6.26 GSM 系统区域划分

(1) 小区。是 GSM 网络的最小单元,采用全球小区识别码进行标识。小区发射天线采用定向天线时,就是指扇区;采用全向天线时,就是指基站小区。

(2) 基站区。是由置于同一基站点的一个或数个基站收发信台(BTS)所覆盖的所有小区,即通常意义上一个全向基站控制的区域。

(3) 位置区。是指移动台可在该区域内任意移动而不需要进行位置更新的区域,可由几个基站区组成。设立位置区的目的是缩小寻呼范围,使网络不必在 MSC 所辖的所有小区中寻呼。

（4）MSC 区。即移动业务交换区，是一个 MSC 管辖的区域。一个 MSC 区可由若干个位置区组成。

（5）PLMN 区。是一个公共陆地移动通信网（PLMN）能够覆盖的区域，一个公众移动网通常包含多个 MSC 区。在该区内具有相同的编号制度（比如相同的国内地区号）和共同的路由计划。

（6）服务区。是移动通信网络覆盖到的区域，在这个区域中，用户可以直接拨叫移动台，不必知道移动台的实际位置。一个服务区可以由 1 个或多个 PLMN 区组成，可以是一个国家或一个国家的一部分，也可以是若干个国家。

6.5.2　号码与识别

1. 移动台 ISDN 号码（MSISDN）

MSISDN（Mobile Subscriber International ISDN）号码是呼叫 GSM 网络中的一个移动用户时，主叫用户所拨打的号码，即用户的手机号，类似于固定网的 PSTN 号码。其号码结构如图 6.27 所示。

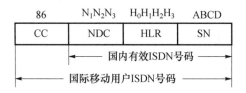

图 6.27　MSISDN 的号码结构

（1）CC 为国家代码，表示注册用户所属的国家。中国为 86。

（2）NDC，数字蜂窝移动业务接入号，由 3 位数字组成。如原中国移动的 NDC 有 139、138、137、136、135 和 134，原中国联通 NDC 有 130、131、132。

（3）HLR 识别号 H_0，H_1，H_2，H_3，其中 H_0，H_1，H_2 为全国统一分配，H_3 为省内分配。

（4）移动用户号 SN，为每个 HLR 中移动用户的号码，由各 HLR 自行分配。

后三部分组成国内有效 ISDN 号码，GSM 系统固定为 11 位。

2. 国际移动客户识别码

国际移动客户识别码（International Mobile Subscriber Identity，IMSI）是国际上为唯一识别一个移动用户所分配的号码，是 GSM 系统内部对每个用户的唯一标识，由运营商按照一定的规则分配，存储在 SIM 卡中。SIM 卡建立了 IMSI 和 MSISDN 的对应关系，这个对应关系存储在 HLR 中，人们利用手机号码通信时，其实在系统内部是转换成 IMSI 进行的。其号码结构如图 6.28 所示。

图 6.28　IMSI 的号码结构

IMSI 固定为 15 位数字的号码。其中，MCC 为移动国家号码，由 3 位数字组成，我国为 460；移动网号 MNC 占 2 位，识别移动用户归属的移动网，例如，原中国移动 MNC＝00，原中国联通 MNC＝01；移动用户识别码 MSIN，10 位，由各国自行分配。

需要说明的一个问题是，为什么 GSM 系统不用 MSISDN 号码进行网络登记和呼叫建立，而又要引出一个 IMSI 号码呢？原因有两点：①不同国家移动用户的 MSISDN 号码不一样，这主要是因为它们的国家码 CC 长度不一样。如中国的 CC 为 86，美国的 CC 为 1，而芬兰的 CC 为 358。如果用 MSISDN 进行登记、建立呼叫，则在不同国家之间漫游或建立呼叫时处理就会非常复杂。②一个移动用户可以同时开通语音、数据、传真等不同业务，不同业务对应不同的 MSISDN 号。所以，移动用户的 MSISDN 号码不是唯一的，而 IMSI 号码则是全球唯一的。

3. 移动客户漫游号码

移动客户漫游号码（Mobile Station Roaming Number，MSRN）是在移动台位置更新或漫游被呼时分配的一个临时号码，其号码结构与 MSISDN 相同。正在服务于被呼用户的 MSC/VLR 是由其产生的一个 MSRN 临时号码给出呼叫路由信息的，该号码在呼叫接续完成后即可释放给其他用户使用。MSRN 的分配有以下两种情况：

（1）在位置更新时，由 VLR 分配 MSRN 后传送给 HLR。当 MS 离开该区域后，VLR 和 HLR 中都要删除该 MSRN，使此号码再分配给其他漫游用户使用。

（2）每次 MS 有来话呼叫时，根据 HLR 的请求临时由 VLR 分配一个 MSRN，此号码只在某一时间范围（如 90s）内有效。

4. 位置区识别码

位置区识别码（Location Area Identity，LAI）用于识别 MS 所处的位置。当 MS 从一个位置区移动到另一个位置区时，需要进行位置更新。其号码结构如图 6.29 所示。

图 6.29 位置区识别码的结构

图 6.29 中，MCC 和 MNC 与 IMSI 中的号码相同，LAC 是位置区号码，最大为 16 位，在一个 PLMN 网络中可定义 65536 个不同的位置区。

5. 全球小区识别码

全球小区识别码（Cell Global Identity，CGI）用来识别一个小区（基站小区或扇形小区）所覆盖的区域。CGI 是在 LAI 的基础上再加上小区识别码（CI）构成的，其中 CI 为 2 字节的 BCD 码，由各 MSC 自定。其号码结构如图 6.30 所示。

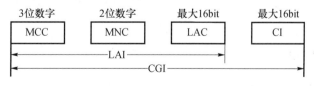

图 6.30 全球小区识别码结构

6. 基站识别码

基站识别码(Base transceiver Station Identity Code,BSIC)主要用于识别采用相同载频的、相邻的不同基站小区或扇区,特别用于识别不同国家、边界地区的基站。其号码结构如图6.31所示。

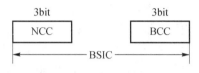

图6.31 基站识别码结构

其中,NCC(Network Color Code)网络色码3位,用来识别相邻国家不同的PLMN;BCC(Base transceiver Station Color Code)基站色码3位,用来唯一识别采用相同载频的相邻的不同BTS。

7. 国际移动设备识别码

国际移动设备识别码(International Mobile Station Equipment Identity,IMEI)在全球唯一地识别一个移动设备,用于监控被窃或无效的移动设备。IMEI由15位数字组成。其号码结构如图6.32所示。

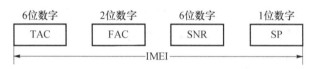

图6.32 国际移动台设备识别码结构

其中,TAC(6位)是型号批准码,由欧洲型号认证中心分配;FAC是工厂装配码,由厂家编码,表示生产厂家及其装配地;SNR是序列号,由厂家分配,识别每个TAC和FAC中的某个设备;SP为备用码。

另外,在GSM系统中还规定了其他一些号码,如MSC/VLR号码、HLR号码、切换号码(HON)、本地移动用户识别码(LMSI)、漫游区域识别码(RSZI)等,这里不再一一介绍。

6.6 呼叫接续和移动性管理

在所有电话网络中,建立两个用户始呼和被呼的连接是通信网络的最基本任务。为了完成这一任务,网络必须进行一系列的操作,例如,定位用户所在的位置、识别被呼用户、识别用户所需提供的业务、建立/维持/释放连接等。在移动通信网络中,由于用户的移动性和无线链路连接,使得移动网络需要进行更多的操作才能顺利完成以上任务。本节重点从位置管理、越区切换、安全管理、呼叫连接几个方面对GSM系统的控制与管理进行详细介绍。

6.6.1 位置管理

GSM系统位置管理的目的是使移动台始终与网络保持联系,以便移动台在网络覆盖范围内的任何地方都能接入网络;或者网络能随时知道移动台所在的位置,以使网络可随时寻呼到移动台。在 GSM 系统中,用各类数据库(如 HLR、VLR、SIM 卡等)维持移动台与网络的联系。

1. 位置登记(或网络附着)

1)移动台首次登记

当一个移动用户首次入网时,由于在其 SIM 卡中找不到位置区识别码(LAI),它会立即申请接入网络,向 MSC 发送"位置更新请求"信息,通知 GSM 这是一个该位置区内的新用户。MSC 根据该移动台发送的 IMSI 中的信息,向该移动台的归属位置寄存器发送"位置更新请求"信息。HLR 把发送请求的 MSC 的号码记录下来,并向该 MSC 回送"位置更新接受"信息。至此,MSC 认为此移动台已被激活,便要求访问位置寄存器(VLR)对该移动台作"附着"标记,并向移动台发送"位置更新证实"信息,移动台会在其 SIM 卡中把信息中的位置区识别码存储起来,以备后用。

2)移动台重新开机登记

这种情况时移动台不是第一次开机,而是关机后又开机。移动台每次一开机,就会收到来自于其所在位置区中的广播控制信道(BCCH)发出的位置区识别码(LAI),它自动将该识别码与自身存储器中的位置区识别码(上次开机所处位置区的号码)相比较。若相同,则说明该移动台的位置未发生改变,无须位置更新,只需要在 VLR 中对该用户作为"附着"标记。否则,认为移动台已由原来位置区移动到了一个新的位置区中,必须进行位置更新。此时,又可以有两种情况,即前后位置区是否属于同一个 VLR 控制区。若是,则只需要在 VLR 中更改成新的 LAI 并进行 IMSI"附着"即可。若不是,则需要向 HLR 发起"位置更新请求",以便由其 HLR 通知原位置区中的 VLR 删除该移动台的相关信息。

3)移动台关机(或网络分离)

当移动台由激活(开机)转换为非激活(关机)状态时,应启动 IMSI 分离进程,在相关的 HLR 和 VLR 中设置标志,使得网络拒绝对该移动台的呼叫,不再浪费无线信道发送呼叫信息。

4)周期性位置登记

为了防止某些意外情况发生,进一步保证网络对移动台所处位置及状态的确知性,而强制移动台以固定的时间间隔周期性地向网络进行位置登记。可能发生的意外情况,例如,当移动台向网络发送"IMSI 分离"信息时,由于无线信道中的信号衰落或受噪声干扰等原因,可能导致 GSM 系统不能正确译码,这就意味着系统仍认为该移动台处于附着状态。又如,当移动台在开机状态移动到系统覆盖区以外的地方,即盲区之内时,GSM 会认为该移动台仍处于附着状态。在以上两种情况下,该用户若被寻呼,系统就会不断地发出寻呼消息,无效占用无线资源。

为了解决上述问题,GSM 采用强制周期登记的措施,即要求 MS 每过一定时间就登记一次。若 GSM 系统在一定时间内没有收到 MS 的周期性登记信息,它所处的 VLR 就以"隐分离"状态标记该 MS,只有当再次接收到正确的周期性登记信息后,才将它改写成"附着"标记。

2. 位置更新

当用户从一个位置区移动到另一个位置区,移动台发现其存储的 LAI 与当前从网络接收到的 LAI 不一致时,就要执行位置更新操作。位置更新是由移动台发起的。根据位置区与 MSC 业务区的关系,位置更新有两种情况:同一 MSC/VLR 内不同位置区的位置更新和不同 MSC/VLR 内不同位置区的位置更新。

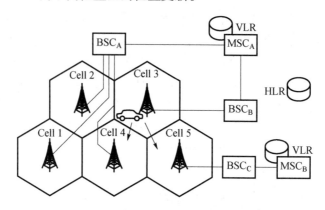

图 6.33 位置更新的情况

如图 6.33 中所示,移动台由 Cell3 移动到 Cell4 的情况,就属于同 MSC(MSCA)中不同位置区的位置更新;移动台由 Cell3 移动到 Cell5 的情况,就属于不同 MSC(MSCA 和 MSCB)之间不同位置区的位置更新。

1) 同一 MSC/VLR 内的位置更新(局内位置更新)

这种情况下的位置更新过程如图 6.34 所示。此时,HLR 并不参与位置更新过程。

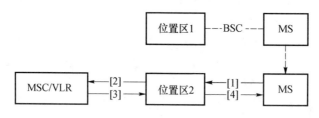

图 6.34 同一 MSC 局内位置更新

(1) 移动台漫游到新位置区时,分析出接收到的位置区号码和存储在 SIM 卡中的位置区号码不一致,就向当前的基站控制器(BSC)发送一个位置更新请求。

(2) BSC 接收到 MS 的位置更新请求,就向 MSC/VLR 发送一个位置更新请求。

(3) VLR 修改这个 MS 的数据,将位置区号码改成当前的位置区号码,然后向 BSC 发送一个应答消息。

(4) BSC 向 MS 发送一个应答消息,MS 将 SIM 卡中存储的位置区号码改成当前的位置区号码。这样,同一 MSC 局内的位置更新过程就结束了。

2) 不同 MSC/VLR 之间的位置更新(越局位置更新)

这种情况下的位置更新过程如图 6.35 所示。此时,HLR 需要参与位置更新过程。

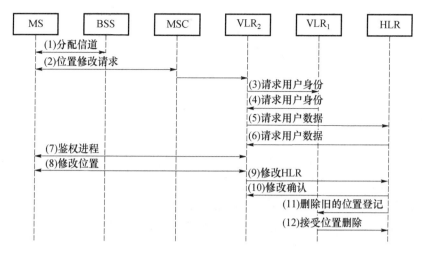

图 6.35 越局位置更新过程

（1）~（2）移动用户漫游到另一个 MSC 局时,移动台(MS)发现当前的位置区号码和 SIM 卡中存储的位置区号码不一致,就向 BSC2 发位置更新请求,BSC2 向 MSC2 发送一个位置更新请求。

（3）~（5）MSC/VLR2 接收到位置更新请求,发现当前 MSC 中不存在该用户信息（从其他 MSC 漫游过来的用户）,就向用户登记的 HLR 发送一个位置更新请求。

（6）HLR 向 MSC/VLR2 发送一个位置更新证实,并将此用户的一些数据传送给 MSC/VLR2。

（7）~（8）MSC/VLR2 通过 BSC2 给 MS 发送一个位置更新证实消息,MS 接到后,将 SIM 卡中位置区号码改成当前的位置区码。

（9）~（12）HLR 负责向 MSC/VLR1 发送消息,通知 VLR1 将该用户的数据删除。

需要特别注意的是,每次位置更新时,都需要对用户进行鉴权。

6.6.2 越区切换

根据切换发生时原小区和目标小区在 GSM 区域划分中的关系,GSM 的越区切换有以下几种类型。

1. 同一 BSC 内不同小区间的切换

这种情况下,BSC 需要建立与新 BTS 间的链路,并在新小区分配一个 TCH 供 MS 切换到此小区后使用,而 MSC 对此不需要进行任何操作。由于切换后邻小区发生了变化,MS 必须接收了解有关新小区的邻小区信息。若 MS 所在的位置区也变了,那么在呼叫完成后还需要进行位置更新操作。同一 BSC 内不同小区间切换的具体工作流程如图 6.36 所示。

（1）BSC 预订新的 BTS 激活一个 TCH。

（2）BSC 通过旧 BTS 发送一个包括频率、时隙及发射功率参数的信息至 MS,此信息在 FACCH 上传送。

（3）MS 在规定新频率上发送一个切换接入突发脉冲,通过 FACCH 发送。

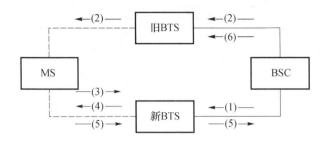

图 6.36 同 BSC 内 BTS 间的切换

(4) 新 BTS 接收到此突发脉冲后,将时间提前量信息通过 FACCH 回送 MS。

(5) MS 通过新 BTS 向 BSC 发送一条切换成功信息。

(6) BSC 要求旧 BTS 释放 TCH。

2. 同一 MSC/VLR 内不同 BSC 控制的小区间的切换

这种情况下,BSC 需要向 MSC 请求切换,然后建立 MSC 与新 BSC、新 BTS 的链路,选择并保留新小区内空闲的 TCH 供 MS 切换后使用。然后,命令 MS 切换到新频率的 TCH 上。其具体工作流程如图 6.37 所示。

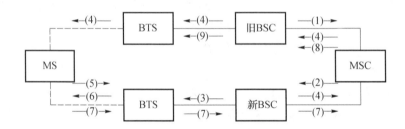

图 6.37 同一 MSC/VLR 内不同 BSC 的切换

(1) 旧 BSC 把切换请求及切换目的小区标识一起发给 MSC。

(2) MSC 判断是哪个 BSC 控制的 BTS,并向新 BSC 发送切换请求。

(3) 新 BSC 预订目标 BTS 激活一个 TCH。

(4) 新 BSC 把包含有频率时隙及发射功率的参数通过 MSC、旧 BSC 和旧 BTS 传到 MS。

(5) MS 在新频率上通过 FACCH 发送接入突发脉冲。

(6) 新 BTS 收到此脉冲后回送时间提前量信息至 MS。

(7) MS 发送切换成功信息通过新 BSC 传至 MSC。

(8) MSC 命令旧 BSC 去释放 TCH。

(9) BSC 转发 MSC 命令至 BTS 并执行。

3. 不同 MSC/VLR 控制的小区间的切换

这是一种最复杂的切换情况,切换时需要进行大量的信息传递。切换前的旧 MSC 一般称为服务 MSC,切换后的 MSC 一般称为目标 MSC。其具体工作流程如图 6.38 所示。

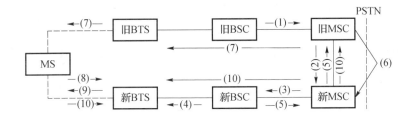

图 6.38 不同 MSC/VLR 控制的小区间的切换

(1) 旧 BSC 把切换目标小区标志和切换请求发至旧 MSC。
(2) 旧 MSC 判断出小区属另一个 MSC 管辖。
(3) 新 MSC 分配一个切换号(路由呼叫用)并向新 BSC 发送切换请求。
(4) 新 BSC 激活 BTS 的一个 TCH。
(5) 新 MSC 收到 BSC 回送信息并与切换号一起转至旧 MSC。
(6) 一个 MSC 间的连接建立也许会通过 PSTN 网。
(7) 旧 MSC 通过旧 BSC 向 MS 发送切换命令,其中包含频率时隙和发射功率。
(8) MS 在新频率上通过 FACCH 发送接入突发脉冲。
(9) 新 BTS 收到后通过 FACCH 回送时间提前量信息。
(10) MS 通过新 BSC 和新 MSC 向旧 MSC 发送切换成功信息。

6.6.3 安全管理

由于移动通信使用安全性不高的无线链路传输信息,这就给移动通信网络带来了严格的安全管理任务。GSM 系统主要采取了以下 4 种安全管理措施:用户接入鉴权;无线链路信息加密;移动设备识别;移动用户身份安全保护。

1. 用户接入鉴权

GSM 系统要求用户接入网络时需要进行鉴权认证。鉴权的目的:①保护网络,防止非法盗用;②保护用户,拒绝假冒合法用户的"入侵"。通过鉴权,系统可以为合法的用户提供服务,对不合法的用户拒绝服务。

对用户的鉴权操作往往和其他操作一起进行。鉴权发生的场合通常有:移动用户发起呼叫(不含紧急呼叫);移动用户接受呼叫;移动台位置登记;移动用户进行补充业务操作、切换等。

GSM 鉴权原理是基于系统定义的鉴权键 Ki。当用户在网络上注册登记时,会被分配一个 MSISDN、一个 IMSI 及一个与 IMSI 对应的移动用户鉴权键 Ki。Ki 被分别存放在网络端的鉴权中心(AuC)中和移动用户的 SIM 卡中。最简单的鉴权方法就是在 VLR 中验证网络端和用户端的 Ki 是否相同。很明显,这种方法带来的致命问题是:用户将鉴权键 Ki 传输给网络时可能被人截获,从而导致鉴权失败或错误的鉴权。

GSM 系统采用的解决方法:用鉴权算法 A3 产生鉴权数据——符号响应(Signed Response,SRES),鉴权时在无线链路上传输的是 SRES 而不是 Ki,通过在网络中比较移动台产生的 SRES 和 HLR/AuC 中的 SRES 是否相同,来对用户进行鉴权。

(1) 鉴权三元组(三参数),在鉴权中心 AuC 中产生随机数(RAND)、符号响应(SRES)、密钥(Kc)组成 GSM 的鉴权三元组。鉴权三参数产生过程如图 6.39 所示。

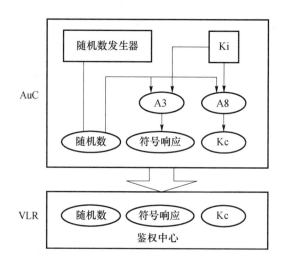

图 6.39　鉴权三参数产生过程

(2) 鉴权和加密算法。为了鉴权和加密,GSM 系统中采用了 3 种算法:A3、A8 和 A5 算法。其中,A3 算法用于用户接入网络的鉴权;A8 算法用于产生一个供用户数据加密使用的密钥 Kc;A5 算法用于用户数据在无线链路上的加密。图 6.40 所示为这 3 种安全算法在 GSM 系统中的位置。

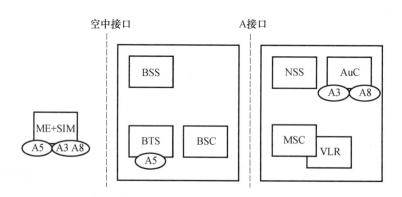

图 6.40　安全算法的位置

(3) 鉴权过程。图 6.41 给出了 GSM 用户接入的鉴权过程。

① 鉴权开始时,MSC、VLR 传送 RAND 至 MS;

② MS 用 RAND 和 Ki 算出 SRES 并返回 MSC/VLR;

③ MSC/VLR 把收到的 SRES 与存储在其中的 SRES 比较,达到鉴权的目的。

因为 SRES 是随机且加密的,所以在空中传输时即便被截获,也不会容易地被破解。

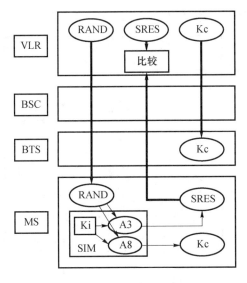

图 6.41 鉴权过程

关于鉴权的几点说明：

(1) 由于鉴权中心提供的三参数组总是与每个用户相关联的,因此通常 AuC 与 HLR 是合在同一个实体(HLR/AuC)中,或者 AuC 直接与 HLR 相连。

(2) MSC/VLR 在每次呼叫过程中通过检查系统所提供的和用户响应的三参数是否一致来鉴定用户身份的合法性。

(3) 一般情况下,AuC 一次能产生这样的 5 个三参数组。AuC 会把这些三参数组传送给用户的 HLR,HLR 自动存储,以备后用。对一个用户,HLR 最多可存储 10 组三参数。当 MSC/VLR 向 HLR 请求传送三参数组时,HLR 会一次性地向 MSC/VLR 传送 5 组三参数组。MSC/VLR 一组一组地用,当用到只剩 2 组时,就向 HLR 请求再次传送。这样做的一大好处是,鉴权算法程序的执行时间不占用移动用户实时业务的处理时间,有利于提高呼叫接续速度。

(4) 鉴权算法(A3)和加密算法(A5 和 A8)都由泛欧移动通信谅解备忘录组织(GSM 的 MOU 组织)进行统一管理,GSM 运营部门需与 MOU 签署相应的保密协定后方可获得具体算法,SIM 卡的制造商也需签定协议后才能将算法写到 SIM 卡中。

2. 无线链路上信息加密

用户通过接入鉴权后,其在无线链路上传输的用户数据和信令也需要进行安全保证,即需要进行信息加密。无线链路上信息加密的过程如图 6.42 所示。具体操作如下:

(1) 加密开始时,根据 MSC/VLR 发出的加密指令,BTS 侧和 MS 侧均开始使用 Kc。

(2) MS 侧,由 Kc、TDMA 帧号一起经 A5 算法,对用户信息数据流加密,在无线路径上传输。

(3) BTS 侧,把从无线信道上收到的加密信息流、TDMA 帧号和 Kc,再经过 A5 算法解密后,传送给 BSC 和 MSC。

(4) 上述过程反之亦然。

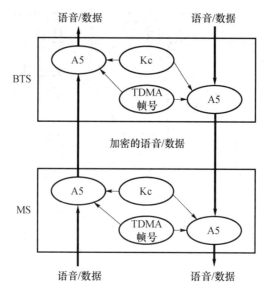

图 6.42 空中接口用户信息加密

3. 移动设备的识别

移动设备识别的目的是,确保系统中使用的移动设备不是盗用或非法的设备。具体过程如下:

(1) MSC/VLR 向移动用户请求 IMEI(国际移动台设备识别码),并将 IMEI 发送给 EIR(设备识别寄存器)。

(2) 收到 IMEI 后,EIR 使用以下定义的 3 个清单:

① 白名单:包括已分配给参加运营者的所有设备识别序列号码;

② 黑名单:包括所有被禁止使用的设备识别号码;

③ 灰名单:由运营者决定,例如包括有故障的及未经型号认证的移动设备。

(3) 将设备鉴定结果送给 MSC/VLR,以决定是否允许入网。

4. 移动用户身份安全保护

1) 用户的个人身份号

PIN 是一个 4~8 位的个人身份号(PIN),用于控制对 SIM 卡的使用。只有 PIN 码认证通过,移动设备才能对 SIM 卡进行存取,读出相关数据,并可以入网。每次呼叫结束或移动设备正常关机时,所有的临时数据都会从移动设备传送到 SIM 卡中,再打开移动设备时,要重新进行 PIN 码校验。

如果输入不正确的 PIN 码,用户可以再连续输入 2 次。超过 3 次不正确,SIM 卡被闭锁,需到网络运营商处解锁。连续 10 次不正确输入时,SIM 卡会被永久闭锁,即作废。

2) 用户临时识别码

为了保护移动用户的真实用户临时识别码(IMSI)或防止跟踪移动用户的位置,保证移动用户识别的安全性,VLR 给来访移动用户在位置登记(包括位置更新)或激活补充业务时,分配一个与 IMSI 唯一对应的 TMSI(Temporary Mobile Subscriber Identity)号码。在呼叫建立和位置更新时,GSM 系统在空中接口传输使用 TMSI 来代替 IMSI。TMSI 仅在该

VLR 所管理的区域中使用。

TMSI 由 MSC/VLR 分配,并不断更新,更换周期由网络运营者决定。具体使用过程:每当 MS 用 IMSI 向系统请求位置更新、呼叫建立或业务激活时,MSC/VLR 对它进行鉴权;允许入网后,MSC/VLR 产生一个新 TMSI,通过给 IMSI 分配 TMSI 的信令将其传送给 MS,写入用户的 SIM 卡;此后,MSC/VLR 和 MS 之间的信令交换就使用 TMSI,而用户的 IMSI 不在无线路径上传送。

6.6.4 呼叫接续

用户呼叫是 GSM 系统最基本最重要的功能之一。GSM 呼叫接续一般分为两个过程:移动台始呼和移动台被呼,也称为移动台主叫或移动台被叫。

1. 移动台始呼

一般主叫过程分为几个大的阶段:接入请求阶段、鉴权加密阶段、TCH 指配阶段、取被叫用户路由信息阶段。手机主叫建立流程如图 6.43 所示。

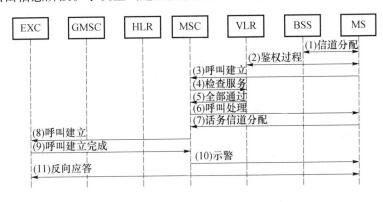

图 6.43 移动台发起呼叫过程

(1) 移动用户通过随机接入信道(RACH)向系统发送接入请求消息。这个阶段主要包括信道请求、信道激活、信道激活响应、立即指配、业务请求等几个步骤。经过这些步骤后,MS 和 BTS/BSC 建立了暂时固定的关系。

(2) 系统对用户接入网络进行鉴权。若系统允许该主呼用户接入网络,则 MSC/VLR 发送证实接入请求消息。这个阶段主要包括鉴权请求、鉴权响应、加密模式命令、加密模式完成、呼叫建立等几个步骤。经过这个阶段,主叫用户的身份得到确认,如果主叫是一个合法用户,则允许继续处理该呼叫;否则,拒绝为该用户提供服务。

(3)~(7) TCH 指配阶段,主要包括指配命令、指配完成。经过这个阶段,MSC/VLR 分配给用户一个专用语音信道,查看主呼用户的类别并标记此主叫用户示忙。至此,主叫用户的语音信道已经确定,如果在以后被叫接续的过程中不能接通,主叫用户可以通过语音信道听到 MSC 的语音提示。

(8)(9) 提取被叫用户路由信息阶段,主要包括向 HLR 请求路由信息、HLR 向 VLR 请求漫游号码(MSRN)、HLR 向 MSC 回送 MSRN、MSC 分析 MSRN 得到被叫的局向,然后进行话路接续。如果被呼叫用户是固定用户,则系统直接将被呼用户号码经固定网

(PSTN)路由至目的地;如果被呼号是同网中的其他移动台,则 MSC 以类似从固定网发起呼叫处理方式,进行 HLR 的请求过程,转接被呼用户的移动交换机。

(10)(11) 一旦被呼用户的链路准备好,网络便向主呼用户发出呼叫建立证实;主呼用户等候被呼用户响应证实信号,这时完成移动用户主呼的过程。

2. 移动台被呼

图 6.44 以 PSTN 用户呼叫移动用户为例,给出了移动台被呼的建立流程。具体过程如下:

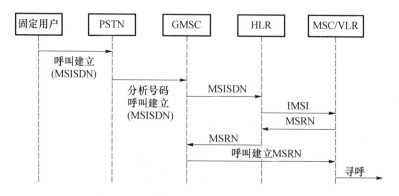

图 6.44　PSTN 用户呼叫 GSM 移动用户

(1) 固定网的用户拨打移动用户的电话号码 MSISDN。

(2) PSTN 交换机分析 MSISDN 号码。

(3) GMSC 分析 MSISDN 号码。

(4) HLR 分析由 GMSC 发来的信息。

(5) HLR 查询当前为被呼移动用户服务的 MSC/VLR。

(6) 由服务于被呼用户的 MSC/VLR 得到呼叫的路由信息。

(7) MSC/VLR 将呼叫的路由信息传送给 HLR。

(8) GMSC 接收包含 MSRN 的路由信息。

(9) GMSC 把呼叫接续到服务的 MSC/VLR,后者在被叫用户的位置区内进行寻呼。

(10) 被叫用户响应寻呼,网络为其分配控制信道和业务信道,建立呼叫连接,完成一次呼叫建立。

3. 端到端的呼叫流程

实际上,由于主/被叫用户所在网络和所在位置不同,GSM 系统的一个端到端呼叫流程可能会包括多种具体形式,如以下情况:

(1) 移动呼移动(主/被叫在同一 MSC);

(2) 移动呼移动(主/被叫不在同一 MSC);

(3) 移动呼固定;

(4) 固定呼移动(被叫在 GMSC);

(5) 固定呼移动(被叫不在 GMSC)。

6.7 通用分组无线业务(GPRS)

6.7.1 GPRS概述

通用分组无线业务(General Packet Radio Service,GPRS)是GSM向第三代移动通信演进的第一步,是一种基于GSM的移动分组数据业务,面向用户提供移动分组的IP或者X.25连接。GPRS又称为2.5G系统。

GPRS的目的是为用户提供端到端的基于分组交换和传输技术的移动数据业务,能充分利用网络资源,特别适合于长时间、小流量的突发数据业务。GPRS要求后向兼容GSM,要求以最小改动、最小代价在GSM网络上实现平滑升级,向移动用户提供通用分组无线数据传输服务。与GSM基于信令信道提供数据业务的方式相比,GPRS的数据传输速率更高,信息传输量更大。

1. GPRS的特点

GPRS系统采用与GSM系统相同的频段、频带宽度、突发结构、无线调制技术、跳频规则以及相同的TDMA帧结构,并保留了GSM网络定义的无线接口。GPRS在信道分配、接口方式、数据传输等方面体现了分组业务的特点,提出了多时隙数据传输和新的信道编码类型,数据传输速率最高可达到171.2kbps。在GSM网络基础上构建GPRS网络时,GSM系统中的绝大部分部件都不需要硬件改动,只需作软件升级。对于GSM来说,GPRS是一种补充而不是替代。

GPRS的主要特点如下:

(1) 分组交换,多用户可共享一个物理信道,提高频率利用率;
(2) 支持中、高速率数据传输,最高171.2kbps;
(3) 四种新的编码方案,即CS-1、CS-2、CS-3和CS-4;
(4) 网络接入速度快,快速的呼叫建立/清除;
(5) 支持基于标准数据通信协议的应用,引入新业务简单、方便;
(6) 支持特定的点到点和点到多点服务;
(7) 安全功能同现有的GSM安全功能一样;
(8) 可提供按时间、数据量、内容等灵活的计费方式。

2. GPRS的业务

GPRS可支持点对点(Point to Point,PTP)和点对多点(Point to Multi-point,PTM)两种承载业务,并可为用户提供一系列交互式电信业务,包括用户终端业务、补充业务以及短消息业务、匿名接入等其他业务。

1) GPRS承载业务

(1) 点对点业务(PTP)。PTP是GPRS网络在业务请求者和业务接收者之间提供的分组传送业务。又分为面向无连接的网络业务(PTP-CLNS)和面向连接的网络业务(PTP-CONS)。

(2) 点对多点业务(PTM)。PTM是根据某业务请求者请求,把信息传送给多个或一组用户,由 PTM 业务请求者定义用户组成员。又分为点对多点广播业务(PTM-M)和点对多点组播业务(PTM-G)。

2)用户终端业务

(1)基于 PTP 的用户终端业务。包括信息点播业务、E-mail 业务、会话业务、远程操作业务等。

(2)基于 PTM 的用户终端业务。包括点对多点单向广播业务和集团内部点对多点双向数据量事务处理业务等。

3. GPRS 的业务质量

GPRS 为用户提供了 5 种业务质量(Quality of Service,QoS)的基本属性,如图 6.45 所示。

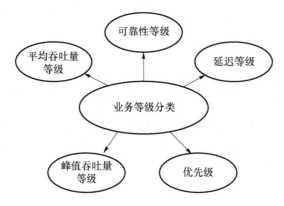

图 6.45　业务等级的分类

上述的每一种属性都有多个级别的值可供选择,不同级别属性值的组合构成了对要求不同的 QoS 的各种业务的支持。GPRS 标准中定义的这种 QoS 组合有多种,但实际中 GPRS 网络只支持其中的一部分 QoS 配置。

GPRS QoS 定义文件(Profile)与每一个包数据协议(Packet Data Protocol,PDP)相关联,一般被当作一个单一的参数,具有多个数据传递属性。在 QoS 协商过程中,移动台可为每一个 QoS 属性申请一个值,包括存储在 HLR 中用户开户的缺省值;网络也为每一个属性协商一个等级,能够与有效的 GPRS 资源相一致,以便提供适当的资源支持已经协商的 QoS 定义文件。

6.7.2　GPRS 网络结构

GPRS 网络是在已有的 GSM 网络基础上,在核心网络中增加了一个分组交换域,支持在移动终端和标准数据通信网的路由器之间传递分组业务。新引入的分组交换域主要包括 GPRS 服务支持节点(Serving GPRS Supporting Node,SGSN)和 GPRS 网关支持节点(Gateway GPRS Supporting Node,GGSN)。无线接入部分新引入的功能单元是分组控制单元(Packet Control Unit,PCU)。为支持 GPRS 与 GSM 的兼容,GSM 系统中原有的相关功能实体(如 MSC/VLR、HLR 等)还需要进行软件升级。GPRS 的网络结构如图 6.46 所示。

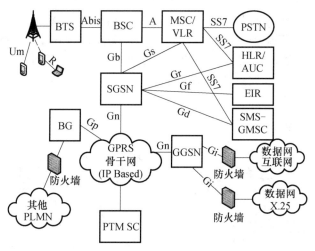

图 6.46　GPRS 网络结构及其接口

1. 新增主要网元、功能及接口

1）GPRS 服务支持节点（SGSN）

SGSN 的功能类似于 GSM 中的 MSC/VLR，主要是对移动台进行鉴权；移动性管理和路由选择；建立移动台到 GGSN 的传输通道；接收基站子系统透明传来的数据，进行协议转换后经过 GPRS 的 IP 骨干网传给 GGSN（或 SGSN），或反向进行；进行计费和业务统计等。在一个归属 PLMN 内，可以有多个 SGSN。

SGSN 和 GGSN 利用 GPRS 隧道协议（GTP）对 IP 或 X.25 分组进行封装，实现二者之间的数据传输。

SGSN 接口及功能如表 6.4 所列。

表 6.4　SGSN 接口及功能

接口	连接 SGSN 与	功能
Gb	BSS	传输信令和话务信息，支持流量控制，支持移动性管理和会话功能，支持 MS 经 BSS 到 SGSN 间分组数据的传输
Gn	SGSN 或 GGSN（同 PLMN）	支持用户数据和有关信令的传输，支持移动性管理
Gp	SGSN 或 GGSN（不同 PLMN）	与 Gn 接口功能相似，还提供边缘网关 BG、防火墙及不同 PLMN 间互联功能
Gs	MSC/VLR	支持 SGSN 和 MSC/VLR 之间的配合工作，如发送 MS 的位置信息或接收来自 MSC/VLR 的寻呼信息
Gr	HLR	支持 SGSN 接入 HLR，并获得用户管理数据和位置信息
Gf	EIR	支持 SGSN 与 EIR 交换数据，认证 MS 的 IMEI 信息
Gd	SMS-GMSC	提高 SMS 的使用效率

2) GPRS 网关支持节点(GGSN)

GGSN 实际上是 GPRS 对外部数据网络的网关或路由器,提供 GPRS 和外部分组数据网的互联。GGSN 接收移动台发送的数据,选择到相应的外部网络;或接收外部网络的数据,根据其地址选择 GPRS 网内的传输通道,传输给相应的 SGSN。此外,GGSN 还有地址分配和计费等功能。

GGSN 接口及功能如表 6.5 所列。

表 6.5 GGSN 接口及功能

接口	连接 GGSN 与	功能
Gn、Gp	SGSN	见 SGSN 的对外接口
Gi	外部分组数据网	与外部分组数据网互联(如 IP、X.25 等)
Gc	HLR	获得 MS 的位置信息,从而实现网络发起的数据业务

3) 分组控制单元

一般地,分组控制单元(PCU)位于 BSC 中,用于处理数据业务,并将数据业务从 GSM 语音业务中分离出来。PCU 完成逻辑链路与物理链路的映射、数据包拆封、数据包确认和无线数据信道的分配等功能。由于 BSC 中引入 PCU,所以 BSC 中的软件也需要升级。另外,BTS 也要配合 BSC 进行相应的软件升级。

4) 计费网关

GPRS 系统的计费与只提供语音业务的 GSM 系统不同,计费信息需包括源点和终点地址、无线接口的使用、外部分组数据网的使用、PDP 地址的使用等。GPRS 呼叫记录在 GPRS 业务节点产生。GGSN 和 SGSN 可以不存储计费信息,但需要产生计费信息。计费网关(Charging Gateway,CG)则从 GPRS 节点搜集计费信息,进行合并与处理工作,产生呼叫的详细记录,然后将这些记录发送给计费系统。因此,CG 是 GPRS 与计费系统之间的通信接口。

5) 域名服务器

GPRS 网络与互联网采用 TCP/IP 协议进行连接时,与互联网进行分组数据交换的每个 GPRS 用户都需要一个 IP 地址。如何将 GPRS 网络内的地址与 IP 地址相对应正是域名服务器(DNS)需要做的工作。DNS 提供域名解析功能,负责进行网络域名与 IP 地址之间的映射和转换。GPRS 中有两种类型的 DNS:一种是 GGSN 同外部网之间的 DNS,对外部网的域名进行解析;另一种是 GPRS 骨干网上 DNS,解析 SGSN 或 GGSN 的 IP 地址。

2. GPRS 移动台

GPRS 并没有在 MS 中添加新的网络单元,但是由于原有的 GSM 网络只用于语音通话,升级为 GPRS 网络后,MS 必须具备传输语音的电路交换以及传输数据的分组交换两种方式。这使得系统对移动台的要求提高,原来的 GSM 不能支持 GPRS 业务。因此,GPRS 系统中必须采用 GPRS 或 GPRS/GSM 双模移动台。

GPRS 的移动台分为以下 3 类:

(1) A 类。A 类 GPRS 手机能同时连接到 GSM 个 GPRS 系统,能在两个系统中同时激活,能同时侦听两个系统的信息,并能同时启动,同时提供 GPRS 和 GSM 的业务。用户能在两种业务上同时发起/接收呼叫,自动进行业务切换。例如,当 A 类 GPRS 手机传送分组业务期间,若有其他用户拨打 A 类手机,A 类手机可应答呼叫,并在通话时始终保持数据的传输。

(2) B 类。B 类 GPRS 手机能同时连接到 GSM 个 GPRS 系统,但不能在两个系统中同时激活。也就是说,MS 可同时监测 GPRS 和其他 GSM 业务的控制信道,但同一时刻只能运行一种业务。B 类手机能在两个系统自动进行业务切换。比如,当 B 类 GPRS 手机传送分组业务期间,若有其他用户拨打 B 类手机,B 类手机会有相应的提示,应答后就自动切换到语音通话,但分组数据传输被悬置,待语音通话结束后,系统又自动切换回分组数据的传输。

(3) C 类。C 类 GPRS 手机只能轮流使用 GPRS 服务或 GSM 服务,可以人工选择在两种系统之间进行切换,无法同时进行两种服务。

6.7.3 GPRS 的空中接口

1. 物理层

GPRS 网络采用与 GSM 相同的频段、频带宽度、突发结构、无线调制技术、跳频规则以及相同的 TDMA 帧结构。在 GPRS 规范中,物理层引入了新的逻辑信道、复帧结构和编码方式。为了在误码率和吞吐量之间达到平衡,引入了链路适配机制调整编码方案。

1) GPRS 帧结构

GSM 系统中,复帧就是由固定数目的 TDMA 帧组合在一起来实现特定功能的集合。GSM 系统中使用的物理信道和逻辑信道的概念,映射关系仍然适用。GPRS 与 GSM 不同之处在于,GPRS 网络可以动态地配置逻辑信道向物理信道的映射,根据网络的负荷自适应地分配或释放无线资源。

GPRS 系统的 52 复帧由 12 个用于传输数据的无线块(B0~B11)、2 个用于传输定时提前量的 TDMA 帧(X)以及 2 个用于进行邻区 BSIC 测量的 TDMA 帧(I)组成,如图 6.47 所示。

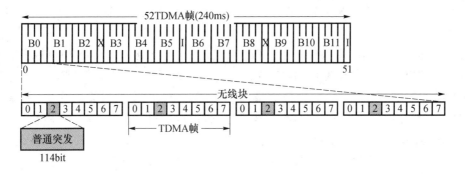

图 6.47 GPRS 分组数据信道的复帧结构

GPRS 系统中,一个物理信道也指一个分组数据信道(Packet Data Channel,PDCH),由所在频点和时隙决定。同一个 PDCH 上的 4 个连续突发脉冲(NB)组成一个无线块,用于承载逻辑信道,用来传输数据和信令。52 复帧的周期为 240ms,在每个 MS 分配一个无线块的情况下,240ms 的时间内最多可以有 12 个用户同时传输。在这种情况下,用户的吞吐量将非常低,但它至少提供了一个时隙在多用户间的复用机制。

GPRS 采用 4 种新的信道编码方式,编码速率(单时隙)分别为 CS-1(9.05kbps)、CS-2(13.4kbps)、CS-3(15.6kbps)、CS-4(21.4kbps)。GPRS 支持多时隙的传输方式,最多可达 8 个时隙。

2) GPRS 分组逻辑信道

在 GPRS 系统中,一个逻辑信道可以由 1 个或若干个物理信道构成。MS 与 BSS 之间需要传送大量的用户数据和控制信令,不同种类的信息由不同的逻辑信道传送,逻辑信道映射到物理信道上。GPRS 中主要是增加了分组数据链路逻辑信道,具体如下:

(1) 分组业务信道。分组业务信道即分组数据业务信道(PDTCH),PDTCH 用于在分组交换的模式下承载用户信息,主要用于传送语音业务和数据业务。通常,为了有效传输数据,可以在一个物理信道上动态分配 PDTCH 的使用。PDTCH 在某个时间内可以只属于一个 MS 或者一组 MS。在多时隙工作模式下,一个 MS 可并行使用多个 PDTCH 用于一个数据分组传输,MS 实际使用的时隙数取决于 MS 的多时隙级别。

PDTCH 为双向业务信道,但在使用时是上下行独立分配的。与电路型双向业务信道不同,PDTCH 可以不成对使用,它或者是上行信道(PDTCH/U),用于移动台发起分组数据传输;或者是下行信道(PDTCH/D),用于移动台接收分组数据。

(2) 分组控制信道。分组控制信道用于承载信令、同步数据和传送控制信息,主要分为以下 3 类:

① 分组公共控制信道(PCCCH),用于分组数据公共控制信令的传送,又分为以下几种:

- 分组随机接入信道(PRACH),上行信道,用于移动台发送随机接入信息或对请求分配一个或多个 PDTCH 寻呼的响应。
- 分组寻呼信道(PPCH),下行信道,用于寻呼移动台。
- 分组接入允许信道,下行信道,用于向移动台分配 PDTCH 信道。
- 分组通知信道(PNCH),下行信道,用于通知移动台点到多点(PTM-M)通知信息的传送。

② 分组广播控制信道(PBCCH)。PBCCH 属于下行信道,一个小区中可以只有一个 PBCCH。PBCCH 广播分组数据的特定系统信息。如果不配置 PBCCH,则由 GSM 系统原有的广播控制信道(BCCH)广播分组操作的信息,以及与接收相关的 GPRS 信息。在 BCCH 上会给出明确的指示,指明本小区是否支持分组数据业务。如果支持且具有 PBCCH,则会给出 PBCCH 的组合配置信息。与 BCCH 不同的是,PBCCH 可以映射到任意载频的任意时隙上。PBCCH 是可选配置,只有在 PCCCH 存在时才需要。

③ 分组专用控制信道(PDCCH),用于分组数据专用控制信令的传送,又分为以下几种:

- 分组随路控制信道(PACCH),双向信道,用于传输功率控制信息、测量和证实等信息。每个单向的 PDTCH 都具有上下行两个方向上的 PACCH 信道。PDTCH 方向上的 PACCH 将占用 PDTCH 的资源,而反向方向上的 PACCH 则动态分配。

- 上行分组定时控制信道(PTCCH/U),传输随机接入突发脉冲,用于估计处于分组传输模式下的移动台的时间提前量。
- 下行分组定时控制信道(PTCCH/D),向多个移动台传输定时提前信息,用于时间提前量的更新。一个 PTCCH/D 可以对应多个 PTCCH/U。

2. 空中接口协议栈

图 6.48 给出了 GPRS 的协议栈。

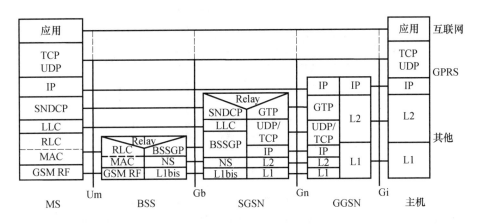

图 6.48 GPRS 协议栈

各层主要功能如下:

(1) MAC:媒体接入控制层,主要控制无线信道的接入信令过程(请求和允许),以及将 LLC 层帧映射为 GSM 的物理信道。

(2) RLC:无线链路控制层,主要提供与无线解决方案有关的可靠的链路。

(3) LLC:逻辑链路控制层,在 MS 与 SGSN 之间提供安全可靠的逻辑链路,并且独立于低层无线接口协议,以便允许引入其他 GPRS 无线解决方案。

(4) SNDCP:子网汇聚协议,位于 LLC 层的上面和网络层的下面,提供了对协议的透明性。它可支持不同的网络层协议,如 IP、X.25 等多种协议,可以在不更改 GPRS 协议的基础上引入新的网络层协议。

(5) IP:IP 是 GPRS 骨干网协议,用于用户数据和控制信令的路由选择。

(6) TCP/UDP:用于传送 GPRS 骨干网内部的 GTP(GPRS 的隧道协议)分组数据单元。

6.7.4 GPRS 的移动性管理和会话管理

GPRS 的移动性管理主要包括 GPRS 附着/去附着、小区/路由区更新、路由器/位置区联合更新等过程。通过 GPRS 附着/去附着过程,MS 能够建立起与 GPRS 网络的连接,而当 MS 在 GPRS 网络中移动时,则通过小区/路由区更新过程保证自身的位置为网络所了解。GPRS 会话管理包括 PDP 上下文激活/去激活、PDP 上下文修改等过程,保证 MS 准确地连接到外部数据网络。因此,GPRS 手机连接到数据网络需要两个阶段:连接到 GPRS 网络(GPRS 附着)和连接到外部数据网络(PDP 关联)。

从业务管理角度来看,GPRS 有两个管理过程:移动性管理(GMM)和会话管理(SM)。移动性管理支持 GPRS 用户的移动性,如将用户当前位置通知网络等。会话管理则是 GPRS 移动台连接到外部数据网络的处理过程,主要功能是支持移动用户对 PDP 关联的处理。

1. GPRS 区域划分

GPRS 中的区域划分如图 6.49 所示。

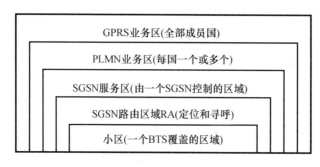

图 6.49　GPRS 区域划分

其中,路由区(RA)是 GPRS 区域划分中一个非常重要的概念。定义路由器的作用是为了更有效地寻呼 GPRS 用户。路由区是由路由区标识(RAI)来识别的,RAI 的结构为:RAI = MCC + LAC + RAC。其中,MCC 为移动国家号码;LAC 为位置区号码;RAC 为路由器号码。RAI 是由运营商确定的。RAI 作为系统信息进行广播,移动台监视 RAI,以确定是否穿越了路由区边界。如果穿越了边界,移动台将启动路由区域更新过程。路由区由一个或多个小区组成,最大的路由区为一个位置区(LA),一个路由区只能由一个 SGSN 提供服务。

2. 3 种移动性管理状态(MS 的 3 种状态)

GPRS 移动用户的移动性管理(MM)状态在 GPRS 协议中的 GMM 层定义。GPRS 移动台的 MM 状态有 3 种:空闲状态(IDLE)、守候状态(STANDBY)、就绪状态(READY)。每个 MS 的 MM 状态由 MS 和 SGSN 共同管理,在 MS 和 SGSN 中 MM 状态的转换稍有不同。

(1) 空闲状态。移动台已开机,但没有附着到 GPRS 网络上,MS 和 SGSN 的 MM 上下文中没有移动台有效位置和路由信息,移动台也无法识别 GPRS 网络,不能执行与用户相关的移动性管理操作。如果移动台进入 GPRS 盲区时,也将进入空闲状态。在此状态下,MS 只能接收 PTM-M 业务信息,而不能接收和发送 PTP 和 PTM-G 业务。

(2) 守候状态。移动台附着到 GPRS 网络上,并且 MS 和 SGSN 建立了 MM 上下文连接。但是,SGSN 对 MS 的移动性管理停留在路由区(RA)层次上。MS 可以接收 PTM-M 和 PTM-G 业务,但不能收发 PTP 业务,也不能发送 PTM-G 业务。

(3) 就绪状态。在此状态下,SGSN 中对应的该 MS 的 MM 上下文中增加了 MS 所驻留小区的位置信息,MS 与 GPRS 移动性管理建立关联,MS 可以接收数据,也可以激活(或清除)PDP 关联,向外部 IP 网络发送数据。MS 和 GPRS 网络的分组传输正在进行中或刚刚结束,此时 SGSN 具有在小区层次上对移动台进行管理的能力,因为它了解 MS 所在的小区信息。

在一定条件下,GPRS 网络中的这 3 种 MM 状态可以相互转换。

3. MM 上下文和 PDP 上下文

(1) MM 上下文。GPRS 的移动性管理(MM)是指移动台在以上 3 种 MM 状态间的相互转换。每种状态对应了特定的功能及相关信息。在 MS、SGSN、MSC/VLR 以及 HLR 中分别存储着 MS 的相关信息,这些状态和相关信息就组成了 GPRS 的 MM 上下文。例如,在 SGSN 中存储的相关信息有 IMSI、MM 状态、P-TMSI、P-TMSI 签名、路由区标识(RAI)、当前小区标识、Kc 和加密算法等。

(2) PDP 上下文。如果一个移动台所申请的 GPRS 业务涉及一个或多个外部分组数据网络,如互联网、X.25 等,在其 GPRS 签约数据中就将包括一个或多个与这些网络对应的分组数据协议(Packet Data Protocol,PDP)地址,每个 PDP 地址对应一个 PDP 上下文。每个 PDP 上下文由 PDP 状态及相关信息来描述,通常包括:接入点名(APN),指相关联的 GGSN;业务接入点标识(NSAPI);LLC 业务接入点标识(LLC SAPI);PDP 地址;请求的 QoS;射频优先级别;协议配置选项,等等。

PDP 上下文在 MS、SGSN 和 GGSN 中处理并保存。一个移动台可以同时激活几个 PDP 上下文,所有 PDP 上下文都与该用户唯一的一个 MM 上下文相关联。在 HLR 中将保存移动台的 PDP 上下文记录。

4. GPRS 附着/去附着

MS 进行 GPRS 附着后才能获得 GPRS 业务的使用权。也就是说,MS 如果通过 GPRS 网络接入互联网或查看电子邮件,首先必须使 MS 附着到 GPRS 网络。在附着过程中,MS 将提供身份标识(P-TMSI 或者 IMSI)、所在区域的 RAI 及附着类型。GPRS 附着完成后,MS 进入 READY 状态,并在 MS 和 SGSN 中建立 MM 上下文,之后 MS 才可以发起 PDP 上下文激活过程。附着类型包括 GPRS 附着和 GPRS/IMSI 联合附着两种类型。

当 MS 不需要 GPRS 业务时,需要发起 GPRS 去附着过程。GPRS 去附着过程可以由 MS 或网络发起,网络侧去附着过程又分为 SGSN 发起和 HLR 发起两种情况。如果执行了 GPRS 去附着过程,可以删除 PDP 上下文。GPRS 去附着过程包括 IMSI 去附着、GPRS 去附着和 GPRS/IMSI 联合去附着 3 种类型。GPRS 附着的 MS 可以通过发送去附着信息到 SGSN 请求 GPRS 去附着或者 GPRS/IMSI 联合去附着。而未附着 GPRS 的用户则通过 A 接口发起 IMSI 去附着过程。

5. GPRS 位置更新

当 GPRS 移动台在 GPRS 网络中移动时,会发起以下几种位置更新过程。

(1) RA 内小区间位置更新。当 MS 处于就绪状态,在 RA 内从一个小区移动到另一个小区时,MS 要进行小区的位置更新。

(2) SGSN 内部的路由区(RA)更新。

(3) SGSN 之间的 RA 更新。

(4) RA/LA 联合更新。当 SGSN 与 MSC/VLR 建立关联后,还有一种 SGSN 间的 RA/LA 联合更新。

以上这些位置更新过程比较复杂,本书不做进一步讨论。

6. GPRS 的会话管理

当移动台附着到 GPRS 网络后,如果发送电子邮件或浏览网页,移动台必须执行 PDP 上下文激活程序,才能和外部数据网络通信。PDP 上下文激活是指网络为移动台分配 IP 地址,使 MS 成为 IP 网络的一部分。数据传送完成后,再删除该地址。

GPRS 中的会话管理就是指 GPRS 移动台连接到外部数据网络的处理程序。GPRS 会话管理包括连接到 IP 网络(PDP 关联)、PDP 上下文激活、去激活和修改、MS 或网络发起分组数据业务,还包括匿名接入时 PDP 上下文的激活/去激活。匿名接入是指移动用户可以不经鉴权加密程序与特定的主机交换分组数据,主机通过支持的互联互通协议来寻址,匿名接入产生的资费由被叫支付。

习题与思考题

6.1 请画出 GSM 系统的网络结构图,并标出相应的网络接口。

6.2 GSM 系统的网络有哪几大部分组成?每部分包含的主要网元有哪些?并简要描述其主要功能。

6.3 GSM 的物理信道和逻辑信道是如何规定的?请描述逻辑信道的分类。

6.4 GSM 系统中,为什么需要进行逻辑信道到物理信道的映射,是如何映射的?

6.5 GSM 系统的帧结构包括哪些?何为一个突发脉冲,突发脉冲的长度为多少?GSM 系统规定了哪几种类型的突发脉冲?

6.6 GSM 系统中采用了哪些技术来增强无线数字传输性能?其中,GSM 的交织技术有何特点?

6.7 请画出 GSM 系统中语音处理的一般过程,并进行简要描述。

6.8 什么情况下会发生位置更新?GSM 系统的位置更新有哪些类型?

6.9 GSM 系统的越区切换有哪些类型?GSM 如何判断需要进行越区切换?

6.10 为提供更好更安全的服务,GSM 系统提供了哪些安全管理措施?

6.11 请描述 GSM 系统的鉴权原理和鉴权过程。

6.12 请描述 GSM 系统的无线链路信息加密过程。

6.13 相对于 GSM 系统,GPRS 网络有何主要特点,网络结构上有什么变化?

6.14 请画出 GPRS 系统的网络结构图,并标出相应的网络接口。

第 7 章　第三代移动通信系统

第三代移动通信(3G)将无线通信与国际互联网等多媒体通信手段相结合,能够同时传送声音、数据及多媒体信息,数据传输速率一般在几百 Kbps。国际上存在 4 种 3G 标准:WCDMA、CDMA2000、TD-SCDMA 和 WiMAX,前 3 种是从传统移动通信标准发展而来,是 3G 的主流通信标准;而 WiMAX 是从无线宽带接入领域发展起来,是 2007 年 10 月 ITU 批准的第 4 个 3G 标准。

本章主要介绍 3 种主流通信标准,即 WCDMA、CDMA 2000、TD-SCDMA,将针对系统的特点、网络结构、空中接口及协议、关键技术、系统发展等方面分别具体阐述。

7.1　3G 概述

7.1.1　3G 的提出和目标

第三代移动通信系统(3G,3rd Generation),最早由国际电信联盟(International Telecommunication Union,ITU)于 1985 年提出,当时称为未来公众陆地移动通信系统(Future Public Land Mobile Telecommunication System,FPLMTS),1996 年更名为 IMT-2000(International Mobile Telecommunication-2000,国际移动通信-2000),意即该系统工作在 2000MHz 频段,最高业务速率可达 2000kbps,已在 2000 年得到商用。IMT-2000 俗称 3G。

第三代移动通信系统是历经第一代、第二代移动通信系统发展而来。为了统一移动通信系统的标准和制式,实现真正意义上的全球覆盖和全球漫游,并提供更大带宽、更为丰富的数据和多媒体业务,ITU 提出了 3G 的概念。第三代移动通信系统是一种能提供多种类型、高质量多媒体业务,能实现全球无缝覆盖,具有全球漫游能力,与固定网络相兼容,并以小型便携式终端在任何时候、任何地点进行任何种类通信的通信系统。

IMT-2000 的主要目标如下:

(1)能实现全球漫游。用户可以在整个系统甚至全球范围内漫游,且可以在不同的速率、不同的运动状态下获得有服务质量的保证。

(2)能提供多种业务。可以向用户提供语音、可变速率的数据、活动视频会话业务,特别是多媒体业务。

(3)能适应多种环境。可以综合现有的公众电话交换网(PSTN)、综合业务数字网、无绳系统、地面移动通信系统、卫星通信系统,提供无缝隙的覆盖。

(4)具有足够的系统容量,强大的多种用户管理能力,高保密性能和服务质量。

为实现 IMT-2000 设定的目标,对其无线传输技术(Radio Transmission Technology,RTT)提出了以下要求:

（1）高速传输以支持多媒体业务。室内环境至少 2Mbps；室外步行环境至少 384kbps；室外车辆运动中至少 144kbps；卫星移动环境至少 9.6kbps。

（2）传输速率能够按需分配。

（3）上下行链路能适应不对称需求。

7.1.2 3G 标准和标准化组织

1998 年，ITU 征集到多种 3GRTT 技术方案，被分为 CDMA 和 TDMA 两大类，CDMA 技术以其频率规划简单、系统容量大、频率复用系数高、抗多径能力强、通信质量好、软容量、软切换等众多突出特点取得了绝对的胜利。ITU 在 2000 年 5 月确定 WCDMA、CDMA2000、TD-SCDMA 三大主流无线接口标准，写入 3G 技术指导性文件《2000 年国际移动通信计划》（简称 IMT-2000）。2007 年，从无线宽带领域异军突起的 WiMAX 最终也被接受为 3G 标准之一，成为第 4 个 3G 国际标准。

3 种主流 3G 标准的技术特征对比如表 7.1 所列。

表 7.1 主流 3G 标准的技术特征对比

技术特征	WCDMA	CDMA 2000	TD-SCDMA
信道间隔/MHz	5	1.25	1.6
双工方式	FDD/TDD	FDD	TDD
多址接入	单载波宽带直接序列扩频 CDMA	单载波宽带直接序列扩频 CDMA	TDMA + CDMA
地址码	信道化码 OVSF，扰码 Gold 码	信道化码：变长 Walsh 码；基站和用户地址码：PN 短码和 PN 长码	信道化码 OVSF 码
码片速率/(Mc/s)	3.84	1.2288	1.28
基站同步方式	异步(不需 GPS)或同步	同步(需 GPS)	同步(需 GPS)
帧长	10ms	20ms	5ms 子帧
调制方式	QPSK(前向)，BPSK(后向)	QPSK(前向)，BPSK(后向)	QPSK，8PSK（2Mbps 的业务）
信道编码	卷积码和 Turbo 码	循环冗余校验编码（CRC），前向纠错编码（FEC，采用卷积编码和 Turbo 编码）、交织编码	卷积码（约束长度为 9，编码速率为 1/2 和 1/3 两种）、Turbo 码和无编码
语音编码	自适应多速率 AMR（Based on RF Condition）	可变速率（Based on Voice Activity）	自适应多速率
切换方式	软切换，频间切换，与 GSM 间的切换	软切换，频间切换，与 IS-95 间的切换	硬切换或接力切换
功率控制	开环，闭环（最高 1500Hz），外环	开环，闭环（最高 800Hz），外环	开环，闭环（最高 200Hz），外环

在3G标准的征集和制定过程中，ITU起着主要的领导和组织作用，具体技术规范的制定则是依靠地区标准化组织完成的。这其中起主导作用的是以欧洲为主的第三代合作伙伴计划(3rd Generation Partnership Project,3GPP)，另一个则是以美国为主的3G标准化合作组织3GPP2(即第三代合作伙伴计划2)。

3GPP是一个成立于1998年12月的标准化机构，其会员包括三类：组织成员、市场代表伙伴和个体会员。目前组织成员主要包括欧洲的ETSI、日本的ARIB和TTC、中国的CCSA、韩国的TTA和北美的ATIS。3GPP的市场代表伙伴不是官方的标准化组织，它们是向3GPP提供市场建议和统一意见的机构组织。TD-SCDMA技术论坛的加入使3GPP市场代表伙伴的数量增加到6个，其他包括GSM协会、UMTS论坛、IPv6论坛、3G美国、全球移动通信供应商协会。

3GPP的目标是在ITU的IMT-2000计划范围内制定和实现全球性的3G规范。它致力于GSM到UMTS(WCDMA)的演化，虽然GSM到WCDMA空中接口差别很大，但是其核心网采用了GPRS的框架，因此仍然保持延续性。尽管TD-SCDMA采用了新的空中接口技术，但其核心网络与WCDMA相同，二者可以共用核心网，因此，WCDMA、TD-SCDMA都是由3GPP组织具体制定和负责维护的。

3GPP2成立于1999年1月，成员包括北美的TIA、中国的CCSA、日本的ARIB和TTC以及韩国的TTA。3GPP2致力于发展从2G的CDMAOne或者IS-95发展而来的CDMA 2000标准体系的制定，它受到拥有多项CDMA关键技术专利的高通公司的较多支持。

7.1.3 3G频谱分配

1992年世界无线电行政大会(World Administrative Radio Conference,WARC)上，根据ITU-R对于IMT-2000的业务量和所需频谱的估计，划分了230MHz频带给IMT-2000，即上行1885～2025MHz、下行2110～2200MHz，共230MHz，如图7.1所示。其中，1980～2010MHz(地对空)和2170～2200MHz(空对地)用于移动卫星业务，共60MHz。其余170MHz

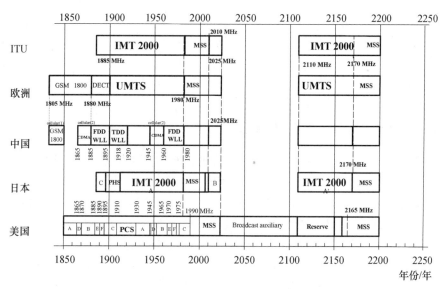

图7.1　3G频谱分配

为陆地移动业务频段,其中对称频段是 $2\times60=120\text{MHz}$,不对称的频段是 50MHz。上、下行频带不对称,主要考虑可使用双频 FDD 方式和单频 TDD 方式。

欧洲情况为陆地通信 1900～1980MHz、2010～2025MHz 和 2110～2170MHz,共计 155MHz。

北美情况比较复杂。在 3G 低频段的 1850～1990MHz 处,实际已经划给 PCS 使用,且已划成 $2\times15\text{MHz}$ 和 $2\times5\text{MHz}$ 的多个频段。PCS 业务已经占用了 IMT-2000 的频谱,虽然经过调整,但调整后 IMT-2000 的上行与 PCS 的下行频段仍需共用。这种安排不大符合一般基站发高收低的配置。

日本 1893.5～1919.6MHz 已用于 PHS 频段,还可以提供 $2\times60\text{MHz}+15\text{MHz}=135\text{MHz}$ 的 3G 频段(1920～1980MHz,2110～2170MHz,2010～2025MHz)。目前,日本正在致力于清除与 3G 频率有冲突的问题。

韩国和 ITU 建议一样,共计 170MHz。

考虑到将来需求的增加,在 ITU 的 WRC-2000 大会上对 IMT-2000 又追加了以下 3 个频段:

(1) 800MHz 频段(806～960MHz);

(2) 1.7GHz 频段(1710～1885MHz);

(3) 2.5GHz 频段(2500～2690MHz)。

2002 年 10 月,信息产业部颁布了关于我国 3G 频率规划,如表 7.2 所列。

表 7.2 我国第三代移动通信的频率规划

频率范围/MHz	工作方式	业务类型	备注
1920～1980/2110～2170	FDD(频分双工)	陆地移动业务	主要工作频段
1755～1785/1850～1880	FDD	陆地移动业务	补充工作频段
1880～1920/2010～2025	TDD(时分双工)	陆地移动业务	主要工作频段
2300～2400	TDD	陆地移动业务	补充工作频段,无线电定位业务公用
825～835/870～880 885～915/930～960 1710～1755/1805～1850	FDD	陆地移动业务	之前规划给中国移动和中国联通的频段,上下行频率不变
1980～2010/2170～2200		卫星移动业务	

7.1.4 迎接3G——中国电信业第三次重组

在打破垄断、强化竞争的背景下,中国电信业进行了多次拆分重组。1999 年 2 月,国务院通过中国电信重组方案,这就是中国电信史上的第一次重组。中国电信的寻呼、卫星和移动业务剥离出去,原中国电信拆分成新中国电信、中国移动和中国卫星通信等 3 个公司,寻呼业务并入联通,同时,网通公司、吉通公司和铁通公司获得了电信运营许可证。第一次重组后形成了 7 家电信运营商市场分层竞争的基本格局。

2001 年 11 月,国务院批准《电信体制改革方案》,对中国电信进行南北拆分,决定组建新的中国电信集团公司和中国网络通信集团公司。2002 年 5 月 16 日,中国电信集团公司和中国网络通信集团公司挂牌成立。第二次拆分重组后形成 6 大电信运营商,包括中国电信、中国网通、中国移动、中国联通、中国铁通以及中国卫星通信集团公司。

在新的改革背景、经济环境、国际环境、技术市场环境、消费市场成熟度等形势下,为了迎接3G的到来和在我国的市场化,我国开始了第三次电信业重组。2008年5月25日,中国6大电信运营商几乎同时发布公告,确认即将进行重组。2008年10月15日,新联通成立。至此,由3个全业务运营商为骨干的中国通信市场新格局形成。中国移动与中国铁通合并,成立新移动,获得TD-SCDMA运营牌照。中国电信与中国联通C网合并,成立新电信,获得CDMA 2000运营牌照。而中国网通和中国联通G网合并,成立新联通,获得WCDMA运营牌照。3家新运营商同时也获得全业务牌照。

电信运营商的重组将促进和加剧运营商之间的竞争,这有利于运营商在语音业务发展缓慢甚至停滞时,加大推广信息化产品的力度。推广信息化产品不仅可以增加运营商的收入,更重要的是可以根据自己对市场的理解推出差异化的产品,形成差异化竞争,满足用户的不同需要。这对弱势运营商调整定位,提高竞争力非常有利。3G牌照发放后,3G网络的带宽优势已充分体现出来,各种信息化数据服务也成为各运营商3G服务吸引客户的最重要内容。

7.2 WCDMA

7.2.1 WCDMA系统发展和网络结构

1. WCDMA系统发展

3GPP关于WCDMA网络技术标准的系统演进如图7.2所示。各版本的主要特征如下。

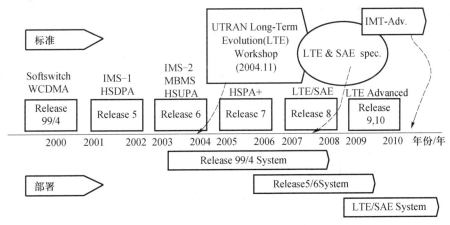

图7.2 WCDMA网络技术标准的系统演进

(1) 3GPP R99。第一个成熟的WCDMA标准是3GPP R99,其在新的工作频段上定义了全新的空中接口技术标准(称为Uu接口),基于此标准需要建设新的无线接入网络,但核心网络与GSM/GPRS保持一致,电路域(CS)仍采用TDM技术,分组域(PS)则基于IP技术组网。

(2) 3GPP R4。3GPP R4版本与R99相比,无线接入部分没有改变,其区别在于核心网引入了软交换技术,将呼叫控制与传输承载相分离,通过MSC Server、MGW将语音和控制信令分组化,使电路交换域和分组交换域可以承载在一个公共的分组骨干网上,有效降低承载网络的运营和维护成本,提高新业务的开发和部署速度。

(3) 3GPP R5。3GPP R5 版本在无线接入网络中主要引入高速下行链路分组接入(HSDPA)技术,使得理论上下行数据峰值速率可达到 14.4Mbps。在核心网中,R5 版本引入 IP 多媒体子系统(IP Multimedia Subsystem,IMS)。IMS 叠加在分组域网络之上,由各种 CSCF(呼叫状态控制功能)、MGCF(媒体网关控制功能)、MRF(媒体资源功能)和 HSS(归属签约用户服务器)等功能实体组成。IMS 的引入,为开展基于 IP 技术的多媒体业务创造了条件。

(4) 3GPP R6。3GPP R6 在无线接入网络中进一步引入了高速上行链路分组接入(HSUPA)技术。利用 HSUPA 技术,用户的上行峰值传输速率可以提高 2~5 倍,达到 5.76Mbps。HSUPA 还可以使小区上行的吞吐量比 R99 的 WCDMA 提高 20%~50%。在 R6 中,HSDPA 技术进一步增强,使得理论下行峰值速率可以达到 30Mbps。在核心网络方面,R6 相比 R5 没有太大改变,主要是对 IMS 已有功能的增强,增加了一些新的功能特性。

(5) 3GPP R7 之后。从 3GPP R7 版本开始,HSPA(HSDPA 和 HSUPA 的合称)技术进一步演进到 HSPA+,引入了更高阶的调制方式和 MIMO 技术。同时,基于 OFDM 和 MIMO 的 LTE 也逐渐完成了标准化。HSPA+ 技术的宗旨是要保持和 3GPP R6 版本的后向兼容,同时在 5MHz 带宽下达到和 LTE 相近的性能。这样,就能在短期内以较小的代价改进系统,提升 HSPA 的性能。

HSPA+ 系统的峰值速率可以由原来的 14Mbps 提高到 25Mbps,通过对 HSPA+ 进一步改进,还可以提高到 42Mbps 左右。

2. WCDMA 网络结构和接口

通用移动通信系统(Universal Mobile Telecommunications System,UMTS)是采用 WCDMA 系列空中接口标准技术的 3G 系统。UMTS 作为一个完整的 3G 技术标准,并不仅限于定义空中接口。除 WCDMA 作为首选空中接口技术获得不断完善外,UMTS 还相继引入了 TD-SCDMA 和 HSDPA 技术。UMTS 由通用陆地无线接入网络(UMTS Terrestrial Radio Access Network,UTRAN)、核心网络(Core Network,CN)、用户设备(User Equipment,UE)和外部网络等几大部分组成。WCDMA R99 系统的网络结构如图 7.3 所示。

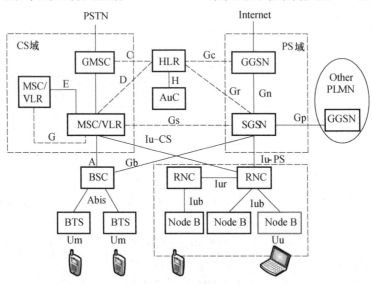

图 7.3 WCDMA R99 系统的网络结构

（1）用户设备（UE）。UE 完成人与网络间的交互，通过 Uu 接口与无线接入网络进行信令和数据交换。UE 可用来识别用户身份，并为用户提供各种业务，如语音业务、数据业务、多媒体业务、各种互联网应用等。与 2G 移动用户设备一样，WCDMA UE 由移动设备（ME）和通用用户识别模块（USIM）两部分组成。

（2）通用陆地无线接入网络。通用陆地无线接入网络（UTRAN）由一个或几个无线网络子系统（Radio Network Sub-system，RNS）构成，一个 RNS 由一个无线网络控制器（Radio Network Controller，RNC）和一个或多个基站（Node B）组成。RNS 通过 Iu 接口连接到核心网络中。

Node B 受 RNC 控制，主要功能是实现 Uu 接口物理层的功能，如扩频/解扩、信道编码/解码、速率匹配、交织、调制/解调，以及无线资源管理部分控制算法的实现等。Node B 通过 Iub 接口连接到 RNC。

RNC 的主要功能：执行系统信息管理、移动性管理和无线资源管理与控制，完成连接建立和断开，切换，宏分集合并处理，无线资源管理控制等功能。

（3）核心网络（CN）。CN 完成与外部其他网络的连接以及对 UE 的通信和管理，主要负责内部所有的语音呼叫、数据连接和交换、与其他网络的连接和路由选择等。UMTS 系统中不同协议版本的核心网络设备有所区别，R99 版本主要包括 MSC/VLR、SGSN、GGSN、HLR/VLR 等。

（4）外部网络。核心网的电路交换域（CS）通过 GMSC 与外部网络相连，如公用电话交换网（PSTN）、综合业务数据网（ISDN）及其他公共陆地移动通信网络（PLMN）。

核心网的分组交换域（PS）通过 GGSN 与外部网络相连，如互联网、其他分组数据网（PDN）等。

图 7.4 和图 7.5 分别是 3GPP R4 和 R5 网络结构示意图。

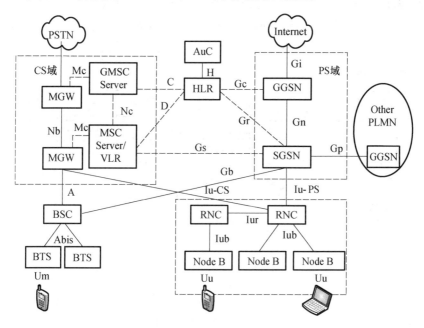

图 7.4　3GPP R4 网络结构示意图

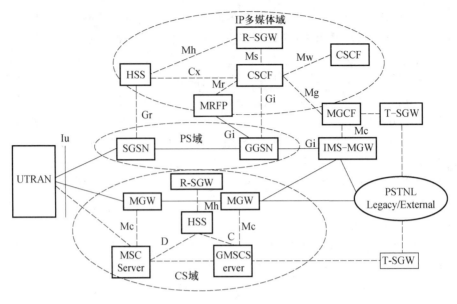

图7.5 3GPP R5 网络结构示意图

7.2.2 WCDMA 空中接口

1. UMTS 协议分层结构

UMTS 系统是模块化设计的,模块之间通过标准的网络协议互连。UMTS 接口采用用户面与控制面分离、无线接入层和传输网络层相分离的设计原则,以保证层间和逻辑体系上的相互独立性,尽可能满足开放性和可升级性的要求,便于协议的修改和扩充。UTRAN 是 UMTS 系统的无线接入部分,是 UMTS 系统设计的关键部分。

从功能方面来看,UMTS 协议分为接入层(Access Stratum,AS)和非接入层(Non-Access Stratum,NAS)两大部分,两者之间的接口称为业务接入点(SAP),如图7.6所示。图中,各业务接入点(SAP)用椭圆表示。

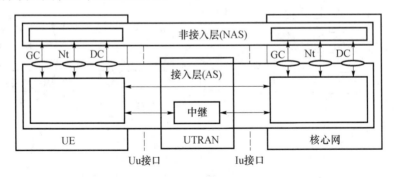

图7.6 UMTS 协议分层结构

接入层(AS)是指 UE 和 UTRAN 之间的无线接口协议集、UTRAN 和 CN 之间的接口协议集。非接入层(NAS)是指 UE 和 CN 核心网间的协议集,对于 UTRAN 是透明传输的。UTRAN 只能识别 AS 协议,对于 NAS 协议透明传输。AS 为 NAS 提供了3种类型的业务接入点:通用控制业务接入点(GC-SAP)、专用控制业务接入点(DC-SAP)和寻呼及通告业务接入点(Nt-SAP)。

2. WCDMA空中接口协议

WCDMA空中接口是指UE和UTRAN之间的接口,称为Uu接口。Uu接口协议用于在UE和UTRAN之间传输用户数据和控制信息,建立、维护和释放无线连接承载。WCDMA空中接口协议结构如图7.7所示,图中仅包括在UTRAN中可见的协议层次。

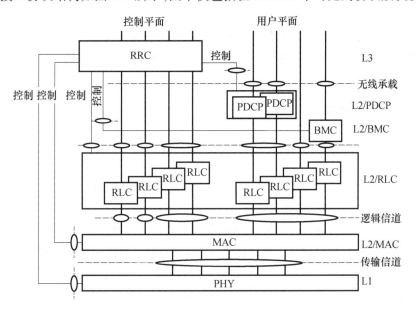

图7.7 WCDMA空中接口的协议结构

图7.7中每一个方框代表一个协议实体,椭圆表示业务接入点(SAP),协议实体间的通信通过SAP进行。WCDMA空中接口的协议结构分为两面三层。水平方向分为三层:第一层(L1)是物理层;第二层(L2)是数据链路层;第三层(L3)是网络层。垂直方向分为控制平面和用户平面,控制平面用来传递信令消息,用户平面则用来传送用户语音和数据信息。

物理层位于空中接口协议模型的最底层,为MAC层提供不同的传输通道,为高层提供服务。物理层的基本功能包括信道编/解码、无线信道测量、传输信道到物理信道的映射和速率匹配、扩频和解扩频、调制和解调、宏分集合并、软切换以及功率控制等。

数据链路层又分为几个子层:媒体接入控制(MAC)层、无线链路控制(RLC)层、分组数据汇聚协议(PDCP)层和广播/多播控制(BMC)层,其中,PDCP和BMC只存在于用户平面。PDCP只定义于PS域,主要完成分组头压缩/解压缩,为移动数据业务提供无线承载。BMC为使用非确认模式的公共用户数据在用户平面提供广播/多播业务,主要提供小区消息广播。

在控制平面,L3又分为多个子层,最低的子层是无线资源控制(RRC)子层,它与L2进行交互并终止于UTRAN。其他子层虽然属于接入层面,但是终止于核心网,图中没有画出,此处不作介绍。RRC 通过 SAP 向高层提供业务,所有高层协议信令(如移动性管理、呼叫控制、会话管理等)都被压缩成 RRC 消息通过空中接口传送。

无线承载(RB)是指在 RRC 和 RLC 之间传送信令,也指在应用层和 L2 之间传送用户数据。通常,在用户平面,由 L2 提供给高层的业务能力称为无线承载(RB)。在控制平面,RLC 提供给 RRC 的业务能力称为信令无线承载(SRB)。

在 WCDMA 空中接口中,物理层通过传输信道向 MAC 层提供服务,传输数据的类型及特点决定了传输信道的特征。MAC 层通过逻辑信道向 RLC 层提供服务,逻辑信道的特征反映了传输的数据类型,通过将逻辑信道映射到传输信道来实现。RLC 层在控制平面给 RRC 提供服务,在用户平面给 PDCP、BMC 及其他高层用户协议提供服务。不同的服务通过不同类型的业务接入点(SAP)来接入。

7.2.3 WCDMA 信道结构

1. 物理信道

WCDMA 物理层的基本传输单元是无线帧,每帧长为 10ms,对应的码片数为 38400chips。每帧由 15 个时隙组成,一个时隙的长度为 2560chips,持续时间 2/3ms,物理层的信息传输速率取决于扩频因子。

物理信道是物理层的承载信道,物理层之间通过物理信道实现对等实体之间的通信。物理信道是由特定的载频、扰码、信道化码、开始和结束时间的持续时间段、相对相位来定义的。一般的物理信道包括 3 层结构:超帧、帧和时隙。超帧长度为 720ms,包括 72 个帧。

按照信息传输方向,物理信道分为上行物理信道和下行物理信道;按照是由多个用户共享还是由一个用户使用,物理信道分为公共物理信道和专用物理信道。WCDMA 物理信道划分如图 7.8 所示。

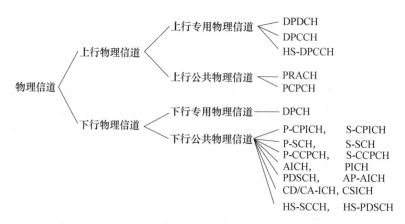

图 7.8 WCDMA 物理信道划分

(1)上行专用物理信道。分为上行专用物理数据信道(DPDCH)和上行专用物理控制信道(DPCCH)。DPDCH 用于承载专用传输信道(DCH)的用户数据,在每个无线链路中可以有 0 个、1 个或多个 DPDCH,DPDCH 的数据速率可以逐帧改变,取决于选定的扩频因子。DPCCH用于传输物理层产生的控制信息,包括支持信道估计以进行相干检测的导频序列(Pilot)、发射功率控制指令(TPC)、反馈信息(FBI)以及一个可选的传输格式组合指示(TFCI)。

在上行链路中,DPDCH和DPCCH并行传输,依靠不同的信道化码(OVSF)进行区分。上行专用物理信道可以进行多码传输,最多可使用6个并行码,以获得更高的数据速率。

（2）上行公共物理信道。分为物理随机接入信道(PRACH)和物理公共分组信道(PCPCH),前者用于终端的接入;后者作为数据传送的补充,主要用于突发的上行数据传输。

（3）下行专用物理信道。下行链路只有一种专用物理信道,即DPCH,用于传送物理层的控制信息和用户数据。下行链路无线帧帧长即每帧的时隙数与上行链路相同,但在下行链路中,DPDCH和DPCCH是串行传输而非上行链路中的并行传输,即下行链路中DPDCH和DPCCH采用时分复用方式在一帧中进行传输。

（4）下行公共物理信道。分为公共导频信道(CPICH)、公共控制物理信道(CCPCH)、同步信道(SCH)、物理下行共享信道(PDSCH)、寻呼指示信道(PICH)、捕获指示信道(AICH)。CPICH用于区分扇区。CCPCH有主控制信道和辅控制信道两种,主控制信道用于传送广播消息,辅控制信道完成信道接入控制和寻呼。SCH用于小区搜索过程的同步。PDSCH主要用于传送非实时的突发业务,可以通过正交码由多用户共享。PICH用于寻呼控制。AICH与上行物理随机接入信道(PRACH)一起完成终端的接入过程。

2. 传输信道

上述物理信道通过传输信道向MAC层提供服务。传输信道介于MAC和L1之间,分为公共传输信道和专用传输信道两种类型。公共传输信道由小区内的所有用户或一组用户共同分配使用;而专用信道仅为单个用户使用,在某个特定的速率采用特定的编码加以识别。

（1）公共传输信道。包括随机接入信道(RACH)、公共分组信道(CPCH)、前向接入信道(FACH)、下行共享信道(DSCH)、广播信道(BCH)和寻呼信道(PCH)。其中,RACH和CPCH是上行信道,其余是下行传输信道。RACH用来发送来自终端的连接建立请求等控制消息。CPCH是RACH信道的扩展,用来发送少量的分组数据。FACH用于向小区中的终端发送控制信息或突发的短数据分组,一个小区中可以有多个FACH信道。DSCH用来发送用户专用数据/控制信息,可以由多个用户共享。BCH用于广播整个网络或某小区特定的信息,包括小区可用的随机接入码字、接入时隙、信道采用的传输分集方式等。为保证广播信道能够被终端正确接收译码,BCH一般以较高的功率发射,以确保所有小区中的用户都能正确收到。PCH用于在网络和UE通信开始时,发送与寻呼过程相关的信息,PCH必须保证在整个小区中都能被接收。

（2）专用传输信道。专用传输信道只有一种,即专用信道(DCH),属于双向传输信道,用来传输特定用户物理层以上的所有信息,包括业务数据及高层控制信息等,能够实现以10ms无线帧为单位的业务速率变化、快速功率控制和软切换。

3. 逻辑信道

逻辑信道介于 MAC 层和 RLC 层之间，MAC 通过逻辑信道与高层进行信令和数据交互。逻辑信道分为控制信道和业务信道两大类。

(1) 控制信道。控制信道只用于控制平面信息的传送，包括广播控制信道(BCCH)、寻呼控制信道(PCCH)、公共控制信道(CCCH)、专用控制信道(DCCH)和共享信道控制信道(SHCCH)。BCCH 用于广播系统控制信息。PCCH 用于传输 UE 寻呼信息。CCCH 用于在网络和 UE 间发送双向控制信息，主要供进入一个新的小区并使用公共信道的 UE 或没有建立 RRC 连接的 UE 使用。DCCH 用户在 UE 和 RNC 间传送点到点双向专用控制信息，在 RRC 连接建立的过程中建立。

(2) 业务信道。业务信道只用于用户平面信息的传送，包括专用业务信道(DTCH)、公共业务信道(CTCH)。DTCH 向一个 UE 提供点到点服务，而 CTCH 向全部或一组特定的 UE 提供点到多点的信息传输服务。

4. WCDMA 信道之间的映射

在 WCDMA 空中接口信息传输过程中，逻辑信道先映射到传输信道，传输信道再映射到物理信道。根据信道类型的不同，可以是一对一映射，也可以是一对多映射，如图 7.9 所示。图中一些物理信道与传输信道之间没有映射关系(如 SCH、AICH 等)，它们只承载与物理层过程有关的信息。这些信息对高层而言并不直接可见，但对整个网络而言，每个基站都需要发送这些信道信息。

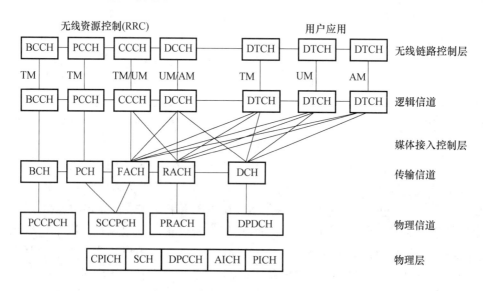

图 7.9 WCDMA 物理信道、传输信道和逻辑信道之间的映射

7.2.4 HSPA 和 HSPA+

高速分组接入(High-Speed Packet Access，HSPA)是为了支持更高速率的数据业务、更低的时延、更高的吞吐量和频谱利用率、对高数据速率业务的更好覆盖而提出的，是 HSDPA(高速下行分组接入)和 HSUPA(高速上行分组接入)两种技术的统称。WCDMA

的 R99 和 R4 系统实际能够提供的最高上下行速率分别为 64kbps 和 384kbps,为了能够与 CDMA2000 1XEV-DO 抗衡,WCDMA 在 R5 版本中引入了 HSDPA,在 R6 版本中引入了 HSUPA。

1. HSDPA

在 3G 业务推广初期,主要业务如视频点播、下载等,发展特征是不对称的带宽需求。因此,在下行数据传输要求上更加迫切,HSDPA 技术的迅速发展,解决了这一突出问题。HSDPA 进一步增强 UMTS 网络的下行链路传输性能,是 3GPP R5 及后续版本规范中定义的关键新特性,可以基于 3GPP R99 网络直接演进,目标是通过在下行链路提供高速数据传输速率来增强 3G 系统的性能,理论下行峰值速率可达 14.4Mbps。

为了实现 HSDPA 的功能,在 HSDPA 技术规范中引入了 1 个传输信道和 3 个物理信道。1 个传输信道即高速下行共享信道(HS-DSCH),用于承载下行链路的用户数据,信道共享方式是时分复用和码分复用。最基本的方式是时分复用,即按照时间段分配给不同的用户使用,这种情况下,HS-DSCH 信道化码每次只分配给一个用户使用。另一种方式是码分复用,在码资源有限的情况下,多个用户可以同时传输数据。传输时间间隔(TTI)或交织周期恒定为 2ms。新增加的 3 个物理信道分别是高速下行物理共享信道(HS-PDSCH)、高速下行共享控制信道(HS-DSCH)、高速上行专用物理控制信道(HS-DPCCH)。

HSDPA 系统的关键技术主要包括:采用 2ms 的短帧;快速链路自适应技术(2ms);引入 16QAM 高阶调制;共享信道传输。通过采用这些技术,可以提高下行峰值数据速率,改善业务时延特性;提高下行吞吐量;有效利用下行码资源和功率资源,提高下行容量。

(1) 短帧 TTI(2ms)。在 WCDMA 中,一个帧长(Transmission Time Interval, TTI)10ms,每帧含 15 个 slot,对于 HSDPA 链路自适应技术(如 AMC,自适应调制编码)来说,10ms 太长了,不能很好地跟踪链路状况。因此,为了适应高速数据传输和快速响应信道变化,在 HSDPA 系统中,HS-DSCH 信道的 TTI 为 3slot,也就是 2ms。基站以 2ms 为周期进行快速用户调度,这样就提高了调度频率,更高效地在用户间分配资源。

(2) 快速链路自适应技术(2ms)。HSDPA 在物理层采用 HARQ(混合自动重传)和 AMC(自适应调制编码)等。HARQ 是一种纠错技术,综合了前向纠错(FEC)和自动重传(ARQ)两种技术的特点。传统的 ARQ 在 RLC(每个 RLC 实体由 RRC 配置)实现重传功能,而 HSUPA 在 NodeB 增加了 HARQ,用以减少时延和提高传输速率。HARQ 在接收方解码失败的情况下,保存接收到的数据,并要求发送方重传数据,接收方将重传的数据和先前接收到的数据在解码之前进行组合。HARQ 的实现方式有软合并和增量冗余两种方式。软合并是重新发送完全相同的数据,然后在接收端将这些多个重发信息进行 SNR 加权合并来获得分集接收再进行译码。增量冗余是在第一次译码失败时另外再传送附加冗余信息而不是再将整个数据码组重发一次。

AMC 基本方法是对接收信道进行测量,根据信道测量的结果自适应地调整编码和调制方案,而不是调整功率。这样当 UE 位于信道条件较好的位置时可以得到较高的信号速率。目前信道编码采用的是 Turbo 码。调制方式包括 QPSK 和 16QAM 两种方案。

AMC受信道质量测量误差和时延的影响比较大。

HSDPA将AMC和HARQ技术结合起来可以达到更好的链路自适应效果。HSDPA先通过AMC提供粗略的数据速率选择方案,然后再使用HARQ技术来提供精确的速率调节,从而提高自适应调节的精度和资源利用率。

(3) 引入高阶调制。为了提高频谱利用率,HSDPA系统引入16QAM。16QAM可以达到比QPSK高1倍的峰值速率,在较好的信道条件下,采用16QAM以后比QPSK具有更高的带宽使用效率。但是,16QAM抗干扰能力相对较差。对于QPSK,在解调过程中只有相位估计是必需的;而当使用16QAM时,还需要考虑幅度估计,而且需要更准确的相位信息。

(4) 共享信道传输。HSDPA引入了一个高速下行共享信道HS-DSCH,所有用户通过对该HS-DSCH信道的共享占用来进行传输。每条HS-DSCH的扩频因子(SF)固定为16,每个小区最大可以配置15个SF=16的码字给HS-DSCH信道,所有UE通过时分和码分共享实现信道资源共享。HSDPA通过时分和码分在各个UE之间灵活快速地调度,将资源及时分配给信道条件好的用户,可以大大提高系统容量。

2. HSUPA

随着3GPP R5协议中引入了HSDPA技术,下行速率得到了很大提高,这样对上行速率也就提出了更高的要求。多媒体业务数据传输需要更高的上行速率,例如,E-mail、多媒体文件传输、交互式游戏等业务。因此,3GPP R6版本引入了HSUPA技术,使物理层上行峰值速率可达5.76Mbps。

HSUPA的核心思想:通过在上行链路中使用NodeB的快速调度,对网络业务负载和各个接入终端的数据速率做出快速调整,使得上行链路可以减少为保护超负荷而预留的峰值储备。这样,HSUPA的动态资源分配就可以充分利用R99解决方案里保留的容量,实现了更高的上行用户数据速率和小区上行容量。

HSUPA的关键技术主要包括MAC-E快速分组调度、物理层快速HARQ重传、更短的传输时间间隔。

(1) MAC-E快速分组调度。采用NodeB的MAC-E调度策略,基站直接控制移动终端的传输数据速率和传输时间,避免过多的UE接入过高的速率,尽可能抑制上行干扰。同时,减小上行链路为保护过载而预留的峰值储备,使系统运行在一个较高的工作点,从而达到增加小区吞吐量的效果。

(2) 物理层快速HARQ重传。HARQ功能分别位于NodeB和UE的MAC-e实体中。HSUPA的快速HARQ的基本原理:在Node B增加HARQ功能实体,如果没有正确接收,Node B将请求UE重传上行分组数据。Node B可以使用不同方法来合并单个分组的多个重传,从而降低各个传输要求的接收E_c/N_o。通过HARQ,HSUPA可有效提高数据传输速率和减小传输时延。

(3) 更短的传输时间间隔。WCDMA R99上行DCH的传输时间间隔为10ms、20ms、40ms和80ms。在HSUPA中,采用了10ms TTI以降低传输延迟。在PHASE2阶段还将引入了2ms TTI的传输方式,进一步降低传输延迟,从而提高链路的效率和吞吐率,获得更高系统容量。

为支持上行高速数据传输,HSUPA 引入 1 种新的传输信道 E-DCH(增强型专用传输信道)。E-DCH 是上行传输信道,用来传输分组业务数据,它支持变速率传输、快速分组调度和快速重传。在 E-DCH 的定义中,又引入了 5 种新的物理信道,包括:

① 增强型专用物理数据信道(E-DPDCH),用于承载 HUSPA 上行的传输数据。

② 增强型专用物理控制信道(E-DPCCH),用于承载解调 E-DPDCH 的伴随信息。

③ E-DCH HARQ 确认指示信道(E-HICH),是一种专用下行物理信道,反馈用户接收进程数据是否正确的 ACK/NACK 信息。

④ E-DCH 相对准予信道(E-RGCH),是一种专用下行物理信道,用来快速调整 UE 的上行可用功率。

⑤ E-DCH 绝对准予信道(E-AGCH),是公共下行物理信道,用来指示下一个传输中 UE 允许使用的上行最大功率。

3. 引入 HSPA 对 R99 网络结构的影响

HSPA 不是一个独立的功能,其运行需要 R99/R4 的基本过程,如小区选择、随机接入等基本过程保持不变,改变的只是 UE 到 Node B 之间数据传送的方法。HSPA 叠加在 WCDMA 网络之上,可以与 WCDMA 共享一个载波,也可以部署在另一个载波上。这两种方案中,HSPA 和 WCDMA 都可以共享核心网和无线接入网的网元。HSPA 技术是对 WCDMA 技术的增强,不需要对已有的 WCDMA 网络进行较大的改动,也可以越过 WCDMA 网络,直接在无线接入网络部署 HSDPA/HSUPA。

基于 WCMDA R99 引入 HSDPA 技术,对 RNC 硬件影响很小,主要是修改协议算法软件,包括无线资源管理(RRM)算法(如资源分配、接纳控制、移动性管理等)增强、相应传输接口信令修改和接口传输带宽增加等。HSDPA 的引入,对 Node B 的影响比较大。如果在 R99 版本设备中已考虑了 HSDPA 功能升级要求,那么实现 HSDPA 就不需要硬件改动,只需要软件升级即可。事实上,很多厂家都可通过软件升级支持 HSDPA 功能。具体来说,为提供 HSDPA 功能,Node B 需要在以下方面进行改进。

(1) MAC 增加新的 MAC-hs 实体,实现 HARQ 和分组快速调度。

(2) 增加新的传输信道 HS-DSCH 及物理信道 HS-PDSCH、HS-DSCH 和 HS-DPCCH。

(3) 引入 16QAM 调制方式,对射频功放提出更高要求。

(4) 支持 Iub 接口数据的流量控制。

与 HSDPA 类似,HSUPA 的引入主要对 Node B 的影响较大,如在 MAC 层增加新的 MAC-e 实体,实现 HARQ 重传和分组调度功能;增加新的物理信道;支持 Iub 接口数据的流量控制等。HSUPA 的引入对 RNC 的影响与 HSDPA 基本相同,都需要相应的功能增强和算法改进以及接口信令的修改等。

4. HSPA 的演进(HSPA+)

继 R5 引入 HSDPA,R6 引入 HSUPA 后,3GPP 于 R7 版本开始引 HSPA+(HSPA+ Phase Ⅰ),在 R8 对 HSPA+进一步增强(HSPA+ Phase Ⅱ)。HSPA+ Phase Ⅰ 上行链路采用 16QAM 调制技术,传输速率可达 11Mbps;下行采用 64QAM 调制,速率可达 21Mbps,若采用 MIMO 技术,速率可达 28Mbps。HSPA+ Phase Ⅱ 上行传输速率为 11Mbps,但增强了 L2 的功能;下行采用 64QAM+2×2MIMO 技术,峰值速率达到 42Mbps。

从引入的具体特性看,HSPA+是在HSPA的基础上演进的,没有对HSPA进行大的修改,它保留了HSPA的关键特征:快速分组调度、混合自动重传+软合并(HARQ)、下行短帧2ms、上行10ms/2ms、自适应调制和编码,同时保留了HSPA的所有信道及特征。因此,它向后完全兼容HSPA技术,是HSPA的自然演进。但为了支持更高的速率和更丰富的业务,HSPA+也引入了更多新的关键技术。

(1) 高阶调制(下行64QAM,上行16QAM)。R99下行采用QPSK调制方式,HSDPA除了支持QPSK之外,还增加了16QAM,16QAM相对于QPSK速率提升了1倍。而HSPA+又在HSDPA的基础上增加了64QAM的调制方式。64QAM具有更高的传输速率,是16QAM的1.5倍。

(2) 2×2MIMO。通过下行双天线并行发送数据,下行速率提升1倍,可提供下行28.8Mbps的峰值下载速率。64QAM和MIMO两种技术单独使用时峰值速率分别可以达到21Mbps和28.8Mbps,HSPA+Phase Ⅱ同时采用64QAM+2×2MIMO,使得峰值速率达到42Mbps。

(3) 永久在线(Continuous Packet Connectivity,CPC)。通过连接状态下上下行的非连续发送/接收和HS-SCCH的非固定发射,减小干扰提升系统容量。

(4) Dual Cell HSDPA模式。对于存在两个载波的扇区,UE可以同时从这两个载波分别接收数据,从而达到提高传输速率的目的。

(5) 增强CELL_FACH(E-FACH)。在R7之前,UE处于CELL_FACH状态下传输数据时,承载数据的逻辑信道BCCH、CCCH、DCCH或者DTCH一般映射到传输信道FACH,传输速率通常低于32kbps。为提高用户在CELL_FACH状态下的传输速率,HSPA+引入了增强CELL_FACH技术,将处于CELL_FACH状态的用户信道映射在HS-DSCH信道上,从而提供更高的下载速率,CELL_FACH状态下可达1Mbps。

对于小文件下载,如进行Web页面浏览,UE可以直接在CELL_FACH状态下接收,而不用切换到CELL_DCH状态,避免了从CELL_FACH状态迁移到CELL_DCH状态的小区更新过程,减小了状态转换时延。

(6) L2增强。L2增强本身并不像64QAM和MIMO那样能够直接提高传输速率,但却是64QAM、MIMO、E-FACH能够实现的前提,即可间接提高传输速率。

通过采用这些技术,HSPA+能够支持更高速率、增加系统容量、提升用户体验。

HSPA+是一个全IP、全业务网络,它是在现有的3GPP规范上,对HSPA进行的增强,保持后向兼容性。HSPA+网络的部署不会带来旧用户终端的更换,较好地保护了用户的原有投资。但是,HSPA+与LTE不具有兼容性,而且它们的标准化进度基本一致,因此HSPA+并不是每个运营商必须经历的阶段,后进入运营商完全可以跨越这一步,而等到LTE商用时机完全成熟时一步到位。

但是大部分运营商还是需要借助其来实现平稳过渡。事实上,这种过渡并不仅仅是网络上的准备,运营商还可以利用HSPA+网络的高速传输能力尝试开展新的数据业务,在LTE成熟之前运作业务,并且培养用户习惯,而后根据市场需求逐步演进网络,避免盲目新建网络带来的经营风险。

7.3 CDMA 2000

7.3.1 CDMA 2000 系统发展

CDMA 2000 是美国电信工业协会(TIA)标准化组织制定的一种 3G 标准,它是由第二代 CDMA 系统 CDMA One 演进而来的。1989 年,美国高通公司(Qualcomm)提出了第一个 CDMA 蜂窝移动通信系统的实现方案。1993 年,TIA 将 CDMA 系统确定为一个暂定标准,即是 IS-95 标准。这是最早的 CDMA 系统空中接口标准,它采用 1.25MHz 带宽,能提供语音业务和低速的数据业务。1995 年,形成了一个修订版本——IS-95A,并投入商用。为满足更高速率数据业务的需求,经过进一步修改和发展,1999 年 3 月完成 IS-95B 标准制定。人们将基于 IS-95 的一系列标准和产品统称为 CDMA One,它包括更多的相关标准,如 IS-95、IS-95A、IS-95B、TSB-74、J-STD-008 等。为了与第三代采用 5MHz 带宽的 CDMA 系统相区分,通常将基于 IS-95 的 CDMA 系统称为窄带 CDMA 系统(N-CDMA)。

IS-95A 提供基本语音业务和 9.6kbps 电路型数据业务,主要技术特点包括:码分多址+直接序列扩频;开环+闭环功率控制;Rake 接收技术;软切换+更软切换等。IS-95A 于 1995 年正式发布,20 世纪 90 年代在全球得到广泛应用,是全球得到广泛应用的第一个 CDMA 标准。

IS-95B 目标定位是提供更高速率的电路型数据业务,主要技术特点包括:完全兼容 IS-95A;增加增补码分信道,单用户最多使用 8 个码分信道,最大数据速率可达 115.2kbps。IS-95B 于 1999 年正式发布,由于 20 世纪 90 年代末期 3G 技术的逐渐发展和成熟,IS-95B 并未得到广泛应用。

CDMA 2000 是为了满足 3G 移动通信系统的要求而提出的,按照标准规定,CDMA 2000 系统的一个载波带宽为 1.25MHz。如果系统分别独立使用每个载波,则称为 CDMA 2000 1x 系统;如果系统将 3 个载波捆绑起来使用,则称为 CDMA 2000 3x 系统。CDMA 2000 1x 系统的空中接口技术称为 CDMA 1x RTT,CDMA 2000 3x 系统的空中接口技术称为 CDMA 3x RTT。

CDMA 2000 1x 系统定位于更高的数据传输速率和更高的频谱效率,独立使用一个 1.25MHz 的载波,前/反向链路上都使用码片速率为 1.2288Mc/s 的直接序列扩频。主要技术特点包括:在核心网引入分组域网络;增加反向导频信道;前向快速功控技术;引入 Tubro 编码,比卷积码具有 2dB 的增益;快速寻呼信道提高终端待机时间;增加 SCH 信道,提供的数据业务速率最高可达到 307kbps;后向兼容 IS-95A/B。CDMA 2000 1x 于 2000 年正式发布,在全球得到较广泛应用。

CDMA 2000 3x 在前向链路上将 3 个 1.25MHz 载波捆绑在一起使用,每个载波采用 1.2288Mc/s 的直接序列扩频,这种方式也称为多载波(MC)方式。反向链路在一个载波上使用码片速率为 3.6864Mc/s 的直接序列扩频。CDMA 2000 3x 的带宽更宽,数据传输速率更高。但是多载波 CDMA 技术实现上难度较大,因此,人们主要考虑在 CDMA 2000 1x 上增强技术,直接实现 3G 的目标。

CDMA 2000 1x 系统的下一个发展阶段称为 CDMA 2000 1xEV(EV 是 Evolution 的

缩写)。作为 CDMA 2000 1x 向 3G 平滑演进的技术标准,CDMA 2000 1xEV 又分为两个阶段——CDMA 2000 1x EV-DO 和 CDMA 2000 1x EV-DV。DO 是指 Data Only 或 Data Optimized,DV 是指 Data and Voice。CDMA 2000 1x EV-DO 和 CDMA 2000 1x EV-DV 都充分考虑了同现有网络的后向兼容性,比如与 CDMA 2000 1X 的互操作性、核心网的一致性。

CDMA 2000 1x EV-DO 在 CDMA 的基础上引入了 TDMA 的一些特点,是依赖于现有支持语音业务的 CDMA 20001X 网络的一种纯数据业务支撑能力优化的演进。但是,CDMA 2000 1x EV-DO 不能兼容 CDMA 2000 1x。实际系统中,CDMA 2000 1x EV-DO 需要使用独立的载波,移动台也需要使用双模方式来分别支持语音和数据传输。

CDMA 2000 1x EV-DV 克服了 CDMA 2000 1x EV-DO 的缺点,能够后向兼容 CDMA 2000 1x,既可以与 CDMA 2000 1x 共同使用同一个载波,同时又提高了数据业务的传输速率和语音业务的容量。

CDMA 2000 系统的发展历程如图 7.10 所示。

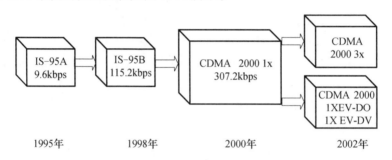

图 7.10 CDMA 2000 系统的发展历程

7.3.2 IS-95A

IS-95 空中接口主要参数如表 7.3 所列。

表 7.3 CDMA IS-95 空中接口主要参数

频段	下行:869~894MHz,25MHz;上行:824~849MHz,25MHz
信道数	64 个码分信道/每一个载频(载波间隔:1.23MHz)
射频带宽	2×1.23MHz(其中第一频道为 2×1.77MHz)
调制方式	基站:QPSK;移动台:OQPSK
扩频方式	直接序列扩频:DS-CDMA
语音编码	可变速率 QCELP,最大速率 8kbps,最大数据率 9.6kbps
信道编码	卷积编码:下行:码率 $R=1/2$,约束长度 $K=9$;上行:码率 $R=1/3$,约束长度 $K=9$。交织编码:交织间距:20ms(语音帧周期)
地址码	信道地址码(下行):64 阶 Walsh 正交码;基站地址码(下行):$N=2^{15}$,m 序列短码;用户地址码(上行):$N=2^{42}-1$,m 序列长码
功率控制	闭环 800Hz,周期 1.25ms

1. IS-95A 下行链路

IS-95A 下行链路的码分物理信道采用的正交码为 64 阶 Walsh 函数,即生成的 Walsh 序列长度为 64 码片。正交信号共 64 个 Walsh 码型,记作 $W_0^{64},W_1^{64},W_2^{64},\cdots,W_{63}^{64}$,因此可提供的码分物理信道共 64 个,即 $W_0^{64} \sim W_{63}^{64}$。

利用码分物理信道可以传送不同功能的信息,按照所传送信息功能不同而分类的信道称为逻辑信道。IS-95A 下行链路逻辑信道结构如图 7.11 所示。

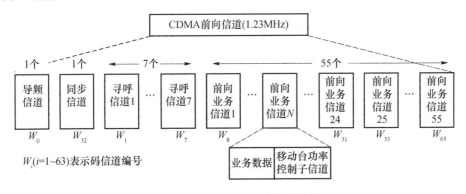

图 7.11　IS-95 下行链路信道结构

(1) 导频信道(Pilot Channel)。BTS 工作期间连续发射导频信号,为所有移动台提供定时,进行相干载波提取以及在越区切换时进行信号强度的比较。导频信道所占信号功率较大,占总功率的 12%～20%,以保证小区内每个移动台都能进行正确解调,保证通信正常进行。

(2) 同步信道。同步信道(Synchronizing Channel)进一步为移动台提供当前系统时间、长码发生器状态、短码偏置值、下行寻呼信道数据速率、本地的时间偏置以及基站的系统 ID 和网络 ID 等信息。一旦同步完成,移动台一般就不再接收同步信号。但当移动台关机后重启时,还需要重新进行同步。当用户数过多时,同步信道也可以临时改为业务信道来使用。

(3) 寻呼信道。寻呼信道(Paging Channel)用于向覆盖区域内的移动台广播系统配置参数,向尚未分配业务信道的移动台传送控制消息等。通过寻呼信道,移动台可以获得的消息可以大致分为两类。第一类是公共开销信息,用以向移动台通知系统的配置参数,移动台可以根据这些消息发起接入、扫描相邻基站、进行切换等。第二类是针对移动台的消息,例如时隙寻呼消息、寻呼消息、标准的指令消息、信道分配消息等。

移动台通常在建立同步后,接着就选择一个寻呼信道,或由基站指定一个寻呼信道,在其上监听系统发出的寻呼消息和其他系统的配置信息。在需要时,寻呼信道可以改作业务信道使用。

(4) 前向业务信道。前向业务信道(Forward Traffic Channel)用于在前向传送 BTS 的数据和信令。传送信令信息的信道称为随路信令信道(ASCH)。例如,功率控制信令就是在 ASCH 中传送的。

图 7.12 给出 IS-95A 下行链路信道处理过程。

2. IS-95A 上行链路

IS-95A 上行链路的码分物理信道是由长度为 $2^{42}-1$ 的 PN 长码构成,使用长码的不同相位偏置来区分不同的用户。IS-95A 上行链路逻辑信道结构如图 7.13 所示。

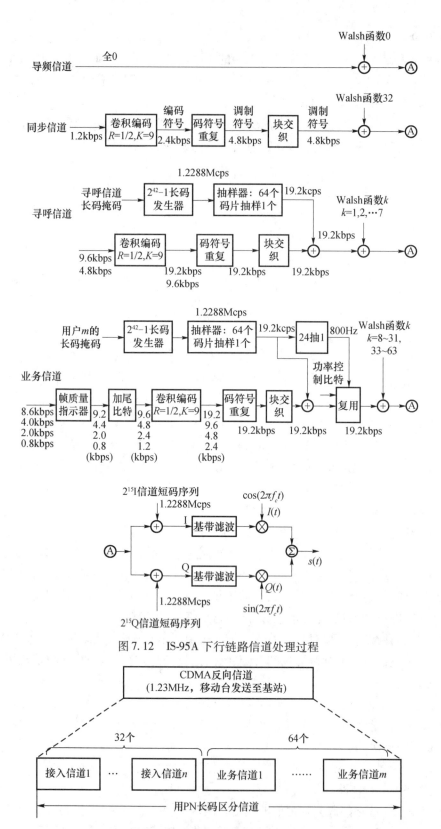

图 7.12 IS-95A 下行链路信道处理过程

图 7.13 IS-95 上行链路信道结构

（1）接入信道。接入信道供移动台发起呼叫或者对基站的寻呼做出响应，以及向基站发送登记注册消息等。在移动台没有分配业务信道之前，由接入信道提供移动台至基站的传输通路。最多可设置 32 个接入信道。

（2）上行业务信道。与下行业务信道一样，用于传送用户业务数据和随路信令信息。最多可设置 64 个上行业务信道。接入信道和上行业务信道分别由不同的 42 位长码掩码来确定。

上行链路没有导频信道，因此，基站接收上行链路的信号时，只能使用非相干解调。

图 7.14 给出 IS-95A 上行链路信道处理过程。

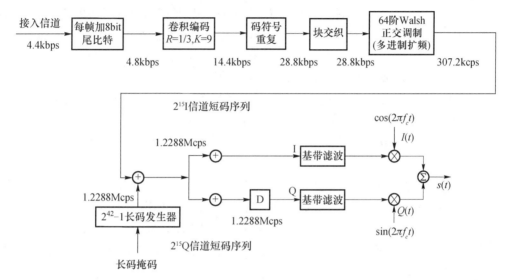

(a) 接入信道处理

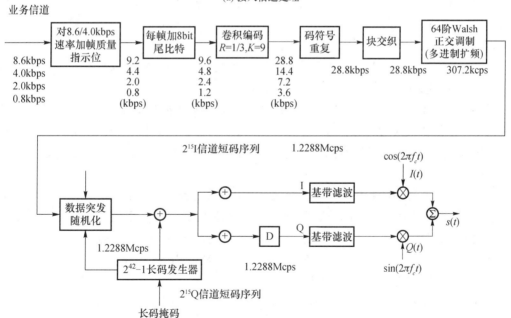

(b) 上行业务信道处理

图 7.14　IS-95A 上行链路信道处理过程

需要注意的是，IS-95A 下行链路和上行链路都使用 64 阶 Walsh 函数，但二者的使用目的不同。下行链路中，Walsh 函数用于区分信道；上行链路中，则是用来进行多进制正交调制，以提高上行链路的通信质量。

7.3.3　CDMA 2000 1x

CDMA 2000 1x 已经发展出 CDMA2000 Rev. 0、Rev. A、Rev. B、Rev. C、Rev. D 等 5 个版本，前三个版本对应于 CDMA2000 1xEV-DO，后两个版本对应于 CDMA 2000 1xEV-DV。1xEV-DO 通过引入一系列新技术，弥补了 CDMA 2000 1x 在高速分组业务提供能力上的不足。其中，Rev. 0 可以支持非实时、非对称的高速分组数据业务；Rev. A 可以同时支持实时、对称的高速分组数据业务；Rev. B 相对于 Rev. A 显著提高了用户的前向和反向速率。1xEV-DV 于 2005 年底完成，它同时改善了数据业务和语音业务的性能。Rev. C 主要改进和增强了 CDMA 2000 1x 的前向链路，前向峰值速率达到 3.1Mbps，而 Rev. A 和 Rev. B 前向峰值数据速率为 307.2kbps。在 Rev. C 的基础上，Rev. D 改进和增强了反向链路，反向峰值速率达到 1.8Mbps，而在 Rev. C 中反向峰值速率为 153.6kbps。

1. CDMA 2000 1x 系统特点

（1）较低的发射功率。由于 CDMA 系统采用快速的反向功率控制、软切换、语音激活等技术，以及 IS-95 规范对手机最大发射功率的限制，使 CDMA 手机在通信过程中辐射功率很小而享有"绿色手机"的美誉。这是与 GSM 相比，CDMA 的重要优点之一。CDMA 手机发射功率最高只有 200mW，普通通话功率可控制在零点几毫瓦，其辐射作用可以忽略不计。

（2）保密性强。CDMA 信号的扰频方式提供了高度的保密性。CDMA 码址是个伪随机码，而且共有 4.4 万亿种可能的排列。因此，要破解密码或窃听通话内容是很困难的，通话不会被窃听。

（3）软切换。CDMA 移动通信系统使用软切换和更软切换，可以获取切换过程中的分集增益，提高接收信号质量，减小切换掉话率。

（4）大容量和软容量。CDMA 系统的用户容量由地址码的数量决定，而地址码的数量通常可以是非常大的，因此 CDMA 系统的容量非常大。同时，CDMA 系统又是软容量的，当用户数目增加时，对所有用户而言，系统性能下降。相应地，当用户数目减少时，系统性能提高。

（5）采用语音激活和可变速率编码技术。CDMA 系统的声码器可以动态地调整数据传输速率，并根据适当的门限值选择不同的电平级发射。同时，门限值根据背景噪声的变化而改变。这样，即使在背景噪声较大的情况下，也可以得到较好的通话质量。目前 CDMA 系统普遍采用 8kbps 的可变速率声码器，声码器使用的是码激励线性预测（CELP）和 CDMA 特有的算法，称为 QCELP。

（6）频率重用及扇区化。CDMA 小区扇区化有很好的容量扩充作用，其效果好于扇区化对 FDMA 和 TDMA 系统的影响。

（7）低的信噪比要求。CDMA 系统采用 RAKE 接收技术，可以降低接收信号的信噪比要求，提升接收信号质量。

2. CDMA 2000 1x 网络结构

图 7.15 给出了 CDMA 2000 1x 网络结构。

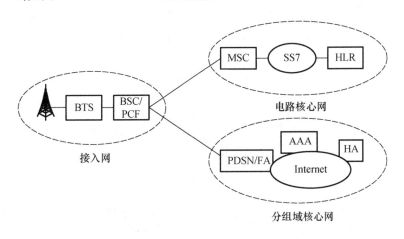

图 7.15　CDMA 2000 1x 网络结构

CDMA 2000 1x 网络分为移动台、无线网络、网络交换系统(核心网)三部分。核心网又分为电路域网络交换系统(C-NSS)和分组域网络交换系统(P-NSS)。其中,移动台、无线网络、C-NSS 与 GSM 系统中的相应功能实体的功能类似。但是,P-NSS 提供基于 IP 技术的分组数据业务的方式与 GPRS 差别较大,在 P-NSS 中,由 PDSN(分组数据业务节点)、AAA 服务器以及移动代理(包括家乡代理 HA 和外地代理 FA)等完成基于 IP 的分组数据传输以及必需的路由选择、用户数据管理、用户移动性管理等功能。

3. CDMA 2000 1x 系统的信道

(1) 下行链路物理信道。下行链路物理信道分为下行链路公共物理信道和下行链路专用物理信道,如图 7.16 所示。

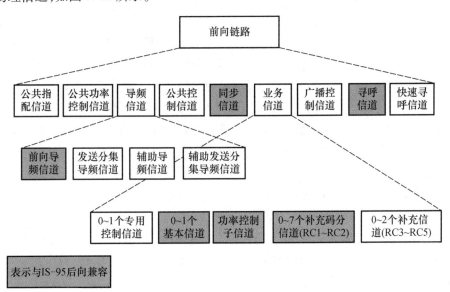

图 7.16　CDMA 2000 1x 下行链路物理信道划分

下行链路公共物理信道包括下行导频信道(F-PICH)、同步信道(F-SYNCH)、寻呼信道(F-PCH)、广播控制信道(F-BCCH)、快速寻呼信道(F-QPCH)、公共功率控制信道(F-CPCCH)、公共指配信道(F-CACH)和公共控制信道(F-CCCH)。下行链路专用物理信道包括下行专用控制信道(F-DCCH)、下行基本信道(F-FCH)、下行补充信道(F-SCH)和下行补充码分信道(F-SCCH),这4个信道都属于下行业务信道。

(2) 上行链路物理信道。上行链路物理信道分为上行链路公共物理信道和上行链路专用物理信道,如图7.17所示。

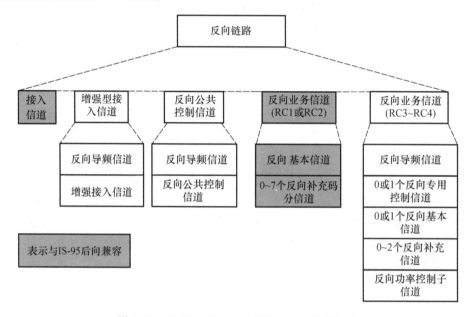

图7.17　CDMA 2000 1x 上行链路物理信道划分

上行链路公共物理信道包括上行接入信道(R-ACH)、上行增强型接入信道(R-EACH)和反向公共控制信道(R-CCCH)。上行链路专用物理信道包括上行导频信道(R-PICH)、上行专用控制信道(R-DCCH)、上行基本信道(R-FCH)、上行补充信道(R-SCH)和上行补充码分信道(R-SCCH)。其中,后4个信道属于上行业务信道。

(3) 逻辑信道。CDMA 2000 1x 的逻辑信道包括下行公共信令信道(F-CSCH)、上行公共信令信道(R-CSCH)、下行专用信令信道(F-DSCH)和上行专用信令信道(R-DSCH)。CDMA 2000 1x 系统各种信道的具体功能以及逻辑信道到物理信道的映射请参见相关文献,限于篇幅,本书不作进一步介绍。

4. CDMA 2000 1x 关键技术

CDMA 2000 1x 主要关键技术包括:

(1) 前向快速功率控制技术。CDMA 2000 1x 增强了 IS-95 标准中的功率控制,系统能够在上行和下行链路的多个物理信道上进行功率控制。上行和下行闭环功率控制都能达到800Hz的速率。使用前向快速功率控制可以减小基站发射功率、减少总干扰电平、降低移动台信噪比,从而增大系统容量。

(2) 前向快速寻呼信道技术。基站使用前向快速寻呼信道,决定移动台是处于监听寻呼信道还是处于低功耗的睡眠状态,这样可减少移动台的激活时间,节省移动台功耗。

(3)前向链路发送分集技术。CDMA 2000 1x 采用直接扩频发射分集技术,有两种实现方式:正交发射分集和空时扩展分集。正交发射分集是先分离数据流,再用不同的正交 Walsh 码对两个数据流进行扩频,并通过两个天线发射。空时扩展分集是使用空间分离的两根天线发射已交织的数据,使用相同的原始 Walsh 码信道。

(4)反向相干解调。基站可利用反向导频信道发出的扩频信号捕获移动台发射的信号,再用 Rake 接收机实现相干解调。与 IS-95 采用非相干解调相比,提高了反向链路的传输性能,降低了移动台发射功率,提高了系统容量。

(5)连续的反向空中接口波形。在反向链路上采用连续导频,使信道上的数据波形连续,减少外界电磁干扰,改善搜索性能,支持前向快速功率控制及反向功率控制连续监测。

(6)Turbo 编码。Turbo 码具有优异的纠错性能,适用于速率高但对时延要求不高的数据传输业务,并可降低对发射功率的要求,增加系统容量。在 CDMA 2000 1x 系统中,Turbo 码仅用于前向补充信道和反向补充信道。

(7)灵活的帧长。与 IS-95 系统不同,CDMA 2000 1x 支持 5ms、10ms、20ms、40ms、80ms 和 160ms 多种帧长,不同类型的信道分别使用不同的帧长。前向/反向基本信道、前向/反向专用控制信道采用 5ms 或 20ms 帧,前向/反向补充信道使用 20ms、40ms 或 80ms 帧,语音信道使用 20ms 帧。较短帧可以减小时延,但解调性能较差;较长帧可降低对发射功率的要求。

(8)增强的媒体接入控制功能。MAC 层能控制多种业务接入,保证语音、数据和多媒体业务的实现,同时处理、发送、复用和提供 QoS 控制。与 IS-95 相比,CDMA 2000 1x 可以满足更大带宽和更多业务的要求。

7.3.4 CDMA 2000 1xEV-DO 和 CDMA 2000 1xEV-DV

1. CDMA 2000 1xEV-DO 关键技术

为了提供下行高速数据速率,CDMA2000 1xEV-DO 主要采用了以下关键技术:

(1)下行最大功率发送。1xEV-DO 下行始终以最大功率发射,确保下行始终有最好的信道环境。

(2)动态速率控制。终端根据信道环境的好坏,向网络发送动态速率控制(DRC)请求,快速反馈下行链路可以支持的最高数据速率。网络以此速率向终端发送数据,信道环境越好,速率越高;信道环境越差,速率越低。与功率控制相比,速率控制能够获得更高的小区数据业务吞吐量。

(3)前向时分复用和先进的前向链路调度算法。在 1xEV-DO 系统中,前向信道作为一个"宽通道",采用 TDM 方式供所有的用户时分共享,最小分配单位是 1.66ms 的时隙。一个时隙可以分配给某个用户传输数据或分配给信令消息,称为 Active Slot;也可能处于空闲状态,称为 Idle Slot。一个时隙在同一时刻只能服务于一个用户。网络侧采用更先进的前向链路调度算法,如比例公平(Proportional Fair)调度算法和 G-Fair(是 Proportional Fair 的进一步改进)调度算法。网络侧根据收集到的相关信息,如手机反馈来的下一时隙最高可接受速率(DRC),决定下一时隙该服务哪个用户。先进的前向链路调度算法可以使小区下行链路吞吐量实现最大化。

(4)前向自适应编码和调制。网络侧根据终端反馈的数据速率情况(如 DRC,即终端所处的无线信道环境好坏),根据调度算法选择被服务用户,并按照该用户请求的数据速率选择不同的编码(如不同码率的 Turbo 码)和调制(如 QPSK、8PSK、16PSK)方式。

(5)前向 HARQ。在 1xEV-DO 系统中,根据数据速率的不同,一个数据包可以在一个或多个时隙中发送。HARQ 功能允许在成功解调一个数据包后提前终止发送该数据包的剩余时隙,从而提高系统吞吐量。HARQ 功能能够提高小区吞吐量 2.9～3.5 倍。

(6)前向快速扇区选择和切换。这是 1xEV-DO 系统中的一种特殊类型的切换,也称为前向虚拟切换。在 UE 前向快速扇区选择和切换过程中,任何一个时刻最多只能有一个扇区给该 UE 发送数据,UE 根据前向信道的好坏决定谁是当前的服务扇区。与软/更软切换相比,前向快速扇区选择和切换降低了切换信令开销,但无法提供与软/更软切换类似的宏分集增益。

2. CDMA 2000 1xEV-DV 主要特征和关键技术

CDMA 2000 1xEV-DV Rev. C 系统新增的主要特性和采用的关键技术包括:

(1)更高的前向容量。1xEV-DV Rev. C 结合了诸多新的技术,如自适应调频和编码(AMC)、混合自动重发请求(HARQ)、使用 TDM/CDM 混合的新高速分组数据信道(F-PDCH),使前向数据传输速度可达 3.1Mbps。

(2)可支持多种业务组合。在 DV Rev. C 中,通过多个业务信道的组合,可支持多种不同 QoS 要求的业务。

(3)更有效地支持数据业务。同时使用了 TDM 和 CDM 多路复用方式,根据所支持的业务性质使用不同的资源分配方法,并且通过选取最佳的调制和编码率,可更公平合理地分配系统资源,进一步提升系统容量。

(4)DV Rev. C 对安全进行了增强,增加了 AKA(Authentication and Key Agreement)和消息完整性保护,对 MS 和 BS 可进行不同级别的安全保护。在 DVRev. C 中引入 AKA,从而允许 UE 和 BS 之间的相互鉴权。

(5)后向兼容 CDMA 2000。制定 1xEV-DV 标准的其中一个目标是必须继续支持语音及其他已有的服务。网络方面,运营商可以由 CDMA 2000 1x 系统平滑演进到 CDMA 2000 1xEV-DV。终端方面,由于 CDMA 2000 1xEV-DV 的后向兼容性,用户也可保证能以同一手机在整个网络中得到服务。

Rev. C 主要改进和增强了 CDMA 2000 1x 的前向链路,使前向峰值速率达到 3.1Mbps;但反向链路基本没有变化,反向峰值速率仍为 153.6kbps。前反向链路数据速率不对称,并且反向补充信道 R-SCH 是通过层 3 信令调度,在 RLP 层重传,调度速度慢,时延大,难以支持可视电话等前反向速率对称和实时性要求高的业务。针对以上问题,Rev. D 对反向链路进行了改进和增强,使反向最高峰值速率达到 1.8Mbps,分组数据可以通过调度和速率控制的方式,根据 QoS 要求和信道条件变化,有效减小了数据传输时延,改善了 QoS。

Rev. D 反向链路主要特点包括：

（1）完全保留了现有 CDMA 2000 信道的信令结构。

（2）反向链路控制方式灵活。反向链路每 10ms 进行一次快速调度控制，也可以通过速率控制实现一定范围的速率变化，调整速度和效率高。在 Rev. D 以前的版本，移动台通过层 3 信令消息向基站请求，从申请到发送的时延大于 100ms。Rev. D 中增加了新的 MAC 层向基站传输 UE 的相关信息和请求，使得反向链路从申请到发送的调整时延可以减小到 40ms。

（3）物理层分组帧长固定为 10ms，有 10 种固定分组大小。

（4）采用同步 4 信道 HARQ 技术，提高链路效率。

（5）采用自适应调制和编码技术，采用高阶调制（BPSK、QPSK 和 8PSK）。

（6）移动台可以基于 QoS 要求在时延和吞吐量之间选择。

（7）QoS 改善，不同业务区分接入优先级，基于 Buffer 和功率申请资源。

7.4　TD-SCDMA

7.4.1　TD-SCDMA 的提出和发展

时分同步码分多址（Time Division-Synchronous Code Division Multiple Access，TD-SCDMA）是中国提出的第三代移动通信标准，也是 ITU 最初批准的三个 3G 标准之一，是以我国知识产权为主的、被国际上广泛接受和认可的无线通信国际标准，是我国电信史上最重要的里程碑。

1. TD-SCDMA 的提出和发展

在 TD-SCDMA 的发展历程中，经历了以下主要的事件：

（1）1996 年，大唐集团完成 TD-SCDMA 关键核心技术的创新过程，并于 1998 年 6 月代表中国向 ITU 提交了 3G 的 TD-SCDMA 技术提案。

（2）2000 年 5 月，TD-SCDMA 被 ITU 批准为第三代移动通信国际标准，这是中国电信发展史上的重大突破。

（3）2001 年 3 月，TD-SCDMA 被 3GPP 正式接纳；在 3GPP 技术规范中，TD-SCDMA 又被称为 LCR TDD（低码片速率 TDD）。

（4）2002 年 2 月至 2003 年 8 月，国家组织完成 TD-SCDMA 的 MtNET 试验，验证了技术的可行性。

（5）2002 年 10 月，国家颁布了中国 3G 频谱规划，为 TD-SCDMA 分配了共计 155MHz 的频率资源。同年，TD-SCDMA 产业联盟成立。

（6）2005 年 1 月至 2007 年 1 月，国家组织了 TD-SCDMA 产业专项测试和多城市网络规模应用试验，验证了 TD-SCDMA 技术可行性和具备大规模独立组网的商业可用性。

（7）2007 年，韩国最大的移动通信运营商 SK 电讯在韩国首都首尔建成了 TD-SCDMA 试验网。同年，欧洲第二大电信运营商法国电信建成了 TD-SCDMA 试验网。

（8）2008 年 1 月，中国移动在中国北京、上海、天津、沈阳、广州、深圳、厦门、秦皇岛市建成了 TD-SCDMA 试验网;中国电信集团股份有限公司在保定建成了 TD-SCDMA 试验网;原中国网络通信集团公司(现中国联合网络通信集团股份有限公司)在青岛建成了 TD-SCDMA 试验网。

(9) 2009 年 1 月 7 日,中国政府正式向中国移动颁发了 TD-SCDMA 业务的经营许可,中国移动开始在中国的 28 个直辖市、省会城市和计划单列市进行 TD-SCDMA 的二期网络建设,于 2009 年 6 月建成并投入商业化运营。

为了满足用户日益增长的高速分组数据传输业务需求,3GPP 在 R5 版本引入了 HSDPA 技术。对于 TD-SCDMA 和 WCDMA 而言,HSDPA 所采用的关键技术是基本一致的。HSDPA 采用共享 HS-DSCH 信道方式,通过使用自适应调制和编码(AMC)、混合自动请求重传(HARQ)以及快速分组调度等技术获得较高的传输速率和系统吞吐量。HSDPA 在 UE 和 NodeB 的 MAC 层引入 MAC-hs 实体,完成分组调度、快速反馈、重传等功能,相关控制操作直接在 NodeB 进行,提高了重传速度,减少了数据传输时延。对于 WCDMA FDD,HSDPA 理论峰值传输速率可达 14.4Mbps;而对于 TD-SCDMA HSDPA,1.6MHz 带宽上理论峰值传输速率可达 2.8Mbps。因此,与 FDD HSDPA 相比,TD-SCDMA HSDPA 单载波上提供的下行峰值速率偏低。在 2005 年,业内提出通过采用多载波捆绑的方式提高 TD-SCDMA HSDPA 系统单用户峰值速率,即所谓的多载波 HSDPA 方案。

多载波 HSDPA 技术的主要原理:当发送给一个用户的下行数据需要在多个载波上同时传输时,由位于 NodeB 的 MAC-hs 协议实体对数据进行分流,也就是将用户的数据流分配到不同的载波上,各载波独立进行编码调制。接收时,需要 UE 有同时接收多个载波数据的能力,各个载波独立解调译码后,在 UE 内的 MAC-hs 协议层进行合并处理。多个载波上的 HS-PDSCH 物理信道资源可以为多个 UE 以时分或码分的方式共享,一个 UE 可被同时分配一个或多个载波上的 HS-PDSCH 物理信道资源。采用 N 个载波的多载波 HSDPA 方案,理论上可获得 2.8Mbps 的 N 倍的峰值速率,如 3 载波方案的峰值速率可达 8.4Mbps。

3GPP 从 R6 版本开始,展开了对上行链路增强技术或高速上行分组接入技术(HSUPA)的研究和标准化工作。2003 年 6 月,在 3GPP RAN 第 20 次全会上,对 TDD(包括 LCR TDD 和 HCR TDD)上行链路增强的可行性研究被列为研究项目。2006 年 2 月,完成了针对 TD-SCDMA 上行增强技术的验证工作。TD-SCDMA 上行链路增强的技术主要包括 NodeB 快速的分组调度、HARQ、AMC 和帧内扰码跳码技术等。

在全球大力发展 LTE 和 4G 技术的背景下,TD-SCDMA 也在有条不紊地发展进行中。TD-SCDMA LTE 不仅是移动通信标准在技术上的一次大飞跃,也是联系 3G 增强技术和 4G TDD 技术的纽带,在 TD-SCDMA 标准发展中起到承上启下的作用。3GPP TD-SCDMA LTE 关键技术主要包括智能天线、MIMO、同步技术、随机接入、数据复用、自适应和干扰控制等。目前,基于 TD-SCDMA LTE 的 4G 标准(TDD-LTE)正在积极进行和完善过程中,市场化工作也在大力发展中。

2. TD-SCDMA 系统的主要优势

时分同步码分多址 TD-SCDMA,是集 FDMA、TDMA、CDMA 技术优势于一体、系统容量大、频谱利用率高、抗干扰能力强的移动通信技术。所谓同步 CDMA 是指来自每个用户终端的上行信号在到达基站系统天线口时或解调器时是完全同步的,这样使用正交扩频码的各个码道在解扩时就可以完全正交,相互间不致产生多址干扰,大大提高了CDMA系统的实际容量。TD-SCDMA系统的主要优势包括:

(1) 3G业务与功能。能在现有稳定的GSM网络上迅速而直接部署,能实现从第二代到第三代的平滑演进,完全满足第三代业务的要求。

(2) 频谱灵活,无须使用成对的频段。频谱使用灵活,可单个频率使用,在频率资源紧张的国家和地区,上下行频率可时分复用。而且,在2GHz以下已很难找到成对的频谱。上下行使用相同频率,上下行链路的传播特性相同,利于使用智能天线等新技术。

(3) 突出的频谱利用率。TD-SCDMA每个载频带宽为1.6MHz,而WCDMA FDD系统占用带宽为2×5MHz,在相同的频带宽度内,TDD系统可支持的载波数大大超过FDD模式。FDD系统一建立通信就将分配到一对频率以分别支持上下行业务,在不对称业务中,频率利用率显著降低。TD-SCDMA为对称语音业务和不对称数据业务提供的频谱利用率较高,在使用相同频带宽度时,TD-SCDMA可支持多一倍的用户。另外,在TD-SCDMA系统中,由于使用了智能天线,波束指向用户,降低了多址干扰,提高了系统的容量,频谱效率加倍。

(4) 支持不对称数据业务。因特网的应用导致上行与下行数据业务流量的明显不同,在TD-SCDMA系统中,根据上下行业务量来自适应调整上下行时隙个数,实现上行与下行无线资源的自适应分配。

7.4.2 TD-SCDMA的空中接口

1. TD-SCDMA系统的帧结构

TD-SCDMA的多址接入采用DS-CDMA方式,扩频码片速率1.28Mc/s,载波间隔1.6MHz。它的最大特点是不需要成对的频谱,在一个载波频带上采用时分双工(TDD)方式工作,下行和上行链路不同用户和类型的信息在同一载频的不同时隙中传送。所以,TD-SCDMA既具有CDMA的优势,又具有TDMA的优势。TD-SCDMA的基本物理信道特性由频率、码片和时隙决定,其帧结构包括时隙、无线帧和超帧。码片和时隙用于在码域和时域上区分不同的用户信号,具有CDMA和TDMA特性。一个无线帧长10ms,一个超帧由72个无线帧组成,长720ms。TD-SCDMA帧结构将10ms的无线帧分成2个5ms的子帧,每个子帧中有7个常规时隙和3个特殊时隙,这两个子帧的结构完全相同。图7.18给出TD-SCDMA系统的帧结构。

TDD模式下的物理信道是将一个突发脉冲在所分配的无线帧的特定时隙进行发射。无线帧的分配可以是连续的,即每一帧的相应时隙都分配给其物理信道;也可以是不连续的,即将部分无线帧中的相应时隙分配给该物理信道。因此,TD-SCDMA系统中,一个物理信道是由频率、时隙、信道化码和分配的无线帧(帧号)来定义的。

在图7.18中,每个子帧包括长度为675μs的7个常规时隙和3个特殊时隙,这3个特殊时隙分别是下行导频时隙(DwPTS)、保护时隙(GP)和上行导频时隙(UpPTS)。

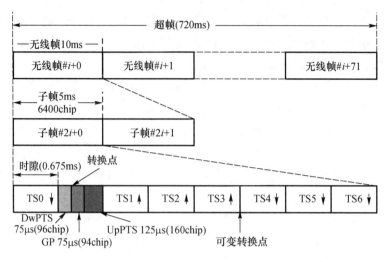

图 7.18 TD-SCDMA 系统的帧结构

1）常规时隙

TD-SCDMA 系统中常规的突发格式如图 7.19 所示，一个突发由两个长度分别为 352chip 的数据块、一个长为 144chip 的训练序列和一个长为 16chip 的保护间隔组成。突发的持续时间是一个时隙，发射机可以同时发射多个突发。这种情况下，多个突发的数据部分必须使用不同 OVSF 的信道码，但应使用相同的扰码。因此，突发的数据部分由信道码和扰码共同扩频，扩频因子可以取 1、2、4、8 或 16。物理信道的数据速率取决于 OVSF 所采用的扩频因子（即一个符号所包含的码片数），通过将每一个数据符号转换成一些码片来增加信号带宽。

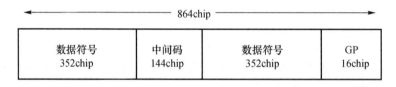

图 7.19 TD-SCDMA 系统中常规的突发格式

突发格式中的训练序列用于进行信道估计、测量（如上行同步的保持及功率测量）等。在同一个小区中，同一时隙内的不同用户所采用的训练序列由一个基本的训练序列经循环移位后产生。TD-SCDMA 系统中，基本训练序列长度为 128chip，分成 32 组，每组 4 个。

2）下行导频时隙

DwPTS 用于下行链路同步和初始小区搜索，该时隙由长为 64chip 的下行同步码（SYNC_DL 序列）和长为 32chip 的保护间隔（GP）组成，其结构如图 7.20 所示。

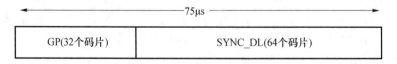

图 7.20 TD-SCDMA 系统 DwPTS 的时隙结构

SYNC_DL 是一组 PN 序列,用于区分不同的相邻小区。TD-SCDMA 系统定义了 32 个码组,每组对应一个 SYNC_DL 序列,SYNC_DL 序列可以在蜂窝网络中进行复用。系统中独立设置 SYNC_DL 的原因是用于解决蜂窝和移动环境下 TDD 系统的小区搜索问题。当邻近小区使用相同的载波频率时,用户终端在小区边界开机时,DwPTS 设计能保证用户终端在很短的时间(约 3ms)内完成小区搜索并完成初始化接入。将 DwPTS 设置在单独的时隙,除便于下行同步的快速获取,还可以减小对其他下行信号的干扰。

3)上行导频时隙

UpPTS 的作用主要是随机接入过程中 UE 与 NodeB 的初始同步。当 UE 处于空中接口登记和随机接入状态时,将首先发射 UpPTS,当得到网络的应答后,才发送随机接入信道(RACH)。UpPTS 由长为 128chip 的上行同步码(SYNC_UL 序列)和长为 32chip 的保护间隔(GP)组成,其结构如图 7.21 所示。SYNC_UL 序列是一组 PN 码,用于在接入过程中区分不同的 UE。

图 7.21 TD-SCDMA 系统 UpPTS 的时隙结构

TD-SCDMA 系统中使用独立的 UpPTS 的原因:用户终端在随机接入时,由于未达到上行同步,上行发射功率是开环控制的,独立的 UpPTS 可以避免干扰,较好地解决随机接入过程中上行同步和 UE 识别的问题。

4)保护时隙

保护时隙或保护间隔(GP)是在 NodeB 侧,由发射向接收转换的保护间隔。GP 包括 96chip,长为 75μs,可用于确保小区覆盖半径 11.25km。同时,较大的保护间隔可以防止 DwPTS 和 UpPTS 信号之间的干扰,还可以允许 UE 在发出上行同步信号时有一些时间提前量。

在这 7 个常规时隙中,TS0 总是分配给下行链路,而 TS1 总是分配给上行链路,上行时隙和下行时隙之间由转换点分开,每个 5ms 的子帧有两个转换点(DL 到 UL 和 UL 到 DL),通过灵活地分配上下行时隙个数,使得 TD-SCDMA 特别适合于上下行对称和不对称的业务模式。

2. TD-SCDMA 的传输信道、物理信道及映射

TD-SCDMA 的传输信道分为公共传输信道和专用传输信道。其中,公共传输信道包括广播信道(BCH)、下行接入信道(FACH)、寻呼信道(PCH)、随机接入信道(RACH)、上行共享信道(USCH)和下行共享信道(DSCH)。专用传输信道仅有一种,即专用信道(DCH),可用于上/下行链路作为承载网络和特定 UE 之间的用户信息或控制信息。

TD-SCDMA 的物理信道分为公共物理信道和专用物理信道。专用物理信道(DPCH)采用前面介绍的突发结构,支持上行和下行数据传输,通常下行采用智能天线赋形。DCH 映射到 DPCH。公共物理信道包括主公共物理信道(P-CCPCH)、辅助公共物理信道(S-CCPCH)、物理随机接入信道(PRACH)、快速物理接入信道(FPACH)、物理上行共享信道(PUSCH)、物理下行共享信道(PDSCH)、寻呼指示信道(PICH)、下行导频信道(时隙)

（DwPCH）和上行导频信道（时隙）（UpPCH）。

传输信道到物理信道的映射如表 7.4 所列。

需要注意的是，DwPCH、UpPCH、PICH 和 FPACH 几个物理信道没有对应的传输信道。

表 7.4 传输信道到物理信道的映射

传输信道	物理信道
DCH	专用物理信道（DPCH）
BCH	主公共物理信道（P-CCPCH）
PCH	辅助公共物理信道（S-CCPCH）
FACH	辅助公共物理信道（S-CCPCH）
RACH	物理随机接入信道（PRACH）
USCH	物理上行共享信道（PUSCH）
DSCH	物理下行共享信道（PDSCH）
	下行导频信道（DwPCH）
	上行导频信道（UpPCH）
	寻呼指示信道（PICH）
	快速物理接入信道（FPACH）

7.4.3 TD-SCDMA 的关键技术

1. 智能天线

智能天线（Smart Antenna）又称自适应天线阵列、可变天线阵列，它由多个天线单元组成，不同天线单元对信号赋予不同的权值，然后相加产生输出信号。智能天线采用空分复用（SDMA）方式，利用信号在传播路径方向上的差别，将同频率、同时隙或同码道的信号区别开，最大限度地利用有限的信道资源。传统上，基站普遍使用的是扇区化天线，扇区化天线具有固定的天线方向图，而智能天线的能量仅指向小区内处于激活状态的移动终端，正在通信的移动终端在整个小区内处于跟踪状态，从而产生强方向性的辐射方向图。图 7.22 给出了智能天线的方向图。

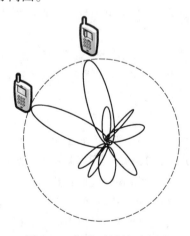

图 7.22 智能天线的示意图

智能天线系统由三部分组成:实现信号空间过采样的天线阵,对各天线阵元输出进行加权合并的波束成型网络,重新合并权值的控制部分。在移动通信应用中为便于分析、旁瓣控制和DOA(到达方向)估计,天线阵多采用均匀线阵或均匀圆阵。控制部分(即算法部分)是智能天线的核心,其功能是依据信号环境,选择某种准则和算法计算权值,通过算法自动调整加权值得到不同的天线指向方向图。目前已有很多著名算法,可分为非盲算法和盲算法两大类。非盲算法需借助参考信号(如导频序列),接收端知道发送的是什么,进行算法处理时或者先确定信道响应再按一定准则确定各加权值,或者直接按一定的准则确定或逐渐调整权值,以使智能天线的输出与已知输入是最大相关。常用的相关准则有(最小均方误差)SE、(最小均方)LS和(最小二乘)LS等。盲算法则无须发端传送已知的导频信号,接收端需要自己估计发送的信号并以其作为参考信号进行上述处理。判决反馈算法(Decision Feedback)是一种较特殊的盲算法,关键是应确保判决信号与实际传送的信号间有较小差错。

相对于FDD系统,TD-SCDMA系统特别适合采用智能天线。在TDD工作模式中,上/下行的无线传播是对称的,上行的信道估计参数可直接应用于下行,相比FDD要准确。TD-SCDMA子帧时间较短(5ms),便于支持智能天线下的高速移动。而且,单时隙用户有限,计算量小,便于实时自适应权值的生成。

在不使用智能天线的情况下,能量分布于整个小区,所有小区内的移动终端相互干扰,此多址干扰是CDMA系统容量受限的主要原因。TD-SCDMA系统采用了智能天线技术,可以提高基站接收机的灵敏度;提高基站的发射功率;降低系统的干扰;增加系统的容量;改进小区的覆盖;降低系统的成本。

2. 联合检测

在CDMA系统中,用户信号之间存在多址干扰(MAI)。个别用户产生的MAI固然很小,但随着用户数量的急剧增加,MAI就成为宽带CDMA通信系统的一个主要干扰。传统的CDMA系统信号分离方法是把MAI看作热噪声一样的干扰,导致信噪比严重恶化,系统容量也随之下降。这种将单个用户的信号分离作为各自独立过程的信号分离技术称为单用户检测(Single-User Detection,SD)。IS-95等第二代CDMA系统使用的就是单用户检测技术。实际上,由于MAI中包含许多先验信息,如确知的用户信道码、各用户的信道估计等,因此MAI可以被利用起来以提高信号分离方法的准确性。这样,充分利用MAI中的先验信息而将所有用户信号的分离看作一个统一过程的信号分离方法称为多用户检测技术(Multiuser Detection,MD)。根据对MAI处理方法的不同,多用户检测技术可以分为干扰抵消(Interference Cancellation)和联合检测(Joint Detection)两种。其中,干扰抵消技术的基本思想是判决反馈,首先从总的接收信号中判决出其中部分的数据,根据数据和用户扩频码重构出数据对应的信号,再从总接收信号中减去重构信号,如此循环迭代。联合检测技术则指的是充分利用MAI,一步之内将所有用户的信号都分离开来的一种信号分离技术。

联合检测是TD-SCDMA技术革新中的多用户检测方案,接收机综合考虑了接收到的多址干扰(MAI)和多径干扰(ISI),在进行充分信道估计的前提下,一步之内将所有用户的信号都分离开来,将有用信号提取出来,达到抗干扰的目的。联合检测算法的具体实现方法有多种,大致分为非线性算法、线性算法两大类。根据目前的情况,在 TD-SCDMA 系统中采用了线性算法中的一种,即迫零线性块均衡(ZF-BLE)法。

同传统接收机相比,联合检测可以抑制 ISI 和 MAI,扩大系统容量,抑制"远近效应"影响,降低功率控制要求等,使得网络规划更为简单,网络覆盖及用户接入的稳定性得到进一步提高,后续扩容也更加方便,并节约扩容成本。联合检测技术在 TD-SCDMA 系统中得到了成功应用。

3. 接力切换(Baton Handover)

接力切换是 TD-SCDMA 系统的核心技术之一,是介于硬切换和软切换之间一种新的切换方法。接力切换的设计思想是利用智能天线获取 UE 的位置和距离信息,同时使用上行预同步技术,在切换测量期间,提前获得切换后的上行信道发送时间、功率等信息,从而达到减少切换时间、提高切换的成功率、降低切换掉话率的目的。预同步中,移动台只是通过接收到的 PCCPCH 信息估算 UE 在源小区和目标小区中上行的定时偏差。

与通常的硬切换相比,接力切换除了要进行硬切换所需要的测量外,还要对符合条件的相邻小区的同步时间参数进行测量、计算和保持。接力切换使用上行预同步技术,在切换过程中,UE 从源小区接收下行数据,向目标小区发送上行数据,即上下行通信链路先后转移到目标小区。上行预同步技术在移动台与源小区通信保持不变的情况下与目标小区建立起开环同步关系,提前获取切换后的上行信道发送时间等信息。在接力切换过程中,相邻小区的基站都将接收同一个 UE 的信号,并对其定位,将确定可能切换小区的定位结果向 RNC 报告,完成向目标基站的切换。所以,接力切换是由 RNC 判定和执行,不需要基站发出切换操作信息。接力切换可以发生在不同载波频率的 TD-SCDMA 基站之间,甚至能够使用在 TD-SCDMA 系统与其他移动通信系统(如 GSM,IS-95 CDMA 等)的基站之间。

与软切换相比,二者都具有较高的切换成功率、较低的掉话率以及较小的上行干扰等优点。不同之处在于,接力切换不需要同时占用多个基站为一个移动台提供服务,因而克服了软切换需要占用的信道资源多、信令复杂、增加下行链路干扰等缺点。与硬切换相比,二者都具有较高的资源利用率、简单的算法以及较轻的信令负荷等优点。不同之处在于,接力切换断开源基站和与目标基站建立通信链路几乎是同时进行的,因而克服了传统硬切换掉话率高、切换成功率低的缺点。因此,接力切换兼有硬切换和软切换两种切换方式的优点,即具有软切换的高成功率和硬切换的高信道利用率。

4. 上行同步

在 CDMA 移动通信系统中,下行链路总是同步的,所以,一般说的同步 CDMA 都是指上行同步(Uplink Synchronization)。所谓上行同步,就是要求在同一小区中,来自同一时隙不同距离的用户终端发送的上行信号能够同步到达基站接收天线,即同一时隙不同用户的信号到达基站接收天线时保持同步。上行同步是通过网络控制移动台动态调整发往基站的发射时间来完成。对于 TDD 系统,上行同步能给系统带来很大的好处。实际上,由于移动通信系统无线信道传播环境的复杂性,要达到理想的完全同步几乎是不可能的。但是,可以让每个用户上行信号的主径达到同步,这样对改善系统性能、简化基站接收机的设计都有明显的好处。

上行同步是 TD-SCDMA 的关键技术之一。TD-SCDMA 系统能够实现上行同步,与系统的帧结构特性有密不可分的关系,系统帧结构设计是实现 TD-SCDMA 上行同步的前提。如前面所述,TD-SCDMA 一个无线帧长 10ms,分成两个 5ms 的子帧,每个子帧又分成 7 个常规时隙和 3 个特殊时隙(DwPTS、GP 和 UpPTS)。每个子帧的下行导频时隙(DwPTS)是作为下行导频和同步设计的,而上行导频时隙(UpPTS)是为建立上行同步而设计的。

UE 开机后,首先必须与小区建立下行同步,然后才能开始建立上行同步。当 UE 进行随机接入时,虽然可以接收到基站的 DwPTS 信号,建立起下行同步,但并不知道 UE 与基站间的距离,这就导致 UE 的首次上行发送不能做到同步到达基站。因此,为了减小对常规时隙的干扰,上行信道的首次发送在 UpPTS 上发送 SYNC_UL 序列。SYNC_UL 突发的发送时刻可通过对接收到的 DwPTS 和/或 PCCPCH 的功率估计来确定。考虑到无线信道环境的复杂性,利用功率来估算传输时延非常不准确,可以简单地让 UE 以一个固定的发送时间提前量来发送 SYNC_UL 序列。基站在搜索窗口内检测到 SYNC_UL 序列后发送 FPACH 应答,UE 接收到基站的应答后,根据 FPACH 指示的时间提前量和期望接收功率及测量的路径损耗,设置 PRACH 的发送定时和发送功率。正常情况下基站将在接收到 SYNC_UL 序列后的 4 个子帧内对 UE 进行应答。如果在此期间 UE 没有收到来自基站的应答,则认为上行同步请求失败,UE 会随机延迟一段时间,重新开始尝试同步请求的发送。

由于 UE 是移动的,所以在 UE 通信过程中,基站必须不断地检测 UE 上行常规突发中训练序列的到达时刻,以此来估计 UE 的发送时间偏移,然后在下一个可用的下行时隙中发送同步偏移(SS)命令,使 UE 根据同步偏移命令调整下一次发送时刻,以保证上行同步的稳定性。基站可以在每个子帧的同一时隙检测一次上行同步。上行同步的调整步长是可重配置的,取值范围为 1/8~1chip。上行同步的更新有 3 种情况:增加一个步长、减小一个步长或保持不变。

上行同步技术可以最大限度地克服用户之间的干扰(MAI)、改善系统性能、简化基站设计方案、降低无线基站成本。可以说,TD-SCDMA 上行同步性能的好坏直接关系到整个系统性能的好坏。

5. 动态信道分配(Dynamical Channel Allocation)

信道分配是指在多信道共用情况下,以最有效的分配方式为每个蜂窝小区的通信提供尽可能多的可用信道,一般分为固定静态分配(FCA)和动态信道分配(DCA)两种信道分配算法。TD-SCDMA 系统中一条信道是由频率/时隙/扩频码的组合唯一确定,DCA 是 TD-SCDMA 系统中无线资源管理(RRM)算法的核心内容之一。

在 TD-SCDMA 系统中,动态信道分配又分为慢速 DCA 和快速 DCA。慢速 DCA 是根据小区业务情况,获取小区的平均负荷信息,对小区上/下行负荷进行统计分析,从而确定小区上下行时隙转换点,进而触发小区的重配置。快速 DCA 是呼叫到达时,为用户分配合适的无线资源,呼叫接入后,根据对专用业务信道或共享业务信道通信质量监测的结果,由 RNC 自适应地对资源单元(RU,即频率、时隙或码道等)进行调配和切换,以保证业务质量。快速 DCA 又分为以下几类:频域 DCA、时域 DCA、码 DCA 和空域 DCA。

(1) 频域 DCA。在 N 频点小区中为用户选择最佳的接入频点,提高系统的呼通率、降低系统的干扰。频点选择触发的原因有多种,如可能是用户接入或切换至 N 频点小区;N 频点小区中某频点过载,部分业务需迁移至该小区内其他频点等。频点选择的原则可以是根据各频点状况、各频点剩余码道资源状况或者各频点内码道碎片程度和呼叫用户的业务量等来确定接入频点的优先级。

(2) 时域 DCA。时域 DCA 是研究如何对时隙资源进行分配和调整,达到提高系统呼通率、降低干扰的目的。时隙动态调整的触发原因主要有:无线链路质量恶化,功率控制失效,且没有合适的切换小区;时隙间负载严重不均衡;高速业务接入时,需要将某一时隙的资源调整到另一时隙。时隙选择的原则包括:时隙的上下行负荷情况;Node B 测得的上行时隙的干扰和 UE 测得的下行时隙干扰;各时隙剩余 RU 资源情况;用户的方向角信息等。

例如,某个时隙可能从 8 个用户共享调整到 5 个,而其中的 3 个用户可能切换到其他时隙中,使该时隙中的用户数从 1 个增加到 4 个。经过时隙动态信道调整,使各时隙的负载保持均衡,有效降低了负荷较高时隙的各用户的干扰。

(3) 码域 DCA。码资源调整触发原因有:高优先级业务因码道碎片而被阻塞时触发调整;周期性检测码表的离散程度,当离散程度较高时即触发码资源调整。如某时隙中有 4 个 12.2kbps 的语音用户,离散地各自占用了 2 个码道资源,该时隙还剩余 8 个离散的码道,若此时有一个 64kbps 的用户申请接入,则可以动态调整这 4 个用户的码道资源,使剩余的 8 个离散码道连接起来,从而可以接纳新用户的接入情况,为该用户分配合适的信道和码资源。

(4) 空域 DCA。运用智能天线技术将空间彼此分隔开的用户放入同一时隙,而落入同一波束区域内的用户放入不同的时隙,以减小干扰。

DCA 技术充分体现了 TD-SCDMA 系统频分、时分、码分、空分的特点,它从频域、时域、码域、空域这四维空间将用户信号彼此分离,有效地降低了小区内用户间的干扰以及小区与小区之间的干扰,同时提高了整个系统的容量。由于 DCA 技术的存在,使得 TD-SCDMA 系统具有更高的频谱利用率。

习题与思考题

7.1 请描述并分析 3G 在我国的发展和应用情况。

7.2 请对比分析三种主流 3G 标准在信道间隔、双工方式、多址接入技术等方面的主要特征。

7.3 UMTS 系统主要经历了哪些版本的演进,每个版本的主要特征是什么?

7.4 请画出 WCDMA 系统的网络结构图,并标出相应的网络接口。

7.5 WCDMA 系统的空中接口协议主要分为哪几层?每一层的主要功能是什么?

7.6 WCDMA 系统的信道分为物理信道、传输信道和逻辑信道,每类信道的主要功能是什么?

7.7 请分析描述 FDD HSPA 和 FDD HSPA+ 的主要技术特点及采用的主要技术。

7.8 请简要描述 CDMA 2000 系统的发展历程。

7.9 请分别画出 IS-95A 系统上行和下行链路信道处理过程,并进行简要描述。

7.10 请分析说明 TD-SCDMA 系统的主要特点和技术优势。

7.11 TD-SCDMA 系统的帧结构是如何规定的?并分析说明 TD-SCDMA 系统是如何灵活地实现时分双工的。

7.12 TD-SCDMA 系统采用的关键技术有哪些?请对每种技术进行简要说明。

第8章 第四代移动通信系统

与第三代移动通信(3G)相比,第四代移动通信(4G)能够提供更高的传输速率,因而能支持更多的数据及多媒体业务。4G采用了先进的多址接入技术OFDMA(正交频分多址接入),并引入了MIMO(多输入/多输出天线)技术,大幅提高了4G的系统容量和数据吞吐量,是全新的一代移动通信系统。ITU 4G技术的正式名称是IMT-Advanced。2012年1月,ITU正式审议通过将LTE-Advanced和WirelessMAN-Advanced(IEEE 802.16m)技术规范确立为IMT-Advanced的两大标准,我国主导制定的TD-LTE-Advanced同时成为LTE-Advanced的一部分。

本章主要介绍LTE系统的特点、网络结构、空中接口及协议、关键技术、系统发展等。

8.1 LTE概述

8.1.1 LTE的提出和标准化进程

长期演进计划(Long Term Evolution,LTE)是3GPP主导的无线通信技术的演进,3GPP的目标是打造新一代无线通信系统,超越现有无线接入能力,全面支撑高性能数据业务,"确保在未来10年内领先"。LTE提出和迅速发展的巨大推动力是WiMAX的崛起。在2004年WiMAX对UMTS技术(尤其是HSDPA技术)产生挑战时,3GPP急于开发能够和WiMAX抗衡的、以OFDM/MIMO为核心技术、支持20MHz系统带宽的、具有相似甚至更高性能的技术,以期可以在4G标准化上先发制人。

3GPP于2004年12月开始LTE相关的标准工作,LTE的研究工作按照3GPP的工作流程分为两个阶段:SI(Study Item,技术可行性研究阶段)和WI(Work Item,具体技术规范的撰写阶段)。LTE和4G的主要发展历程如下:

(1) 2004年12月3GPP正式成立了LTE的研究项目(Study Item,SI),2006年9月完成可行性研究。

(2) 2006年9月3GPP开始工作项目(Work Item,WI)/标准制定阶段,2008年底推出首个商用协议版本(R8)。

(3) 2005年10月18日结束的ITU-R WP8F第17次会议上,ITU给了B3G(Beyond 3G)技术一个正式的名称IMT-Advanced,也即4G技术。

(4) 2008年3月,ITU-R WP5D第一次会议上发出了在全世界范围内征集IMT-Advanced技术的通函,标志着4G宽带移动通信技术方案征集正式拉开了序幕。

(5) 2009年10月ITU-R WP5D第6次会议上,ITU的"最终截稿"收到了6项提案。这6项提案基本上可以分为两大类,一类是基于3GPP的LTE的技术,我国提交的TD-LTE-Advanced是其中的TDD部分;另一类是基于IEEE 802.16m的技术。

(6) 2010年10月,在ITU组织世界各国和国际组织对这6项提案进行充分技术评估的情况下,在我国重庆,ITU-R 下属的 WP5D 工作组最终确定了 IMT-Advanced 的两大关键技术,即 LTE-Advanced 和 802.16m。我国提交的候选技术 TD-LTE-Advanced 作为 LTE-Advanced 的一个组成部分,也包含在其中。

TD-LTE-Advanced 正式被确定为 4G 国际标准,标志着我国在移动通信标准制定领域再次走到了世界前列,不仅获得欧洲标准化组织 3GPP 和国际通信企业的广泛认可和支持,更为 TD-LTE 产业的后续发展及国际化提供了重要基础。LTE 主要涉及 3GPP 36.xxx 系列标准,目前版本是 R12(LTE-Advanced)。

8.1.2 LTE 的设计目标和特点

1. LTE 的设计目标

LTE 的目的是确保 3GPP 在未来的持续竞争力,该项目也是各 3G 系列标准发展在世界范围内参与度最为广泛的研究项目。LTE 的主要设计目标如下:

(1) 频谱灵活性。支持大小不等的多种可用带宽,带宽 1.4~20MHz(包括 1.4MHz、3MHz、5MHz、10MHz、15MHz、20MHz);支持工作在成对和不成对的频段;支持资源的灵活使用,包括功率、调制方式、相同频段、不同频段、上下行、相邻或不相邻的频点分配等;支持全球 2G/3G 主流频段,同时支持一些新增频段。

(2) 峰值速率。下行峰值 100Mbps,上行峰值 50Mbps。要求下行 20MHz 频谱带宽内,上行 2×1、下行 2×2MIMO 配置情况下,要达到峰值速率 100Mbps,频谱效率达到 5bps/Hz,下行是 HSDPA 的 3~4 倍;上行 20MHz 频谱带宽内要达到峰值速率 50Mbps,频谱效率达到 2.5bps/Hz,上行是 HSUPA 的 2~3 倍。

(3) 网络覆盖。吞吐量、频谱效率和 LTE 要求的移动性指标在 5km 半径覆盖的小区内将得到充分保证,当小区半径增大到 30km 时,只对以上指标带来轻微的弱化。同时需要支持小区覆盖在 100km 以上实现基本通信。

(4) 时延。控制面延时小于 100ms,用户面延时单向小于 5ms。要求空闲模式(如 Release 6 Idle Mode)到激活模式(Release 6 CELL_DCH)的转换时间不超过 100ms,休眠模式(如 Release 6 CELL_PCH)到激活模式(Release 6 CELL_DCH)的转换时间不超过 50ms;在小 IP 分组和空载条件下(如单小区单用户单数据流),用户面延时单向小于 5ms,双向不超过 10ms。

(5) 移动性支持。350km/h,在某些频段甚至支持 500km/h。可以为 15km/h 以及以下的低速率移动用户提供优化的系统性能,为 15~120km/h 以下的移动用户提供高性能服务,并要求 120~350km/h 下能保持蜂窝网络的移动性,而且能为速度大于 350km/h 的用户提供至少 100kbps 的接入服务,并要能尽量保持用户不掉网。

(6) 更低的 OPEX 和 CAPEX。要求系统结构简单化,建网成本低,LTE 体系结构的扁平化和中间节点的减少使得可以满足这一要求。

2. LTE 的特点

LTE 是以 OFDM 为核心的技术,为了降低用户面延迟,取消了无线网络控制器(RNC),采用了扁平网络架构。与其说 LTE 是 3G 技术的"演进"(evolution),不如说是"革命"(revolution)。这场"革命"使系统不可避免地丧失了大部分后向兼容性,从网络侧和终端侧都要做大规模的更新换代。因此,很多公司实际上将 LTE 看作 4G 技术范畴。

LTE 的主要特点如下：

（1）网络架构变革。LTE 网络结构纵向层次简化，采用扁平化的结构，把无线资源管理功能集成到 eNB 中，减少了接入协议之间的交互时延，提高了效率，减少了网元类型和部署成本。另外，集中式向分布式结构的转变，避免了"单点故障"，降低核心网网元对于硬件平台的要求。

（2）核心技术变革。LTE 空中接口物理层采用了 OFDMA/MIMO 两大关键技术，实现了无线信道资源的深度挖掘，同时在频域和空域进行了扩展。

（3）全分组化无线接口。LTE 核心网络去除了 CS/PS 域之分，简化了信令流程。LTE 无线接入网络横向灵活互联，基于统一的 IP 技术，具有更好的业务支持能力和网络可扩展性。

3. LTE 的技术

LTE 和 3G 的主要技术对比如表 8.1 所列。

表 8.1 LTE 和 3G 的主要技术对比

技术参数	3G(3GPP R7)	LTE(3GPP R8)
多址技术	CDMA	下行 OFDMA，上行 SC-FDMA
双工方式	FDD,TDD	FDD,TDD
帧结构	10ms	10ms
信道带宽	5MHz	1.4~20MHz
峰值速率	下行 14.4Mbps，上行 11Mbps(HSPA)	下行 100Mbps，上行 50Mbps
频谱效率	下行 3bps/Hz，上行 2bps/Hz	下行大于(5bps)/Hz，上行大于(2.5bps)/Hz
传输时延		控制面小于 100ms，用户面单向小于 5ms
业务分类	CS,PS	全分组业务
QoS 保障技术	基于电路交换的资源预留	基于 OFDMA/MIMO 频/时/空多维资源动态分配
切换技术	支持宏分集和软切换、硬切换	仅支持硬切换

4. LTE 的频段

LTE 支持两种双工模式：FDD 和 TDD。根据 2008 年底冻结的 LTE R8 协议，LTE 支持多种频段，从 700MHz 到 2.6GHz，并支持多种带宽配置。根据协议更新，部分频段的支持情况可能会有所变动。表 8.2 和表 8.3 分别给出 LTE(3GPP R8)FDD 和 TDD 支持的频段。

表 8.2 FDD 模式支持频段

E-UTRAN 频段号	上行链路(Uplink,UL)/MHz	下行链路(Downlink,DL)/MHz	双工模式
1	1920~1980	2110~2170	FDD
2	1850~1910	1930~1990	FDD
3	1710~1785	1805~1880	FDD
4	1710~1755	2110~2155	FDD
5	824~849	869~894	FDD
6	830~840	875~885	FDD
7	2500~2570	2620~2690	FDD
8	880~915	925~960	FDD

续表

E-UTRAN 频段号	上行链路(Uplink,UL)/MHz	下行链路(Downlink,DL)/MHz	双工模式
⋮	⋮	⋮	FDD
17	704~716	734~746	FDD
⋮	⋮	⋮	FDD

表 8.3 TDD 模式支持频段

E-UTRAN 频段号	上行链路(Uplink,UL)/MHz	下行链路(Downlink,DL)/MHz	双工模式
33	1900~1920	1900~1920	TDD
34	2010~2025	2010~2025	TDD
35	1850~1910	1850~1910	TDD
36	1930~1990	1930~1990	TDD
37	1910~1930	1910~1930	TDD
38	2570~2620	2570~2620	TDD
39	1880~1920	1880~1920	TDD
40	2300~2400	2300~2400	TDD
⋮	⋮	⋮	TDD

8.2 LTE 物理层关键技术

LTE 为了实现更高的数据速率、频谱效率,实现低延迟,以及支持可扩展的带宽,在物理层采用了正交频分多址接入(OFDMA)、单载波频分多址接入(SC-FDMA)和多输入多输出(MIMO)三种主要关键技术。

8.2.1 LTE 帧结构

LTE 支持两种类型的无线帧结构:类型1,适用于频分双工 FDD;类型2,适用于时分双工 TDD。

1. FDD 类型无线帧结构

LTE 采用 OFDM 技术,子载波间隔为 $\Delta f = 15\text{kHz}$,2048 阶 IFFT,则帧结构的时间单位为 $T_s = 1/(2048 \times 15000)\text{s}$。FDD 类型无线帧长 10ms,每帧含有 20 个时隙,每时隙为 0.5ms,如图 8.1 所示。普通 CP 配置下,一个时隙包含 7 个连续的 OFDM 符号。

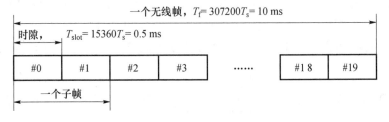

图 8.1 FDD 类型帧结构

2. TDD 类型无线帧结构

TDD-LTE 同样采用 OFDM 技术，子载波间隔与 FDD 相同。TDD 类型帧长度与 FDD 相同，但每个 10msTDD 帧由 10 个 1ms 的子帧组成，每个子帧又包含 2 个 0.5ms 时隙，如图 8.2 所示。

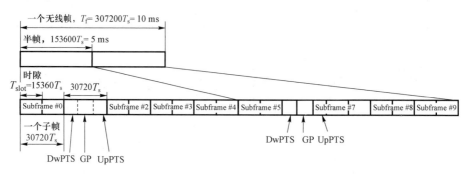

图 8.2　TDD 类型帧结构

10ms 帧中各个子帧的上下行分配策略可以设置如表 8.4 所列。

表 8.4　TDD 子帧上下行分配

Uplink-Downlink 配置	Downlink-Uplink 转换点周期/ms	Subframe number									
		0	1	2	3	4	5	6	7	8	9
0	5	D	S	U	U	U	D	S	U	U	U
1	5	D	S	U	U	D	D	S	U	U	D
2	5	D	S	U	D	D	D	S	U	D	D
3	10	D	S	U	U	U	D	D	D	D	D
4	10	D	S	U	U	D	D	D	D	D	D
5	10	D	S	U	D	D	D	D	D	D	D
6	5	D	S	U	U	U	D	S	U	U	D

注：D：Downlink subframe；U：Downlink subframe，S：Specical subframe。

3. CP 长度配置

各个 OFDM 子载波的正交性是由基带 IFFT 实现的。由于子载波带宽较小（15kHz），多径时延将导致符号间干扰（ISI），破坏子载波之间的正交性。为此，OFDM 引入了循环前缀（Cyclic Prefix,CP），其操作是将时域信号尾部一个时间段的信号复制到该信号的首部。实际上，循环前缀相当于在 OFDM 符号间插入了保护间隔，从而克服了 OFDM 系统所特有的符号间干扰。CP 的长度与覆盖半径有关，一般情况下配置普通 CP（Normal CP）即可满足要求，广覆盖等小区半径较大的场景下可配置扩展 CP（Extended CP）。CP 长度配置越大，系统开销越大。图 8.3～图 8.5 给出了不同情况下 CP 配置的时隙结构。

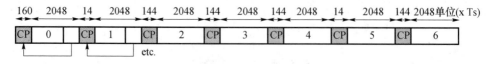

图 8.3　上下行普通 CP 配置下时隙结构（$\Delta f = 15\text{kHz}$）

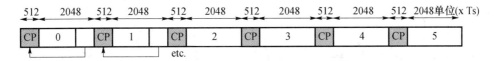

图 8.4　上下行扩展 CP 配置下时隙结构（$\Delta f = 15\text{kHz}$）

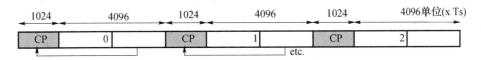

图 8.5　上下行扩展 CP 配置下时隙结构（$\Delta f = 7.5\text{kHz}$）

4. 资源块（RB）的概念

LTE 具有时域和频域资源，资源分配的最小单位是资源块 RB（Resource Block），1 个时隙和 12 个连续子载波组成一个 RB，如图 8.6 所示。RB 由资源单元（Resource Element，RE）组成，RE 是二维结构，由时域符号（Symbol）和频域子载波（Subcarrier）组成。

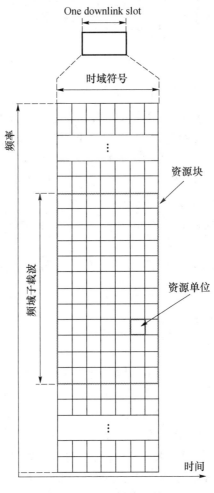

图 8.6　LTE 的资源块

8.2.2 OFDMA

正交频分复用(OFDM)具有很多能满足 LTE 需求的优点,是 4G 的核心技术之一。因此在 3GPP 制定 LTE 标准的过程中,OFDM 技术被采纳并写入标准中。正交频分多址接入(OFDMA)是基于 OFDM 调制的一种多用户接入技术,用于 LTE 下行链路。OFDMA 的工作原理如图 8.7 所示。

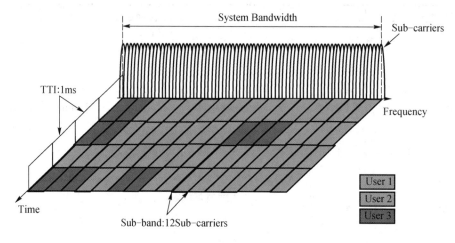

图 8.7 OFDMA 的工作原理

在 LTE 系统中引入 OFDMA 技术可以带来很多优点,主要包括:

(1) 频谱分配方式灵活,能适应 1.4~20MHz 的带宽范围配置。由于 OFDM 子载波间正交复用,不需要保护频带,频谱利用率高。

(2) 通过合理配置循环前缀,能有效克服无线环境中多径干扰引起的 ISI,保证小区内用户间的相互正交,改善小区边缘的覆盖。

(3) 支持频率维度的链路自适应和调度,对抗信道的频率选择性衰落,获得多用户分集增益,提高系统性能。

(4) 子载波带宽在 10kHz 的数量级,每个子载波经历的是频谱的平坦衰落,使得接收机的均衡容易实现。

(5) OFDM 容易和 MIMO 技术相结合。

8.2.3 SC-FDMA

单载波频分多址接入(Single Carrier Frequency Division Multiple Accessing,SC-FDMA)是 LTE 上行链路的主流多址技术。OFDMA 对时域和频域的同步要求高,子载波间隔小,系统对频率偏移敏感,收发两端晶振的不一致以及移动场景中的多普勒频移都会引起 ICI,频偏估计不精确也会导致信号检测性能下降。另外,OFDM 的峰均功率比(PAPR)高,对功放的线性度和动态范围要求很高。因此,受终端电池容量和成本的限制,LTE 上行链路需要采用 PAPR 比较低的调制技术(即 SC-FDMA)来提高功放的效率。SC-FDMA 在传统的 OFDMA 处理过程之前有一个额外的 DFT(离散傅里叶变换)处理,因此 SC-FDMA 也称为线性预编码 OFDMA 技术。

LTE 的上行 SC-FDMA 具体采用 DFT-Spread-OFDM 技术来实现,该技术是在 OFDM 的 IFFT 调制之前对信号进行 DFT 扩展,这样系统发射的是时域信号,从而可以避免 OFDM 系统发送频域信号带来的 PAPR 问题。SC-FDMA 的工作原理如图 8.8 所示。

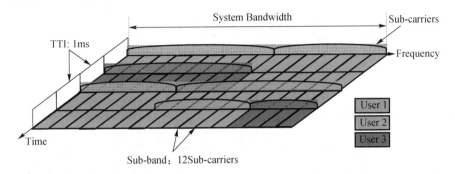

图 8.8　SC-FDMA 的工作原理

SC-FDMA 系统有如下两种子载波映射方式。

(1) 集中式。将若干连续子载波分配给一个用户,这种方式下系统通过频域调度,选择较优的子载波组进行传输,获得多用户分集增益。

(2) 分布式。系统将分配给一个用户的子载波分散到整个带宽,获得频率分集增益。但这种方式信道估计较复杂,也无法进行频域调度。

SC-FDMA 的特点主要包括:

(1) LTE 上行采用 SC-FDMA,能够灵活实现动态频带分配,其调制是通过 DFT-Spread-OFDM 技术实现的。

(2) DFT-Spread-OFDM 类似于 OFDM,每个用户占用系统带宽中的某一部分,占用带宽大小取决于用户的需求和系统调度结果。

(3) 与传统单载波技术相比,DFT-Spread-OFDM 中不同用户占用相互正交的子载波,用户之间不需要保护带,具有更高的频率利用效率。

8.2.4　MIMO

多输入/多输出的多天线系统(MIMO)可在不增加带宽或总发送功率耗损的情况下,大幅度地提高信道的容量、覆盖范围和频谱利用率。LTE 下行支持 MIMO 技术进行空间维度的复用,支持单用户 SU-MIMO 模式或者多用户 MU-MIMO 模式。

SU-MIMO 中,空间复用的数据流调度给一个单独的用户,用于提升该用户的传输速率和频谱效率。MU-MIMO 中,空间复用的数据流调度给多个用户,多个用户通过空分方式共享同一时频资源,系统可以通过空间维度的多用户调度获得额外的多用户分集增益。

多天线技术是指采用下行 MIMO 和发射分集的技术。LTE 最基本的多天线技术配置是下行采用双发双收的 2×2 天线配置,上行采用单发双收的 1×2 天线配置,现阶段考虑的最高要求是下行链路 MIMO 和天线分集支持四发四收的 4×4 的天线配置或者四发双收的 4×2 天线配置。考虑的 MIMO 技术包括空间复用(SM)、空分多址(SDMA)、预编码(Precoding)、秩自适应(Rank Adaptation)以及开环发射分集(STTD,主要用于控制信令的传输),具体的技术可以根据系统情况最终确定。MIMO 模式受限于 UE 的能力,例如接收天线的个数。

具体来说,LTE 中采用 MIMO 技术,可以带来以下两方面的好处。

(1) 空间分集:提高系统可靠性。"冗余"传输,通过空时编码,降低接收端误码率。

(2) 空间复用:提高系统容量。发送端发射相互独立或者相关的不同信号,接收端采用干扰抑制的方法进行解码,提高系统的传输速率。

8.3 LTE 系统和协议栈

8.3.1 LTE 网络架构

与传统 3G 网络比较,LTE 创新技术之一就是采用了扁平的网络架构。网络架构更趋扁平化和简单化,这样可以减少网络节点,降低系统复杂度以及传输和无线接入时延,以及减小网络部署和维护成本。在 LTE 系统架构中,RAN 将演进成 E-UTRAN(Evolved Universal Terrestrial Radio Access Network),即 LTE 的接入网部分,且只有一个节点:eNodeB。在 LTE 网络中,取消了 UTRAN 接入网的 RNC 节点,大部分 RNC 的功能转移到 eNodeB 实现。eNodeB 具有现有 3GPP R5/R6/R7 的 NodeB 功能和大部分的 RNC 功能,包括物理层功能(HARQ 等)、MAC、RRC、调度、无线接入控制、移动性管理等。RNC 的其余功能以及原 3GPP 网络的 GGSN、SGSN 节点将被融合为一个新的分组核心网,即分组核心网演进(Evolved Packet Core, EPC)部分,MME(Mobility Management Entity)和 Serving gateway 两实体分别完成 EPC 的控制面和用户面功能。LTE 的核心网部分也称为系统架构演进(System Architecture Evolution, SAE)。EPC 和 E-UTRAN 合称为演进的分组系统(Evolved Packet system, EPS)。图 8.9 给出 LTE 的网络架构。

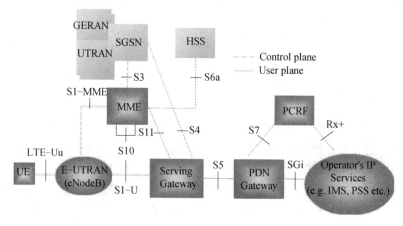

图 8.9 LTE 网络结构

1. LTE 的主要网元及功能

LTE 的接入网 E-UTRAN 由 eNodeB 组成,提供用户面和控制面,其核心网 EPC 由 MME、S-GW、P-GW 和 PCRF 组成,各部分主要功能如下。

(1) eNodeB。eNodeB 主要功能包括:

① 无线资源管理功能,即实现无线承载控制、无线许可控制和连接移动性控制,在上

下行链路上完成 UE 上的动态资源分配（调度）；

② 用户数据流的 IP 报头压缩和加密；

③ UE 附着状态时 MME 的选择；

④ 实现 S-GW 用户面数据的路由选择；

⑤ 执行由 MME 发起的寻呼信息及广播信息的调度和传输；

⑥ 完成有关移动性配置及调度的测量和测量报告。

（2）MME。MME 移动性管理主要功能包括：

① 移动性管理和会话管理；

② 用户鉴权和密钥管理；

③ NAS 非接入层信令的加密和完整性保护；

④ AS 接入层安全性控制、空闲状态移动性控制；

⑤ EPS 承载控制；

⑥ 支持寻呼，切换，漫游，鉴权。

（3）S-GW。S-GW（Serving Gateway，服务网关）主要功能包括：

① 分组数据路由及转发；

② IP 头压缩；

③ 移动性及切换支持，eNodeB 间切换的锚节点功能；

④ 合法监听；

⑤ 基于用户和承载的计费；

⑥ 路由优化及用户漫游时 QoS 和计费策略实现功能。

（4）P-GW。P-GW（PDN Gateway，PDN 网关）主要功能包括：

① 分组数据过滤，分组路由和转发；

② UE 的 IP 地址分配，接入外部 PDN 的网关功能；

③ 上下行基于业务的计费；

④ QoS 策略执行功能；

⑤ 3GPP 和非 3GPP 网络间的锚节点功能。

（5）PCRF。PCRF（Policy and Charging Rule Function，策略和计费规则功能）主要功能包括：

① 账号秘密认证和资源分配；

② 策略控制决策；

③ 基于流计费控制。

2. LTE 的网络接口

（1）S1 接口。在 LTE 架构中，原先的 Iu 被新的接口 S1 替换。S1 接口连接 eNode B 与核心网 EPC。其中，S1-MME 是 eNode B 连接 MME 的控制面接口，S1-U 是 eNode B 连接 S-GW 的用户面接口。通过 S1 接口，eNode B 和核心网建立基于 IP 路由的灵活多重连接。

（2）X2 接口。在 LTE 架构中，原先的 Iub 和 Iur 被新的接口 X2 替换。相邻 eNode B 间通过 X2 接口实现 Mesh 连接，支持数据和信令的直接传输。

（3）LTE-Uu 接口。LTE-Uu 接口是 LTE 网络的空中无线接口，类似于现有 3GPP 的 Uu 接口。

总体来说,LTE 网络具有如下显著特点:

① 基于 ALL IP 的网络扁平化;
② 真正的网络控制和承载分离;
③ 支持多种制式共接入:2G/3G/LTE/WIMAX/CDMA;
④ 支持网络控制的 QoS 策略控制和计费体系。

8.3.2 LTE 空中接口协议栈

LTE 协议栈包括两个层面,即用户面和控制面。用户面协议栈负责用户数据传输,控制面协议栈负责系统信令传输,分别如图 8.10 和图 8.11 所示。

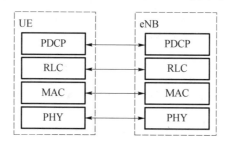

图 8.10 LTE 用户面协议栈

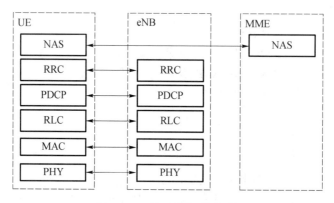

图 8.11 LTE 控制面协议栈

1. 用户面

LTE 空中接口协议栈用户面分为两层,即 L1 和 L2。L1 即物理层(PHY)。L2 又分为 3 个子层,即 MAC 层(Medium Access Control)、RLC 层(Radio Link Control)和 PDCP 层(Packet Data Convergence Protocol)。用户面的主要功能包括:IP 头压缩;加密;调度;ARQ/HARQ。

(1) MAC 层,主要功能包括:

① 逻辑信道和传输信道的映射;
② 对属于同一个或不同逻辑信道中的多个 MAC SDU 复用到传输块,并向物理层传输信道发送;
③ 从物理层传输信道得到的传输块中解复用属于同一个或不同个逻辑信道的多个 MAC SDU;

④ 调度请求报告处理；

⑤ 使用 HARQ 进行错误纠正；

⑥ 通过动态调度实现多个 UE 间的优先处理；

⑦ 对一个用户设备多个逻辑信道的优先级处理；

⑧ 逻辑信道的优先级管理；

⑨ 物理层传输格式选择。

（2）RLC 层，主要功能包括：

① 传输上层协议数据单元 PDU；

② 通过 ARQ 进行错误纠正（仅 AM 模式）；

③ 对上层 SDU 进行分段、级联、组包（仅 UM 和 AM 模式）；

④ RLC PDU 重分段（仅 AM 模式）；

⑤ 数据包按序传输（仅 UM 和 AM 模式）；

⑥ 数据包重复检测（仅 UM 和 AM 模式）；

⑦ 协议错误检测与恢复；

⑧ RLC SDU 丢弃（仅 UM 和 AM 模式）；

⑨ RLC 重建立。

（3）PDCP 层，主要功能包括：

① 分别在发送和接收实体对 IP 数据流头部压缩和解压缩；

② 用户平面和控制平面数据的加/解密；

③ 控制平面数据的完整性保护和校验；

④ 数据传输（用户平面和控制平面）；

⑤ PDCP 重建时的重复数据检测与按序递交；

⑥ 切换情况下为 RLC AM 模式下的 PDCP SDU 数据进行重传；

⑦ 基于定时器的数据丢弃。

2. 控制面

LTE 空中接口协议栈控制面分为 3 层，即 L1（PHY）、L2（MAC,RLC,PDCP）和 L3（RRC,NAS）。RLC、MAC 和 PDCP 子层在用户面和控制面功能一致，没有区别。

（1）RRC 层，是 Uu 接口控制平面最高层。LTE 中 RRC 子层功能与原有 UTRAN 系统中的 RRC 功能基本相同，主要包括：

① 系统信息广播；

② RRC 连接控制；

③ 不同接入技术间的移动性管理；

④ 测量配置和报告；

⑤ 协议错误处理；

⑥ 通过信令无线承载（SRB）来传输基站和终端间的信令消息。

（2）NAS 层，是 UE 和 MME 间控制平面的最高层。非接入层（NAS）完成核心网承载管理、鉴权及安全控制，其下协议层次包括 RRC 层到 PHY 层都属于接入层（AS）。NAS 层的主要功能如下：

① EPS 移动性管理（EMM），支持用户终端的移动性；

② EPS 会话管理(ESM),建立和保持用户终端与核心网(PDN GW)间的会话连接;
③ NAS 层安全,NAS 信令消息的完整性保护和加/解密。

8.3.3 LTE 信道结构

1. 逻辑信道

LTE 的逻辑信道可以分为控制信道和业务信道两类来描述,控制信道包括广播控制信道(BCCH)、寻呼控制信道(PCCH)、公共控制信道(CCCH)、多播控制信道(MCCH)和专用控制信道(DCCH)几类;业务信道分为专用业务信道(DTCH)和多播业务信道(MTCH)两类。

2. 传输信道

LTE 的传输信道按照上下行区分,下行传输信道有寻呼信道(PCH)、广播信道(BCH)、多播信道(MCH)和下行链路共享信道(DL-SCH);上行传输信道有随机接入信道(RACH)和上行链路共享信道(UL-SCH)。从传输信道的设计方面来看,LTE 的传输信道数量比 WCDMA 系统有所减少,最大的变化是取消了专用信道,在上行和下行都采用共享信道(SCH)。

3. 物理信道

LTE 的物理信道按照上下行区分,下行物理信道有公共控制物理信道(CCPCH)、物理数据共享信道(PDSCH)、物理数据控制信道(PDCCH)和物理多播信道(PMCH),上行物理信道有物理随机接入信道(PRACH)、物理上行控制信道(PUCCH)和物理上行共享信道(PUSCH)。

4. 信道映射

图 8.12 和图 8.13 分别给出 LTE 下行和上行逻辑信道到传输信道的映射关系。

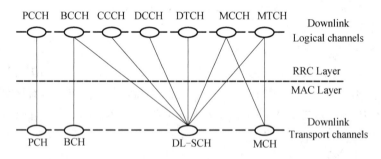

图 8.12 LTE 下行逻辑到传输信道映射

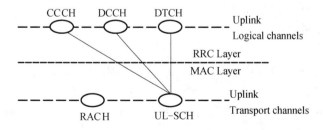

图 8.13 LTE 上行逻辑到传输信道映射

图 8.14 和图 8.15 分别给出 LTE 下行和上行传输信道到物理信道的映射关系。

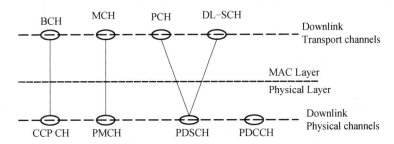

图 8.14 LTE 下行传输到物理信道映射

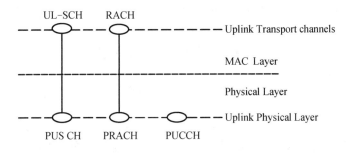

图 8.15 LTE 上行传输到物理信道映射

5. 信道处理过程

1) 下行信道处理和调制

LTE 下行(物理)信道处理过程如图 8.16 所示,主要包括以下步骤。

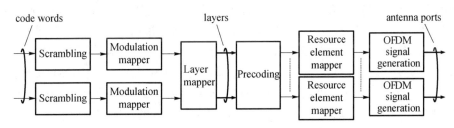

图 8.16 LTE 下行信道处理过程

(1) 加扰:物理层传输的码字都需要经过加扰。
(2) 调制:对加扰后的码字进行调制,生成复数值的调制符号。
(3) 层映射:将复数调制符号映射到一个或多个发射层中。
(4) 预编码:对每个发射层中的复数调制符号进行预编码,并映射到相应的天线端口。
(5) RE 映射:将每个天线端口的复数调制符号映射到相应的 RE 上。
(6) OFDM 信号生成:每个天线端口信号生成 OFDM 信号。

其中,下行物理信道 CCPCH 采用 BPSK、QPSK 调制;PDCCH 采用 QPSK 调制;PDSCH 和 PMCH 信道均可以分别采用 QPSK、16QAM、64QAM 调制方式。

2) 上行信道处理和调制

LTE 上行(物理)信道处理过程如图 8.17 所示,主要包括以下步骤。

图 8.17　LTE 上行信道处理过程

(1) 加扰:物理层传输的码字都需要经过加扰。
(2) 调制:对加扰后的码字进行调制,生成复数值的调制符号。
(3) 转换预编码:生成复数值的符号。
(4) RE 映射:将复数符号映射到相应的 RE 上。
(5) SC-FDMA 信号生成:每个天线端口信号生成 SC-FDMA 信号。

其中,上行物理信道 PUCCH 采用 BPSK、QPSK 调制;PUSCH 可采用 QPSK、16QAM、64QAM 调制;PRACH 则采用 Zadoff-Chu 序列调制。

8.4　LTE-Advanced

8.4.1　LTE-Advanced 发展

LTE-Advanced(LTE-A 或 LTE+)是 LTE 的进一步演进,于 2008 年 3 月开始,2008 年 5 月确定需求,2011 年初基本完成。LTE-A 满足 ITU 的 IMT-Advanced 技术征集的需求,完全兼容 LTE,是在 LTE 基础上的演进而不是革命。LTE-Advanced 的目标是在 100MHz 带宽下,达到峰值速率下行 1Gbps、上行 500Mbps,以及达到峰值频谱效率下行 30bps/Hz、上行 15bps/Hz。LTE-Advanced 的目标远远超出了 LTE(R8)的能力范围,因此一般把 LTE 称为 3.9G 技术标准,而 LTE-Advanced 才是名正言顺的 4G。

2013 年 6 月,韩国电信运营商 SK 推出全球第一个商业级 LTE-A 网络,美国 AT&T 与日本 NTT DoCoMo 也加紧展开 LTE-Advanced 的商用服务部署。2013 年 12 月 4 日,中国工信部正式向国内三大运营商发放首批 4G 牌照,中国移动、中国电信和中国联通均获得 TD-LTE 牌照。2014 年 6 月,工信部同意向中国联通和中国电信发放 LTE-FDD 试验网牌照,并允许他们在内地 16 个重点城市开展 LTE-FDD 与 TD-LTE 的融合组网试验并提供相应的 4G 服务。为顺应全球 TD-LTE 和 LTE-FDD 融合发展的趋势,2014 年 9 月工信部批准中国电信和中国联通分别增至 40 个城市开展 LTE 混合组网实验,扩大了实验参与城市的规模。在发放牌照的同时,工信部给予三家运营商相关 4G 频率。其中,中国移动获得 1880~1900MHz、2320~2370MHz、2575~2635MHz 频段,中国联通获得 2300~2320MHz、2555~2575MHz 频段,中国电信获得 2370~2390MHz、2635~2655MHz 频段。

8.4.2　LTE-Advanced 需求和技术

1. LTE-Advance 发展需求

LTE-Advanced 是 LTE 的演进版本,其目的是为满足未来几年内无线通信市场的更高需求和更多应用,满足和超过 IMT-Advanced 的需求,同时还保持对 LTE 较好的后向兼容性。LTE-Advanced 主要包括以下发展需求:

(1) 平滑演进与强兼容。
(2) 支持 LTE 的全部功能。

(3)与 LTE 前后向兼容,LTE 与 LTE-A 的终端在 LTE 和 LTE-A 中都可以使用。

(4)针对室内和热点游牧场景进行优化。用户的使用习惯似乎表明,对宽带多媒体业务的需求主要来自于室内。有统计数据表明,未来 80%~90%的系统吞吐量将发生在室内和热点游牧场景。室内、低速、热点可能将成为移动因特网时代更重要的应用场景。因此,LTE-A 的工作重点将对室内场景进行优化。

(5)有效支持新频段和大带宽应用。LTE-A 分配的新频谱有 450~470MHz、698~862MHz、790~862MHz、2.3~2.4GHz、3.4~4.2GHz、4.4~4.99GHz 等,呈现高低分化趋势,主要潜在频段集中在 3.4GHz 以上。高频段特点是覆盖范围小、穿透建筑物能力差、移动性差,适合提供不连续覆盖、支持低速移动,比较适合室内和热点区域部署。因此,可构建多频带协作的层叠无线接入网。"质差量足"的高频段用来专门覆盖室内和热点区域;"质优量少"的低频段覆盖室外广域区域。多个频段紧密协作、优势互补以满足高容量广覆盖的要求。

(6)峰值率速大幅提升和频谱效率有效改进。在 100MHz 带宽,下行 4×4 天线,上行 2×4 天线配置情况下,峰值速率要达到下行 1Gbps,上行 500Mbps。同时要求,小区平均频谱效率比 LTE 高 50%,小区边缘频谱效率比 LTE 高 25%。

2. LTE-Advance 关键技术

LTE-Advanced 采用了多频段协同与频谱整合、中继(Relay)、多点协同传输(Coordinative Multiple Point,CoMP)、物理层传输技术优化等关键技术,大大提高了系统的峰值数据速率、峰值频谱效率、小区平均谱效率以及小区边界用户性能,同时也能提高整个网络的组网效率,这使得 LTE-A 系统成为未来几年内无线通信发展的主流。

(1)多频段协同与频谱整合。LTE-Advanced 采用多频段层叠无线接入系统,基于高频段优化的系统用于小范围热点、室内和家庭基站等场景,基于 LTE 局部优化的低频段系统为高频段系统提供"底衬",填补高频段系统的覆盖空洞和高速移动用户。频谱整合(Spectrum Aggregation)是将相邻的数个较小频带整合为一个较大的频带。但面临的挑战是,射频层面需要一个很大的滤波器同时接收多个离散频带,如果间隔很大(如相隔几百兆赫),滤波器就很难实现。

(2)中继技术(Relay)。基站将信号先发送给一个中继站,再由中继站转发给 UE,能够实现覆盖区域扩展或高数据速率扩展。Relay 是层 2 和层 1 功能都有,比直放站强,比 eNodeB 弱。基站信号到中继站后,中继站能对接收到的数据块重编码,然后可以用不同的调制方式发送。

(3)多点协同传输(CoMP)。CoMP 是 LTE-Advanced 系统扩大网络边缘覆盖、保证边缘用户 QoS 的重要技术之一,是 LTE-Advanced 系统独有的技术。在 LTE-Advanced 系统中,CoMP 包括两种场景:基站间协作和分布式天线系统。从数据流向来看,CoMP 又可分为下行发送 CoMP 和上行接收 CoMP。下行发送 CoMP 包含两类技术:协作调度与波束成形、联合处理与传输。而对于上行接收 CoMP 来说,则只有联合接收与处理一种技术。

(4)家庭基站带来的挑战。家庭基站是 4G 网络发展的必然趋势之一。如果少量部署,可通过自配置、自优化机制解决;如果大量部署,则对现有系统构架冲击较大。另外,家庭基站所有权将发生变化,运营商丧失部分的网规网优的控制权,加剧了干扰控制和接入管理的难度。

(5) 物理层传输技术优化。LTE-Advanced 物理层采用多种优化技术来提高系统性能,主要包括:

① 多址技术优化:上行考虑 OFDMA 技术;

② MIMO 技术优化:多流波束赋形的 MU-MIMO;

③ 调制和编码技术优化:长码常考虑 LDPC 码,256QAM 调制;

④ 小区间干扰抑制技术优化:在小区边缘利用联合检测消除小区间干扰。

(6) 自组织网络架构。LTE-Advanced 采用自组织网络架构,可以实现基站的自配置自优化,降低布网成本和运营成本,可用于家庭基站等数量众多、难于远程控制的节点类型。自组织功能包含自规划、自安装、自配置、自优化、自愈合、自回传等。

(7) 频谱灵活使用与频谱共享。LTE-Advanced 系统支持频谱灵活使用与频谱共享。频谱灵活使用是指同一运营商在同一空口技术内的广域覆盖和局域覆盖(包括家庭基站)之间的频率资源共享。频谱共享是指在不同运营商之间,以及不同空口技术之间共享频率资源,如采用认知无线电(Cognitive Radio,CR)、通用广播信道等方式实现。

习题与思考题

8.1 请简要描述 LTE 技术的发展,并分析 LTE 系统在我国的应用。

8.2 LTE 系统的主要特点有哪些?是否支持向 3G 系统的后向兼容?

8.3 请画出 LTE 系统的网络结构图,并标出相应的网络接口。

8.4 LTE 的主要网元有哪些,各部分的主要功能分别是什么?

8.5 LTE 系统在物理层采用了哪些关键技术,请简要描述。

8.6 LTE 系统中资源是如何进行组织和分配的?

8.7 LTE 下行链路采用 OFDMA,而在上行链路采用 SC-FDMA,为什么?

8.8 请分别画出 LTE 上行和下行信道处理过程,并进行简要描述。

参 考 文 献

[1] 张玉艳,于翠波. 移动通信[M]. 北京:人民邮电出版社,2010.
[2] 啜钢,王文博,等. 移动通信原理与系统(第2版)[M]. 北京:北京邮电大学出版社,2009.
[3] (韩)Yong Soo Cho,Jaekwon Kim,Wong Yong Yang,等. MIMO-OFDM 无线通信技术及 MATLAB 实现[M]. 孙锴,黄威 译. 北京:电子工业出版社,2013.
[4] 孙友伟,张晓燕,畅志贤. 现代移动通信网络技术[M]. 北京:人民邮电出版社,2012.
[5] 啜钢,孙卓. 移动通信原理[M]. 北京:电子工业出版社,2011.
[6] 吴彦文. 移动通信技术及应用[M]. 北京:清华大学出版社,2009.
[7] 沙学军,吴宣利,何晨光. 移动通信原理、技术与系统[M]. 北京:电子工业出版社,2013.
[8] 樊昌信,曹丽娜. 通信原理(第6版)[M]. 北京:国防工业出版社,2009.
[9] (美)John G. Prokis,Masoud Salehi. 无线通信原理与应用(第2版)[M]. 周文安,付秀花,王志辉,等 译. 北京:电子工业出版社,2006年.
[10] 丁奇. 大话无线通信[M]. 北京:人民邮电出版社,2010.
[11] 3GPP. Specification. http://www.3gpp.org.
[12] 3GPP2. Specification. http://www.3gpp2.org.
[13] 王华奎,李艳萍,等. 移动通信原理与技术[M]. 北京:清华大学出版社,2009.
[14] 吴伟陵,牛凯. 移动通信原理(第2版)[M]. 北京:电子工业出版社,2009.